U0818545

煤炭高等教育“十四五”规划教材

矿物加工过程CAD

主　编／郭建英
副主编／栗　褒

中国矿业大学出版社
·徐州·

内容简介

本书是煤炭高等教育“十四五”规划教材。全书共分十九章，主要介绍了CAD技术概论、矿物加工工程图纸绘制基础、基于AutoCAD的二维绘图方法、基于AutoCAD的三维建模方法、AutoCAD系统二次开发基础（即AutoLISP程序设计入门）等五大部分内容。

本书可作为高等学校矿物加工工程专业教材，也可供从事矿物加工、能源、煤炭、化工、安全及环保等专业设计、生产和科学研究的技术人员及相关专业师生参考。

图书在版编目(CIP)数据

矿物加工过程CAD / 郭建英主编. —徐州：中国矿业大学出版社，2023.6

ISBN 978-7-5646-5749-9

Ⅰ. ①矿… Ⅱ. ①郭… Ⅲ. ①选矿—AutoCAD软件 Ⅳ. ①TD9-39

中国国家版本馆CIP数据核字(2023)第037371号

书　　名 矿物加工过程CAD
主　　编 郭建英
责任编辑 褚建萍
出版发行 中国矿业大学出版社有限责任公司
（江苏省徐州市解放南路　邮编221008）
营销热线 (0516)83885370　83884103
出版服务 (0516)83995789　83884920
网　　址 http://www.cumtp.com　**E-mail**:cumtpvip@cumtp.com
印　　刷 江苏淮阴新华印务有限公司
开　　本 787 mm×1092 mm　1/16　**印张** 19.5　**字数** 500千字
版次印次 2023年6月第1版　2023年6月第1次印刷
定　　价 48.50元
（图书出现印装质量问题，本社负责调换）

前　言

计算机辅助设计(computer aided design,简称 CAD)技术是利用计算机系统辅助设计人员进行创建、修改、分析和优化相关设计的一种技术。在 CAD 中,计算机绘图是其中最为重要的基础技术之一。在矿物加工工程领域,熟练运用 CAD 技术可以高质量、高效率地完成相关任务,这是矿物加工工程专业学生和技术人员必须掌握的基本技能。因此,在高等教育中,向所有学生教授 CAD 的基础知识和设计方法变得越来越重要。教学内容通常从二维 CAD 系统开始,然后逐渐引入三维建模的基本知识,此外,还包括基本的参数化设计和 CAD 二次开发技术。

本教材以 AutoCAD 2019 为应用平台,以实际工程设计图形为案例,紧密结合矿物加工工程专业,详细介绍了 AutoCAD 绘图软件在矿物加工工程中的应用。同时,还介绍了面向矿物加工工程的 AutoCAD 特殊线型、专业工具图块库、专业绘图命令以及用户界面等方面的二次开发方法。全书分五篇,共十九章,主要内容为:CAD 技术概论、矿物加工工程图纸绘制基础、基于 AutoCAD 的二维绘图方法、基于 AutoCAD 的三维建模方法及 AutoCAD 系统二次开发基础。

本书各章后面都附有上机实践和复习与思考题,可供广大师生和读者参考,以便更好地实践和理解教材的内容和要点。此外,本书还提供相关的电子课件、案例图形 DWG 文件以及专业图块库的 DWG 文件。这些额外的资源有助于教学实践和学习过程的支持和拓展,如有需要请联系中国矿业大学出版社或 gjytyut@126.com。

本书由太原理工大学郭建英副教授担任主编。教材编写具体分工如下:第一、二章,第十一至十九章由太原理工大学郭建英编写,第三至十章由太原理工大学栗褒编写。

由于编者水平有限,书中错误和不妥之处在所难免,敬请广大读者批评和指正。

编　者

2023 年 3 月

目　录

第一篇　CAD 技术概论

第二篇　矿物加工工程图纸绘制基础

第三篇　基于 AutoCAD 的二维绘图方法

第四篇 基于 AutoCAD 的三维建模方法

第五篇 AutoCAD 系统二次开发基础

第一篇

CAD 技术概论

计算机辅助设计(computer aided design,简称 CAD)技术是计算机科学与工程科学相结合的产物。它在企业的产品开发过程中起到重要的支持作用,涵盖了市场需求分析、产品设计、制造加工以及在线质量管理等多个方面的工作,其实质是充分应用现代计算机技术的成就,辅助工程技术人员对产品进行总体设计、分析、绘图和编写技术文档,从而提高工作效率、改善工作质量、扩展工作能力,并进一步将传统分散、重复、串行的作业方式集成起来,实现并行作业和信息化管理。它集硬件技术、软件技术、数学、力学、工程设计、工程分析、图形图像处理和模型建立与分析技术于一体,使得传统的设计方法与生产方式发生根本性的改变。

第一章　CAD 技术简介

第一节　CAD 技术的概念、内涵与外延

一、何为设计

何为设计？设计，指的是从产品需求确立到生成制造产品所需信息的一系列活动。设计过程就是，首先确定用户的期望、需要和动机，并理解业务、技术和行业上的需求和限制，然后将这些信息转化成对产品的规划或者产品本身，使产品的形式、内容和功能变得可用和令人向往，并且在经济和技术上可行。设计一般包括四个主要阶段。

(1) 概念设计阶段(conceptual design)：它是从分析用户需求，确定新产品的功能，到生成产品的概念型模型的一系列有序的、可组织的、有目标的设计活动，它表现为一个由粗到精、由模糊到清晰、由抽象到具体的不断进化的过程；

(2) 设计分析阶段(design analysis)：对概念设计阶段拟定的产品或方案进行明确的或模拟性的分析；

(3) 详细设计阶段(detail design)：对产品制造所需的所有组件和单元进行设计；

(4) 设计文档阶段(design documents)：将先前所有设计活动的结果传达给制造、调度、成本核算和其他阶段，并创建持久性记录文档。

在设计过程中，显然不是纯粹地按照这个顺序依次执行，后续每个阶段都有对概念设计的反馈，详细设计阶段也将涉及设计分析，而设计文档实际上在前面的所有阶段都会生成。然而，这种设计阶段的划分提供了一种用于识别 CAD 主要技术模块的方法。在概念设计阶段，对 CAD 技术的主要要求是访问有关的先前产品、专利、竞争产品、组件规格、标准和供应来源的数据，而且能进行粗略的、初步的可行性成本和规格计算以及工程和市场分析；在某些领域(例如建筑或机械产品形状设计)，可能需要有草图绘制或简单的工程分析能力，以帮助设计思考。在设计分析阶段，计算机的功能和可用性迅速增长，例如典型的用于验证设计强度的应力分析、检测运动组件之间碰撞的干涉检查以及用于检查所设计的机器是否能够提供所需运动的运动学分析等，这些工作都可以利用相关的计算机程序完成，并能够通过参数修正实现交互式优化设计。在详细设计阶段，基本活动是产品原型的设计与构造。这时满足设计概念和特征性能需求的产品原型利用超媒体技术可在计算机中以物质实体形式存在；之后可对产品进行模拟测试，如果原型不能体现期望性能特征，则需进行修正并重复进行“设计—评价—再设计”循环，以指导产品的最终设计达到规定的技术要求。在设计文档阶段，包括计算机绘图、撰写设计报告和整理材料清单等。在目前正迅速发展的 CAD/CAM 集成制造系统中，该阶段还注重于制造、管理和业务信息文件的创建。

二、CAD 技术的概念及作用

计算机辅助设计(CAD)技术，就是利用计算机系统辅助设计人员进行创建、修改、分析和优化相关的设计的一种技术。CAD 通常被视为一种系统工具，相当于集成适当的计算机硬件和软件模块，以创建满足特定要求的设计系统。新兴的 CAD 学科是一门方法论学科，其发展主要受到工业设计活动实际需求的推动。

CAD 技术的主要作用在于人机各尽所长并能够充分发挥设计人员的创造性，人机交互结合有助于提高设计质量和设计效率，有效缩短产品的设计周期。

三、CAD 技术的内涵

设计过程本身因行业而异，不同行业中计算机的有效应用领域各有千秋。任何体现计算机图形或程序以及促进设计过程的计算机工程应用都被归类为 CAD 技术。换句话说，从基本的几何绘图程序到复杂的工程分析和优化技术，都属于 CAD 技术范畴。但是，CAD 作为一门学科，与在设计过程中临时使用计算机的根本区别在于它涉及系统的构建，而不是程序的简单集合。有关 CAD 系统的内容将在第二章中介绍。

随着工业技术及计算机技术的快速发展，人们对 CAD 技术内涵的认识不断发生变化。从传统角度来看，狭义的 CAD 技术指的是由计算机完成产品设计中的计算机绘图、三维建模、动态模拟等图形处理工作，广义的 CAD 技术还包括工程分析与科学计算、数据管理与数据交换技术以及文档处理和软件设计技术。从目前计算机技术的发展前景和研究热点来看，CAD 技术还包括人工智能、扩展现实和 3D 打印等技术。

1. 图形处理技术

图形处理技术包括计算机辅助绘图、几何建模、图形仿真与动态模拟以及其他的图形输入、输出技术。

CAD 技术最基本的作用是定义设计的几何形状，如机械零件、建筑结构、电子电路、建筑布局等。这些几何形状对于产品周期中的所有后续活动都是必不可少的。计算机辅助绘图和几何建模通常用于实现这一目的，并且这些系统所创建的几何图形可以用作在计算机辅助工程(computer aided engineering，简称 CAE)和计算机辅助制造(computer aided manufacturing，简称 CAM)中执行其他功能的基础。这是 CAD 的最大优势之一，因为它可以节省大量时间并减少因每次重新定义设计几何图形时可能导致的错误。因此，我们可以说计算机辅助绘图系统和几何建模系统是 CAD 最重要的组成部分。

这里，对图形处理技术中经常提到的计算机图形学(computer graphic，简称 CG)、计算机绘图、CAD 技术三者之间的区别与联系进行简要说明。

(1) 计算机图形学(CG)，是一种使用数学算法将二维或三维图形转化为计算机显示器的栅格形式的科学。简单地说，计算机图形学的主要内容就是研究如何在计算机中表示图形以及利用计算机进行图形的计算、处理和显示的相关原理与算法。

(2) 计算机绘图，是计算机图形学的一个分支，它的主要特点是通过计算机将非图形信息转换为图形，并在输出设备上实现图形信息表达的方法和技术。计算机绘图方式有交互式绘图和参数化绘图两种。

① 交互式绘图：是通过人机对话进行设计绘图的过程，一般由键盘、数字化板、光笔、鼠

标随时输入绘图所需的参数,显示器输出图形来实现。

② 参数化绘图:是由计算机根据图形的几何参数自动完成绘图的过程,由用户自编的应用程序控制,用户为应用程序的原始参数赋值,经过一定的分析计算或查询已有的数据库,计算机自动完成图形的输出工作。

(3) 计算机绘图不是 CAD 的全部内涵,它只是 CAD 技术的基础之一。

(4) CG 是一门独立的学科,属于计算机学科分支,有自己丰富的技术内涵,它与 CAD 有明显区别。但是,CG 有关图形处理的理论与方法构成了 CAD 技术的重要基础,反过来说,CAD 也是 CG 最广泛、最重要的应用领域。

2. 工程分析与科学计算

工程分析与科学计算包括有限元分析(finite element analysis,简称 FEA)、可靠性分析(design for reliability,简称 DFR)、优化设计(optimal design)以及面向各专业的工程分析等。

有限元分析(FEA)最初是为分析静态结构而开发的,但目前已远远超出其最初的应用范围。现在可以看到几乎所有的结构静、动态力学问题,其他场问题(如电磁、声学、热学、流体力学等)以及电路等都可以采用有限元方法进行工程分析。

优化设计是以数学中的最优化理论为基础,以计算机为手段,根据设计所追求的性能目标,通过程序控制来调整参数,对多种可能的设计方案进行自动测试,以寻求最佳组合。

3. 数据管理与数据交换技术

数据管理与数据交换技术是对设计中需要使用和产生的数据、图形、文档资料进行存储和管理的技术。在现代工程设计中使用先进的计算机辅助技术,可以节约设计开发时间,同时也能提高产品设计质量。其中,PDM/PLM 系统就是一个先进的数据管理工具。

产品数据管理(product data management,简称 PDM),是一门用来管理所有与产品相关的信息(包括零件信息、配置、文档、CAD 文件、结构、权限信息等)的技术。通过实施 PDM,可以提高生产效率,有利于对产品的全生命周期进行管理,加强对于文档、图纸、数据的高效利用,使工作流程规范化。

产品生命周期管理(product lifecycle management,简称 PLM),是一种应用于单一地点的企业内部、分散在多个地点的企业内部以及在产品研发领域具有协作关系的企业之间的支持产品全生命周期信息的创建、管理、分发和应用的一系列应用解决方案,它能够集成与产品相关的人力资源、流程、应用系统和信息。

4. 文档处理技术

文档处理技术包括图形与文本文档的编辑、制作及处理等。

5. 软件设计技术

软件设计技术包括窗口界面设计、软件工具、软件工程规范等。

6. 人工智能技术

人工智能技术(artificial intelligence,简称 AI),是研究、开发用于模拟、延伸和扩展人的智能的理论、方法、技术及应用系统的一门新的技术科学。人工智能是计算机科学的一个分支,它企图了解智能的实质,并生产出一种新的、能以人类智能相似的方式做出反应的智能机器。该领域的研究包括机器人、语言识别、图像识别、自然语言处理和专家系统等。若在

CAD 中加入人工智能和专家系统技术，可大大提高设计的自动化水平，可对产品进行总体方案设计，对产品设计的全过程提供数据支持，可以显著缩短交货时间并创建基于知识的设计环境。

7. 扩展现实技术

扩展现实(extended reality，简称 XR)技术，包含了虚拟现实(virtual reality，简称 VR)、增强现实(augmented reality，简称 AR)和混合现实(mixed reality，简称 MR)技术。它通过计算机将真实与虚拟相结合，打造一个可人机交互的虚拟环境，通过将三者的视觉交互技术相融合，为体验者带来虚拟世界与现实世界之间无缝转换的"沉浸感"。

(1) 虚拟现实(VR)技术是一种使用计算机模拟、生成、体验真实世界的虚拟环境的技术。用户在 VR 模拟过程中可以完全沉浸在虚拟环境中，其两个典型特征是沉浸感和交互性。目前，VR 技术已经发展到使用多种传感器(眼睛识别、语音、手势和脑电波)和多维信息环境交互，并与现实世界的交互相结合的阶段。虚拟现实技术最早应用于军事训练，现在已广泛应用于工业设计、建筑设计和课堂教育等领域。例如 Regassa (2020)使用 VR 工具设计并模拟了 6°自由度机器人机械手。他们首先用 SolidWorks 等 CAD 软件创建了机器人机械手的 3D 模型，然后通过 PLC(可编程逻辑控制器)编程对系统的完整运动进行编程和控制。

(2) 增强现实(AR)技术是半虚拟、半现实的计算机技术。它是一种实时地计算摄影机影像的位置及角度并加上相应图像的技术，是一种将真实世界信息和虚拟世界信息无缝集成的新技术。AR 技术的目标是把原本在现实世界的一定时间、空间、范围内很难体验到的实体信息(视觉信息、声音、味道、触觉等)通过电脑等科学技术，模拟仿真后再叠加，将虚拟的信息应用到真实世界，被人类感官所感知，从而达到超越现实的感官体验。在工业设计与制造领域，目前有利用 AR-CA 系统集成开发了一种使用 3D 装配模型实现全自动 AR 装配辅助的方法；还有在建筑和机械设计中，将 AR 助手查看器集成到标准 CAD 中，以提供与所设计模型的良好直观交互。

(3) 混合现实(MR)技术，是虚拟现实技术的进一步发展。它是通过在虚拟环境中引入现实而发展起来的技术。由于 MR 技术涉及虚拟和真实对象，它可以增强理解感以获得更好的体验。

8. 3D 打印技术

3D 打印技术是 CAD 的实际应用之一。在 3D 打印技术中，必须先通过计算机建模软件建模，再将建成的三维模型"分区"成逐层的截面，即切片，从而指导打印机逐层打印。设计软件和打印机之间协作的标准文件格式是 STL 文件格式。打印机通过读取文件中的横截面信息，用液体状、粉状或片状的材料将这些截面逐层地打印出来，再将各层截面以各种方式黏合起来从而制造出一个实体。3D 打印也称为增材制造，与减材制造系统不同的是，它不需要复杂的设置、冷却剂或其他辅助物品，可以生产传统加工系统难以生产的复杂物体。3D 打印技术通常在模具制造、工业设计等领域被用于制造模型，后逐渐用于一些产品的直接制造。目前工业中已经有使用这种技术打印而成的零部件。

四、CAD 技术的外延

在现代科学及工业技术迅速发展的今天，产品的整个生命周期包括生产准备在内的各个阶段，都由通常称为“CAx”系统的各种计算机信息技术提供支持。根据各种应用领域开发了不同的CAx系统，并以不同的CAx方法命名。

(1) 计算机辅助造型(computer aided styling，简称CAS)；

(2) 计算机辅助美学设计(computer aided aesthetic design，简称CAAD)；

(3) 计算机辅助几何设计(computer aided geometric design，简称CAGD)；

(4) 计算机辅助概念设计(computer aided conceptual design，简称CACD)；

(5) 计算机辅助工艺设计(computer aided process planning，简称CAPP)；

(6) 计算机辅助测试(computer aided test，简称CAT)；

(7) 计算机辅助工厂布局设计(computer aided plant layout，简称CAPL)。

以上这些技术都包含在计算机辅助设计(CAD)的表述中，可以认为是CAD技术的外延。但历史上两个非常重要的CA领域几乎是独立开发的，分别是计算机辅助制造(CAM)和计算机辅助工程(CAE)，后一种主要用于有限元模拟和分析。

五、CAD技术的教与学

随着工业4.0和智能化的发展，掌握计算机辅助设计(CAD)技术已成为工程科技人员的必备能力。作为一名工程设计师，不仅需要了解设计过程，还需要具备在产品设计和制造的现代世界中进行思考的能力。这意味着在大学工程类学科教育中，必须向所有学生传授CAx基础知识和设计方法。除了学习计算机绘图和建模外，大学生或工程技术人员还需了解计算机辅助产品创建的完整开发过程，以拓宽在该领域的知识视野。

矿物加工过程CAD是一门综合性课程，大学生或工程技术人员通常从二维CAD系统开始学习，随后逐步引入三维建模的基本知识。此外，他们还应熟悉参数化设计和CAD系统的二次开发技术。

第二节 CAD技术的发展历程

在20世纪50年代，一些有远见的工程师们开始尝试使用计算机来辅助人们做设计工作。1952年在麻省理工学院诞生了第一个计算机绘图系统。当时，计算机技术仅是一种被动的辅助设计技术。

1963年，美国麻省理工学院在计算机图形学理论方面有了重大突破，提出了计算机图形学、人机通信、交互式计算机图形系统的概念并取得了联机交互图形技术的实用成果。这些成果包括计算机驱动显示器、光笔与CRT显示图形交互作用的技术以及计算机分时技术。

20世纪70年代初，完整的CAD系统开始形成，CAD技术进入了实用阶段。从二维技术发展到三维技术，开发CAD技术的软件公司开始如雨后春笋般涌现。

20世纪80年代，CAD技术进入了高速发展阶段。计算机的成本大幅下降，同时计算机硬件和软件功能不断提升，价格也逐渐下降，这使CAD的硬件配置和软件开发能够满足中、小型企业的承受能力。Autodesk公司于1982年推出了计算机辅助设计与绘图软件系统AutoCAD，并随后多次更新版本，不断完善系统功能，在CAD发展的历程中产生了巨大影响。

20 世纪 90 年代，固化技术、网络技术、多处理机和并行处理技术在 CAD 中的应用，极大地提升了 CAD 系统的性能。人工智能和专家系统技术的引入使 CAD 技术向标准化、集成化、智能化方向发展。产品数据技术的标准化成为 CAD/CAM 技术发展的主要方向。

现在，CAD 技术已在电子和电气、科学研究、机械设计、软件开发、机器人、服装业、出版业、工厂自动化、土木建筑、地质、计算机艺术等各个领域得到广泛应用。到 2000 年，我国工程设计行业 CAD 技术的普及率和覆盖率已达 100%。

第三节　CAD 技术的应用

CAD 技术是计算机科学与工程设计学科相结合形成的新兴技术，是计算机在工程中最有影响的应用技术之一。目前，CAD 技术已在建筑、机械、矿业、化工、电子等各领域的工程设计和科学研究中得到广泛应用，成为企业界争夺市场份额和生存发展不可缺少的手段。

(1) 在制造业中，CAD 技术被广泛应用于机床、汽车、飞机、船舶、航天器等领域。其中，波音 777 飞机是世界上第一架实现无纸化设计与制造的飞机。

(2) 在工程设计领域，CAD 技术在建筑设计（包括方案设计、三维造型、建筑渲染图设计、平面布景、建筑构造设计、小区规划、日照分析、室内装潢等）、结构设计（包括结构平面设计、框/排架结构计算和分析、高层结构分析、地基及基础设计、钢结构设计与加工等）、设备设计（包括水、电、暖各种设备及管道设计）、城市规划（如城市道路、高架、轻轨、地铁等市政工程设计等）、水利工程设计（如大坝、水渠、河海工程等）等领域都得到了广泛应用。

(3) 在矿物加工工程领域，CAD 技术也得到了广泛的应用。如研究人员针对矿物加工工程设计过程的特点，开展了工艺流程和设备选型计算软件开发、二维和三维图形绘制软件的二次开发以及专家系统技术应用等研究工作，极大地提高了设计的效率和质量。近年来，虚拟现实技术在矿物加工工程领域的教学和工程设计中也展现出巨大的潜力。虚拟现实技术具有三维工厂建模、可视化设计、作业过程模拟和虚拟漫游等多种功能，是提高生产设计过程的有效手段。在虚拟现实技术的辅助下，通过融合设计过程数字化与集成化进行选煤（矿）厂设计，可以解决传统二维设计方法存在的多专业协同设计困难、计算与绘图难以有效结合以及可视化设计过程不强等问题，成为今后矿物加工工程计算机辅助设计发展的主导方向。

(4) 在仿真模拟和动画制作中，应用 CAD 技术可以真实地模拟机械零件的加工处理过程、飞机起降、船舶进出港口、物体受力破坏分析、事故现场重现等现象。文化娱乐界已大量利用计算机造型仿真拍摄出一个个激动人心的巨片，如电影作品《未来世界》《玩具总动员》《侏罗纪公园》等。

(5) 其他方面，如在轻工行业中，有模具 CAD 和服装 CAD 等；在医学领域中，出现了计算机辅助手术规划和手术模拟等；在电子电路领域，CAD 技术在大规模集成电路的设计制造中发挥着重要作用，并由此大大推动了微电子技术和计算机技术的发展。

复习与思考题

1. 计算机辅助设计（CAD）的概念和作用是什么？

2. CAD技术的主要内容有哪些?
3. CAD技术的外延有哪些?
4. 试述CAD技术、计算机图形学技术(CG)、计算机绘图三者之间的区别与联系。
5. 计算机绘图有哪两种方式? 各自的含义是什么?

第二章　CAD 系统

第一节　CAD 系统的结构组成及类型

在第一章中提到，CAD 涉及系统的构建而不是程序的简单集合。那么，什么是 CAD 系统呢？CAD 系统是以计算机硬件为基础、系统软件和支撑软件为主体，应用软件为核心组成的面向工程设计问题的信息处理系统，是人与计算机及外围设备协调运行的系统，其基本功能是交互性(对话功能)。

CAD 系统由硬件平台和软件平台构成，如表 2-1 所示。硬件平台的主要设备有计算机主机、外存储器、图形输入设备、图形输出设备、网络通信设备等。软件平台主要包括系统软件、CAD 支撑软件和 CAD 应用软件。

表 2-1　CAD 系统的结构组成

CAD 系统			
硬件平台	软件平台		
网络通信设备 计算机主机 外存储器 图形输入、输出设备等	系统软件	CAD 支撑软件	CAD 应用软件
	操作系统 高级语言和编译软件 网络管理系统	数据库管理软件 图形绘制软件 计算机分析软件 集成化 CAD/CAM/CAE 软件	用户在系统软件、支撑系统软件的基础上，针对某一专门应用领域的需要而研制和开发的系统软件

一、CAD 系统的硬件平台

CAD 系统的硬件平台应具备的功能为计算功能、存储功能、输入输出功能和交互功能。因此，它包括计算机及其外围设备及网络通信设备等。

1. 计算机

在过去的一段时间里，工作站由于具有高速的科学计算、丰富的图形处理能力、灵活的窗口及网络管理功能，成为 CAD 系统计算机的首选设备。但工作站价格太高。随着微机性能的大幅度提升，微机在性能上与工作站相差不多，而且价格相对便宜。大多数 CAD 软件也提供了支持 Windows 操作系统的微机版本，因此 CAD 系统得到了广泛的应用。但随着硬件技术和软件技术的迅猛发展，扩展现实技术的大规模开发应用以及云计算需求量的增大，工作站目前又成为最流行的 CAD 系统硬件。

2. 网络通信设备

信息产业的急剧膨胀，促使人们对并行工程的要求越来越高，网络显示了前所未有的重要性。网络通信设备一般包括装有支持网络操作系统的微机、工作站、服务器、网线、网卡、网络协议等。

3. 图形输入、输出设备

(1) 输入设备,包括键盘、光笔、鼠标、扫描仪等。

光笔(数字化仪),又称图形输入板,它是专门用于二维绘图设计的设备。它由一块图形输入板和一游标定位器(或光笔)组成,可以用来点击菜单或徒手作图。然而,由于价格太高且CAD技术已经由二维设计向三维设计发展,因此目前很少使用光笔。

扫描仪是一种将图像扫描并转换为数字格式,然后存储到计算机内的设备。

(2) 输出设备,包括图形显示设备和图形绘制设备。

图形显示设备,主要是图形显示器。

图形绘制设备,是将CAD设计结果以数据表或工程图的形式输出到图纸上的设备,主要有打印机和绘图仪。

4. 外存储器

计算机外存储器包括硬盘、软盘、光盘和磁带等。

二、CAD系统的软件平台

1. 系统软件

(1) 操作系统,主要功能是管理文件及各种输入输出设备。微机上常用的操作系统有DOS操作系统、Window操作系统、UNIX操作系统等。以前工作站主要使用UNIX操作系统,但目前工作站也可以使用Window操作系统。

(2) 网络管理系统(network management system,NMS),是一种通过软件和硬件的结合来对网络状态进行调整的系统,以保障网络系统能够正常、高效运行,使网络系统中的资源得到更好的利用。网络管理系统是在网络管理平台的基础上实现各种网络管理功能的集合。

(3) 高级语言和编译软件,如Fortran、Visual Basic、Pascal、LISP、C/C++语言等都有相应的编译程序或集成开发环境。

Fortran主要用于分析计算。LISP是人工智能语言,用于开发专家系统。C/C++既具备Fortran的计算功能,又具备图形输出功能,是目前较为流行的软件开发语言。目前微机上采用的C/C++编译系统以Microsoft公司的Visual C++和Borland公司的Borland C++为主,它拥有很好的集成开发、调试环境和辅助工具。此外,Visual Basic语言在界面设计和小型商业软件开发方面也具有独到的优势。

2. CAD支撑软件

CAD支撑软件是指在系统软件的基础上开发的满足CAD用户一些共同需要的通用软件或工具软件,主要包括以下几部分:

(1) 图形绘制软件。如AutoCAD、浩辰CAD、中望CAD、3ds Max、Solid Works等。

(2) 计算机分析软件。这类软件主要用于解决工程设计中的各种数值计算和分析。如有限元分析软件ANSYS和ABAQUS、计算流体动力学分析软件FLUENT、显式动力学分析软件LS-DYNA以及优化设计软件等。

(3) 数据库管理软件。数据库专门用于统一管理庞大的数据信息,提供数据的增加、删除、查询、共享和安全维护等操作，是用户与数据之间的接口，是实现并行设计的基础。常用数据库管理软件有 FoxPro、Oracle、Microsoft Access、SQL-Server 等。

(4) 集成化 CAD/CAM/CAE 软件，如 UG 软件和 Pro/Engineer 软件。

UG 软件是美国 UGS(Unigraphics Solutions)公司的主导产品，是集 CAD/CAE/CAM 于一体的三维参数化软件，它集合了概念设计、工程设计、分析与加工制造的功能，实现了优化设计与产品生产过程的组合。UG 既具有强大的实体造型、曲面造型、虚拟装配及创建工程图等功能，还拥有 CAE 模块用以进行有限元分析、运动学分析和仿真模拟，以提高设计的可靠性；根据建立起的三维模型，还可由 CAE 模块直接生成数控代码，用于产品加工。

Pro/Engineer 软件是美国参数技术公司(PTC)旗下的 CAD/CAM/CAE 一体化的三维软件，该软件以参数化著称，是参数化技术的最早应用者，在三维造型软件领域中占有重要地位。Pro/Engineer 采用模块方式，可以分别进行草图绘制、零件制作、装配设计、钣金设计、加工处理等，保证用户可以按照自己的需要进行选择使用。

3. CAD 应用软件

CAD 应用软件是在操作系统和支撑软件的基础上开发的，旨在满足特定领域的需求。能否发挥已有 CAD 硬件的效益，应用软件的技术开发工作是关键，也是 CAD 工作者的主要任务。与从零开始相比，开发应用软件可以利用已有的 CAD 支撑软件技术和二次开发功能，从而保证了应用软件的先进性和高效性。

(1) 行业 CAD 专用软件。CAD 软件的应用范围非常广泛，它遍及工业领域的各个行业，因此有了各种行业 CAD 专用软件。目前行业 CAD 专用软件比较多，涉及工业领域的各个方面，如化工、机械、电子、纺织等。在矿物加工工程领域，如中国矿业大学开发的选煤厂计算机辅助设计系统(CPCAD)等。行业 CAD 专用软件将成为 CAD 应用软件的一个重要发展方向。当某一行业的应用软件逐渐商品化形成通用产品后，应用软件也可看作一种支撑软件。

(2) 企业二次开发的 CAD 软件。该软件是指由用户结合当前设计工作的需要自行开发的 CAD 软件。它不是完全自己开发的，而是借助某些已有的 CAD 软件如 AutoCAD，利用二次开发工具，在原来 CAD 软件基础上增添新的模块，使原来的 CAD 软件功能更强大。

三、CAD 系统的类型

按照工作原理和功能的不同，CAD 系统可分为以下三种类型。

1. 信息检索型

信息检索型 CAD 系统的工作原理是，将已定型产品的标准化图纸变成图形信息存入计算机，设计时根据订货要求输入必要的信息，在计算机进行计算以后，自动检索出最佳的标准图形。该系统主要用于设计已定型的标准化和系列化程度很高的产品。

2. 人机交互型

人机交互型 CAD 系统的工作原理是，由设计者根据自己的知识和经验确定并描述出设计模型，利用计算机对与之有关的产品资料进行检索，并对相关数据和公式进行运算并以草图和标准图显示，然后设计者根据经验对其进行分析，通过输入设备以人机对话方式对图形进行实时修改，计算机根据指令做出响应并重新组织计算和图形显示，如此反复循环并逐步完善。

3. 智能型

人工智能型CAD系统，就是把专家系统与原CAD系统有机地结合在一起。专家系统是一种使计算机能够运用专家的专门知识和推理、判断能力进行设计工作的计算机软件系统。在智能型CAD系统中，专家系统承担需要依靠知识和经验做出推理的判断工作，主要有设计过程决策(解决设计思路问题)、设计技术决策(解决设计中遇到的具体技术问题)和各种结果评价等。而一些可以用数学模型来描述的问题则由通常的CAD辅助设计系统来解决。

第二节　CAD系统绘图软件简介

一、AutoCAD绘图软件简介

AutoCAD是国际上著名的二维和三维CAD设计软件，是美国Autodesk公司首次于1982年生产的自动计算机辅助设计软件，用于二维绘图、详细绘制、设计文档和基本三维设计，现已成为国际上广为流行的绘图工具。.dwg文件格式成为二维绘图的事实标准格式。AutoCAD有强大的二维功能，如绘图、编辑、剖面线和图案绘制、尺寸标注以及二次开发等功能，同时有部分三维功能。在许多工程应用领域(如机械、建筑、电子、采矿、矿物加工等)，一些研究者在AutoCAD的基础上已开发出许多符合专业应用的软件。AutoCAD绘图软件具有以下特点。

1. 运行于绝大多数类型的微型机和工作站上

AutoCAD具有那些只能运行于工作站上的CAD绘图系统的几乎所有功能。其作图功能既强大又完善，对图形的修改既多样又方便迅速，还具有完善的尺寸及形位公差标注功能。它不仅可以绘制、输出符合要求的各种平面图形、工程图形，还可以创建三维图形。

2. 使用方便的用户界面

AutoCAD提供的用户界面完全符合Windows风格，菜单系统结合命令行的操作方式，包括了AutoCAD的大多数命令和选择项以及对系统变量的操作。用户界面上有绘图窗口、命令窗口、状态栏、下拉菜单、工具栏、快捷菜单和对话框等。正是由于有了这些丰富的界面，用户的操作变得更加简单、直观、迅速。软件易学易用，可适合各种层次的用户。

3. 提供了强大的二次开发工具

作为一种通用的绘图系统，AutoCAD同时具有开放的体系结构，用户可以根据需要来定制和扩展其许多内容。AutoCAD的许多内容都可以由用户去定制，即随用户的需要和意愿设计自己希望的绘声绘色的绘图环境和各种文件。如：系统参数，用户可以定义自己的菜单系统、线型、图案、符号、样板等。AutoCAD提供AutoLISP或VisualLisp、VBA、ObjectARX作为二次开发的工具。AutoCAD还提供了内嵌语言Visual LISP，从而使用户以AutoCAD为平台开发自己的应用软件。为了与其他高级语言进行图形数据交流，AutoCAD还提供了多种用途的接口技术，如ObjectARX和VBA(Microsoft Visual Basic for Application)。

4. 全面支持 Internet 的功能

AutoCAD 配备了相应的工具以便用户通过 Internet 与同事共享图形与设计，即用户可以直接从 Internet 上打开或进入 AutoCAD 图形文件，向 Internet 保存文件或浏览相应内容。用户还可以通过标准的或专用的数据格式，与其他 CAD 系统中的数据库进行图形信息交换，执行图形数据的浏览、查询和管理。

二、国产 CAD 绘图软件简介

1. 浩辰 CAD

浩辰 CAD 是一款著名的国产 CAD 设计软件，由苏州浩辰软件股份有限公司开发。浩辰 CAD 与 AutoCAD 完美兼容，其界面、功能、操作习惯、命令方式、文件格式、二次开发接口基本相同，浩辰 CAD 还根据国内用户需求开发了大量使用工具，具有更高的性价比。此外，浩辰 CAD 还可以提供针对勘察设计行业和制造业的全面解决方案。

2. 中望 CAD

中望 CAD 是另一款国产 CAD 设计软件，由广州中望龙腾软件股份有限公司开发并在 2001 年推出了第一个版本。它也兼容普遍使用的 AutoCAD，在界面、功能、操作习惯、命令方式、文件格式上与之基本一致，但具有更高的性价比和更贴心的本土化服务，深受用户欢迎，被广泛应用于通信、建筑、煤炭、水利水电、电子、机械、模具等勘察设计和制造业领域。

三、其他 CAD 绘图软件简介

3D Studio Max，常简称为 3ds Max 或 3ds MAX，是 Discreet 公司开发的（后被 Autodesk 公司合并）基于微机系统的三维动画渲染和制作软件，广泛应用于广告、影视、工业设计、建筑设计、三维动画、多媒体制作、游戏以及工程可视化等领域。

Solid Works 软件，是美国 Solid Works 公司推出的基于 Windows 的机械设计软件，它具有强劲的实体建模能力和易用友好的 Windows 界面，是一款优秀的三维产品设计软件。

复习与思考题

1. 简述 CAD 系统的结构组成。
2. CAD 系统的硬件平台包括哪些设备？
3. CAD 系统的软件平台包括哪些内容？
4. CAD 系统的常用支撑软件有哪些？
5. CAD 系统的类型有哪几种？其工作原理各是什么？

第二篇

矿物加工工程图纸绘制基础

矿物加工工程专业培养的是能在矿物(煤炭、金属、非金属)分选加工和矿产资源综合利用及相关领域内从事生产、设计、科学研究与开发、技术管理等工作的高级工程技术人才。对于从事矿物加工工程设计的初学者,首先要掌握一定的专业基础知识,其次要具备能够运用专业基础知识分析矿物加工工程中的问题的能力,包括读图、制图、空间关系等,最后要熟悉矿物加工工程图纸设计的各种要素、标准和规范。

第三章　矿物加工工程技术制图基本设置

第一节　矿物加工工程技术制图标准

工程设计的最终结果需要用工程技术图纸来呈现，图纸绘制应该力求规范化和标准化。绘制矿物加工工程技术图纸应遵循的基本国家标准和行业标准有：

GB/T 14689—2008　《技术制图 图纸幅面和格式》
GB/T 14690—1993　《技术制图 比例》
GB/T 14691—1993　《技术制图 字体》
GB/T 17450—1998　《技术制图 图线》
GB/T 10609.1—2008　《技术制图 标题栏》
GB/T 10609.2—2009　《技术制图 明细栏》
GB/T 17451—1998　《技术制图 图样画法 视图》
GB/T 17452—1998　《技术制图 图样画法 剖面图和断面图》
GB/T 17453—2005　《技术制图 图样画法 剖面区域的表示方法》
GB/T 50103—2010　《总图制图标准》
GB/T 18229—2000　《CAD 工程制图规则》
GB/T 16660—2008　《选煤厂用图形符号》
GB/T 50748—2011　《选煤工艺制图标准》
GB/T 19094—2003　《选煤厂流程图原则和规定》
GB/T 36231.2—2018　《矿山机械 图形符号 第 2 部分：矿物选别加工处理设备》
HG/T 22805.2—2016　《化工矿山企业施工图设计内容和深度的规范—选矿专业》
YS/T 5023—1994　《有色金属选矿厂工艺设计制图标准》

第二节　图纸幅面及格式

一、图纸幅面尺寸

根据 GB/T 14689—2008《技术制图 图纸幅面和格式》的规定，绘制技术图纸时，应优先采用表 3-1 规定的基本幅面，必要时也允许选用表 3-2 和表 3-3 规定的加长幅面。这些幅面的尺寸是由基本幅面的短边成整数倍增加后得出的，如图 3-1 所示。图 3-1 中粗实线为基本幅面（第一选择），细实线为表 3-2 所规定的加长幅面（第二选择），虚线为表 3-3 所规定加长幅面（第三选择）。

表 3-1　基本幅面(第一选择)　单位:mm

幅面代号		A0	A1	A2	A3	A4
幅面尺寸($B\times L$)		841×1 189	594×841	420×594	297×420	210×297
周边尺寸	e	20		10		
	c	10			5	
	a	25				

表 3-2　加长幅面(第二选择)　单位:mm

幅面代号	A3×3	A3×4	A4×3	A4×4	A4×5
尺寸($B\times L$)	420×891	420×1 189	297×630	297×841	297×1 051

表 3-3　加长幅面(第三选择)　单位:mm

幅面代号	尺寸($B\times L$)	幅面代号	尺寸($B\times L$)
A0×2	1 189×1 682	A3×5	420×1 486
A0×3	1 189×2 523	A3×6	420×1 783
A1×3	841×1 783	A3×7	420×2 080
A1×4	841×2 378	A4×6	297×1 261
A2×3	594×1 261	A4×7	297×1 471
A2×4	594×1 682	A4×8	297×1 682
A2×5	594×2 102	A4×9	297×1 892

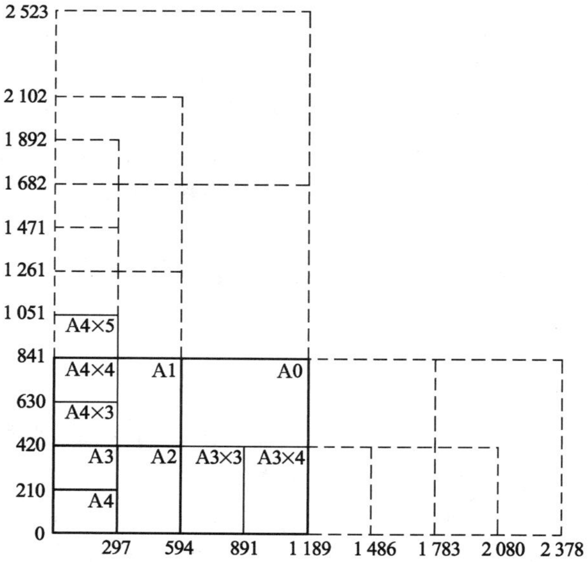

图 3-1　图纸的幅面尺寸

二、图框格式与图纸布局

在图纸上必须用粗实线画出图框，格式分为预留装订边和不留装订边两种，但同一产品的图样只能采用一种格式。不留装订边的图纸图框格式如图 3-2(a)(b)所示，预留装订边的图纸图框格式如图 3-2(c)(d)所示，尺寸按表 3-1 的规定。加长幅面的图框尺寸按所选基本幅面大一号的图框尺寸确定，例如 A2×3 的图框尺寸按 A1 的图框尺寸确定，A3×4 的图框尺寸按 A2 的图框尺寸确定。

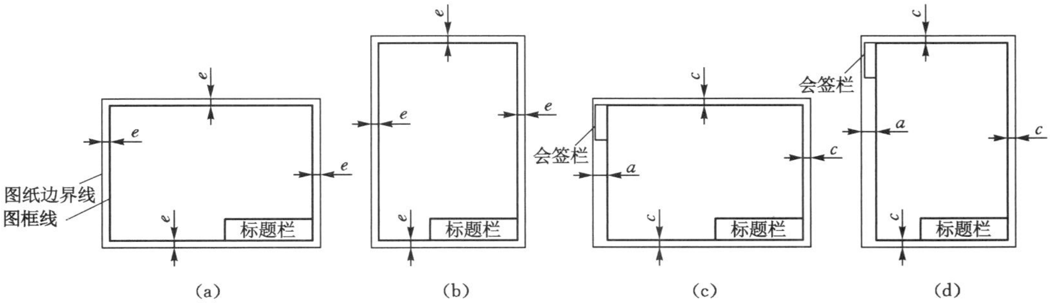

图 3-2　图框格式与图纸布局

三、对中符号与图幅分区

1. 对中符号

为了使图样复制和缩微摄影时定位方便，对表 3-1、表 3-2 和表 3-3 所列的各号图纸，均应在图纸各边长的中点处分别画出对中符号。对中符号用粗实线绘制，线宽不小于 0.5 mm，长度从图纸边界开始至伸入图框内约 5 mm，如图 3-3 所示。若对中符号伸入标题栏内，则伸入部分省略不画。

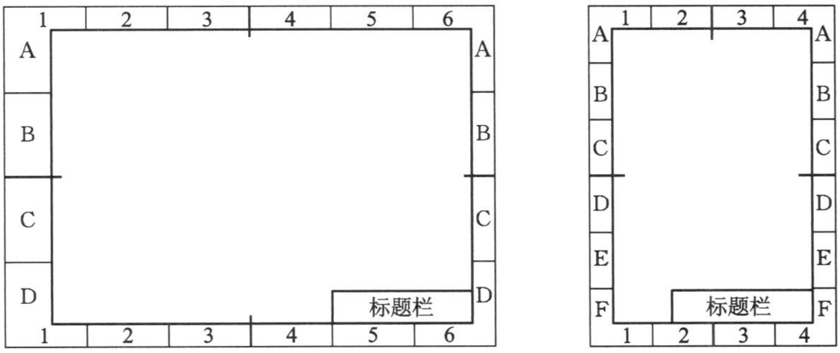

图 3-3　对中符号与图幅分区

2. 图幅分区

必要时可以用细实线在图纸周边内画出分区，如图 3-3 所示。图幅分区数目按图样的复杂程度判定，但必须取偶数。每一分区的长度应在 25～75 mm 之间选择。分区的编号沿上下方向用大写拉丁字母从上到下顺序编写，沿水平方向用阿拉伯数字从左到右顺序编写。

四、标题栏与会签栏

矿物加工工程技术图纸的每张图纸均应有标题栏，地面工艺总布置图和安装关系图应绘出会签栏。GB/T 10609.1—2008《技术制图 标题栏》规定了技术图样中标题栏的基本要求、内容、尺寸与格式，图 3-4 为 GB/T 10609.1—2008 中标题栏示例。可以根据设计特点和需要来设计自己的标题栏，如图 3-5 所示。学生设计绘图的标题栏可参考图 3-6。会签栏的位置如图 3-2(c)(d)所示，各部分尺寸和格式可参考图 3-7 绘制，会签栏的行数应按参加会签的专业数确定。

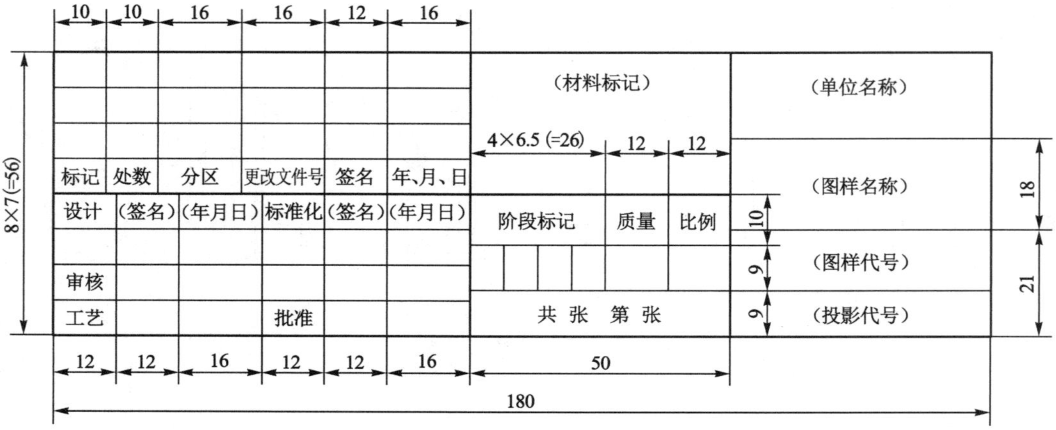

图 3-4　GB/T 10609.1—2008 中标题栏示例

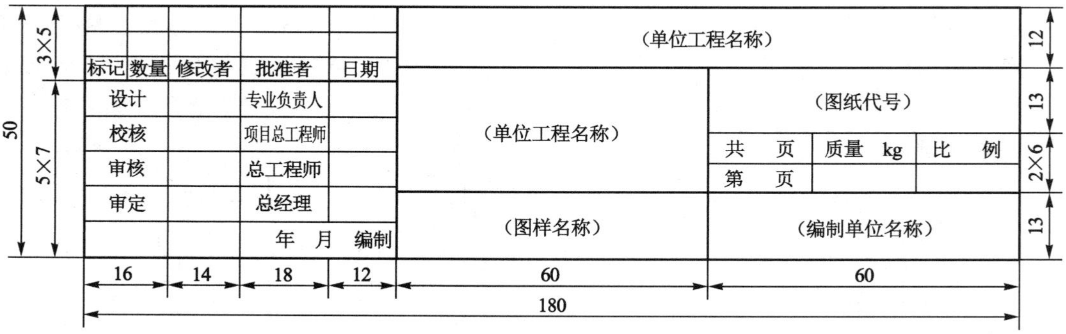

图 3-5　工程技术图纸标题栏各部分尺寸及格式

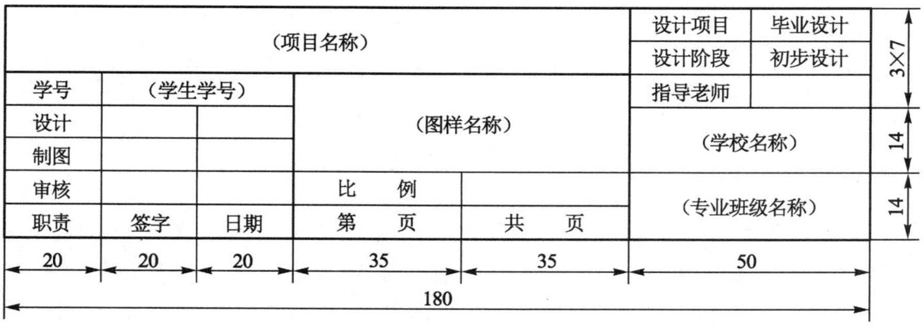

图 3-6　学生设计图纸标题栏各部分尺寸及格式

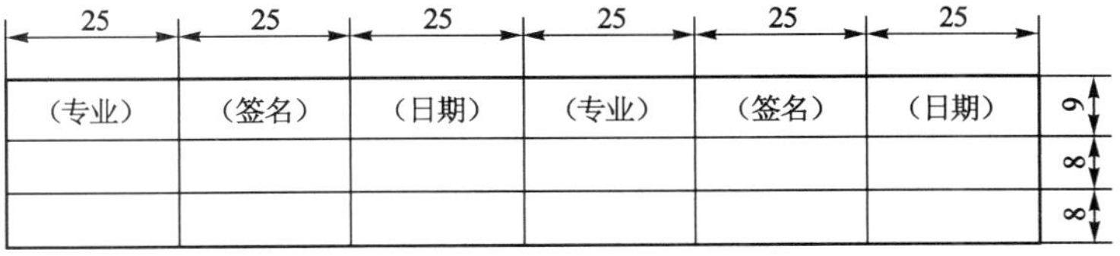

图 3-7　会签栏格式

第三节　比　　例

一、工程制图比例规定

比例是指图纸中图形与其实物相应要素的线性尺寸之比。

GB/T 14690—1993《技术制图 比例》规定，绘制图样时，应优先选择表 3-4 中的“优先使用”比例，必要时也允许从表 3-4 中“允许使用”比例中选取。

表 3-4　工程制图比例

种　　类		比　　例
原值比例		1∶1
放大比例	优先使用	5∶1　2∶1　(5×10^n)∶1　(2×10^n)∶1　(1×10^n)∶1
	允许使用	4∶1　2.5∶1　(4×10^n)∶1　(2.5×10^n)∶1
缩小比例	优先使用	1∶2　1∶5　1∶10　1∶(2×10^n)　1∶(5×10^n)　1∶(1×10^n)
	允许使用	1∶1.5　1∶2.5　1∶3　1∶4　1∶6 1∶(1.5×10^n)　1∶(2.5×10^n)　1∶(3×10^n)　1∶(4×10^n)　1∶(6×10^n)
矿物加工工程制图比例推荐	道路断面及零件	1∶5　1∶20　1∶50
	车间布置图及栈桥布置图	1∶50　1∶100　1∶200
	工艺总平面图	1∶2 000　1∶5 000
	工艺(数质量、物料及矿浆)流程图	不按比例
	首页图	不按比例
	仪表及管道流程图	不按比例

注：n 为正整数。

矿物加工工程专业制图的比例应根据图幅大小、图形复杂程度及清晰度选用表 3-4 中的比例。示意图、工艺流程图、设备流程图可不按比例绘制，但应该做到适当和匀称。

二、工程制图比例标注

比例一般应标注在标题栏中的比例栏内，必要时可标注在视图名称的下方或右侧，如图 3-8 所示。必要时，允许在同一视图的铅垂和水平方向标注不同的比例，但两种比例的比值不超过 5 倍，如图 3-9 所示。除此之外，图样的比例也可采用比例尺的形式，一般可在图样中的铅垂和水平方向加画比例尺。

I/2:1　　A向/1:100　　B—B/2.5:1　　墙板位置图/1:200　　平面图 1:100

图 3-8　比例标注图

河流横剖图　铅垂方向　1:1 000
　　　　　　水平方向　1:2 000

图 3-9　铅垂、水平方向不同比例标注

第四节　字　　体

GB/T 14691—1993《技术制图 字体》规定了技术图纸中汉字、字母、数字的结构形式和基本尺寸。GB/T 18229—2000《CAD 工程制图规则》规定了 CAD 工程图纸中字体的选用范围。HG/T 22805.2—2016《化工矿山企业施工图设计内容和深度的规范—选矿专业》对各类技术图纸字体高度做出了规定。

矿物加工工程图纸中的文字，汉字可采用仿宋体或宋体，英文可采用 Times New Roman 。但是，采用 AutoCAD 绘图时，应优先考虑 *. shx，即 AutoCAD 的专用字体（shx 字体），少使用 Windows 下的 TrueType 字体（ttf 字体），以加快图形的显示、缩小图形文件。利用 AutoCAD 软件绘图可以采用的西文字体有 romans. shx、simplex. shx、tssdeng. shx 或 txt. shx 字体等，中文字体常用 tssdchn. shx、hztxt. shx 或 gbcbig. shx。符合国际标准的工程字体为 gbenor. shx＋gbcbig. shx 组合，具体内容见第八章。字体高度可以按照表 3-5 选用。

表 3-5　工程制图字体高度推荐

书写内容	推荐字高/mm
图表中的图名及视图符号	5～7
工程名称	5
图纸中的文字说明及轴线号	5
图纸中的数字及字母	3～5
图名	7
表格中的文字	5
表格中的文字（格高小于 6 mm）	3.5
尺寸标注	文字 5 mm，箭头 5 mm 或 3.5 mm

第五节　标　　注

一、图名标注

（1）图形名称应与标题栏"图名区"中的图名相对应，标注在图形上方或下方中心位置。图名下应加一条横粗实线，需注比例时应在横线下方标注。

（2）车间平面图的图名应标注出所画楼层平面的标高数字，如图 3-10（a）所示；一个平面图同时包括几个不同标高平面时，图名应将所包含的不同标高全部标出，并应在相应图样中将不同标高全部标出，如图 3-10(b)所示；同时应在相应图样中将不同标高以标高符号标出，如图 3-10(c)所示。

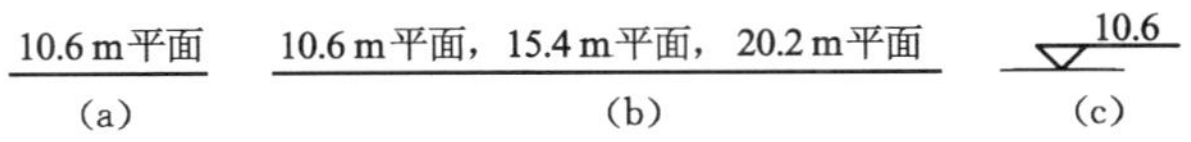

图 3-10　平面图的图名标注

(3) 剖面图图名应标明剖面所处轴线间的位置关系以及所视的方向，如图 3-11 所示。

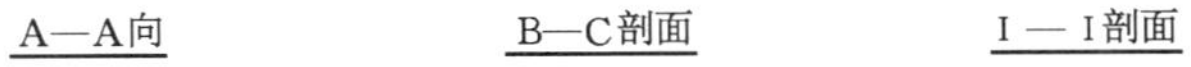

图 3-11　剖面图的图名标注

二、设备位置号标注

设备位置号应标注在图形轮廓线外、由图形引出的横线符号上面，如图 3-12(a)所示；位置号宜顺煤流方向用阿拉伯数字编写，当设备较多、出现重叠拥挤时，可采用公用引出线表示，如图 3-12(b)(c)所示；当改造旧厂房设计时，应将新、旧设备位置号加以区分，原有设备位置号的横线采用双横线，在粗实线的下面应再加一条平行细实线，如图 3-12(d)所示。

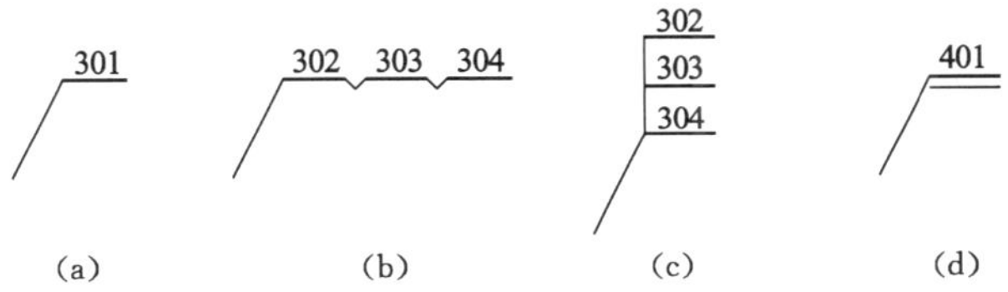

图 3-12　设备位置号标注

三、标高标注

标高符号应采用细实线绘制的等腰三角形表示，三角形的尖端应指至被标注点，尖端可向下，也可向上；三角形高可采用 3 mm，底角可采用 45°，如图 3-13(a)所示；当图形复杂时，可采用引出线形式标注，如图 3-13(b)所示。

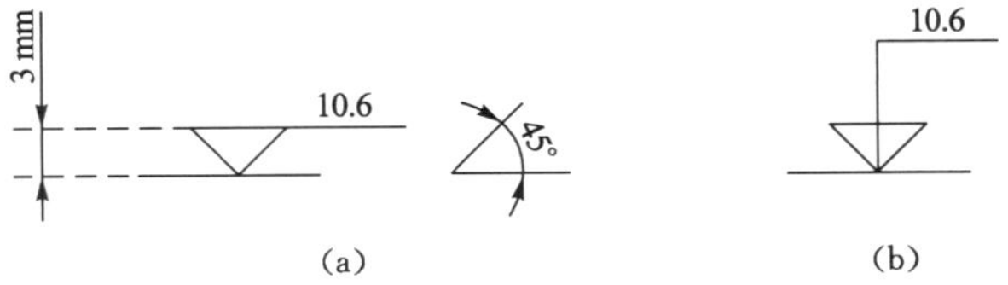

图 3-13　标高标注

四、安装方位标与风向玫瑰图

1. 安装方位标

安装方位标也称设计北向标志，是确定设备安装方向的基准，一般将其画在设备布置图纸的右上方。方位标由粗实线画出的直径为 20 mm 的圆和水平、垂直两轴线构成，并分别注以 0°、90°、180°、270°字样，如图 3-14 所示。

2. 风向玫瑰图

风向玫瑰图(简称风玫瑰图)，也叫风向频率玫瑰图，是根据某一地区多年平均统计的各个风向和风速的百分数值，并按一定比例绘制而成的，一般多用 8 个或 16 个罗盘方位表示，因形状酷似玫瑰花而得名。

风向玫瑰图上所表示的风向是指从外部吹向地区中心的方向，各方向上按统计数值画出的线段表示该方向的风频率大小，线段越长表示该风向出现的次数越多。将各个方向上表示风频的线段按风速数值百分比绘制成不同颜色的分线段，即表示各风向的平均风速，如图 3-15 所示。

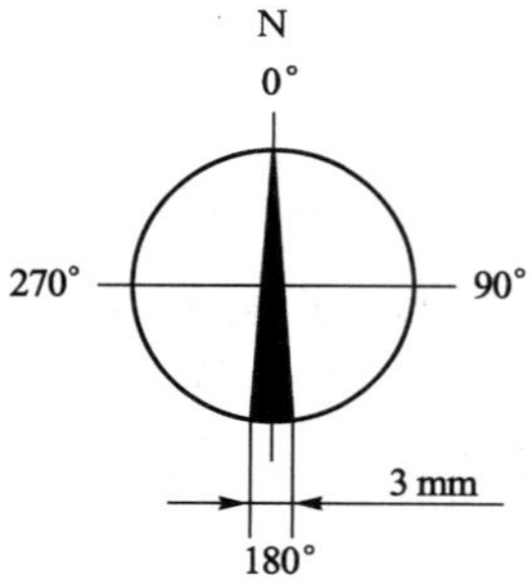

图 3-14　安装方位标

图 3-15　风向玫瑰图

风向玫瑰图中，线段最长者即为当地主导风向。该图可直观地表示年、季、月等的风向，能够为城市规划、建筑设计和气候研究提供有价值的参考资料。风向玫瑰图在气象统计、城市规划、工业布局等方面有着十分广泛的应用。例如，把居民区布置在主导风向的上风向，空气清新，环境优美；把污染大气的工厂布置在主导风向的下风向、最小风频的上方向；在季风气候区，污染大气的工厂应布置在与季风风向垂直的郊外，以减轻大气对城市的污染。

第四章　矿物加工工程图纸的阅读与绘制

第一节　常用图形符号

一、选煤(矿)厂用设备图形符号

1. 规范

GB/T 16660—2008《选煤厂用图形符号》规定了选煤厂常用设备(设施)图形符号，GB/T 36231.2—2018《矿山机械 图形符号 第2部分:矿物选别加工处理设备》规定了矿物选别加工处理设备图形符号，适用于选煤(矿)厂流程图和其他选煤(矿)用图表、教材、设计和施工等文件中。

2. 符号绘制的规定

在绘制图形符号时，采用下列规定：

(1) 图形符号的几何形状是标准化的，但对其尺寸未做具体规定，在使用时选择适当比例。

(2) 图形符号用粗线条表示，物料流程线用细线条表示。

(3) 流程线一般由图形符号上部或左侧进入，由下部或右侧引出。表示设备(设施)入料和排料的箭头数目应与实际相符。

3. 基本符号

选煤(矿)厂常用设备图形基本符号见表4-1。

表4-1　选煤(矿)厂常用设备图形基本符号

名　称	图形符号	名　称	图形符号	名　称	图形符号
1. 矿用筛分设备(GB/T 36231.2—2018 节选部分)					
筛分机(单层)	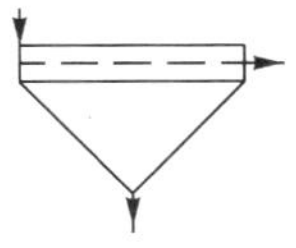	弧形筛		香蕉筛	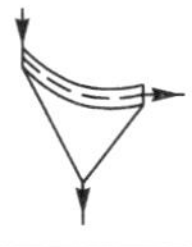
筛分机(多层)	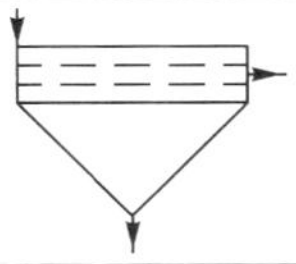	直线振动筛	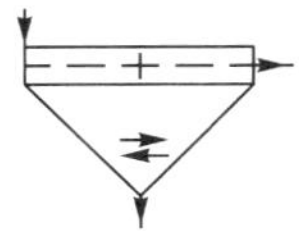	弛张筛	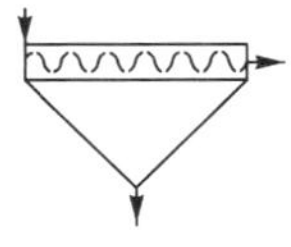
固定筛	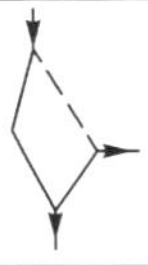	圆振动筛	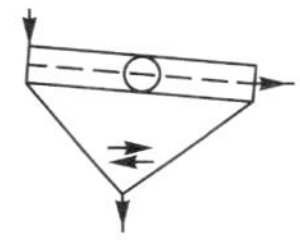	高频筛	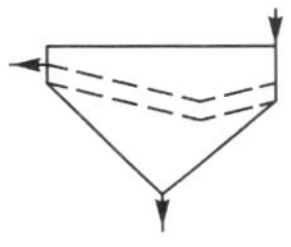

表 4-1(续)

名　称	图形符号	名　称	图形符号	名　称	图形符号
2. 矿用破碎粉磨设备(GB/T 36231.2—2018 节选部分)					
破碎机	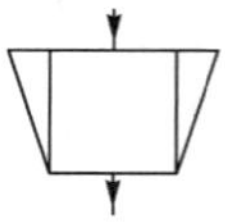	齿辊破碎机	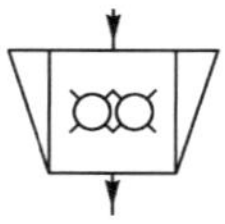	单转子反击式破碎机	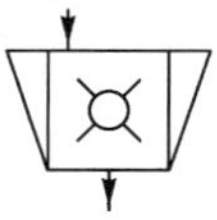
颚式破碎机	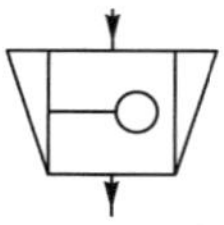	刀盘式破碎机	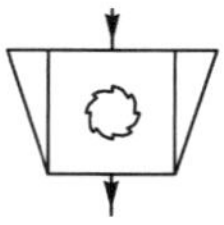	煤用滚筒碎选机	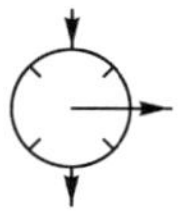
光辊破碎机	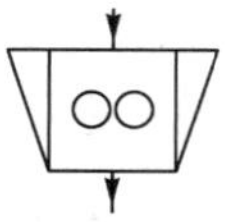	单转子锤式破碎机	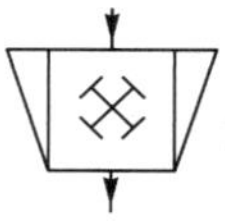	球磨机	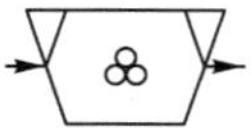
3. 矿用分选设备(GB/T 36231.2—2018 节选部分)					
水力分级机	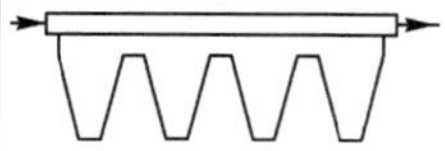	重介质旋流器	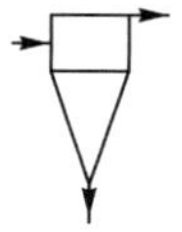	磁选机	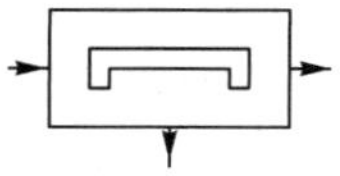
分级旋流器		浮选机	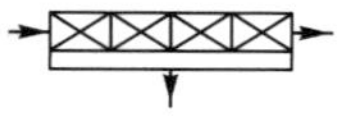	筒式磁选机	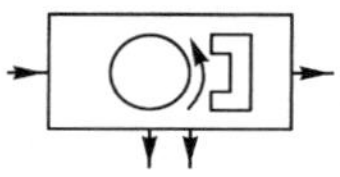
浓缩旋流器	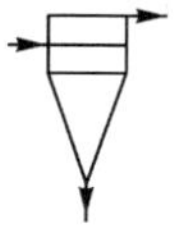	浮选柱(高柱型)	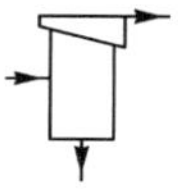	带式磁选机	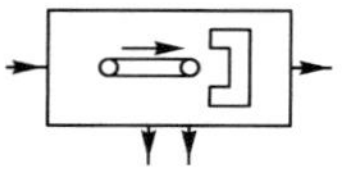
4. 选煤厂用图形符号(GB/T 16660—2008 节选部分)					
破碎机		磨碎机	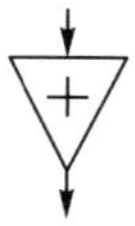	香蕉筛:双段	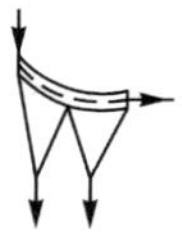
耙式浓缩机	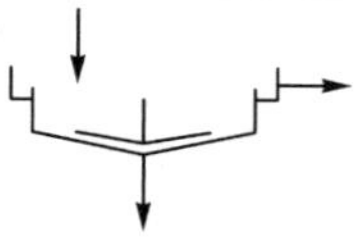	圆盘式真空过滤机	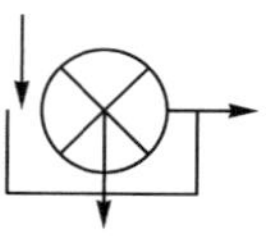	圆盘式加压过滤机	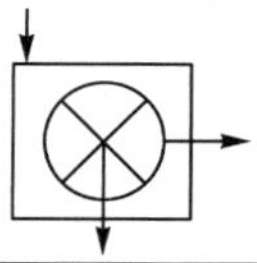
药剂桶	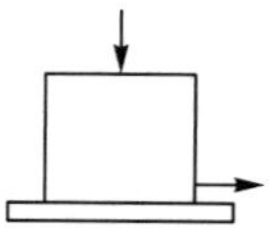	介质桶	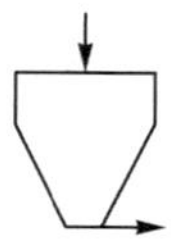	混料桶	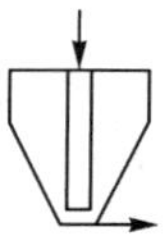

二、选煤(矿)厂设计材料剖面图例

在选煤(矿)厂设计中,钢筋混凝土结构的煤仓、厂房、水池、地基等的断面,可用图案填充来表示。YS/T 5023—1994《有色金属选矿厂工艺设计制图标准》对材料剖面图例做了规定，见表 4-2。材料剖面图例在 AutoCAD 中一般通过“图案填充”命令完成。

表 4-2　选煤(矿)厂设计材料剖面图例

名　称	图　例
土　壤	
砖、块石	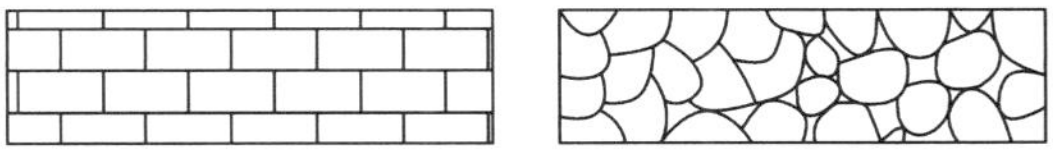
混凝土、钢筋混凝土	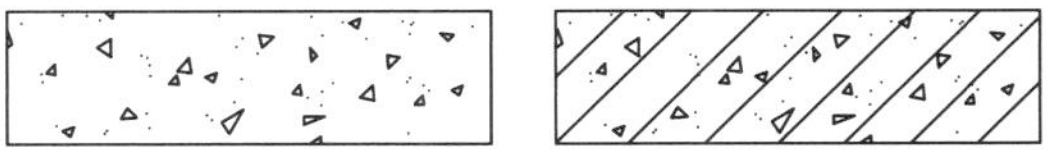
筛网(平面、断面)	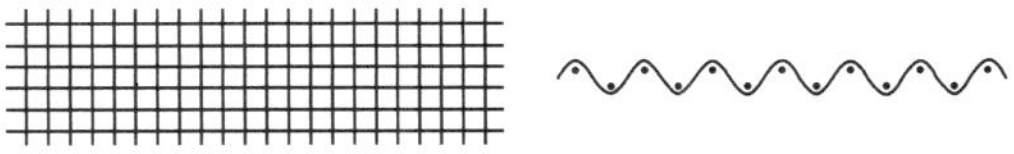
花纹钢板(平面、断面)	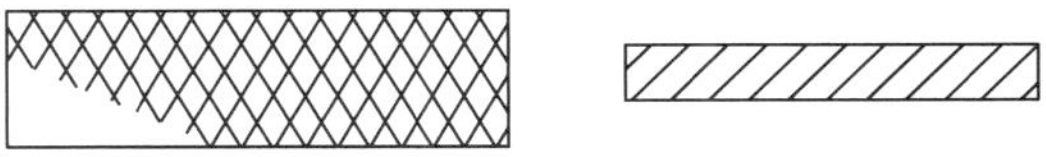
木材(平面、断面)	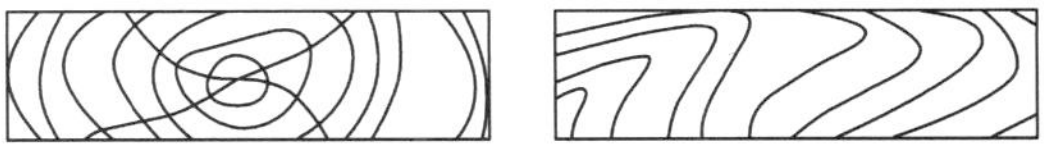
玻璃等透明材料(平面、断面)	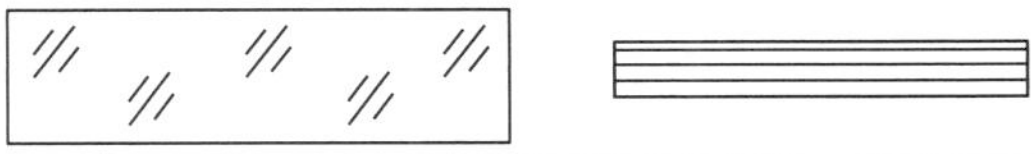
橡胶、耐火砖、铸石	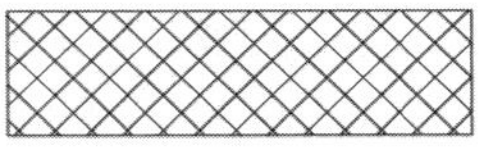
填料、矿石、砂、精矿	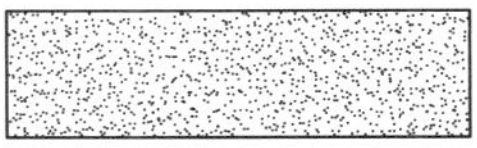
水或其他液体	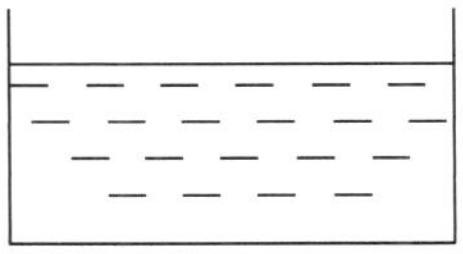

第二节　图线及流程线

一、图线宽度的一般规定

GB/T 17450—1998《技术制图 图线》规定了设计绘图用图线的名称、型式、结构、标记及画法规则，适用于各种技术图样如机械、电气、土木及矿业等图样。YS/T 5023—1994《有色金属选矿厂工艺设计制图标准》对矿物加工工程技术图纸中图线类型和图线宽度的选用做了规定。绘制工程技术图纸时，图线线宽的一般规定参见表 4-3。

表 4-3 线宽的一般规定

线型类别	粗线	中粗线	细线
线宽/mm	0.6～0.9	0.3～0.5	0.15～0.25
使用情况	主物料和主产品管线、设备位号线	次物料和次产品管线、其他辅助物料管道和设备外形轮廓线、管道的图纸接续标志等	阀门和管件等图形符号、仪表图形符号、表格线、保温等辅助线条

二、选煤厂流程线表示方法

GB/T 16660—2008《选煤厂用图形符号》规定了选煤厂流程线表示方法，见表 4-4。需要说明的是，这种专业特殊线型在 AutoCAD 通用软件平台中没有，但可以利用线型定制方法进行自定义，具体内容见第十四章。

表 4-4 选煤厂流程线表示方法

名　　称	图形符号	名　　称	图形符号
主要煤流线	————————	浮选药剂线、输油线	—— Y —— Y ——
可能煤流线	—— —— —— ——	合格介质线、磁选精矿线	—— H —— H ——
清水线	——— - ——— - ———	稀介质线	—— X —— X ——
循环水线	——·· ——— ·· ———	磁选尾矿线	—— C —— C ——
煤泥水线	—— M —— M ——	浮选尾矿线	—— W —— W ——
滴水、放水、溢水线	—— D —— D ——	絮凝剂线	—— N —— N ——
矸石线、灰渣线	—— G —— G ——	硫化铁线	—— L —— L ——
空气线	—— K —— K ——	流程线汇集、分叉	┬ ┴ ┤ ├
		流程线通过而不汇交	┼

第三节　流程图的分类与绘制规定

一、流程图的分类

1. 规范

GB/T 19094—2003《选煤厂 流程图原则和规定》规定了选煤厂设计用工艺流程图和设备流程图的编制原则和规定，适用于选煤厂设计、生产管理和科研等。HG/T 22805.2—2016《化工矿山企业施工图设计内容和深度的规范—选矿专业》也对选矿厂中的工艺流程图和管道及仪表流程图的绘制做了相关规定。

2. 流程图的分类

矿物加工工程设计中的流程图按不同设计阶段对图纸深度的要求分为原则流程图、设备流程图及工艺流程图。

（1）原则流程图是按照原料煤或矿物的加工顺序，表明工艺过程中各作业间相互联系的示意图，图中可只标注作业名称，不标注数量、质量等。原则流程图只用于设计初始阶段，如图4-1所示（参照GB/T 50748—2011《选煤工艺制图标准》绘制）。

（2）设备流程图是用图形符号表示各生产作业所使用的设备及其相互联系的系统图。

（3）工艺流程图一般表示各作业之间的物料流向，并标明各作业产品的数量、质量、水量平衡关系。选煤（矿）厂设计中需要绘制数质量及矿浆流程图，化工矿山企业还涉及物料流程图和管道及仪表流程图的绘制。

二、流程图的绘制规定

1. 选煤（矿）设备流程图的绘制规定

（1）设备流程图应绘出全厂的工艺设备、辅助设备及附属件、与工艺相关的建（构）筑物、各煤流系统、煤泥水系统、生产用水系统、介质系统以及药剂系统等的物流及走向，还应绘出图例、符号和必要的说明。

（2）设备联系图应按煤流（矿物）加工顺序和作业程序，从原煤受煤、储存、筛分破碎、分选、产品储存及产品装车等依次绘制，同一作业的设备应如数绘出，并宜在图纸上由左至右绘制，功能联系紧密的设备应集中布置。

（3）设备图形应按现行国家标准GB/T 16660—2008中规定的图形符号绘制，对于无规定的图形可自行绘制。

（4）流程线画法应与工艺流程图中的流程线相同。

（5）各种煤仓、储煤场等设施应标出容量和所储存物料的品种、粒度。各种水池、水箱、料槽等应标注出名称和容积。

（6）图中的设备和有关建筑设施宜用细实线绘制，主要流程线宜用粗实线绘制。

（7）设备及附属部件应标出位置号，并应与车间布置图中标注的位置号一致。

（8）改造厂新、旧设备及分期建设或预留设备，应用不同线型和位置号符号表示。

图4-2所示为选煤设备流程图（节选）示例。

2. 选煤（矿）工艺流程图的绘制规定

（1）应标注各作业及作业名称。

（2）应标注各作业的入料及产品名称，并应注明其产率、产量、灰分、水分、水量、液固比等指标。重介选工艺流程图还应注明悬浮液体积、悬浮液中的固体量、悬浮液中的磁性物数量、悬浮物中的非磁性物数量以及悬浮液密度等。

（3）工艺流程图应将数质量流程、水量流程和介质流程合并。

（4）破碎、筛分、分级作业应注明粒度变化指标，在粒度数字前应加“＋”和“－”符号表示大于和小于该粒度。

（5）工艺流程图上应绘制最终产品平衡表、图例、符号和说明。

（6）工艺流程图中的作业应采用一粗一细的双横线符号表示，如图4-3(a)所示，作业名称应标注在作业符号的上方，表示可能和预留作业时，应采用虚线符号，如图4-3(b)所示。

（7）各作业之间应采用表4-4中的相关流程线连接。在流程线的末端和转折、交汇点，应用箭头表明其流向；各种线条不得与作业符号相交。

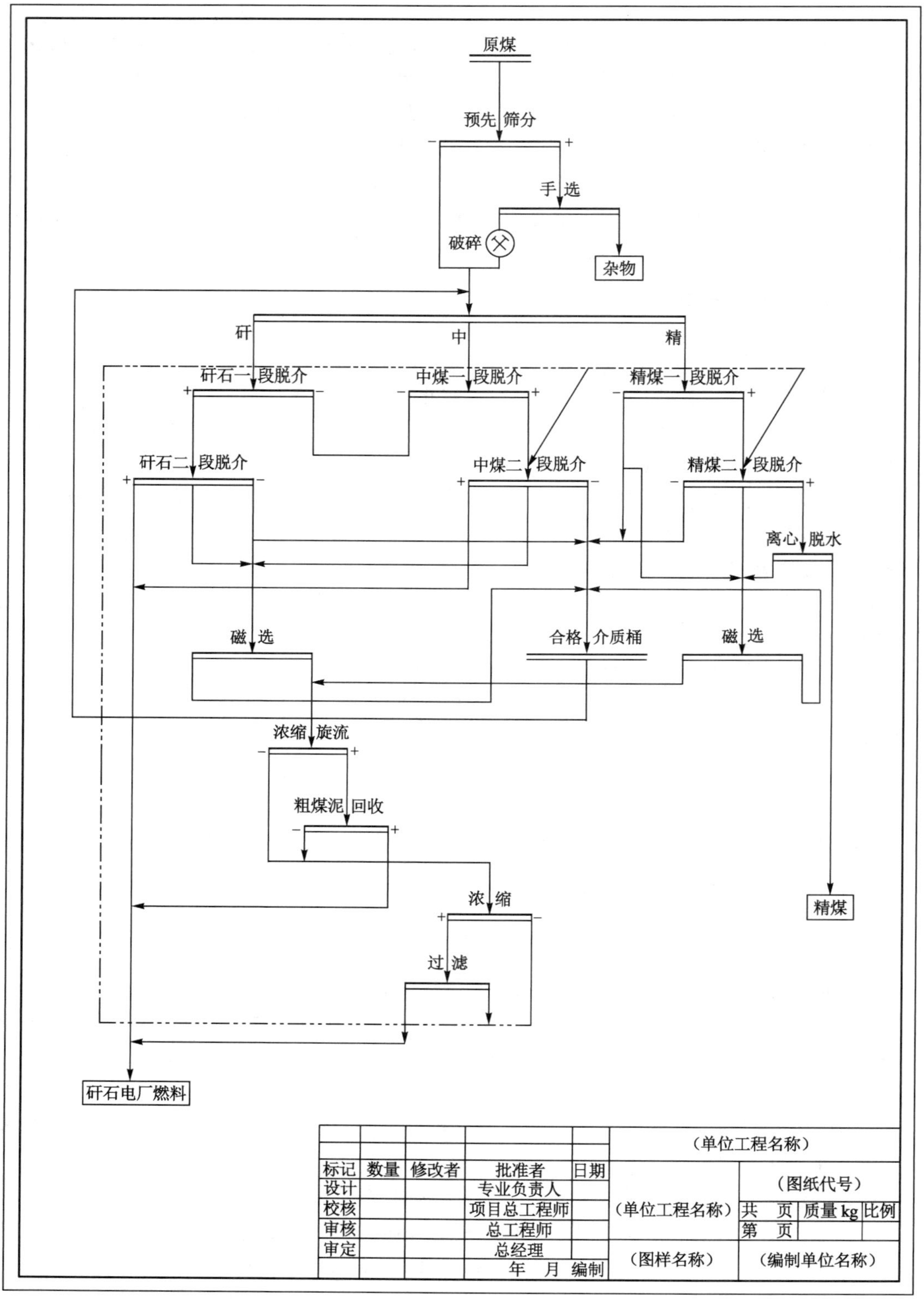
原煤
预先筛分
手选
破碎
杂物
矸
中
精
矸石一段脱介
中煤一段脱介
精煤一段脱介
矸石二段脱介
中煤二段脱介
精煤二段脱介
离心脱水
磁选
合格介质桶
磁选
浓缩旋流
粗煤泥回收
浓缩
过滤
精煤
矸石电厂燃料
(单位工程名称)
标记
数量
修改者
批准者
日期
设计
专业负责人
校核
项目总工程师
审核
总工程师
审定
总经理
年 月 编制
(单位工程名称)
(图纸代号)
共 页
质量 kg
比例
第 页
(图样名称)
(编制单位名称)

图 4-1 原则流程图示例

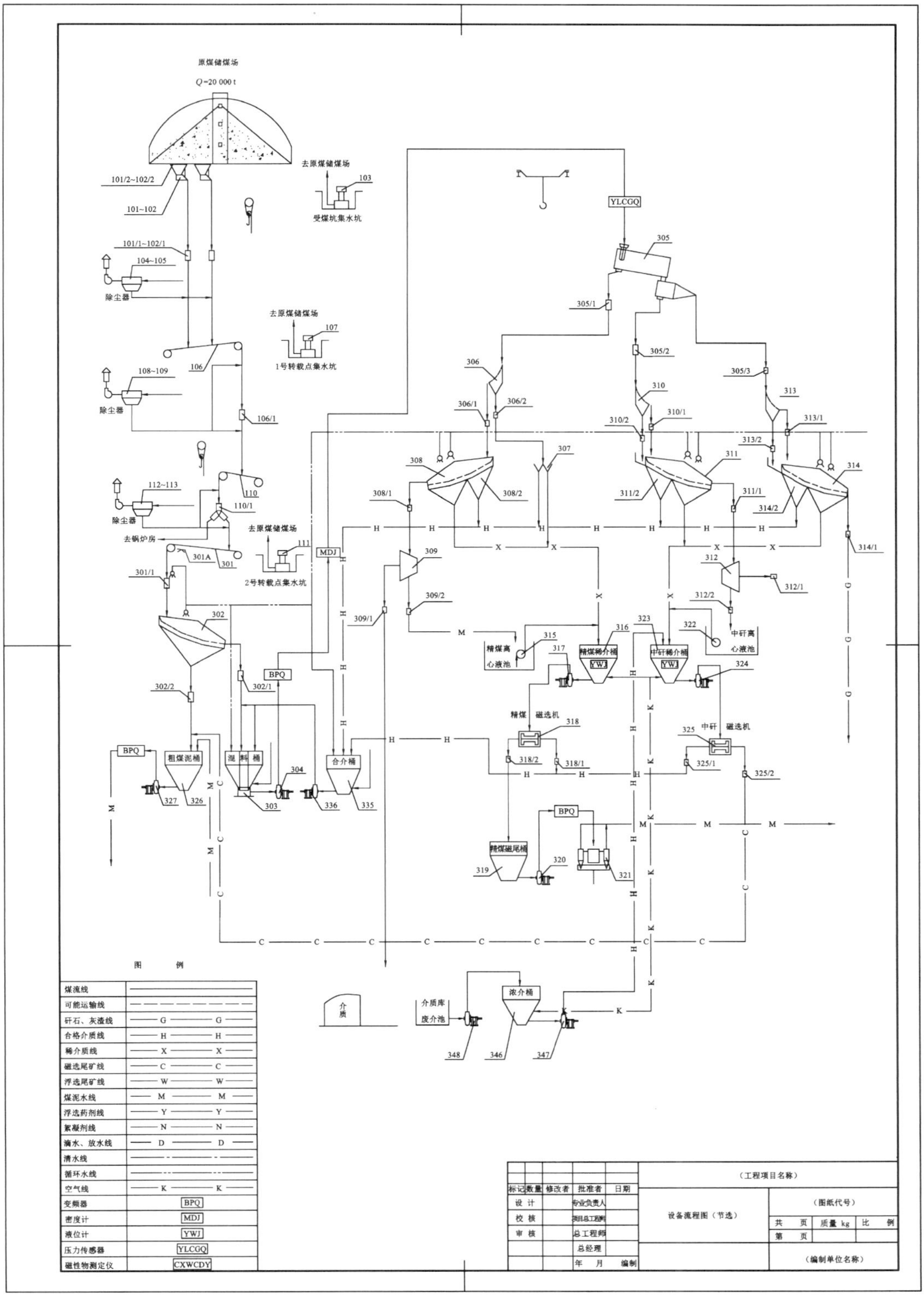

图 4-2　选煤设备流程图示例

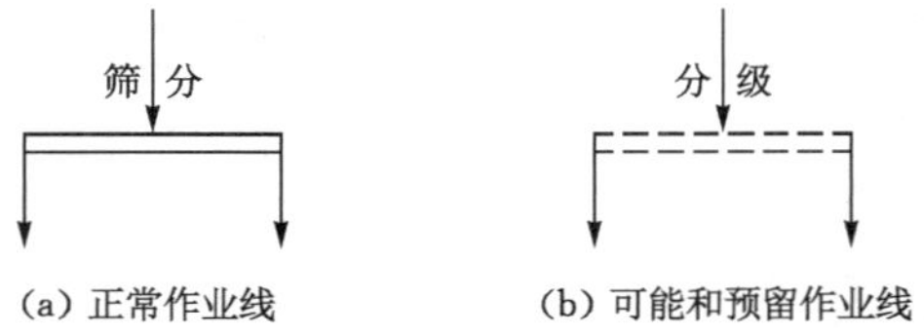

图 4-3 作业线和作业名称的标注

(8) 产品的数量、质量指标应写在流程线的右方，当右方写不下时可写在左方。图 4-4 所示为选矿工艺流程图示例(参照 HG/T 22805.2—2016《化工矿山企业施工图设计内容和深度的规范—选矿专业》绘制)。

图 4-5 所示为选煤工艺流程图(节选部分)示例。

3. 资源综合利用(化工生产)工艺流程图的绘制规定

资源综合利用(化工生产)工艺流程图包括流程框图、方案流程图、物料流程图和管道及仪表流程图。

(1) 流程框图的绘制规定

流程框图是指用方框(矩形)及文字表示工艺过程及设备，用箭头表示物料流动方向，把从原料开始到最终产品所经过的生产步骤以图示的方式表达出来的图样。每个方框可以是一个工序或工段，也可以是一个车间或系统。流程框图是化工工艺流程图中最简单、最粗略的一种表示方法，它只是生产工艺的示意流程，一般在设计初期绘制。图 4-6 所示为合成氨工艺的流程框图。

(2) 方案流程图的绘制规定

方案流程图又称流程示意图或流程简图，是用来表达整个工厂或车间生产流程的图样。方案流程图一般为工艺设计开始时绘制的图样，是施工流程图设计的依据，一般包括物料由原料转变成半成品或成品的来龙去脉，即工艺流程线以及采用的各种机器和设备。

在方案流程图中按照流程顺序用细实线画出设备示意图；保持设备的相对大小，允许过大的设备适当缩小比例，过小的设备适当放大比例；各设备之间的高低位置及设备上重要的管口位置，需要大体符合实际情况；主要工艺物料流程线用粗实线绘制，辅助物料流程线用中粗实线绘制，流程线一般画成水平或垂直，箭头表明物料的流向；一般在流程图的正上方或正下方标注设备的位号及名称，标注时排成一排。图 4-7 所示为某空压站的方案流程图。

(3) 物料流程图(PFD 图)的绘制规定

物料流程图是在初步设计阶段完成物料衡算和热量衡算时绘制的。它是在方案流程图的基础上，采用图形和表格相结合的形式反映物料衡算和热量衡算结果的图样。它为设计审查提供资料，也是进一步设计的依据，为生产操作提供参考。

物料流程图一般以车间或工段为单元绘制，从左至右用细实线画出设备及装置的轮廓，设备之间应留有空隙，以便布置物料流程线；用粗实线绘制物料流程线，并对物料的流向用箭头表示；用细实线标注出物料变化的引线列表、设备列表及表格。图 4-8 所示为某工段的物料流程图。

(4) 管道及仪表流程图(PID 图)的绘制规定

根据 HG/T 20519—2009《化工工艺设计施工图内容和深度统一规定》，管道及仪表流程

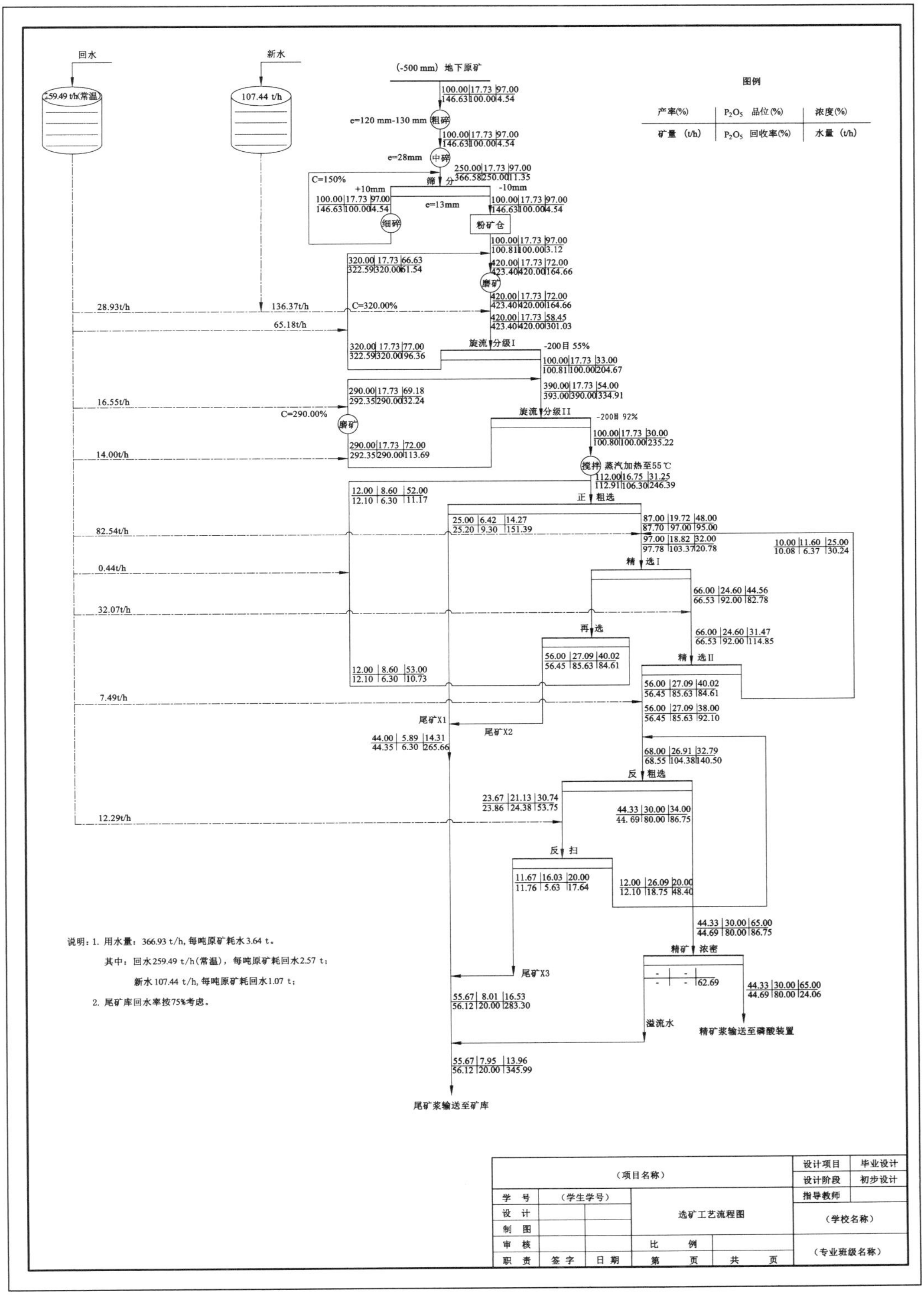

图 4-4　选矿工艺流程图示例

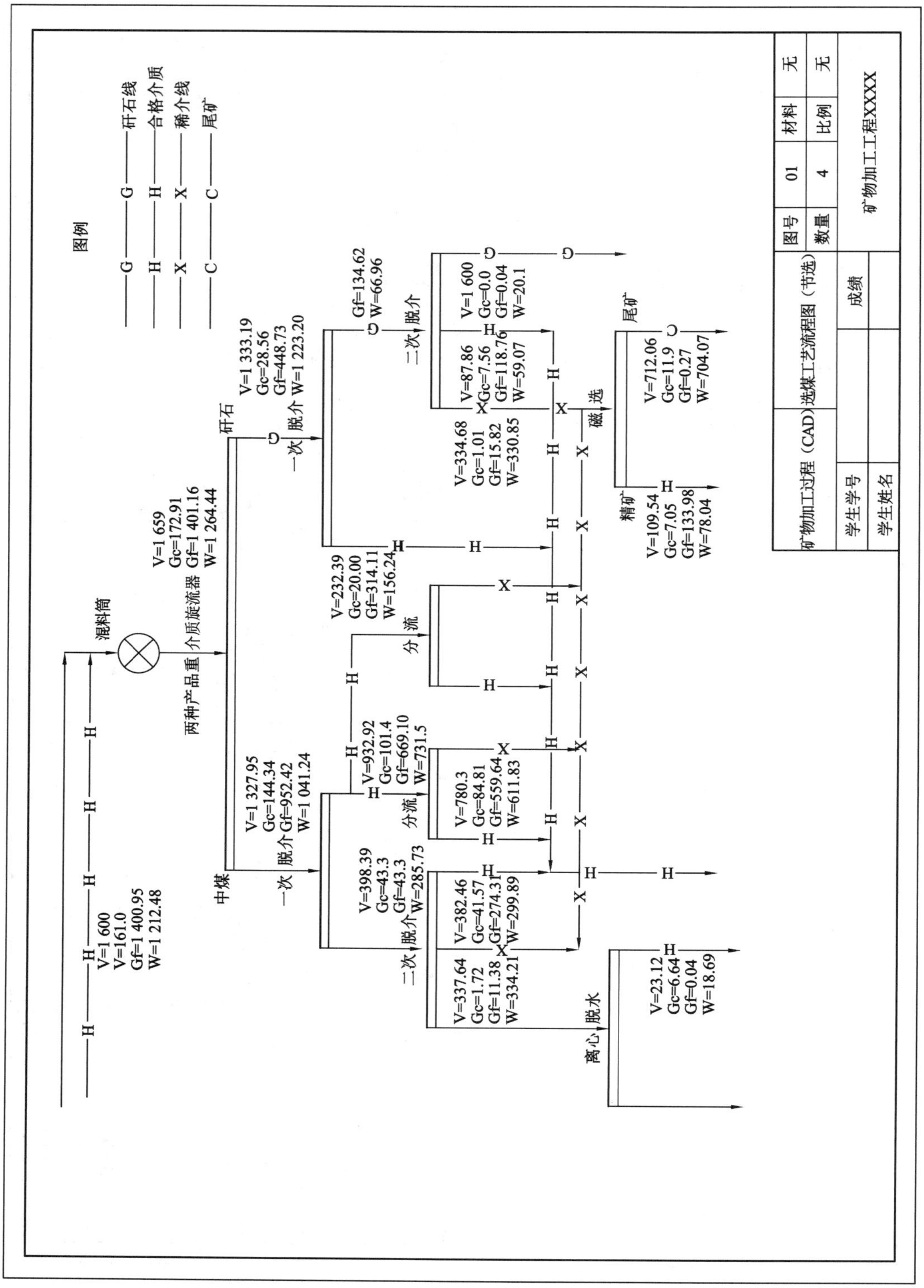

图 4-5　选煤工艺流程图示例

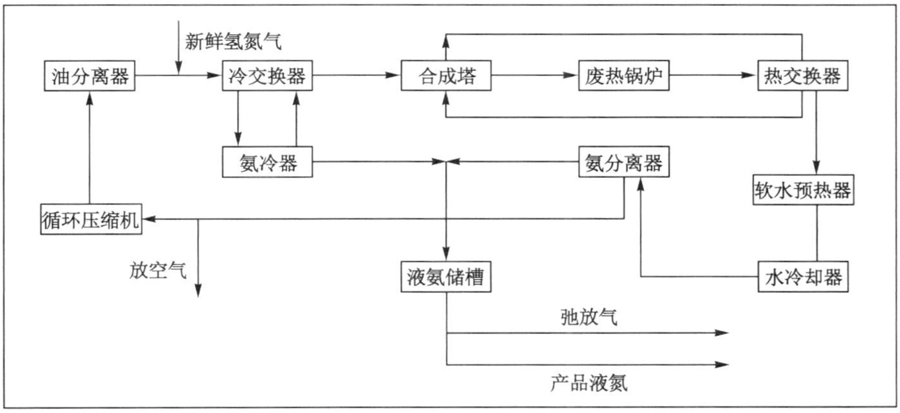

图 4-6　合成氨工艺的流程框图

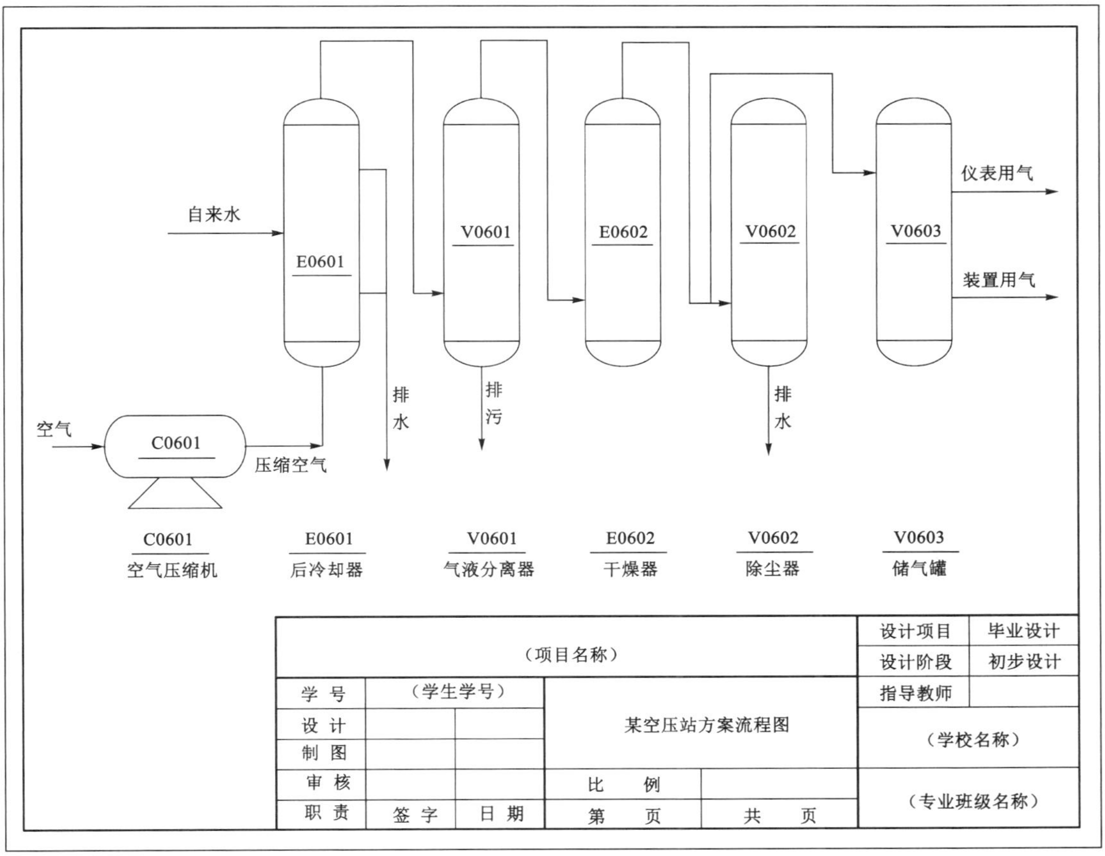

图 4-7　某空压站的方案流程图

图是指用统一规定的图形符号和文字代号，将化工生产过程的全部设备、仪表、管道及主要管件表示出来的图样，它是设计、施工的依据，也是企业管理、操作、维修、开停车等所需的完整技术资料的一部分。图 4-9 所示为某间歇法制水煤气空压站工序工艺管道及仪表流程图。

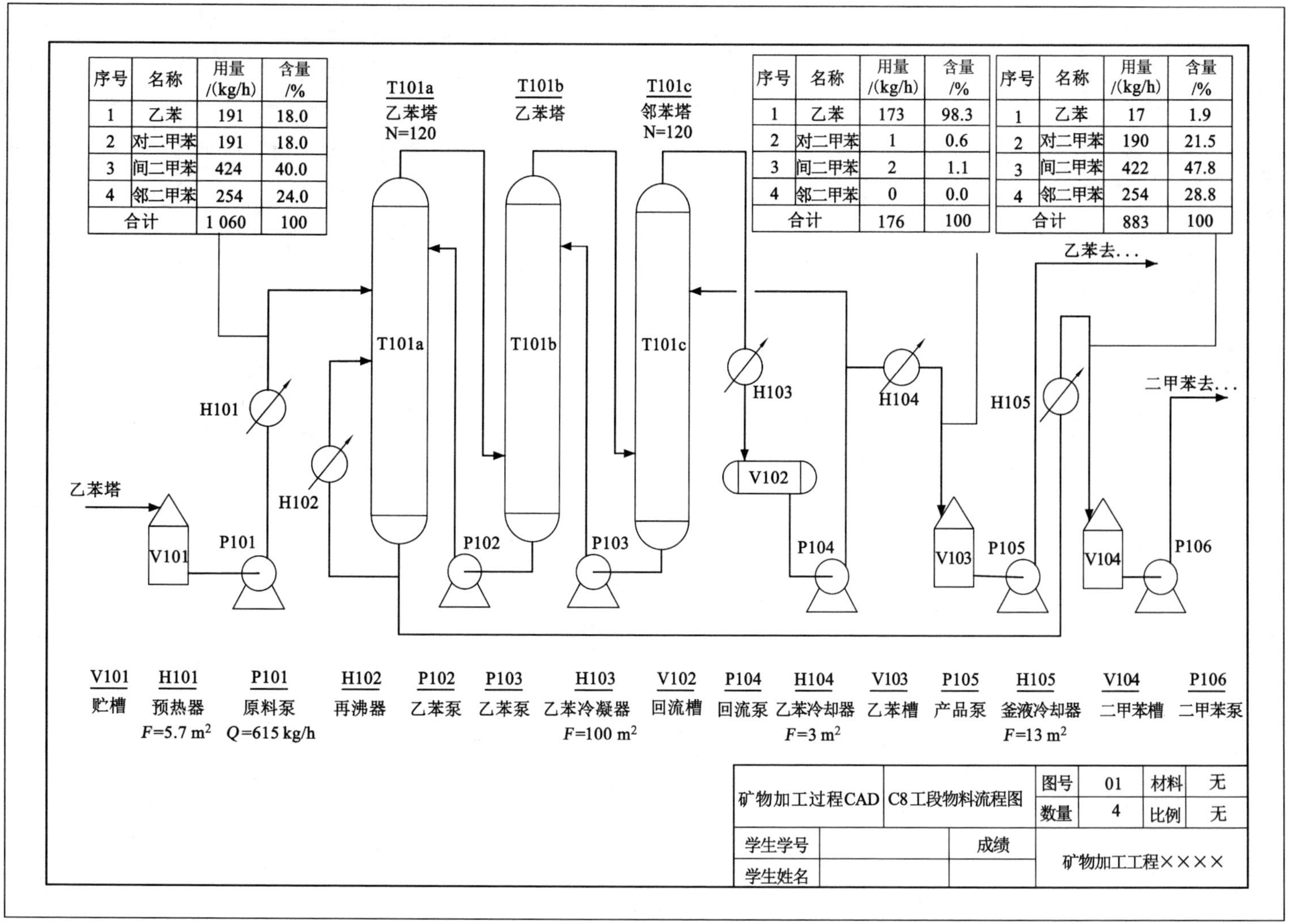

图 4-8　某工段的物料流程图

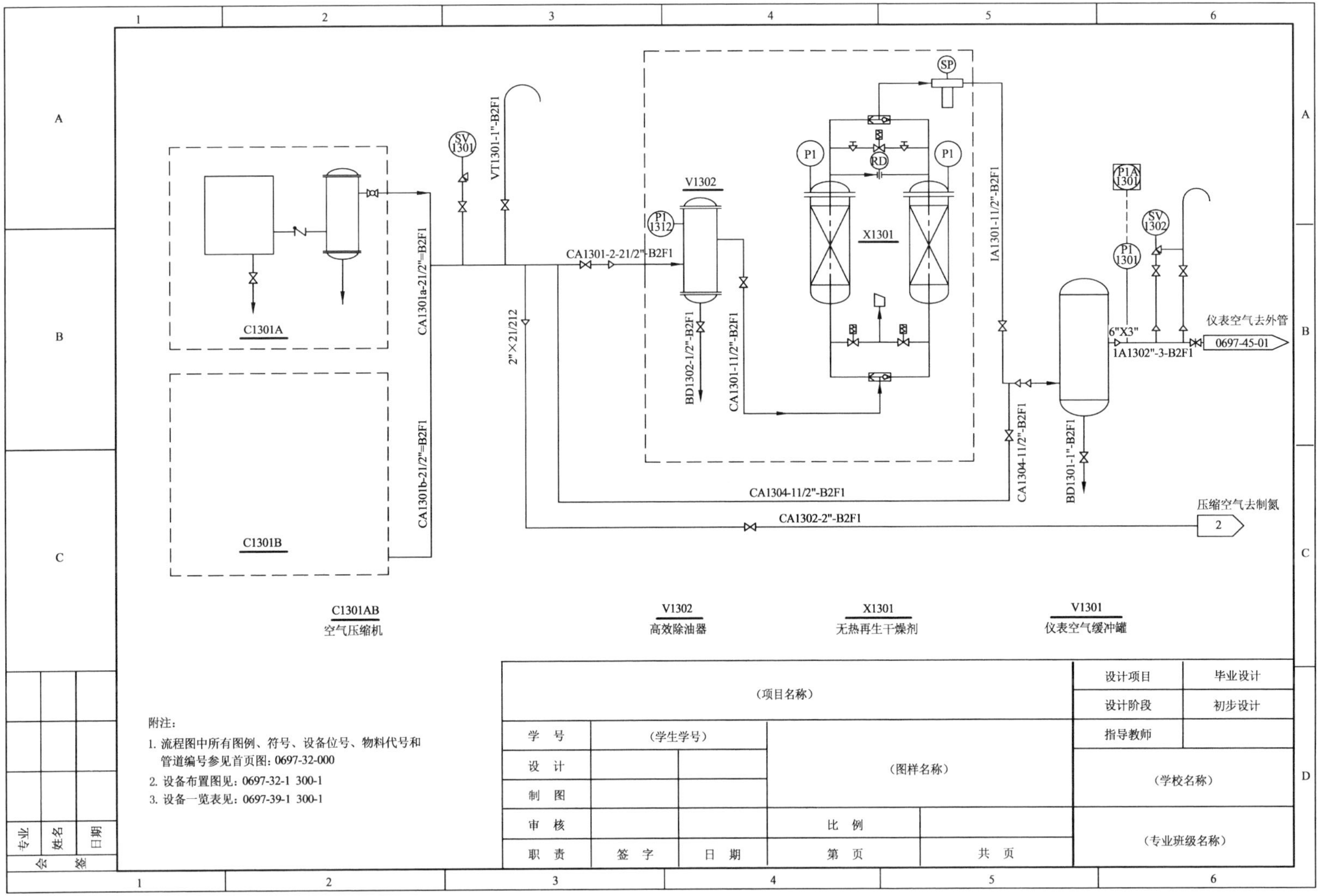

图 4-9　管道及仪表流程图示例

根据 HG/T 22805.2—2016《化工矿山企业施工图设计内容和深度的规范—选矿专业》，近几年国内外设计的大型磷矿选矿厂和钾盐加工厂的自动化程度较高，选矿工艺专业提供的设备形象联系图不能满足选矿厂自动化设计的需要，不能清楚地反映选矿厂自动控制的各种关系。因此，需要绘制管道及仪表流程图。

第四节　地面工艺总布置图及车间布置图的表示方法

一、地面工艺总布置图的绘制

在选煤(矿)厂设计中，地面工艺总布置图按现行国家标准 GB/T 50103—2010《总图制图标准》的有关规定执行。地面工艺总布置图中的各建(构)筑物，应按煤流顺序和生产环节先后进行编号，并应列出建(构)筑物一览表。带式输送机、栈桥、转载点的绘制应与车间布置图相同。

二、定位轴线的绘制

厂房及建(构)筑物柱子轴心应该用定位轴线标出，绘制原则为：

(1) 定位轴线用点画线绘制，轴线编号的圆圈用细实线绘制，圆圈直径为 8～10 mm，圆心应在定位轴线的延长线或延长线的折线上。

(2) 平面图上定位轴线的编号，宜标注在图样的下方和右侧，标注在右侧的轴线编号应字头向左。

(3) 定位轴线的编号应依其在工艺布置总平面图上的方位确定，水平方向的编号应采用阿拉伯数字由左向右依次编注，垂直方向的编号应采用大写的英文字母由下而上依次编注，英文字母 I、O、Z 不得采用，如图 4-10 所示。

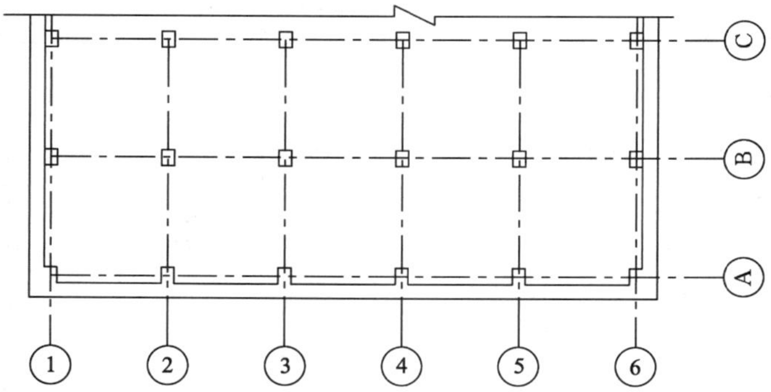

图 4-10　定位轴线编号及标注

(4) 改、扩建项目，其旧建(构)筑物与新建(构)筑物轴线编号，应分别用同心双圆圈和单圆圈标注，并应在图纸上加以文字说明。

三、车间布置图的绘制

(1) 车间布置图的平面、剖面、断面和各种图形，均应按正投影方法绘制。

（2）车间布置图应为自上层楼板位置向该楼板俯视得到的投影图。车间为台阶式布置时，不同标高的平面可绘制在同一幅图中，并应标注出不同标高数值。

（3）车间布置剖面图可以建筑物轴线作为剖切线，并可以轴线编号的顺序区别剖视方向。车间布置剖面图的剖视方向宜在平面图上从右向左、从下向上看。

（4）车间布置剖面图对设备可不做剖视，可以设备的正投影绘制。

（5）带式输送机栈桥横截面应采用断面图绘制，当车间局部设备布置需特别交代清楚时，也可采用断面图绘制。

（6）车间内改造工程的新、旧设备及分期建设或预留设备，应以不同线型或位置号符号表示。

（7）车间布置图应在图纸的首图中标注必要的说明和图例。

复习与思考题

1. 国标《选煤厂用图形符号》规定了选煤厂常用设备（设施）的图形符号，用于选煤（矿）厂流程图中。请问在绘制这些图形符号时，需遵守哪些规定？

2. 在选煤厂流程图中，煤泥水线、滴水线、清水线、循环水线、合格介质线、稀介质线、浮选药剂线、矸石线、空气线、絮凝剂线的流程线表示方法是什么？

3. 选煤（矿）厂工艺流程图的绘制规定有哪些？

4. 选煤（矿）厂设备流程图的绘制规定有哪些？

5. 选煤（矿）厂设计中，厂房及建（构）筑物柱子轴心应该用定位轴线标出，绘制原则是什么？

6. 选煤（矿）厂设计中，绘制车间布置图的原则有哪些？

第三篇

基于 AutoCAD 的二维绘图方法

AutoCAD 是美国 Autodesk 公司开发的计算机辅助设计软件，可用于绘制二维图形和基本三维设计，现已成为国内外各领域广泛使用的绘图工具。AutoCAD 自 1982 年问世以来，经过了近 30 个版本的不断更新，功能日益完善与强大。本篇以 AutoCAD 2019 版本为平台，介绍二维绘图与编辑方法、绘制等轴测图、AutoCAD 系统的初步定制、参数化绘图与约束以及矿物加工工程二维图纸的绘制方法。

第五章　AutoCAD 2019 用户界面与操作方法

第一节　AutoCAD 2019 用户界面

一、启动 AutoCAD 2019

(1) 在 Windows 桌面上双击 AutoCAD 2019 快捷图标。

(2) 单击 Windows 桌面左下角图标的“开始”按钮，在弹出菜单中选择“所有程序”➤“Autodesk”➤“AutoCAD 2019 simplified chinese”➤“AutoCAD 2019 simplified chinese”。

(3) 双击一个已存在的 AutoCAD 文件 图1.dwg(扩展名为 dwg 或 dwt 的文件)。

在启动 AutoCAD 2019 后，如图 5-1 所示，单击“开始绘制”按钮便开始绘制新图形，也可以选择一个样板文件绘制新图形，或者打开一个最近使用的文件。

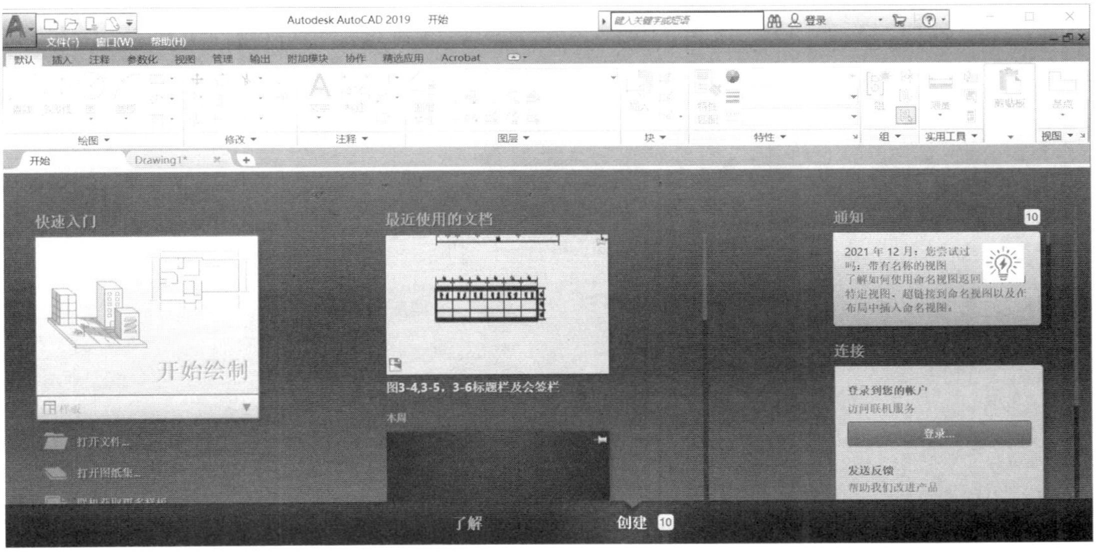

图 5-1　AutoCAD 2019 启动对话框

二、用户操作界面

AutoCAD 2019 的用户操作界面如图 5-2 所示，主要包括快速访问工具栏，标题栏，交互信息工具栏，菜单栏，功能区，工具栏，绘图区，坐标系图标，命令与文本窗口，状态栏，布局标签，视口、视图及视觉样式控件，ViewCube，导航栏，十字光标等。

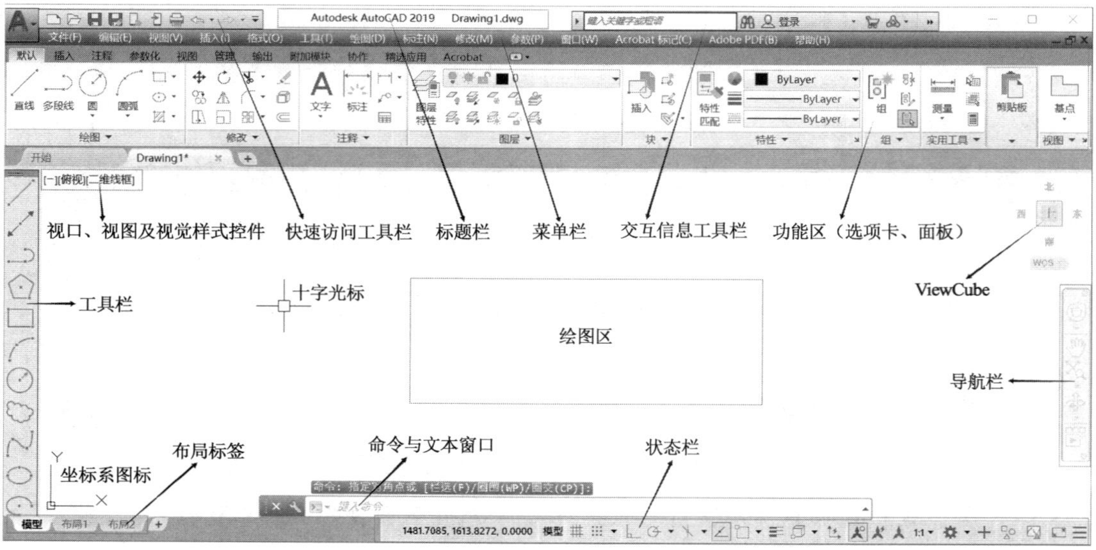

图 5-2　AutoCAD 2019 用户操作界面

1. 快速访问工具栏

在用户操作界面的顶部设置有“快速访问工具栏”，包括熟悉的命令如“新建”“打开”“保存”“打印”“放弃”等，如图 5-3 所示。除此之外，还可以通过点击“快速访问工具栏”上的按钮，添加其他命令如“特性”“工作空间”等，以及选择“显示菜单栏”，使熟悉 AutoCAD 旧版本的用户操作更加方便。

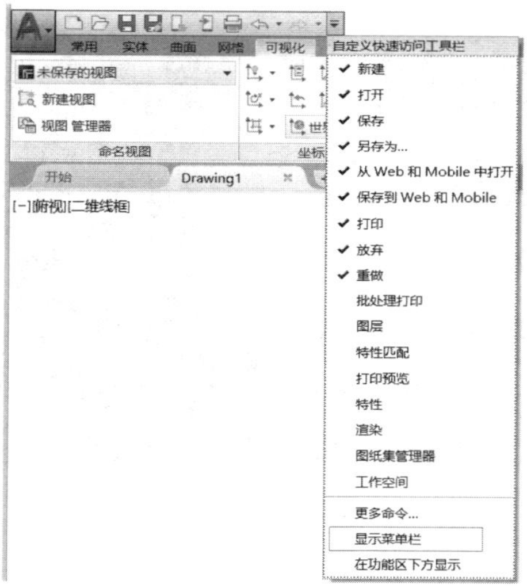

图 5-3　快速访问工具栏

2. 标题栏

在标题栏中，显示了系统当前正在运行的应用程序（AutoCAD 2019）和用户正在使用的图形文件。在第一次启动 AutoCAD 2019 时，创建并打开的图形文件的名称默认为 Drawing1. dwg，如图 5-2 所示。

3．交互信息工具栏

该工具栏包括“搜索”“Autodesk Online 服务”“交换”和“帮助”4 个常用的数据交互访问工具按钮。

4．菜单栏

在“快速访问工具栏”中选择“显示菜单栏”选项，可以调出菜单栏。AutoCAD 2019 的菜单栏中包含 12 个下拉菜单，分别是“文件”“编辑”“视图”“插入”“格式”“工具”“绘图”“标注”“修改”“参数”“窗口”和“帮助”，如图 5-4 所示，各菜单中还包含有子菜单。这些菜单几乎包含了 AutoCAD 2019 的所有绘图命令，在后面的章节中将陆续对这些菜单功能进行详细讲解。AutoCAD 下拉菜单有如下特点：

（1）菜单项后面有“...”省略号时，表示单击该选项后，会打开一个对话框。

（2）菜单项后面有向右的小三角时 ›，表示该选项还有子菜单。

（3）既不带小三角形也不带省略号的菜单，是可以直接执行操作的菜单命令，例如，选择菜单栏中的“视图”➤“重生成”命令，将重新生成所有图形对象。

（4）当菜单项显示为浅灰色时，表示在当前条件下这些命令不能使用。

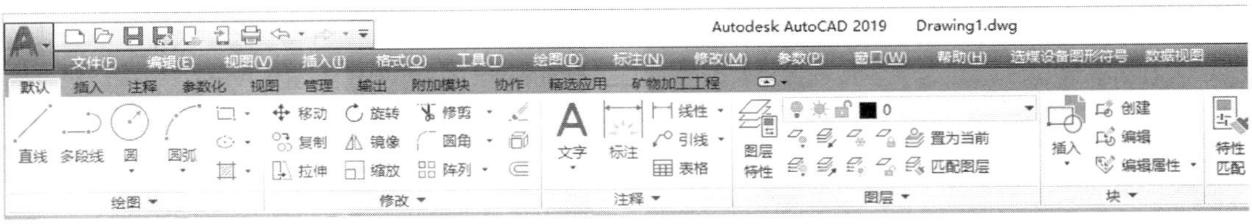

图 5-4 菜单栏、功能区和选项卡

5．功能区

功能区由若干选项卡组成，每个选项卡包含若干面板，面板里有可执行的工具及控件，如图 5-4 所示。

（1）显示功能区：依次单击菜单栏中的“工具”➤“选项板”➤“功能区”。

在默认情况下，AutoCAD 2019 功能区包含有“默认”“插入”“注释”“参数化”“视图”“管理”“输出”“附加模块”“协作”“精选应用”等选项卡，如图 5-4 所示。

（2）选项卡的显示与关闭：将光标放在选项卡上任意位置处，点鼠标右键，打开如图 5-5 所示的快捷菜单。点击“显示选项卡”，前面打对号 ✓ 的选项卡表示已经显示在功能区；单击未标对号 ✓ 的选项卡，则系统自动在功能区显示该选项卡；反之，则关闭该选项卡。同样，面板的显示与关闭与此类似。

（3）当把光标停留在功能区面板中某个命令按钮上时，会自动显示一个上下文选项卡，其中会显示对相应命令按钮的说明、示例图和命令名。单击该按钮也可以启动相应命令，如图 5-6 所示。

（4）面板的展开：面板标题右侧的箭头表明用户可以展开该面板，以显示其他可用的工具和控件。默认情况下，在单击其他面板时，展开的面板会自动关闭。若要使面板始终处于展开状态，请单击展开面板左下角的图钉图标，如图 5-7 所示。

（5）面板的浮动与固定：用鼠标拖出面板，可以使其浮动在绘图区；点击浮动面板右上角位置的图标，可以“将面板返回到功能区”，如图 5-8 所示。

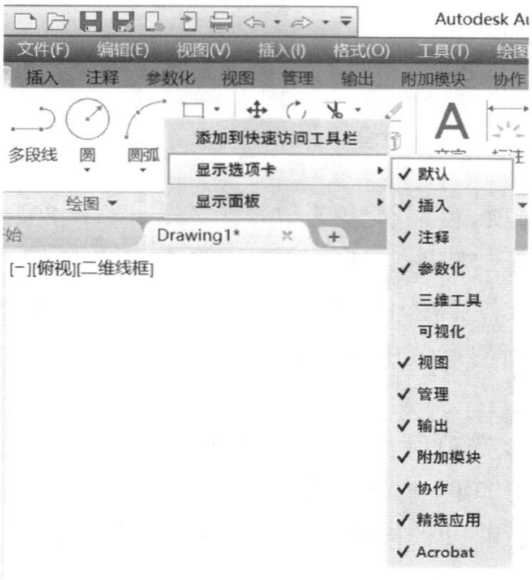

图 5-5　显示选项卡

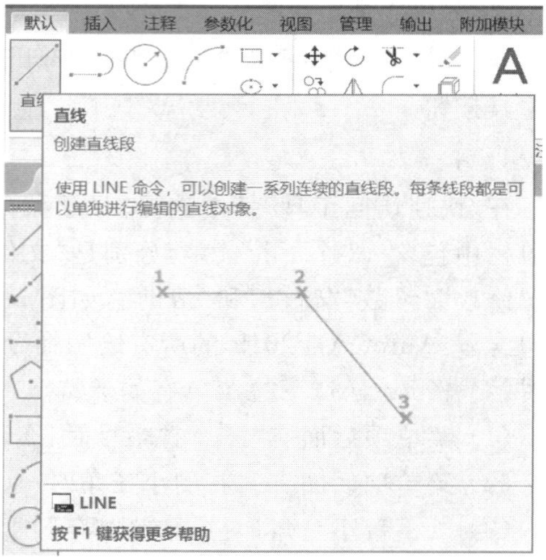

图 5-6　工具按钮说明

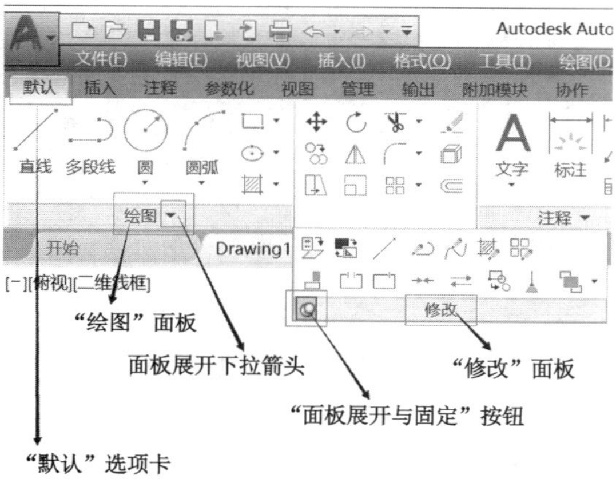

图 5-7　面板的展开

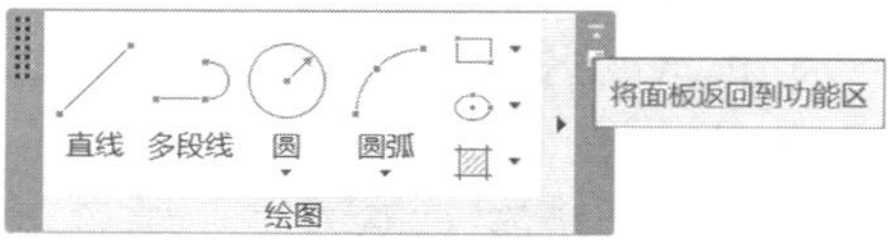

图 5-8　面板的浮动与固定

6. 工具栏

AutoCAD 2019 提供了 40 多个工具栏，每一个工具栏上均有一些形象化的按钮。单击某一按钮，可以启动 AutoCAD 的对应命令。

(1) 打开与关闭工具栏：用户可以根据需要打开或关闭任意一个工具栏。

① 点击菜单栏中的“工具”➤“工具栏”➤“AutoCAD”，打开需要的工具栏。

② 在已有工具栏上单击鼠标右键，弹出快捷菜单，也可打开需要的工具栏。

(2) 固定与浮动工具栏：工具栏可以在绘图区浮动显示，此时显示该工具栏标题，并可关闭该工具栏。将浮动工具栏拖动到绘图区边界，可以使其变为固定工具栏，此时该工具栏标题隐藏，如图 5-9 所示。

(3) 工具栏上的弹出式命令按钮：工具栏右下角带有小黑三角的命令按钮是包含相关命令的弹出式按钮，如图 5-10 所示。鼠标点击按钮上的小黑三角可以弹出相关命令，移动鼠标，根据绘图需要选取相应命令。

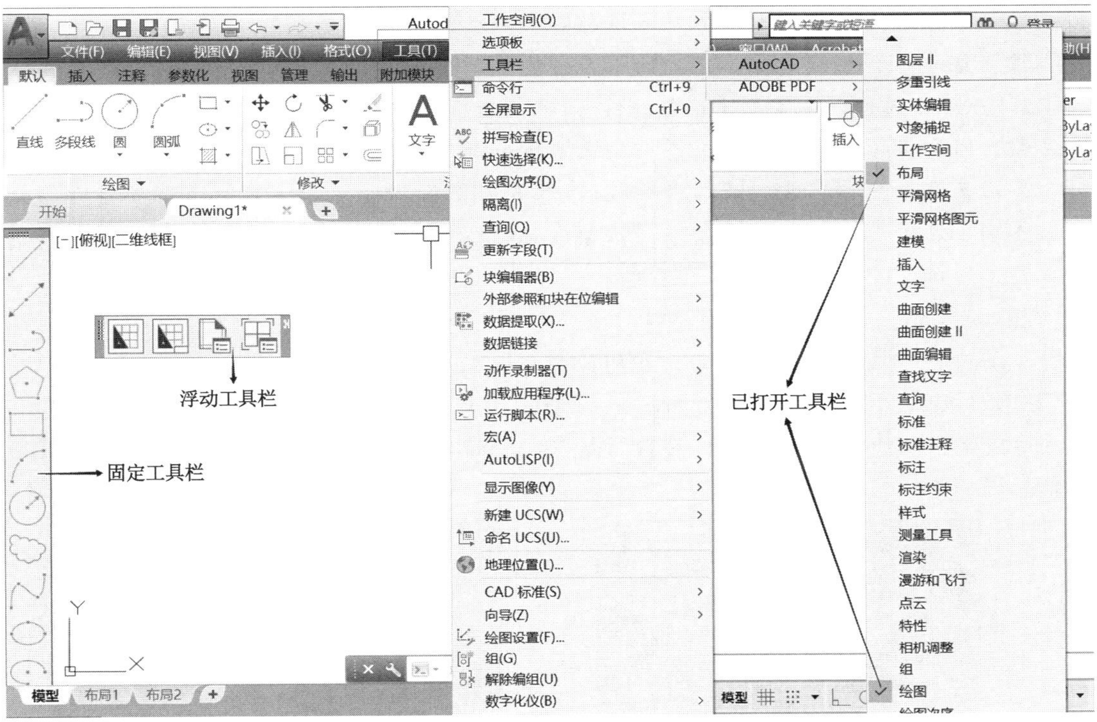

图 5-9　工具栏的打开、浮动与固定

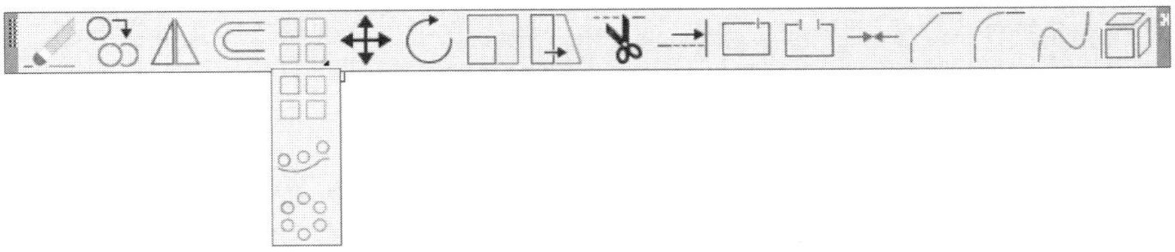

图 5-10　工具栏上的弹出式命令按钮

7. 绘图区

绘图区是用户进行图形绘制的区域。鼠标移动到绘图区时，变成十字形状，同时在用户界面状态栏随时显示出鼠标定位点在 WCS 下的坐标值。

提示

AutoCAD 提供的绘图区是无穷大的，可根据绘图需要任意设置其大小。

8. 坐标系图标

在绘图区的左下角有一个用户坐标系的图标，它表明当前坐标系的类型，图标位置为坐标原点(0,0,0)。用户可以通过点击“视图”下拉菜单➤“显示”➤“UCS 图标”➤“开”来打开或关闭坐标系的图标。

9. 命令与文本窗口

(1) 命令窗口

一般固定在应用程序窗口的底部。命令窗口可以显示命令提示、选项和消息。可以直接在命令窗口中输入命令，而不使用功能区、工具栏和菜单。

☎注意

AutoCAD 通过命令窗口反馈各种信息，也包括出错信息，它是实现人机交互绘图的核心界面。因此，用户在绘图过程中要时刻关注命令窗口中出现的信息。

当用户在命令行中开始键入命令时，系统会自动辅助完成。若系统可提供多个可能的命令时，如图 5-11 所示，可以通过单击或使用箭头键并按 Enter 键或空格键来进行选择。

（2）文本窗口

AutoCAD 文本窗口和命令窗口相似。按 Ctrl＋F2 键，或者点击菜单栏中“视图”➤“显示”➤“文本窗口”，打开文本窗口，如图 5-12 所示。文本窗口可以显示当前 AutoCAD 进程中命令的输入和执行过程。另外，在执行某些命令时，系统会自动切换到文本窗口，列出有关信息。

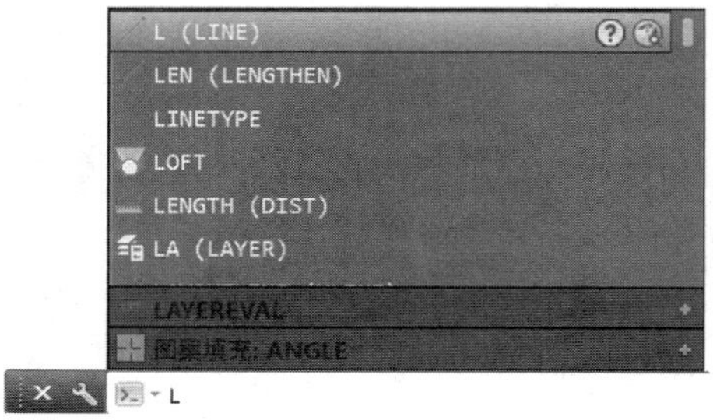

图 5-11　命令窗口

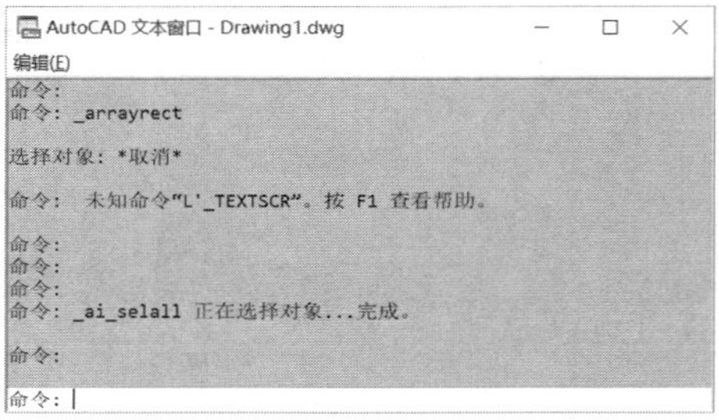

图 5-12　文本窗口

10. 状态栏

状态栏位于用户界面的最底行，主要用于反映和改变当前的绘图状态，并提供一些辅助绘图工具。它包括当前光标的坐标值、图形栅格的显示与捕捉、正交打开状态、极轴追踪状态、二维对象捕捉与追踪状态、三维对象捕捉状态、线宽显示状态以及绘图工作空间选择与切换等，如图 5-13 所示。

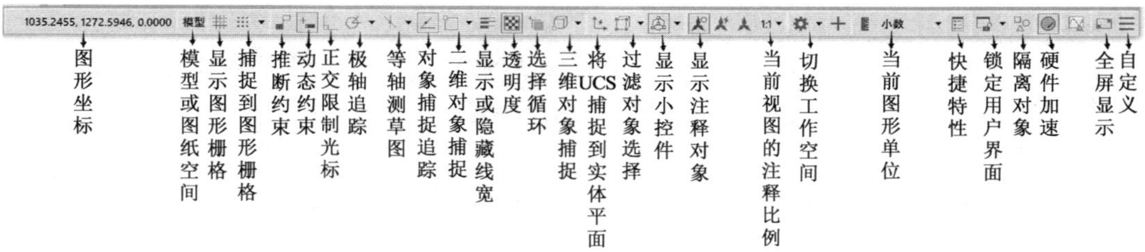

图 5-13　状态栏及其按钮说明

☎注意

① 默认情况下，状态栏中不会显示所有工具。可以通过点击状态栏最右侧的“自定义”菜单选择需要在状态栏上显示的工具按钮。

② 状态栏上具体显示的工具按钮，会随着当前工作空间的状态（草图与注释、三维基础

或者三维建模)，以及当前绘图空间的状态(模型空间还是布局空间)而发生变化。

③ 状态栏上的按钮显示为淡蓝色，表示打开状态；显示为灰色，表示关闭状态。

关于状态栏中各工具按钮的功能和使用方法，本书将在后续内容中结合绘图实例陆续讲解。

11. 布局标签

AutoCAD 为图形对象的绘制提供了两种绘图空间，分别是模型空间和布局空间。在用户界面底部的布局标签上

，显示有一个模型卡片，称为平铺式的模型空间；还有两个布局卡片，称为布局空间。绘图时，可以根据需要新建多个布局空间，详细内容见第十二章。

12. 视口、视图及视觉样式控件

AutoCAD 在绘图区的左上角，设有视口、视图及视觉样式控件[-][俯视][二维线框]，如图 5-14 所示。点击视口控件，可以设置绘图区视口的数量和形式以及是否显示 ViewCube 和导航栏。点击视图控件，可以自定义模型的视图显示方式。点击视觉样式控件，可以自定义模型的视觉样式显示方式。

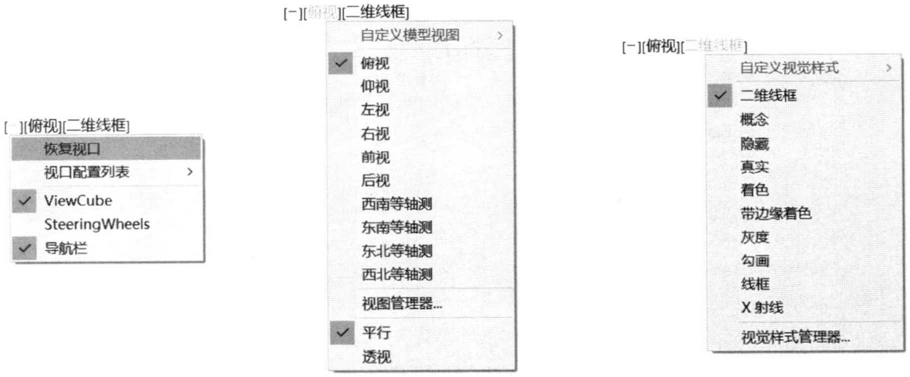

图 5-14　视口、视图及视觉样式控件

13. ViewCube

通过 ViewCube 可以旋转图形的视图，以便从不同的视角查看图形。

14. 导航栏

导航栏(其在 AutoCAD 用户界面中为竖置)提供平移、缩放、动态观察以及 ShowMotion 的访问权限。使用右下角的菜单按钮可以自定义导航栏。

15. 十字光标

在 AutoCAD 绘图区内，鼠标显示为十字光标“+”与拾取框“□”的组合。其中，十字光标“+”的大小可以通过点击下拉菜单“工具”➤“选项”➤“显示”卡片进行设置，如图 5-15 所示；拾取框“□”的大小可以通过点击下拉菜单“工具”➤“选项”➤“选择集”卡片进行设置，如图 5-16 所示。

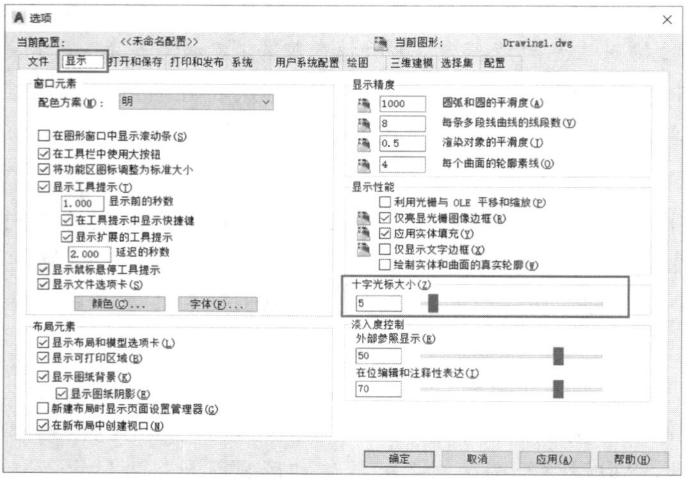

图 5-15　十字光标大小的设置

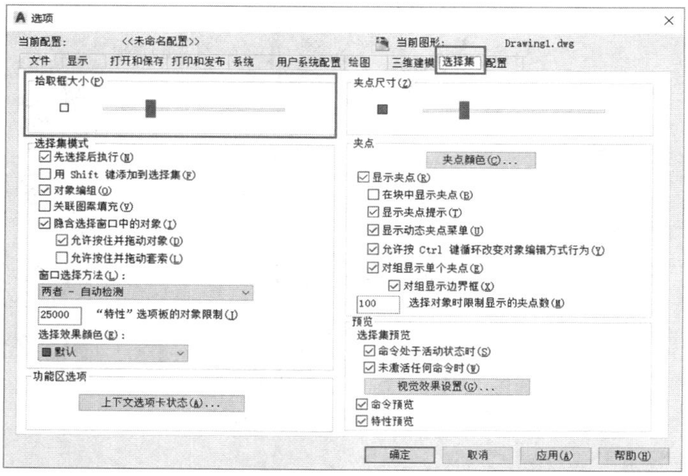

图 5-16　拾取框大小的设置

第二节　图形文件管理

AutoCAD 中，图形文件的管理包括新建、打开、保存以及关闭图形文件。

一、新建图形文件

新建图形文件常用的方法有：

(1) 在“快速访问工具栏”上点击“新建”命令，或者在命令行中输入命令“NEW”(AutoCAD 命令不区分大小写)，或者点击菜单栏中“文件”➤“新建...”，都可以打开“选择样板”对话框，如图 5-17 所示。

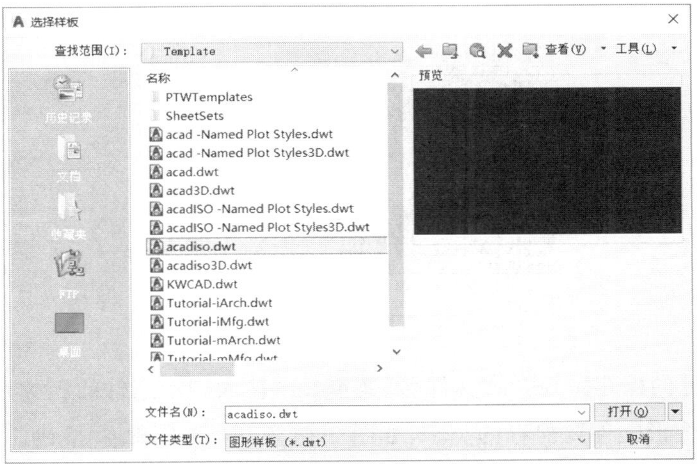

图 5-17 “选择样板”对话框

(2) 在样板文件列表框中，用户可根据需要选择不同的样板文件，例如 acadiso. dwt，然后单击 打开 按钮。

(3) 如果不想选择样板文件，可以点击 打开 按钮右侧的箭头 打开(O) ▾，选择“无样板打开-英制”或者“无样板打开-公制”，创建一个无样板的空白图形文件。

提 示

样板文件：样板文件上通常有与绘图有关的通用设置和图形对象，如图层、线型、文字样式、尺寸标注等设置以及标题栏、图幅框等。利用样板创建新图形，不仅能提高绘图效率，而且还能保证图形的一致性。

在 AutoCAD 中，标准样板文件的后缀为. dwt，图形文件的后缀为. dwg，以文本形式存储的图形文件的后缀为. dxf。

二、打开图形文件

打开图形文件常用的方法有：

(1) 在“快速访问工具栏”上点击“打开”命令，或者在命令行中输入命令“OPEN”，或者点击菜单栏中“文件”➤“打开...”，都可以弹出“打开文件”对话框，与大家熟悉的其他 Windows 软件一样，选择相关路径下的文件，点击 打开 按钮，即可打开一个已存盘的图形文件。

(2) 也可以通过对话框中的“搜索”工具查找需要打开的文件。

三、保存图形文件

保存图形文件常用的方法有：

(1) 在“快速访问工具栏”上点击“保存”或者“另存为”命令，或者在命令行中输入命令“QSAVE”或“SAVES”，或者点击菜单栏中“文件”➤“保存”或“另存为...”，都可以弹出“图形另存为”对话框(图 5-18)。

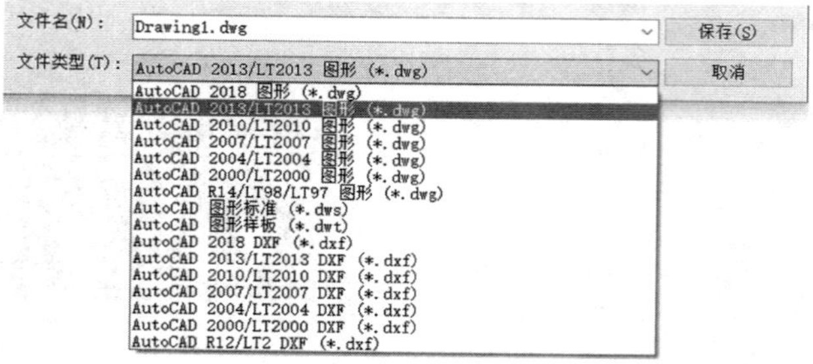

图 5-18 “图形另存为”对话框

(2) 选择文件的保存路径，在“文件名”文本框中输入图形文件的名称，在“文件类型”下拉列表框中选择图形文件要保存的类型，如图 5-18 所示，点击保存按钮。

☎注意

图形文件可根据需要保存为相应的文件类型，如 AutoCAD 低版本的图形文件.dwg，图形标准文件.dws，图形样板文件.dwt 和以文本形式保存的图形文件.dxf。

四、关闭图形文件

点击菜单栏中“文件”➤“关闭”，或者点击标题栏“关闭”按钮 × ，或者在命令行中输入命令“CLOSE”，都可以关闭当前图形文件。如果图形文件未存盘，AutoCAD 会弹出保存提示对话框。

第三节 AutoCAD 2019 基本操作知识

一、鼠标与键盘的功能

1. 鼠标

在 AutoCAD 绘图过程中，大多数用户使用鼠标作为定点设备。鼠标各键的功能如图 5-19 所示。单击鼠标左键可以实现定位或选择对象；单击鼠标中键可以平移图形对象；滚动中键滑轮可以缩放图形对象；单击鼠标右键可以弹出快捷菜单，根据定位光标的位置，不同的快捷菜单将显示相关的命令和选项。

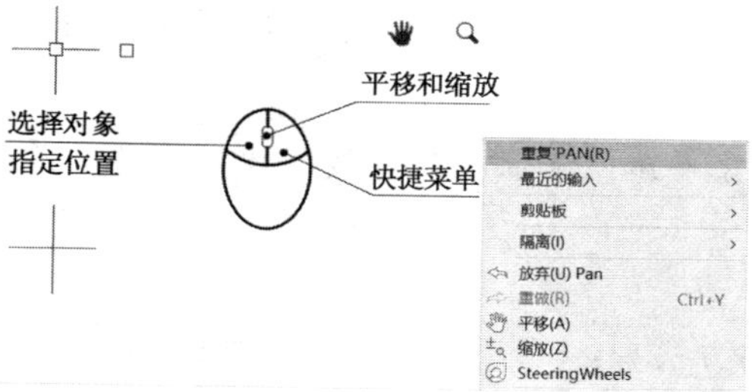

图 5-19 鼠标各键的功能

2．键盘的功能键

键盘上的功能键在 AutoCAD 中都有指定，表 5-1 列出了常用功能键的说明。

表 5-1　常用功能键

主键	功　　能	说　　明
F1	帮助	显示活动工具提示、命令、选项板或对话框的帮助
F2	展开历史记录	在命令窗口中显示展开的历史记录
F3	对象捕捉	打开和关闭对象捕捉
F4	三维对象捕捉	打开三维元素的其他对象捕捉
F5	等轴测平面	循环浏览二维等轴测平面设置
F6	动态 UCS	打开与平面对齐的 UCS
F7	栅格显示	打开和关闭栅格显示
F8	正交	锁定光标沿水平或垂直方向移动
F9	栅格捕捉	限制光标按指定的栅格距离移动
F10	极轴追踪	引导光标按指定的角度移动
F11	对象捕捉追踪	从对象捕捉位置沿水平、垂直或极轴方向追踪光标
F12	动态输入	显示光标附近的距离和角度并在字段之间使用 Tab 键时接受输入

二、AutoCAD 命令

1．执行 AutoCAD 命令的方式

AutoCAD 采用人机交互方式绘制图形，必须输入相关的命令和参数。有多种方式可用于执行 AutoCAD 命令。下面以绘制矩形为例，介绍命令执行方式。

(1) 菜单栏：用鼠标点击菜单栏中“绘图”➤“矩形”命令，如图 5-20(a)所示。

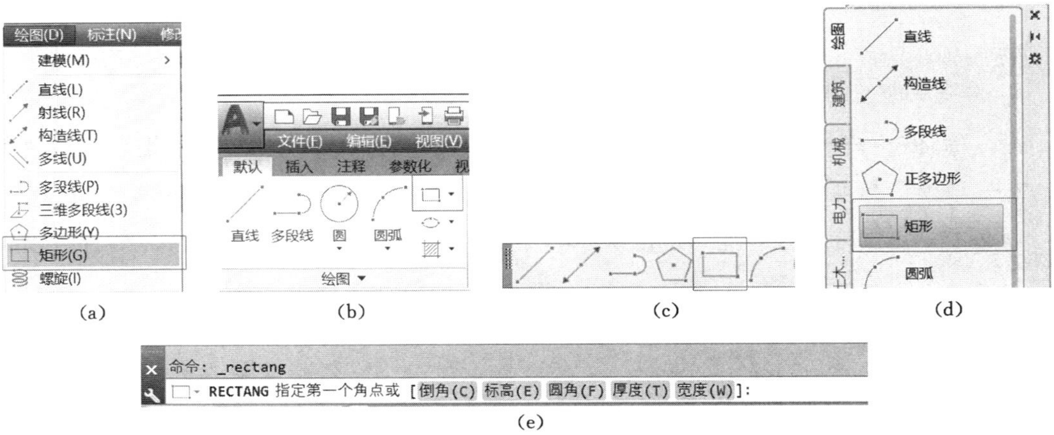

图 5-20　“矩形”命令的不同执行方式

（2）功能区：点击功能区“默认”选项卡中“绘图”面板上的“矩形”命令，如图 5-20(b)所示。

（3）工具栏：点击菜单栏中“工具”➤“工具栏”➤“AutoCAD” ➤“绘图”，调出“绘图”工具栏；点击该工具栏上的“矩形”命令，如图 5-20(c)所示。

（4）工具选项板：点击菜单栏中“工具”➤“选项板”➤“工具选项板”，调出“工具选项板”；在其中选择“绘图”卡片，并点击“矩形”命令，如图 5-20(d)所示。

（5）命令行：在命令行中输入命令“rectang”，如图 5-20(e)所示。

2. AutoCAD 命令格式与执行过程

☎注 意

在 AutoCAD 的命令中，方括号中的内容为可选操作，选项后面的括号中是代表该选项的字母；尖括号中的内容为默认值或默认操作。

AutoCAD 命令的执行过程见例题 5-1（本教材的操作实例中，↙代表不做任何输入，直接按回车键，下同）。

📖 **例题 5-1**　绘制具有倒角的矩形。

执行过程如下，绘图结果如图 5-21 所示。

命令：rectang	
指定第一个角点或［倒角(C)/标高(E)/圆角(F)/厚度(T)/宽度(W)］：C	‖选择绘制具有倒角的矩形；
指定矩形的第一个倒角距离 <0.0000>：10	‖输入第一个倒角距离 10；
指定矩形的第二个倒角距离 <10.0000>：↙	‖使用尖括号内的默认值 10；
指定第一个角点或［倒角(C)/标高(E)/圆角(F)/厚度(T)/宽度(W)］：	‖鼠标在屏幕上指定一点；
指定另一个角点或［面积(A)/尺寸(D)/旋转(R)］：	‖鼠标在屏幕上指定另一点。

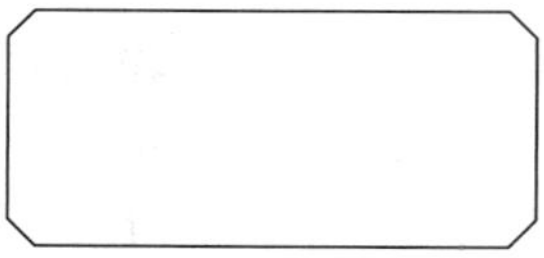

图 5-21　绘制具有倒角的矩形

3. 命令的终止与重复

命令的终止：按 Enter 键、Esc 键、空格键或者在屏幕空白处点击鼠标右键调出快捷菜单，点击“取消”，都可以终止一个正在执行、尚未完成的命令。

命令的重复执行：按下空格键、Enter 键，或者调出快捷菜单，点击“重复...”，都可以重复执行上一个刚执行过的命令。

4. 透明命令

透明命令是指在执行 AutoCAD 命令的过程中可以同时执行的某些命令。如“平移”“缩放”等命令即为透明命令。透明命令执行完毕后，可以按照 AutoCAD 正在执行命令的提示，继续进行下一步的操作。

三、绘图环境设置

1. 工作空间

启动 AutoCAD 2019 后，可以根据设计任务和个人习惯选择工作空间。

工作空间是菜单、功能区选项卡及面板的集合，将它们进行不同编组来创建一个基于任务的绘图环境，使用户能非常方便地找到图形绘制所需要的各项相关命令。

可以通过“快速访问工具栏”或“状态栏”切换不同的工作空间，如图 5-22(a)(b)所示。AutoCAD 2019 预设的工作空间有：

“草图与注释”工作空间：主要显示二维绘图所需要的工具。

“三维基础”工作空间：主要显示三维基础建模所需要的工具。

“三维建模”工作空间：主要显示三维建模常用的所有工具。

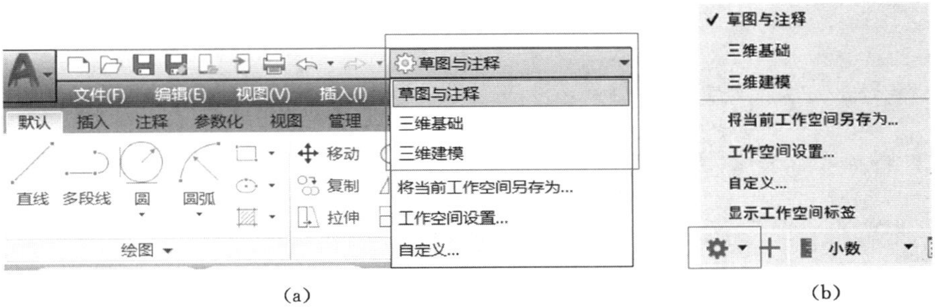

图 5-22　工作空间

☎注 意

(1) 用户点击“自定义...”，可以根据自己的需要和习惯设置工作空间，并通过点击“将当前工作空间另存为...”对其保存和命名。

(2) AutoCAD 2019 版去掉了“AutoCAD 经典”工作空间。对于习惯旧版本的用户，可以通过关闭功能区、显示菜单栏，并调出常用工具栏的方式，构建经典工作空间。

2. 配置绘图环境

使用 AutoCAD 绘图时，用户可以根据自己的习惯和喜好设置绘图环境。设置方式为：点击菜单栏中“工具”➤“选项...”，打开“选项”对话框，有“文件”“显示”“打开和保存”等 11 个选项卡，可以对各种系统参数进行设置。

🕮 **例题 5-2**　设置一个绘图环境，目标是每隔 5 min 自动保存文件、绘图区设为白色背景、工具栏使用大图标、将默认的“窗口选择模式”设置为矩形窗口。

设置过程如下：

(1) 打开“选项”对话框，点击“打开和保存”选项卡，在保存间隔分钟数框里填“5”，如图 5-23(a)所示。

(2) 在“显示”选项卡中，点击“窗口元素”中的 颜色(C) 按钮，在“图形窗口颜色”对话框中，将“颜色”选为白色，如图 5-23(b)所示。

(3) 在“显示”选项卡中，选中“在工具栏中使用大按钮”，如图 5-23(c)所示。

(4) 在“选择集”选项卡中，取消勾选“允许按住并拖动对象”，如图 5-23(d)所示。

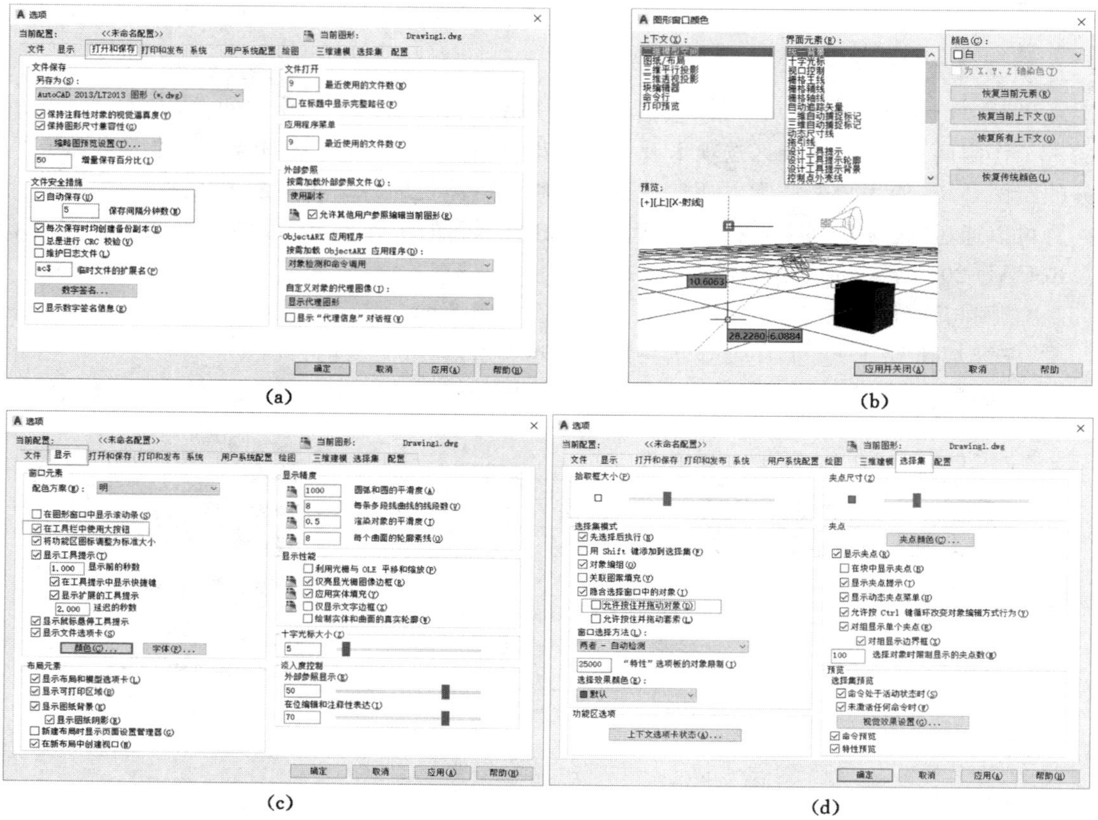

图 5-23　配置绘图环境

警 示

初学者对 AutoCAD 的系统和操作还不十分熟悉时，不建议随便修改系统配置。

3. 设置图形界限

图形界限是控制屏幕显示的绘图区域大小和栅格显示的界限。

AutoCAD 的绘图区域是无限大的，但是用户可以根据所绘图形的大小，通过设置图形界限来设定程序界面中显示出来的绘图区域的大小，以使所绘图形能够完全显示在绘图区域内。

图形界限的设置方法：

(1) 点击菜单栏“格式”➤“图形界限”。

(2) 命令：LIMITS。

此时，AutoCAD 命令行提示为：

重新设置模型空间界限：

指定左下角点或 [开(ON)/关(OFF)] <0.0000,0.0000>：↙　　‖ 指定图形界限的左下角位置，直接按 Enter 键或空格键采用默认值；

指定右上角点 <420.0000,297.0000>：↙　　‖ 指定图形界限的右上角位置。

(3) 点击菜单栏中“视图”➤“缩放”➤“全部”；或者，在命令行输入“ZOOM”➤“ALL”，执行该命令的目的是将上面所设置的图形界限全部显示在程序界面的电脑屏幕中。

4. 设置图形单位

图形单位的设置方法为：

(1) 点击菜单栏“格式”➤“单位”。

(2) 命令：UNITS。

执行上述命令后，打开“图形单位”对话框，如图 5-24 所示，该对话框用于定义长度和角度格式。

“图形单位”对话框中的选项说明：

① “长度”与“角度”选项组：设置长度与角度的数值类型和精度。

② “插入时的缩放单位”选项组：控制插入到当前图形中的块和图形的测量单位。

说明：如果块或图形创建时使用的单位与该选项指定的单位不同，则在插入这些块或图形时，将对其按比例进行缩放。插入比例是原块或图形使用的单位与目标图形使用的单位之比。如果插入块时不按指定单位缩放，则在其下拉列表框中选择“无单位”选项。

③ “输出样例”选项组：显示用当前单位和角度设置的示例。

④ “光源”选项组：控制当前图形中光源强度的测量单位。为创建和使用光度控制光源，必须从下拉列表框中指定非“常规”的单位。如果“插入时的缩放单位”设置为“无单位”，则将显示警告信息，通知用户渲染输出可能不正确。

⑤ 方向(D)... 按钮：单击该按钮，打开“方向控制”对话框，如图 5-25 所示，在其中可以进行方向控制设置。

图 5-24　“图形单位”对话框

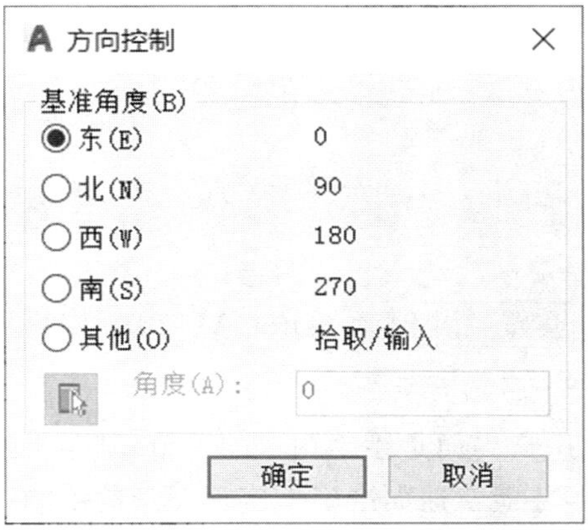

图 5-25　“方向控制”对话框

5. 控制图形显示

在 AutoCAD 绘图过程中，经常需要对图形进行放大或缩小，以便绘制它的细节部分或进行整体观察；还会经常移动图形，以观察它的不同部分。控制图形显示的常用方法有以下几种。

(1) 视图的缩放

点击菜单栏中"视图"➤"缩放",如图 5-26 所示,常用各选项的含义如下:

① 实时(R):选择该选项后,屏幕上显示放大镜形状的图标🔍,拖动鼠标,可以将图形进行实时放大或缩小。

② 上一个(P):将图形显示为上一次的大小。

③ 窗口(W):用鼠标在绘图区内进行矩形窗口选择,从而对所选图形进行放大。

④ 比例(S):根据需要按比例放大或缩小当前视图,且视点的中心保持不变。

⑤ 全部(A):依据图形界限的大小,在绘图区域内显示整个图形的大小。

⑥ 范围(E):该选项可以将所有的图形全部显示在屏幕上,并最大限度充满整个屏幕。

提 示

利用"视图"➤"缩放"命令,可以按指定的范围显示图形,却不改变图形的真实大小。

(2) 视图的平移

① 选择菜单栏中"视图"➤"平移",如图 5-27 所示。

② 点击导航栏或"标准"工具栏中的"平移"按钮。

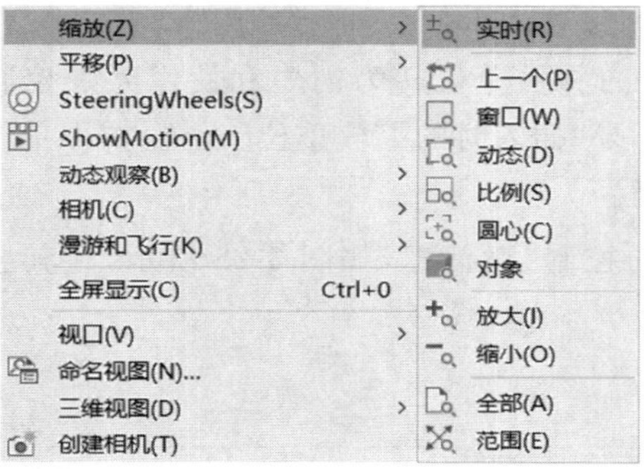

图 5-26 视图的"缩放"命令

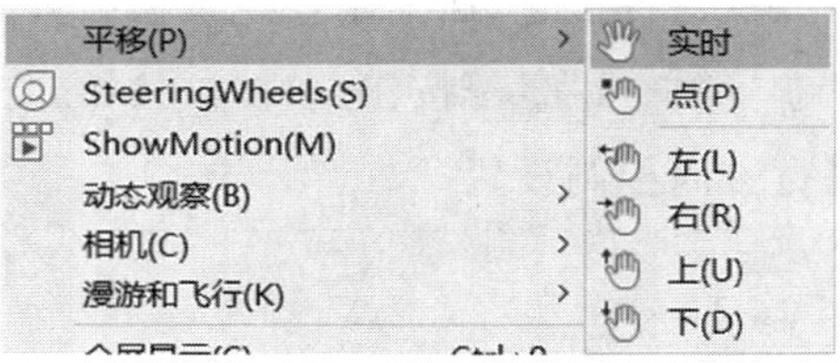

图 5-27 视图的"平移"命令

上 机 实 践

实践一: 熟悉 AutoCAD 2019 用户界面。

1. 目的与要求

用户界面是绘制图形的平台,其各个组成部分都具有独特的功能。只有充分熟悉用户界面,才能快速而准确地实现图形的绘制。

2. 操作练习

(1) 启动 AutoCAD 2019,进入绘图界面。

(2) 自定义"快速访问工具栏",显示菜单栏,并逐个了解菜单栏中的每项菜单及其所含命令。

(3) 打开、移动、关闭常用的工具栏。

(4) 熟悉功能区、选项卡及面板的组成及所包含的命令。

(5) 尝试分别利用命令行、下拉菜单、工具栏和功能区的命令绘制一条线段。

实践二： 管理图形文件。

1. 目的与要求

图形文件管理包括新建、打开、保存、退出图形文件等。本次实践要求同学掌握图形文件(.dwg)的保存和打开方法，并掌握样板文件(.dwt)的概念和保存方法，同时学会利用已有的样板文件来建立新的图形文件。

2. 操作练习

(1) 启动 AutoCAD 2019，进入绘图界面。

(2) 利用系统自带的样板文件(如 acadiso.dwt)来建立新的图形文件。

(3) 尝试打开新文件并绘制简单图形，并将图形文件按照确定路径以新的名字进行保存。

(4) 退出该图形文件。

(5) 尝试打开已保存的图形文件。

实践三： 设置绘图环境。

1. 目的与要求

根据自己的习惯与爱好设置绘图环境，包括图形界限、绘图单位等。

2. 操作练习

(1) 设置一个绘图环境，目标是每隔 10 min 自动保存一次图形文件，将绘图区设置为黑色背景，将自动捕捉的颜色设置为蓝色，增大拾取框的大小。

(2) 将绘图区的大小设置为“297×210”，并将其“缩放”为“全部”。

复习与思考题

1. 什么是样板文件？它的作用是什么？
2. AutoCAD 的图形文件和样板文件的后缀名分别是什么？
3. 在 AutoCAD 中如何终止和重复执行一个命令？
4. 何为透明命令？AutoCAD 中的透明命令有哪几个？
5. 什么是工作空间？AutoCAD 2019 预设的工作空间有哪几个？

第六章　二维基本图形的绘制与编辑

AutoCAD 提供了大量的二维图形绘制工具，如点、直线、圆、椭圆、样条曲线、多边形等，可以帮助用户完成二维图形的绘制。本章所介绍的二维基本图形的绘制工具主要位于“绘图”菜单、“绘图”工具栏和“绘图”面板中；所介绍的辅助绘图工具如正交、捕捉和追踪，则涉及状态栏及其上的“草图设置”对话框。

第一节　坐标系与坐标输入方法

一、坐标系

在 AutoCAD 中有两种坐标系，分别是世界坐标系（WCS）和用户坐标系（UCS）。

1. 世界坐标系（WCS）

WCS 是 AutoCAD 的基本坐标系，它由三个相互垂直并且正交的坐标轴 X、Y、Z 组成，其坐标原点和坐标轴的方向是固定不动的。默认情况下，AutoCAD 的绘图窗口显示的是 XOY 平面。

2. 用户坐标系（UCS）

为了更好地辅助绘图，用户需要修改坐标系的原点和方向，AutoCAD 为此提供了可变的用户坐标系（UCS）。UCS 图标表示输入的任何坐标的正 X 和 Y 轴的方向，并且定义了图形中的水平方向和垂直方向，如图 6-1 所示。在某些二维图形中，可以通过单击、拖动和旋转 UCS 来更改原点、水平方向和垂直方向。默认情况下，UCS 与 WCS 是相重合的。

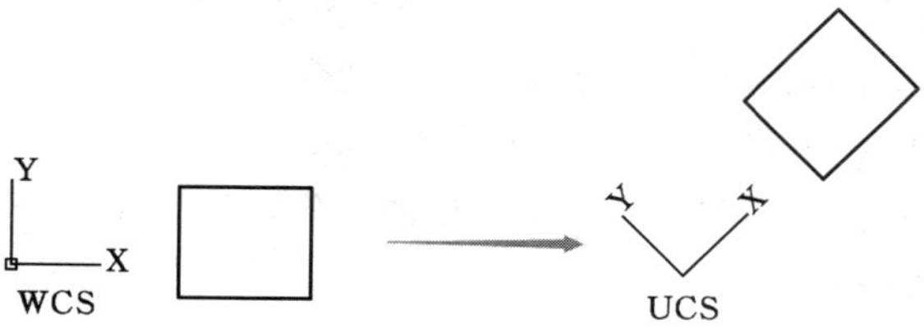

图 6-1　WCS 和 UCS

二、点坐标的输入方法

在 AutoCAD 二维绘图过程中，用户需要在 XOY 平面内确定点的位置。点可以通过鼠标在屏幕上指定，也可以通过键盘输入坐标值。点坐标的精确输入方法有：

(1) 绝对直角坐标：以原点(0,0,0)为基点，输入“X,Y”值来确定点的位置。

(2) 相对直角坐标：某点对于前一点相对位置的坐标变化，输入方式为“@X,Y”。

(3) 绝对极坐标：通过相对于极点的距离和角度来定义，以原点为极点，水平向右为 0°，用户可输入一个长度和一个角度来定义一个点，例如“80<45”。

(4) 相对极坐标：以前一个操作点为极点。例如“@25<30”，其中长度 25 表示该点到前一点的距离，角度 30 表示该点与前一点的连线与 X 轴正向的夹角。

(5) 直接距离输入：这是 AutoCAD 支持相对坐标输入的一种方式。用户通过移动鼠标指定一个方向，然后输入与前一个点的距离来确定下一点。

第二节　基本绘图命令(一)

AutoCAD 2019 的二维绘图命令主要位于“绘图”菜单(图 6-2)、“绘图”工具栏(图 6-3)和“绘图”面板(图 6-4)。

图 6-2　“绘图”菜单

图 6-3　“绘图”工具栏

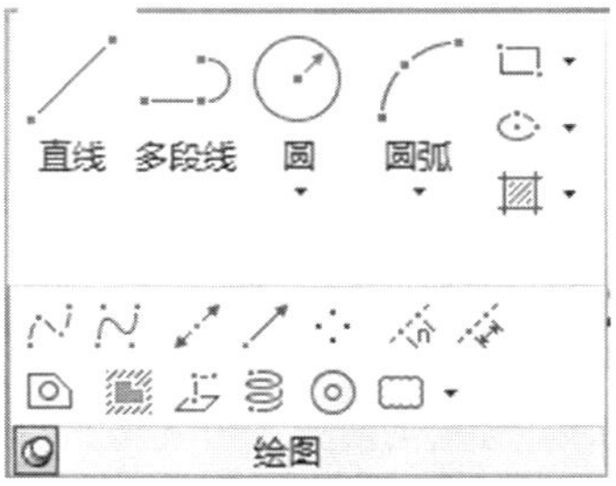

图 6-4　“绘图”面板

一、直线段

1. 命令执行方式

★菜单栏：“绘图”➤“直线”。

★工具栏："绘图"工具栏 ➤ 按钮。

★功能区："默认"选项卡 ➤"绘图"面板 ➤ 按钮。

★命令：LINE。

2. 命令行提示

📖 **例题 6-1** 绘制由线段组成的闭合图形，如图 6-5 所示。

命令：_line	
指定第一个点：	‖ 鼠标在绘图区点击 A 点；
指定下一点或［放弃(U)］：	‖ 点击 B 点；
指定下一点或［放弃(U)］：	‖ 点击 C 点；
指定下一点或［闭合(C)/放弃(U)］：	‖ 点击 D 点；
指定下一点或［闭合(C)/放弃(U)］：U↙	‖ 删除刚绘制的 CD 线段；
指定下一点或［闭合(C)/放弃(U)］：C↙	‖ 连接 CA，使图形闭合。

3. 选项说明

［放弃(U)］：在命令行输入"U"，将删除最近一次绘制的直线段，但不退出命令，连续多次输入"U"，则依次删除多条线段。

［闭合(C)］：在命令行输入"C"，会将最后一点与第一点相连接，使绘制的多条线段形成闭合图形。

📖 **例题 6-2** 利用点的精确输入绘制图形，如图 6-6 所示。

命令：_line	
指定第一个点：50,50	‖ 输入点 A 的绝对直角坐标；
指定下一点或［放弃(U)］：100	‖ 输入 B 点：鼠标指定水平向右方向，并输入距离值 100；
指定下一点或［放弃(U)］：@100<45	‖ 输入 C 点相对于 B 点的相对极坐标；
指定下一点或［闭合(C)/放弃(U)］：@－50,100	‖ 输入 D 点相对于 C 点的相对直角坐标；
指定下一点或［闭合(C)/放弃(U)］：200	‖ 输入 E 点：鼠标指定水平向左方向，并输入距离值 200；
指定下一点或［闭合(C)/放弃(U)］：C	‖ 输入选项 C，使图形闭合。

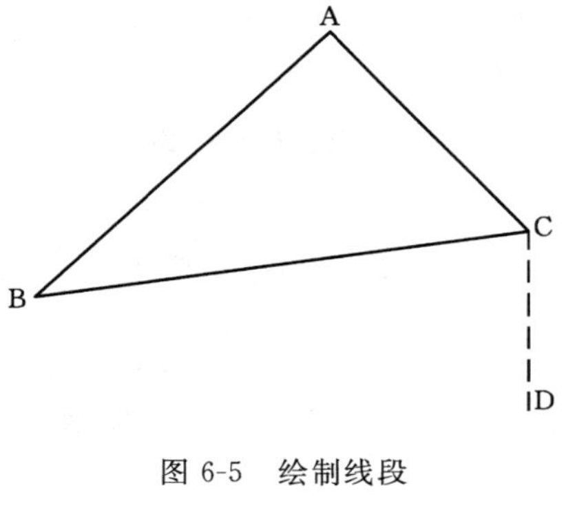

图 6-5 绘制线段

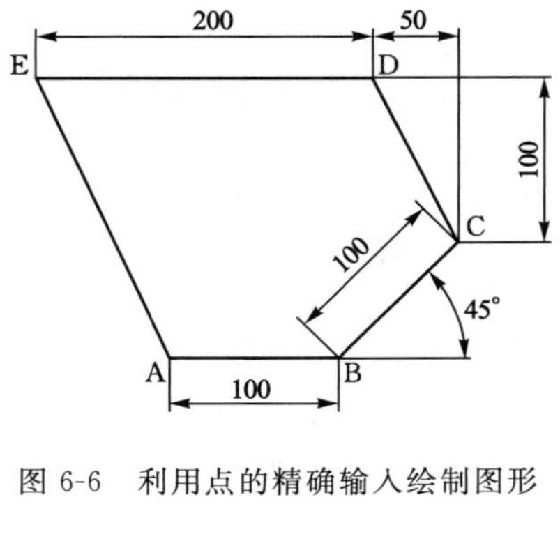

图 6-6 利用点的精确输入绘制图形

二、圆

1. 命令执行方式

★菜单栏："绘图"➤"圆"。

★工具栏："绘图"工具栏 ➤◎按钮。

★功能区："默认"选项卡 ➤"绘图"面板 ➤◎按钮。

★命令：CIRCLE。

2. 命令行提示

命令：_circle	
指定圆的圆心或[三点(3P)/两点(2P)/切点、切点、半径(T)]：	‖ 鼠标在绘图区任意指定一点确定圆心；
指定圆的半径或[直径(D)]：20↙	‖ 绘制半径为 20 的圆。

3. 选项说明

[直径(D)]：通过指定圆心和直径绘制圆。

[三点(3P)]：通过指定圆周上的三点绘制圆。

[两点(2P)]：通过指定直径的两端点绘制圆。

[切点、切点、半径(T)]：通过指定两个相切对象，再给出半径的方法绘制圆。

[相切、相切、相切(A)]：通过指定与圆相切的三个对象的方法绘制圆。

例题 6-3　以不同方式绘制圆，如图 6-7 所示。

粗实线圆：是通过[三点(3P)]方式，鼠标指定 A、B、C 三点画圆。

虚线圆：是通过[两点(2P)]方式，鼠标指定 A、C 两点画圆。

点画线圆：是通过[切点、切点、半径(T)]方式，选择 AC、BC 为与圆相切的对象，并输入半径来画圆。

细实线圆：是通过[相切、相切、相切(A)]方式，选择 AB、AC、BC 作为与圆相切的对象画圆。

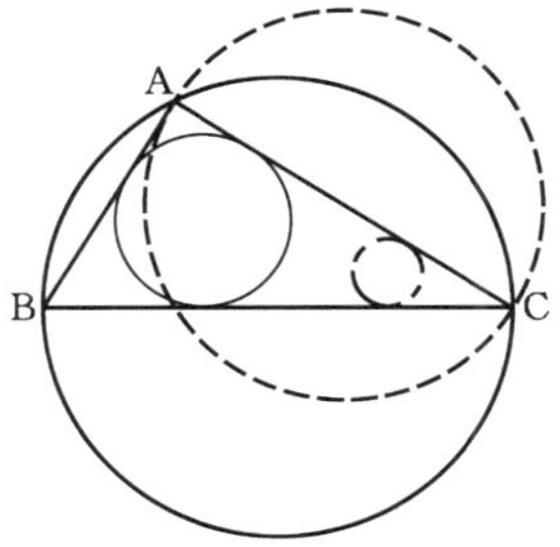

图 6-7　绘制圆

三、矩形

1. 命令执行方式

★菜单栏："绘图"➤"矩形"。

★工具栏："绘图"工具栏 ➤ 按钮。

★功能区："默认"选项卡➤"绘图"面板 ➤ 按钮。

★命令：RECTANG。

2. 命令行提示

命令：_rectang	
指定第一个角点或［倒角(C)/标高(E)/圆角(F)/厚度(T)/宽度(W)］：	‖鼠标任意指定一点；
指定另一个角点或［面积(A)/尺寸(D)/旋转(R)］：@80,60↙	‖绘制长度为 80、宽度为 60 的矩形。

3. 选项说明

［倒角(C)］：指定倒角距离，绘制带倒角的矩形，如图 6-8(a)所示。其中，第一个倒角距离是指角点逆时针方向倒角距离，第二个倒角距离是指角点顺时针方向倒角距离。这两个倒角距离可以取相同数值(45°倒角)，也可以取不同数值。

［标高(E)］：所绘矩形在 Z 轴方向的高度。

［圆角(F)］：指定圆角半径，绘制带圆角的矩形，如图 6-8(b)所示。

［厚度(T)］：以标高为基准，矩形沿着 Z 轴方向拉伸出的厚度，如图 6-8(c)所示。

［宽度(W)］：指定线宽，如图 6-8(d)所示。

［面积(A)］：指定面积和长或宽来绘制矩形。

［尺寸(D)］：使用长和宽绘制矩形，第二个指定点可以将矩形定位在与第一角点相关的 4 个位置之一内。

［旋转(R)］：使所绘制的矩形旋转一定角度，如图 6-8(e)所示。

例题 6-4 绘制不同形式的矩形，如图 6-8(a)～(e)所示。

图 6-8(a)为具有 45°倒角的矩形；

图 6-8(b)为具有圆角的矩形；

图 6-8(c)为具有厚度的矩形；

图 6-8(d)为具有线宽的矩形；

图 6-8(e)为旋转 30°的矩形。

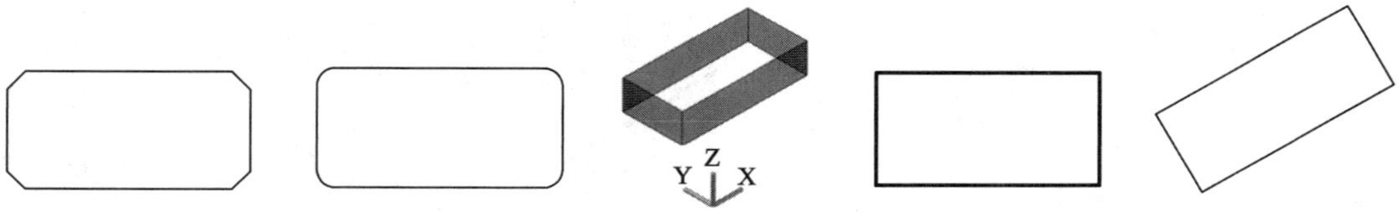

(a) (b) (c) (d) (e)

图 6-8 绘制不同形式的矩形

提醒

在使用矩形命令时，需观察命令窗口的提示，看当前矩形模式是否需要修改，若需修改，则在命令行中输入相应的选项字母及其新的数值，如下所示：

命令：_rectang	
当前矩形模式：厚度＝50.0000　旋转＝30	‖ 当前矩形的绘制模式；
指定第一个角点或［倒角(C)/标高(E)/圆角(F)/厚度(T)/宽度(W)］：T	‖ 输入 T，指定矩形的厚度；
指定矩形的厚度 ＜50.0000＞：0	‖ 新的厚度值为 0；
指定第一个角点或［倒角(C)/标高(E)/圆角(F)/厚度(T)/宽度(W)］：	‖ 鼠标在屏幕上指定一点；
指定另一个角点或［面积(A)/尺寸(D)/旋转(R)］：R	‖ 输入 R 修改旋转角度；
指定旋转角度或［拾取点(P)］＜30＞：0	‖ 新的旋转角度值设为 0；
指定另一个角点或［面积(A)/尺寸(D)/旋转(R)］：	‖ 点击对角点绘制常规矩形。

第三节　点的精确定位

在 AutoCAD 绘图过程中，要实现点的精确定位主要有三种方法，即捕捉、追踪与正交。这些辅助绘图工具主要位于状态栏。利用这些辅助绘图工具能够快速准确地定位对象上的某些特征点如端点、中点、圆心等，以及特殊方向如水平方向、垂直方向、预设好的极轴方向。

一、正交

在绘图过程中，经常需要绘制水平直线和垂直直线，但是用光标控制选择线段的端点时很难保证使两个点严格沿水平或垂直方向。为此，AutoCAD 提供了正交模式，当启用正交模式时，画线或移动对象时只能沿水平方向或垂直方向移动光标，也只能绘制平行于 X、Y 轴的正交线段。

命令执行方式有：

★状态栏：鼠标点击打开状态栏上的“正交限制光标”按钮。

★功能键：按 F8 键打开或关闭正交模式。

★命令：ORTHO。

二、捕捉

捕捉模式分为栅格捕捉和对象捕捉。

1. 栅格显示与栅格捕捉

(1) 栅格：一些标定位置的小点，可以提供直观的距离和位置参照。它是 AutoCAD 提供的辅助绘图工具，类似于传统绘图中的坐标纸。

(2) 栅格捕捉：用于设定鼠标指针移动的距离。

(3) 单状态栏中的“显示图形栅格”按钮可以打开或关闭栅格显示；单击“捕捉模式”按钮可以启用或不启用栅格捕捉。

(4) 启用栅格捕捉后，鼠标只能定位在栅格节点上。

(5) 点击菜单栏中的“工具”➤“绘图设置...”命令，或者单击状态栏中“捕捉模式”按钮右侧的下拉选项，选择“捕捉设置...”，可以打开“草图设置”对话框，选择“捕捉和栅格”选项卡，如图 6-9 所示。

(6) 选项设置说明

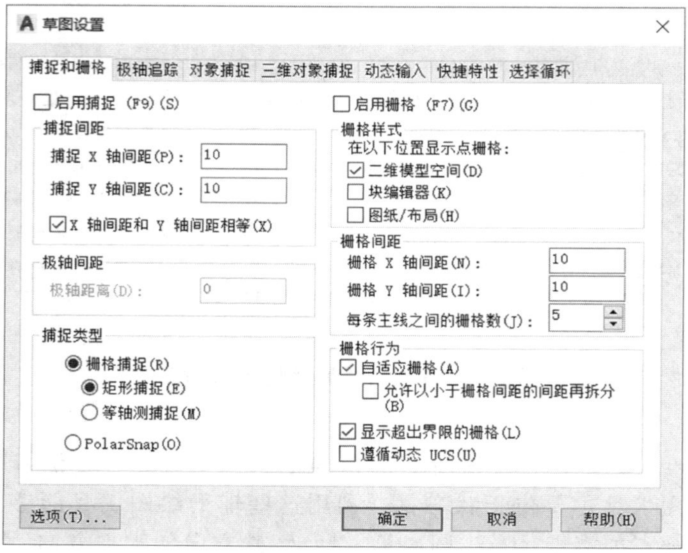

图 6-9 “捕捉和栅格”设置

① “启用栅格”复选框用于控制是否显示栅格。

② “启用捕捉”复选框用于控制是否打开栅格捕捉模式。

③ “栅格 X 轴间距”和“栅格 Y 轴间距”文本框用于设置栅格在水平与垂直方向的间距。

④ 选择或取消选择“X 轴间距和 Y 轴间距相等”，则可将“栅格 X 轴间距”和“栅格 Y 轴间距”设置为相同或者不同的数值。

⑤ 在“捕捉类型”中，“栅格捕捉”是指按正交方式捕捉点，“PolarSnap”是极轴捕捉，可以根据设置的任意极轴角来捕捉点。

⑥ “栅格捕捉”又分为“矩形捕捉”和“等轴测捕捉”两种方式，在“矩形捕捉”方式下捕捉到的栅格是标准的矩形；在“等轴测捕捉”方式下捕捉到的栅格与光标十字线不再互相垂直，而是呈绘制“等轴测图”时的特定角度，这种方式主要用于绘制等轴测图。

⑦ “极轴间距”选项组只有在选择“PolarSnap”捕捉类型时才可用，需要在“极轴距离”文本框中输入距离值。

2. 对象捕捉

对象捕捉是指十字光标可以强制性地定位在对象的特征点或特定位置上。对象捕捉方式有：端点、中点、交点、外观交点、延伸线、圆心、象限点、切点、垂足、平行线、节点、插入点、最近点。通过对象捕捉可以确保点的精确定位，实现精确绘图。

AutoCAD 提供的对象捕捉有两种模式：即时捕捉和自动捕捉。

(1) 即时捕捉

即时捕捉是指当命令行提示输入点时，根据绘图需要即时选择一个对象特征点作为捕捉点，只起一次作用。

① 启动即时捕捉的方式有：

★工具栏：单击菜单栏中“工具”➤“工具栏”➤“AutoCAD”➤“对象捕捉”，打开“对象捕捉”工具栏，如图 6-10 所示；根据绘图需要选择工具栏上的捕捉点类型。

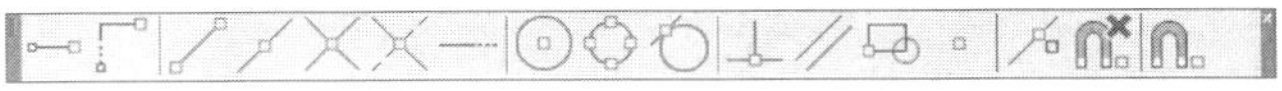

图 6-10　“对象捕捉”工具栏

★当命令行提示输入点时，单击鼠标右键，调出快捷菜单，点击“捕捉替代”，选择需要的捕捉点类型，如图 6-11 所示。

★当命令行提示输入点时，输入所需捕捉点类型的代码，捕捉点类型的代码如表 6-1 所示。

② 启用对象捕捉后，当光标接近对象特征点附近时，精确的对象特征点上会显示有色的对象捕捉靶框标记，同时光标会被磁吸而准确定位在特征点上，如图 6-12 所示。

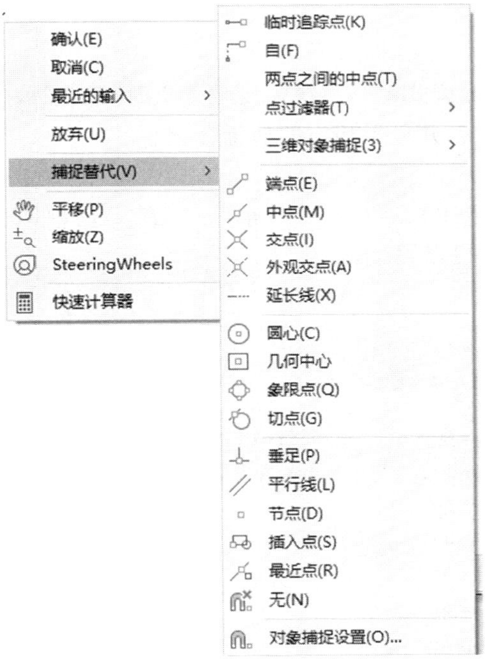

图 6-11　“对象捕捉”快捷菜单

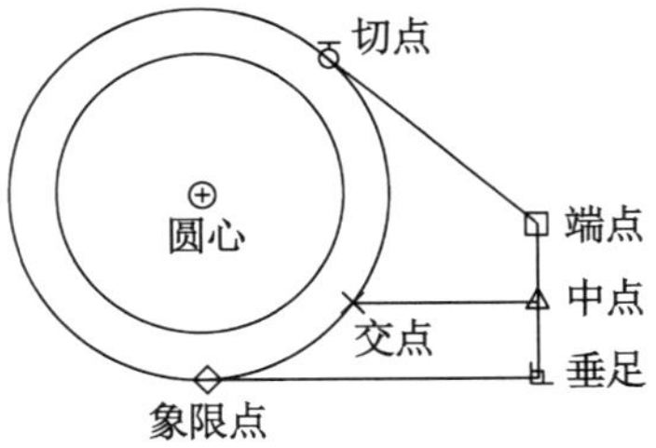

图 6-12　“对象捕捉”标记

表 6-1　捕捉点的类型与说明

对象捕捉模式	说　　明
END(端点)	捕捉到几何对象的最近端点或角点
MID(中点)	捕捉到几何对象的中点
CEN(圆心)	捕捉到圆弧、圆、椭圆或椭圆弧的中心点
几何中心	捕捉到任意闭合多段线和样条曲线的质心
QUA(象限点)	捕捉到圆弧、圆、椭圆或椭圆弧的象限点
INT(交点)	捕捉到几何对象的交点。延伸交点不可用作执行对象捕捉模式
EXT(延伸)	当光标经过对象的端点时，显示临时延长线或圆弧，以便用户在延长线或圆弧上指定点
INS(插入点)	捕捉到对象(如属性、块或文字)的插入点

表 6-1(续)

对象捕捉模式	说　　明
PER(垂足)	捕捉到垂直于选定几何对象(如直线、圆弧、圆、多段线、射线、参照线、多行或三维实体的边)的点
TAN(切点)	捕捉到圆弧、圆、椭圆、椭圆弧、多段线圆弧或样条曲线的切点
NEA(最近点)	捕捉到对象(如圆弧、圆、椭圆、椭圆弧、直线、点、多段线、射线、样条曲线或构造线)的最近点
外观交点	捕捉在三维空间中不相交但在当前视图中看起来可能相交的两个对象的视觉交点
PAR(平行)	可以通过悬停光标来约束新直线段、多段线线段、射线或构造线以使其与标识的现有线性对象平行
NOD(节点)	捕捉到点对象、标注定义点或标注文字原点

(2) 自动捕捉

自动捕捉,就是预先设置常用的多种对象捕捉模式。当系统需要输入点时,将光标在对象上移动,系统会自动显示所有符合条件的特征点,并显示相应的捕捉标记。

自动捕捉的设置和启用方法为:

★工具栏:单击菜单栏中“工具”➤“绘图设置(F)...”,打开“草图设置”对话框,点击“对象捕捉”选项卡,如图 6-13 所示选中常用的捕捉点类型。

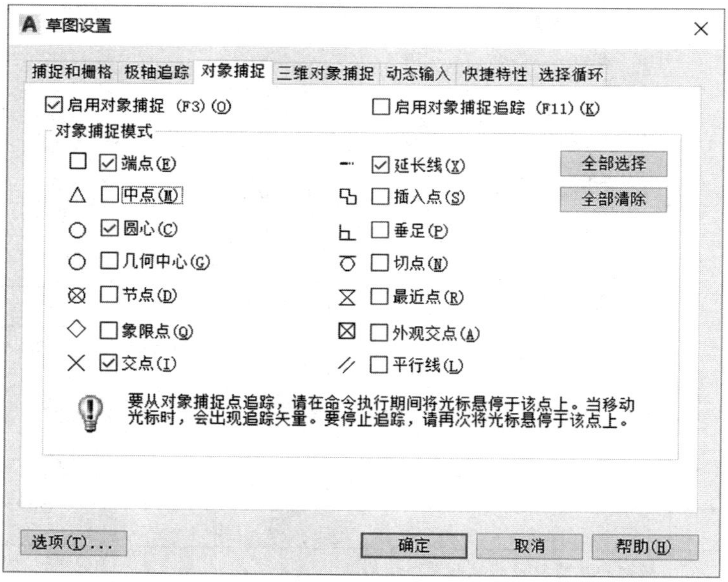

图 6-13　自动捕捉设置

★状态栏:点击“将光标捕捉到二维参照点”按钮右侧的下拉选项,选择“对象捕捉设置...”。

★功能键:按 F3 键打开或关闭对象捕捉模式。

★命令:OSNAP。

提醒

“捕捉”是点的一种精确输入方式，当命令行提示输入点的时候进行使用。

对象捕捉靶框标记的显示、大小、颜色等可以通过菜单栏“工具”➤“选项...”➤“绘图”选项卡进行设置。

自动捕捉虽然非常方便且好用，但一定不能把所有捕捉方式均设为自动捕捉，否则会发生“撞车”现象，相互干扰。我们常把 END(端点)、CEN(圆心)、INT(交点)、EXT(延伸)设置成自动捕捉，称这种组合为“黄金组合”。如需其他捕捉方式，可以使用即时捕捉。

例题 6-5　综合利用“即时捕捉”和“自动捕捉”绘图。

绘图前，先打开“草图设置”对话框并按图 6-13 设置对象自动捕捉；再打开“对象捕捉”工具栏；然后执行如下操作，所绘图形如图 6-14 所示。

命令：_rectang	‖ 绘制矩形 ABCD；
指定第一个角点或［倒角(C)/标高(E)/圆角(F)/厚度(T)/宽度(W)］：	‖ 鼠标在绘图区指定点 A；
指定另一个角点或［面积(A)/尺寸(D)/旋转(R)］：@300,100	
命令：_circle	‖ 绘制圆 E；
指定圆的圆心或［三点(3P)/两点(2P)/切点、切点、半径(T)］：	
指定圆的半径或［直径(D)］：10↙	
命令：_circle	‖ 绘制圆 F；
指定圆的圆心或［三点(3P)/两点(2P)/切点、切点、半径(T)］：	
指定圆的半径或［直径(D)］：20↙	
命令：_line	‖ 绘制圆 E 与圆 F 的公切线 GL；
指定第一个点：_tan 到 指定下一点或［放弃(U)］：_tan 到	‖ 单击“对象捕捉”工具栏中的“切点捕捉”按钮，将光标移动到 G 点处，单击鼠标左键确定 G 点；
指定下一点或［放弃(U)］：_qua 于 _tan	‖ 再单击“切点捕捉”按钮，将光标移动到 L 点处，单击鼠标左键确定 L 点；
指定下一点或［放弃(U)］：↙	‖ 按 Enter 键，结束命令；
命令：_line	‖ 绘制线 KH；
指定第一个点：_qua 于	‖ 单击“对象捕捉”工具栏中的“象限点捕捉”按钮，单击鼠标左键确定 K 点；
指定下一点或［放弃(U)］：_per 到	‖ 单击“对象捕捉”工具栏中的“垂足捕捉”按钮，单击鼠标左键确定 H 点；
指定下一点或［放弃(U)］：↙	‖ 按 Enter 键，结束命令；
命令：_line	‖ 绘制线 BP；
指定第一个点：	‖ 鼠标单击点 B；
指定下一点或［放弃(U)］：	‖ 鼠标单击点 CD 线的中点 P；
指定下一点或［放弃(U)］：↙	‖ 按 Enter 键，结束命令；
命令：_line	‖ 绘制线 HX；
指定第一个点：_ext 于 50	‖ 单击“延长线捕捉”按钮，将光标先移动到 B 点处停留一下，然后沿 BP 方向移动，并输入 50，确定点 X；

指定下一点或［放弃(U)］：	‖ 鼠标单击点 H；
指定下一点或［放弃(U)］：↙	‖ 按 Enter 键，结束命令；
命令：_line	‖ 绘制线 MNO；
指定第一个点：_qua 于	‖ 单击“象限点捕捉”按钮，单击鼠标左键确定 M 点；
指定下一点或［放弃(U)］：_par 到 96↙	‖ 单击“平行线捕捉”按钮，将光标移动到 HX 线处停留一下，然后将光标移动到 N 点附近，在出现平行标记时，输入 96 并确定；
指定下一点或［放弃(U)］：_per 到	‖ 单击对象捕捉工具栏中的“垂足捕捉”按钮，单击鼠标左键确定 O 点。
指定下一点或［放弃(U)］：↙	‖ 按 Enter 键，结束命令。

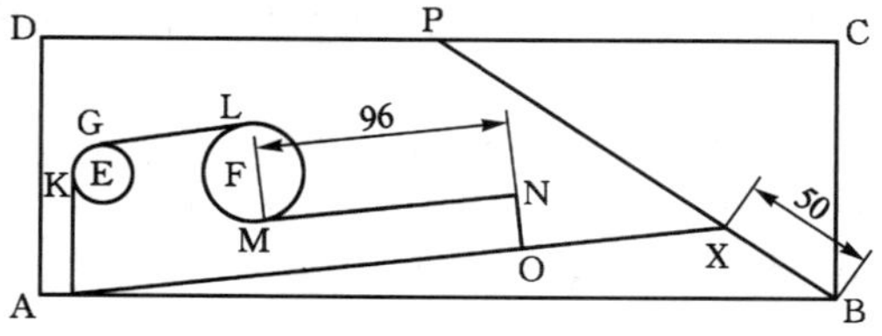

图 6-14　利用对象捕捉绘制图形

（3）相对捕捉

在图 6-10 所示的“对象捕捉”工具栏和图 6-11 所示的“对象捕捉”快捷菜单上，还有另外三种捕捉方式，称为相对捕捉。它们分别是：

① 临时追踪点：创建对象捕捉所使用的临时点。

② 捕捉自：获取某个点相对于参照点的偏移。

③ 点过滤器：可以过滤出某一点的 X 坐标，另一点的 Y 坐标，及第 3 个点的 Z 坐标，组成一个新点。

例题 6-6　利用相对捕捉绘图。

打开“对象捕捉”工具栏，然后执行如下操作，所绘图形如图 6-15 所示。

命令：_rectang	‖ 绘制 200×100 的矩形；
指定第一个角点或［倒角(C)/标高(E)/圆角(F)/厚度(T)/宽度(W)］：	
指定另一个角点或［面积(A)/尺寸(D)/旋转(R)］：@200,100	
命令：_circle	‖ 绘制中心大圆；
指定圆的圆心或［三点(3P)/两点(2P)/切点、切点、半径(T)］：_tt 指定临时对象追踪点：_mid 于	‖ 单击“对象捕捉”工具栏上的“临时追踪点”按钮，再单击“中点捕捉”按钮，拾取矩形左边的中点；
指定圆的圆心或［三点(3P)/两点(2P)/切点、切点、半径(T)］：_tt 指定临时对象追踪点：_mid 于	‖ 再次单击“临时追踪点”按钮，并单击“中点捕捉”按钮，拾取矩形上边的中点；
指定圆的圆心或［三点(3P)/两点(2P)/切点、切点、半径(T)］：	‖ 移动鼠标指针至矩形中心，当两条追踪线相交时，点鼠标左键，确定一点；

指定圆的半径或［直径(D)］：30↙	输入半径 30；
命令：_circle	绘制左下角小圆；
指定圆的圆心或［三点(3P)/两点(2P)/切点、切点、半径(T)］：_from 基点：<偏移>：@20,20↙	单击"捕捉自"按钮，再选择矩形左下角点；输入偏移距离，确定圆心；
指定圆的半径或［直径(D)］<30.0000>：10↙	输入半径 10。

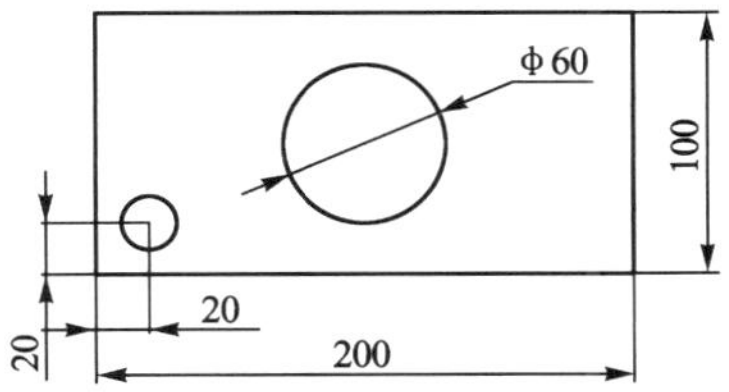

图 6-15　利用对象相对捕捉绘制图形

三、追踪

在绘图过程中，有些点无法用对象捕捉方式获得，可以利用追踪模式来确定这些点的位置。追踪模式分为极轴追踪和对象捕捉追踪。

1. 极轴追踪

极轴追踪，就是按照事先设定的极轴角或极轴角的倍数来追踪特征点。打开极轴追踪模式后，光标会在预先设定的角度分析显示一条追踪辅助线及光标点的极坐标值。

(1) 启动极轴追踪的方式

★菜单栏：单击菜单栏中"工具"➤"绘图设置(F)..."，打开"草图设置"对话框，点击"极轴追踪"选项卡，如图 6-16 所示。

图 6-16　"极轴追踪"设置

★单击状态栏中“极轴追踪”按钮右侧的下拉选项，选择“正在追踪设置...”。

★功能键：按 F10 键打开或关闭极轴追踪模式。

(2) 设置极轴追踪

使用极轴追踪功能，必须先对其进行设置。在图 6-16 中，各选项功能如下：

① “启用极轴追踪”复选框：选中该复选框，即启用极轴追踪功能。

② “极轴角设置”选项组：设置极轴角的值，可以在“增量角”下拉列表框中选择一种角度值，也可选中“附加角”复选框。单击 新建(N) 按钮设置任意附加角，系统在进行极轴追踪时，同时追踪增量角的倍数角和附加角，可以设置多个附加角。

③ “对象捕捉追踪设置”和“极轴角测量”选项组：按界面提示设置相应选项。

提醒

极轴追踪模式可以追踪到任何角度。极轴追踪不能与正交模式同时打开。

例题 6-7　利用极轴追踪模式绘图。

单击状态栏中“极轴追踪”按钮，打开极轴追踪模式，并将“增量角”设置为 45°，新建“附加角”68°和 113°；同时打开对象捕捉模式；然后执行如下操作。所绘图形如图 6-17 所示。

命令：_line	‖ 绘制长度为 150 的菱形；
指定第一个点：	‖ 鼠标在绘图区点击一点；
指定下一点或 [放弃(U)]：150	‖ 鼠标沿 45°方向追踪，当出现追踪线时输入长度 150；
指定下一点或 [放弃(U)]：150	‖ 鼠标沿 135°方向追踪，当出现追踪线时输入长度 150；
指定下一点或 [闭合(C)/放弃(U)]：150	‖ 鼠标沿 225°方向追踪，当出现追踪线时输入长度 150；
指定下一点或 [闭合(C)/放弃(U)]：c	‖ 输入 c，图形闭合；
命令：_line	
指定第一个点：<打开对象捕捉>	‖ 捕捉菱形下角点；
指定下一点或 [放弃(U)]：	‖ 鼠标沿 68°方向追踪，当出现追踪线时，鼠标点击追踪线与右边线的交点；
指定下一点或 [放弃(U)]：↙	‖ 按 Enter 键，结束命令。
命令：_line	
指定第一个点：	‖ 捕捉菱形下角点；
指定下一点或 [放弃(U)]：	‖ 鼠标沿 113°方向追踪，当出现追踪线时，鼠标点击追踪线与左边线的交点；
指定下一点或 [放弃(U)]：↙	‖ 按 Enter 键，结束命令。

2. 对象捕捉追踪

对象捕捉追踪就是按照捕捉点的特征方向(包括极轴方向和正交方向)来追踪特征点。启动对象捕捉追踪的方式有：

★菜单栏：单击菜单栏中“工具”➤“绘图设置(F)...”，打开“草图设置”对话框，点击“对象捕捉”选项卡，选择“启用对象捕捉追踪” 选项，如图 6-13 所示。

★单击状态栏中“对象捕捉追踪”按钮，打开对象捕捉追踪。

★功能键：按 F11 键打开或关闭对象捕捉追踪。

★命令：AUTOSNAPE。

❁❁提醒

对象捕捉追踪模式必须与对象捕捉模式和极轴追踪模式一起使用，同时打开。

📖 **例题 6-8**　利用对象捕捉追踪模式绘制图形。

同时打开极轴追踪、对象捕捉和对象捕捉追踪模式，并将增量角设置为 60°，附加角设置为 50°；然后执行如下操作。所绘图形如图 6-18 所示。

命令：_line	
指定第一个点：	‖ 鼠标在绘图区点击 A 点；
指定下一点或［放弃(U)］：30	‖ 沿 0°方向追踪，输入长度 30；
指定下一点或［放弃(U)］：15	‖ 沿 50°方向追踪，当出现追踪线时输入长度 15；
指定下一点或［闭合(C)/放弃(U)］：20	‖ 沿 90°方向追踪，当出现追踪线时输入长度 20；
指定下一点或［闭合(C)/放弃(U)］：25	‖ 沿 120°方向追踪，当出现追踪线时输入长度 25；
指定下一点或［闭合(C)/放弃(U)］：	‖ 鼠标从 E 点沿 180°方向追踪，并从 A 点沿 90°方向追踪，在两条追踪线的交点处点击左键，确定 F 点；
指定下一点或［闭合(C)/放弃(U)］：17	‖ 再从 F 点沿 270°方向追踪，输入 17；
指定下一点或［闭合(C)/放弃(U)］：7	‖ 再沿 0°方向追踪，输入长度 7；
指定下一点或［闭合(C)/放弃(U)］：20	‖ 再沿 270°方向追踪，输入长度 20；
指定下一点或［闭合(C)/放弃(U)］：	‖ 再用鼠标从 K 点沿 180°方向追踪，并从 A 点沿 90°方向追踪，在两条追踪线的交点处点击左键，确定 O 点；
指定下一点或［闭合(C)/放弃(U)］：	‖ 鼠标点击 A 点，结束。
命令：_circle	‖ 绘制圆；
指定圆的圆心或［三点(3P)/两点(2P)/切点、切点、半径(T)］：10	‖ 鼠标在线段 EF 的中点停留一下，之后沿 270°方向追踪，并输入距离 10；
指定圆的半径或［直径(D)］<5.0000>：5	‖ 输入圆的半径 5；
命令：_rectang	‖ 绘制矩形；
指定第一个角点或［倒角(C)/标高(E)/圆角(F)/厚度(T)/宽度(W)］：_from 基点：<偏移>：@20,10	‖ 单击“捕捉自”按钮，鼠标点击 A 点，输入偏移距离@20,10；
指定另一个角点或［面积(A)/尺寸(D)/旋转(R)］：@10,20	‖ 用相对直角坐标输入矩形的另一角点。

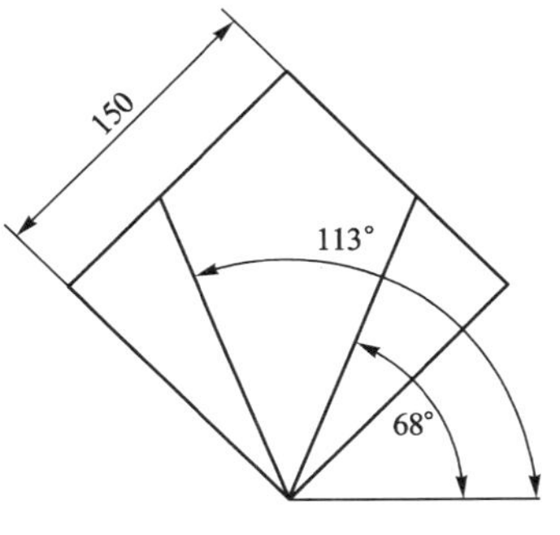

图 6-17　利用极轴追踪模式绘制图形

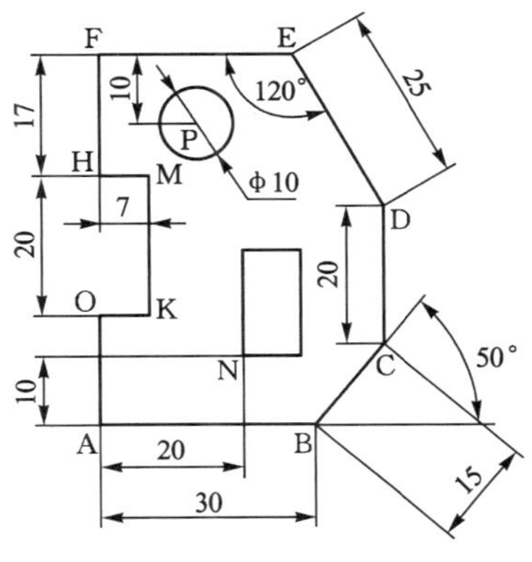

图 6-18　利用对象捕捉追踪模式绘制图形

第四节　动 态 输 入

动态输入主要由指针输入、标注输入、动态提示三部分组成，分别对动态输入的三个功能进行控制。启动动态输入的方式有：

★菜单栏：单击“工具”下拉菜单 ➤“绘图设置(F)...”，打开“草图设置”对话框，点击“动态输入”选项卡，如图 6-19 所示。

★单击状态栏中“动态输入”按钮，单击鼠标右键，选择“动态输入设置...”。

★命令：DYNMODE。

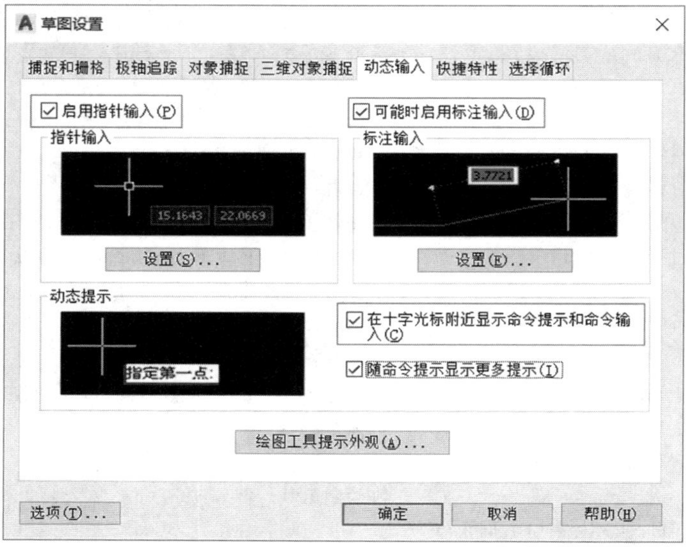

图 6-19　动态输入设置

一、指针输入

当选择“启用指针输入”后，十字光标位置的坐标值将显示在光标旁边的工具提示中。当所用命令提示用户输入点时，可以在工具提示（而非命令窗口）中输入坐标值，使用 Tab 键可以在多个工具提示框中切换。

默认情况下，第一个点的坐标为绝对坐标，第二个或下一个点的坐标为相对极坐标，且不需要输入“@”符号（对于第二个点或后续点的格式可以通过“指针输入”预览区域下面的 设置(S)... 按钮进行设置，如图 6-20 所示）。

二、标注输入

选择“启用标注输入”后，当命令提示用户输入第二个点或距离时，将标注相对于前一点的距离值和角度值的工具提示。标注工具提示中的值将随光标移动而更改。可以在工具提示中输入值，而不用在命令行上输入值，使用 Tab 键可以移动到要更改的数值所在的工具提示框中。

标注输入可用于绘制直线、圆、圆弧、椭圆、多段线等命令。

点击“标注输入”预览区域下面的 设置(S)... 按钮可以对其格式进行设置，如图 6-21 所示。

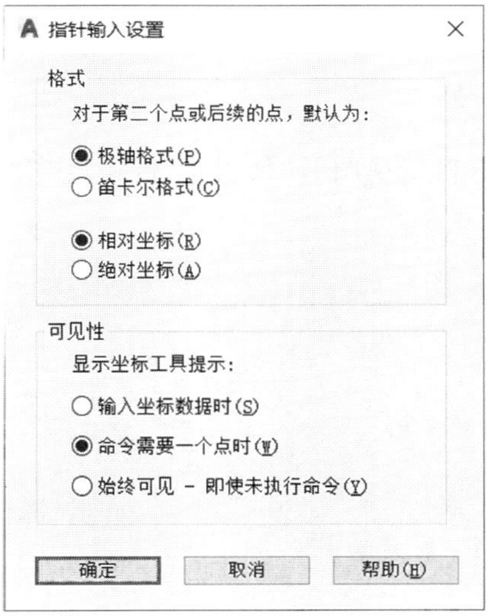

图 6-20　指针输入设置

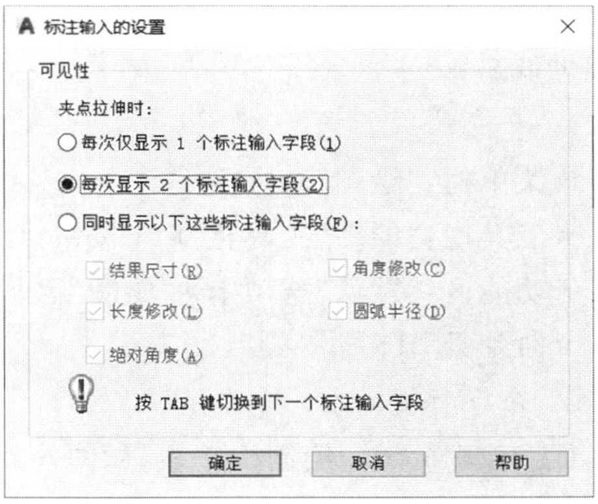

图 6-21　标注输入设置

三、动态提示

选中图 6-19 中“在十字光标附近显示命令提示和命令输入”选项，可以显示动态提示。当输入需要时，将在光标附近的工具提示中显示相关提示，以完成命令。选项“随命令提示显示更多提示”主要控制是否显示使用 Shift 和 Ctrl 键进行夹点操作的提示。

第五节　基本绘图命令(二)

一、射线

射线是从指定起点向某一方向无限延伸的直线，常用作绘图辅助线。

1. 命令执行方式

★菜单栏：“绘图”➤“射线”。

★功能区：“默认”选项卡➤“绘图”面板 ➤⟋按钮。

★命令：RAY。

2. 命令行提示

📖 **例题 6-9**　绘制射线，如图 6-22 所示。

命令：_ray 指定起点：	∥鼠标在绘图区点击一点 1；
指定通过点：	∥指定射线通过点 2，绘制一条射线；
指定通过点：	∥再指定射线通过点 3，绘制另一条射线；
指定通过点：	∥再指定射线通过点 4，绘制另一条射线；
指定通过点：↙	∥按 Enter 键，结束命令。

二、构造线

构造线是向两端无限延伸的直线，常用作绘制工程三视图时“长对正、高平齐、宽相等”的辅助线。

1. 命令执行方式

★菜单栏：“绘图”➤“构造线”。

★工具栏：“绘图”工具栏 ➤ 按钮。

★功能区：“默认”选项卡➤“绘图”面板 ➤ 按钮。

★命令：XLINE。

2. 命令行提示

📖 **例题 6-10**　绘制构造线，如图 6-23 所示。

命令：_xline	
指定点或[水平(H)/垂直(V)/角度(A)/二等分(B)/偏移(O)]：	∥鼠标在绘图区点击一点 1；
指定通过点：	∥指定通过点 2，绘制一条构造线；
指定通过点：	∥再指定通过点 3，绘制另一条构造线；
指定通过点：	∥再指定通过点 4，绘制另一条构造线；
指定通过点：↙	∥按 Enter 键，结束命令。

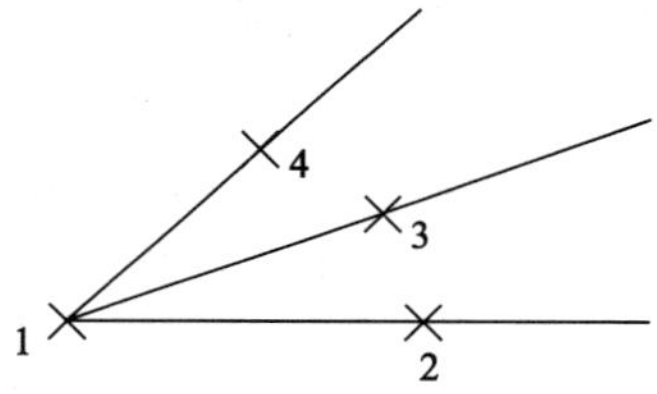

图 6-22　绘制射线

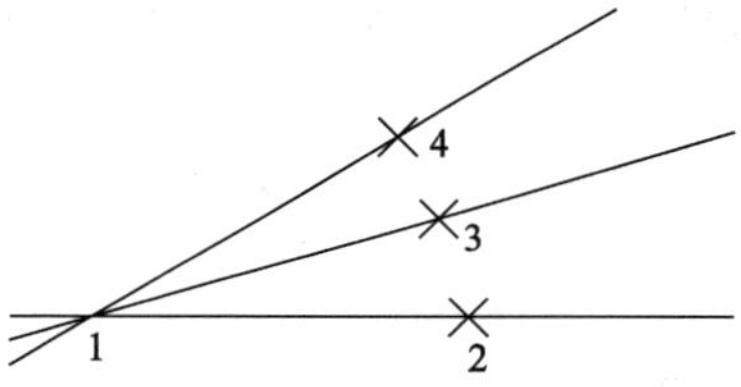

图 6-23　绘制构造线

3. 选项说明

构造线对于创建参照线十分有用，它是通过两点的无限长的直线。绘制构造线时，可以选择多种选项：

[水平(H)]：绘制一条通过选定点的水平参照线，即平行于 X 轴的构造线。

[垂直(V)]：绘制一条通过选定点的垂直参照线，即平行于 Y 轴的构造线。

[角度(A)]：按照指定角度绘制构造线。

[二等分(B)]：绘制一条参照线，它经过选定角的顶点，并且将选定的两条线之间的夹角平分。此构造线位于由三个点确定的平面中。

[偏移(O)]:按照指定的偏移距离或通过的指定点绘制平行于另一个对象的构造线。

三、圆弧

1. 命令执行方式

★菜单栏:"绘图"➤"圆弧"。

★工具栏:"绘图"工具栏 ➤ 按钮。

★功能区:"默认"选项卡 ➤"绘图"面板 ➤ 按钮。

★命令:ARC。

2. 命令行提示

命令: _arc
指定圆弧的起点或[圆心(C)]:　　‖鼠标在绘图区点击一点;
指定圆弧的第二个点或[圆心(C)/端点(E)]: _c　　‖指定圆弧的圆心;
指定圆弧的圆心:
指定圆弧的端点(按住 Ctrl 键以切换方向)或[角度(A)/弦长(L)]: _l　　‖指定圆弧的端点。
指定弦长(按住 Ctrl 键以切换方向):

3. 选项说明

绘制圆弧,可以指定圆心、端点、起点、半径、角度、长度和方向的各种组合形式,如图 6-24 所示。默认情况下,以逆时针方向绘制圆弧。按住 Ctrl 键的同时拖动,可以沿顺时针方向绘制圆弧。

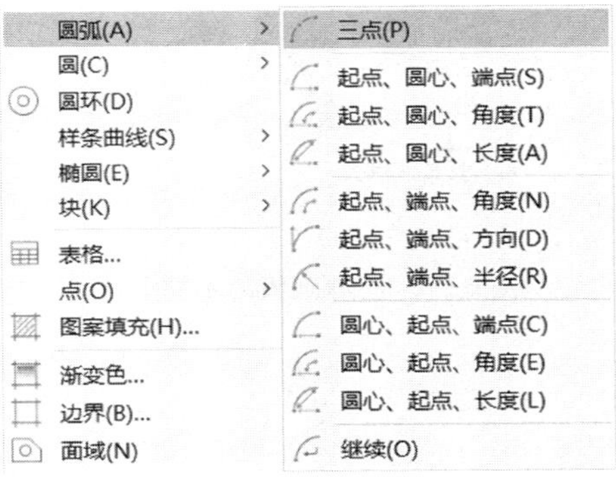

图 6-24　绘制圆弧的命令

[三点(P)]:指定三个点绘制圆弧,如图 6-25(a)所示。

[起点、圆心、端点(S)]:通过依次指定起点、圆心、端点,按逆时针方向绘制圆弧,如图 6-25(b)所示。

[起点、圆心、角度(T)]:通过指定起点、圆心、圆心角,按逆时针方向绘制圆弧,如图 6-25(c)所示。

[起点、圆心、长度(A)]:通过指定起点、圆心、弦长,按逆时针方向绘制圆弧,如图 6-25(d)所示。如果弦长为正值,将从起点逆时针绘制劣弧;如果弦长为负值,将逆时针绘制优弧。

[起点、端点、角度(N)]:通过指定起点、端点和圆心角绘制圆弧,如图 6-25(e)所示。

[起点、端点、方向(D)]:通过指定起点、端点及起点的切线方向绘制圆弧,如图 6-25(f)所示。

[起点、端点、半径(R)]:通过指定起点、端点和半径绘制圆弧,如图 6-25(g)所示。

[圆心、起点、端点(C)]:通过依次指定圆心、起点、端点,按逆时针方向绘制圆弧,如图 6-25(b)所示。

[圆心、起点、角度(E)]:通过依次指定圆心、起点、圆心角,所绘圆弧如图 6-25(c)所示。

[圆心、起点、长度(L)]:通过依次指定圆心、起点和弦长,所绘圆弧如图 6-25(d)所示。

[继续(O)]:与上一线段相切继续绘制圆弧,如图 6-25(h)所示。

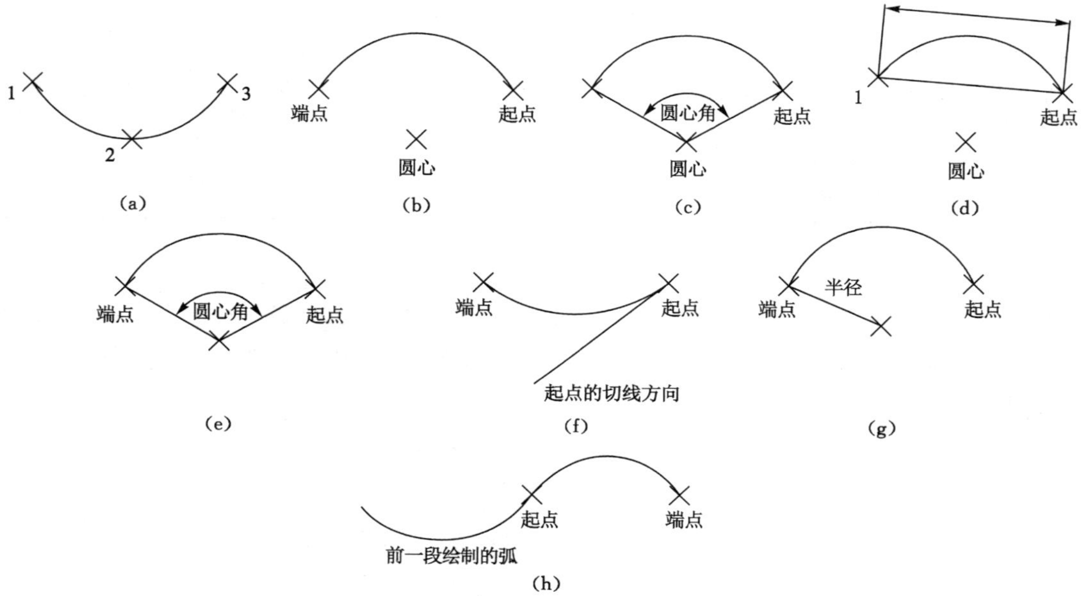

图 6-25　绘制圆弧的不同方法

四、椭圆

1. 命令执行方式

★菜单栏:“绘图”➤“椭圆”。

★工具栏:“绘图”工具栏 ➤ 按钮。

★功能区:“默认”选项卡➤“绘图”面板 ➤ 按钮。

★命令:ELLIPSE。

2. 命令行提示

命令:_ellipse

指定椭圆的轴端点或[圆弧(A)/中心点(C)]:　　‖鼠标在绘图区指定一点,作为椭圆一个端点;

指定轴的另一个端点:

指定另一条半轴长度或[旋转(R)]:

3. 选项说明

在 AutoCAD 中，绘制椭圆时，可以通过指定圆心、长轴半径、短轴半径的方式绘制，也可以通过指定一条轴的两个端点和另一条轴的一个端点绘制，还可以绘制椭圆弧，如图 6-26 所示。

五、多边形

1. 命令执行方式

★菜单栏："绘图"➤"多边形"。

★工具栏："绘图"工具栏 ➤⬠按钮。

★功能区："默认"选项卡➤"绘图"面板 ➤⬠按钮。

★命令：POLYGON。

2. 命令行提示

命令：_polygon 输入侧面数 <4>：6	‖ 输入多边形的边数；
指定正多边形的中心点或［边(E)］：	
输入选项［内接于圆(I)/外切于圆(C)］<I>：	‖ 选择绘制内接于圆或是外切于圆的多边形。
指定圆的半径：	

3. 选项说明

在 AutoCAD 中，绘制多边形时，可以选择使多边形内接于圆，也可以选择外切于圆。在输入相同的圆半径时，所绘制的多边形的区别如图 6-27 所示。

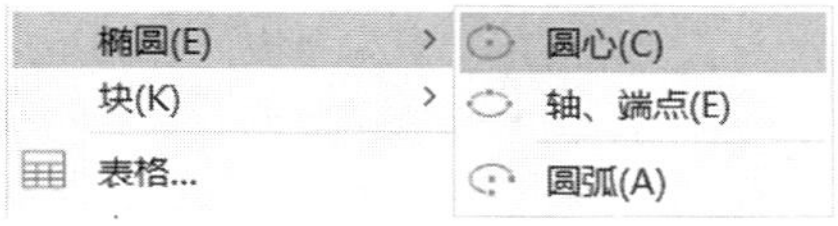

图 6-26　椭圆及椭圆弧绘制方法

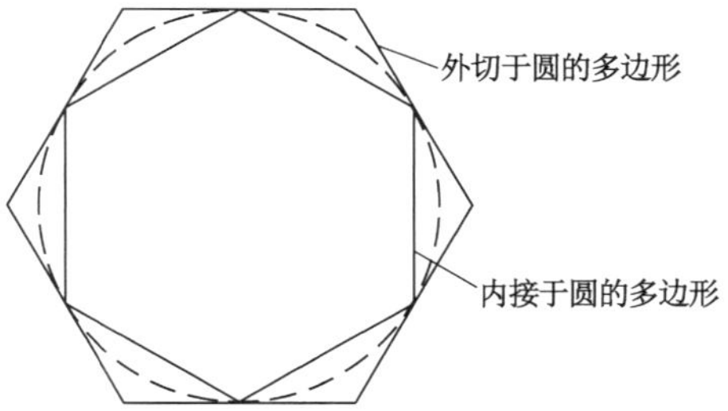

图 6-27　多边形绘制方法

六、圆环

1. 命令执行方式

★菜单栏："绘图"➤"圆环"。

★功能区："默认"选项卡 ➤"绘图"面板 ➤◎按钮。

★命令：DONUT。

2. 命令行提示

```
命令：_donut
指定圆环的内径：10↙
指定圆环的外径：20↙
指定圆环的中心点或 <退出>：
```

3. 选项说明

在 AutoCAD 中，圆环命令用于绘制实心圆或较宽的实心环，圆环的宽度由内直径和外直径决定；当内直径为 0 时，可绘制实心圆。

七、样条曲线

样条曲线，是按照给定的某些数据点（控制点）拟合生成的光滑曲线，它可以是二维曲线或三维曲线，常用来绘制波浪线或打断线。

1. 命令执行方式

★菜单栏："绘图"➤"样条曲线"。

★工具栏："绘图"工具栏 ➤ 按钮。

★功能区："默认"选项卡➤"绘图"面板 ➤ 或 按钮。

★命令：SPLINE。

2. 命令行提示

```
命令：_spline
当前设置：方式＝拟合    节点＝弦
指定第一个点或 [方式(M)/节点(K)/对象(O)]：
输入下一个点或 [起点切向(T)/公差(L)]：
输入下一个点或 [端点相切(T)/公差(L)/放弃(U)/闭合(C)]：T
指定端点切向：
```

3. 选项说明

在 AutoCAD 中，样条曲线是非均匀有理 B 样条曲线（NURBS）。该命令可以绘制经过或靠近一组拟合点或由控制框的顶点定义的平滑曲线。样条曲线使用拟合点或控制点进行定义。默认情况下，拟合点与样条曲线重合，而控制点定义控制框。控制框提供了一种便捷的方法，用来设置样条曲线的形状。每种方法都有其优点，如图 6-28(a)所示。命令执行时各选项说明如下：

[第一点]：指定样条曲线的第一个点，或者是第一个拟合点或者是第一个控制点，具体取决于当前所用的方法。

[下一点]：创建其他样条曲线段，直到按 Enter 键为止，如图 6-28(b)所示。

[方式]：选择是使用拟合点还是使用控制点来创建样条曲线。

[对象]：将二维或三维的二次或三次样条曲线拟合多段线转换成等效的样条曲线。

[起点切向]：指定在样条曲线起点的相切条件。

[端点切向]：指定在样条曲线终点的相切条件。

[公差]：指定样条曲线可以偏离指定拟合点的距离。公差值为 0，则要求生成的样条曲

线直接通过拟合点。公差值适用于所有拟合点(拟合点的起点和终点除外)。

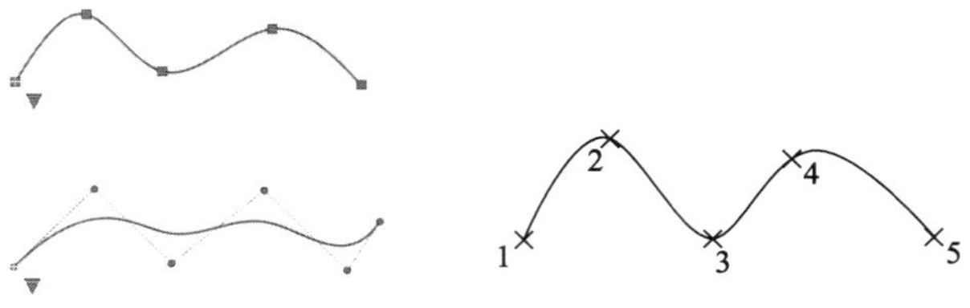

图 6-28　绘制样条曲线

八、修订云线

修订云线是指由连续圆弧组成的多段线,常用于在图形中做标记以提醒用户注意图形的某些部分。

1. 命令执行方式

★菜单栏:"绘图"➤"修订云线"。

★工具栏:"绘图"工具栏 ➤按钮。

★功能区:"默认"选项卡 ➤"绘图"面板 ➤按钮。

★命令:REVCLOUD。

2. 命令行提示

```
命令:_revcloud
最小弧长:0.5　最大弧长:0.5　样式:普通　类型:矩形
指定第一个角点或[弧长(A)/对象(O)/矩形(R)/多边形(P)/徒手画(F)/样式(S)/修改(M)]<对象>:_F
最小弧长:0.5　最大弧长:0.5　样式:普通　类型:徒手画
指定第一个点或[弧长(A)/对象(O)/矩形(R)/多边形(P)/徒手画(F)/样式(S)/修改(M)]<对象>:
沿云线路径引导十字光标...
反转方向[是(Y)/否(N)]<否>:
修订云线完成。
```

3. 选项说明

选择"修订云线"命令时,可以选择绘制矩形、多边形和徒手画的云线,如图 6-29 所示。

图 6-29　修订云线

命令执行时各选项说明如下:

[第一个角点]:指定矩形修订云线的一个角点。

[对角点]:指定矩形修订云线的对角点。

[反转方向]:反转修订云线上连续圆弧的方向。

[起点]:设置多边形修订云线的起点。

[下一点]:指定下一点以定义多边形形状的修订云线。

[第一点]:指定徒手画修订云线的第一个点。

[弧长]:默认的弧长最小值和最大值为 0.50,所设置的最大弧长不能超过最小弧长的三倍。

[对象]:指定要转换为云线的对象。

[矩形]:使用指定的点作为对角点创建矩形修订云线。

[多边形]:创建非矩形修订云线。

[徒手画]:绘制徒手画修订云线。

[样式]:指定修订云线的样式。

[普通]:使用默认字体创建修订云线。

[手绘]:像使用画笔绘图一样创建修订云线。

[修改]:从现有修订云线添加或删除侧边。

[选择多段线]:指定要修改的修订云线。

第六节　图形编辑与对象选择

一、图形编辑方法

图形编辑是指对已有图形对象进行删除、复制、移动、旋转、缩放、修剪及其他修改等操作。一副完整图形的绘制往往需要结合绘图命令和编辑命令共同完成。常用的图形编辑方法有:

(1) 输入各种编辑命令。

(2) 通过"修改"下拉菜单或"修改"面板选择编辑命令。

(3) 在"修改"工具栏上选择编辑命令。

(4) 利用夹点编辑。

(5) 利用对象特性对话框编辑对象特性。

二、对象选择

在采用编辑命令对图形对象进行修改编辑时,首先要选择编辑对象,被选对象构成选择集。既可以先选择对象后执行编辑命令,也可以先执行编辑命令后选择对象,这可以通过"选项"对话框中的"选择集"选项卡进行设置,如图 6-30 所示。

被选中的对象将变为虚线且高亮显示,并显示蓝色的夹点(夹点的颜色和状态也可以通过图 6-30 进行设置)。

在 AutoCAD 中,对象的选择方式有多种,如点选、窗口选择(W)、栅栏选择(F)、全选(ALL)、选择上一个(PAST)、选择最后一个(LAST)等。

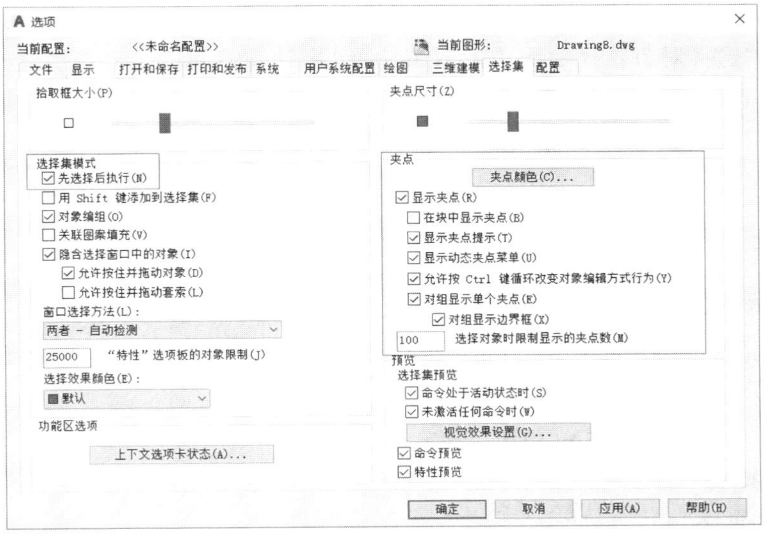

图 6-30　"选择集"模式设置

1. 点选

这是最常用的方法，用鼠标直接在被选对象上单击，一次选择一个对象，直到要选择的对象全部变为虚线且高亮显示为止。

如果点选时，不小心选择了不该选择的对象，可以按住 Shift 键，并再次点击该对象，可将其从当前选择集中删除。

2. 窗口选择

窗口选择包括矩形窗口选择和不规则窗口选择。

(1) 矩形窗口选择

用鼠标指定矩形的两个对角点拖出一个矩形窗口。矩形窗口选择分为两种情况。

① "W"窗口：所有包含在这个矩形窗口内的对象将被同时选择。

操作：窗口从左向右拖出，可实现这一功能。

② "C"窗口：所有包含在这个矩形窗口内以及与窗口接触的对象将被同时选择。

操作：窗口从右向左拖出，可实现这一功能。

(2) 不规则窗口选择

用鼠标单击若干点，确定一个不规则多边形窗口。不规则窗口选择也分为两种情况。

① "WP"圈围选：命令行输入 WP，则所有包含在这个窗口内的对象将被同时选中。

② "CP"圈交选：命令行输入 CP，则所有包含在这个窗口内的以及与这个窗口相交的对象将被同时选中。

3. 栅栏选择

在命令行"选择对象："提示下，输入 F(栅栏选)，就可以用鼠标像画线一样画出几段折线，则所有与折线相交的对象被同时选中。

4. 其他选择

在命令行"选择对象："提示下，输入 ALL，则非冻结图层上的所有对象均被选中。

在命令行“选择对象:”提示下,输入 PAST 或者 P,则上一个对象被选中。

在命令行“选择对象:”提示下,输入 LAST 或者 L,则最后一个对象被选中。

第七节　基本编辑命令

一、删除

1. 命令执行方式

★菜单栏:“修改”➤“删除”。

★工具栏:“修改”工具栏 ➤ 按钮。

★功能区:“默认”选项卡➤“修改”面板 ➤ 按钮。

★命令:ERASE。

2. 命令行提示

命令: _erase	
选择对象: 找到 1 个	‖ 鼠标点击选择第 1 个对象;
选择对象: 找到 1 个,总计 2 个	‖ 鼠标点击选择第 2 个对象;
选择对象: ↙	‖ 按 Enter 键,结束命令。

3. 放弃操作

在绘图或修改图形过程中,如果进行了错误的操作,可以用“放弃(U)”来取消这次错误的操作。命令执行方式为:

★快捷菜单:点鼠标右键弹出快捷菜单 ➤“放弃(U)”。

★工具栏:点击“标准”工具栏和“快速访问工具栏” ➤ 按钮。

★命令:UNDO。

4. 重做操作

在执行“放弃(U)”命令时,如果发生了操作失误,可以使用“重做”命令来恢复刚才取消的错误。命令执行方式为:

★快捷菜单:点鼠标右键弹出“快捷菜单”➤“重做(R)”。

★工具栏:点击“标准”工具栏和“快速访问工具栏” ➤ 按钮。

★命令:REDO。

提醒

“放弃”和“重做”工具按钮右侧有小黑三角,表示按住该按钮可以打开选择项,可以选择前面操作中的那一项。

二、复制

1. 命令执行方式

★菜单栏:“修改”➤“复制”。

★工具栏:“修改”工具栏 ➤ 按钮。

★功能区："默认"选项卡 ➤"修改"面板 ➤ 按钮。

★命令：COPY。

2. 命令行提示

📖 **例题 6-11**　利用"复制"命令绘制图 6-31 所示图形。

命令：_rectang	‖ 绘制半径为 10 的圆角矩形；
指定第一个角点或［倒角(C)/标高(E)/圆角(F)/厚度(T)/宽度(W)］：f	
指定矩形的圆角半径 ＜0.0000＞：10	
指定第一个角点或［倒角(C)/标高(E)/圆角(F)/厚度(T)/宽度(W)］：	
指定另一个角点或［面积(A)/尺寸(D)/旋转(R)］：	
命令：_circle	‖ 利用对象捕捉追踪在矩形中间绘制半径为 6 的圆；
指定圆的圆心或［三点(3P)/两点(2P)/切点、切点、半径(T)］：	
指定圆的半径或［直径(D)］：6	
命令：_copy	‖ 复制圆；
选择对象：找到 1 个	
选择对象：	
当前设置：　复制模式 ＝ 多个	
指定基点或［位移(D)/模式(O)］＜位移＞：	‖ 选择圆心为基点；
指定第二个点或［阵列(A)］＜使用第一个点作为位移＞：	‖ 利用对象捕捉将圆复制到矩形 4 个圆角的圆心处；
指定第二个点或［阵列(A)/退出(E)/放弃(U)］＜退出＞：	
指定第二个点或［阵列(A)/退出(E)/放弃(U)］＜退出＞：	
指定第二个点或［阵列(A)/退出(E)/放弃(U)］＜退出＞：	
指定第二个点或［阵列(A)/退出(E)/放弃(U)］＜退出＞：↙	‖ 按 Enter 键结束。

3. 选项说明

"复制"命令是在指定方向上按指定距离复制对象，可以将对象进行一个或多个复制，复制生成的每个对象都是独立的。执行"复制"命令后，可以选择多种选项：

［位移(D)］：使用坐标指定相对距离和方向。

［模式(O)］：控制命令是复制一个还是多个。

［阵列(A)］：以阵列方式进行复制，还需输入阵列的项目数。

三、镜像

1. 命令执行方式

★菜单栏："修改"➤"镜像"。

★工具栏："修改"工具栏 ➤ 按钮。

★功能区："默认"选项卡 ➤"修改"面板 ➤ 按钮。

★命令：MIRROR。

2. 命令行提示

📖 **例题 6-12**　利用"镜像"命令，以图 6-32(a)为基础，绘制图 6-32(b)。

命令：_mirror	
选择对象：找到 1 个	‖ 鼠标点击选择第 1 个对象；
选择对象：找到 1 个，总计 2 个	‖ 鼠标点击选择第 2 个对象；
选择对象：找到 1 个，总计 3 个	‖ 鼠标点击选择第 3 个对象；
选择对象：找到 1 个，总计 4 个	‖ 鼠标点击选择第 4 个对象；
选择对象：↙	‖ 按 Enter 键，结束选择对象；
指定镜像线的第一点：＜打开对象捕捉＞	‖ 打开对象捕捉，选择点 1；
指定镜像线的第二点：	‖ 选择点 2；
要删除源对象吗？[是(Y)/否(N)] ＜否＞：↙	‖ 选择不删除源对象。

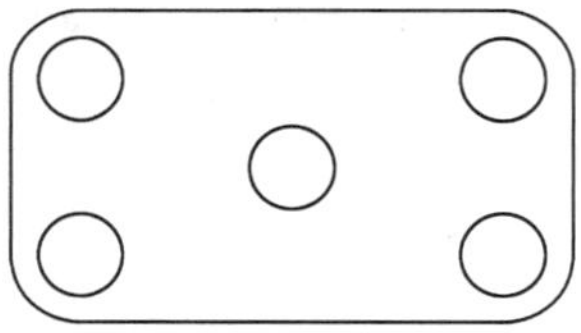

图 6-31　利用“复制”命令绘图

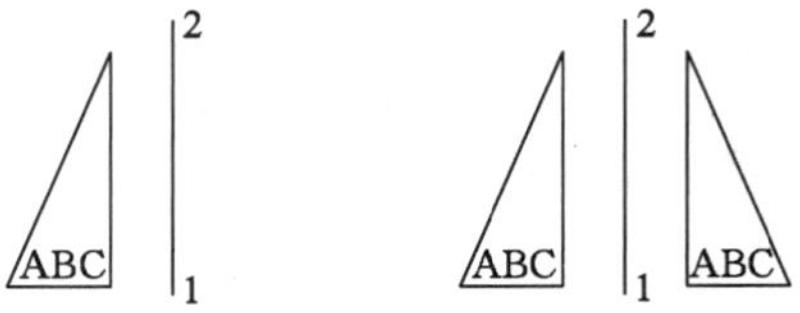

(a) 源对象　　(b) 镜像后的对象

图 6-32　利用“镜像”命令绘图

四、偏移

1. 命令执行方式

★菜单栏：“修改”➤“偏移”。

★工具栏：“修改”工具栏 ➤ 按钮。

★功能区：“默认”选项卡 ➤“修改”面板 ➤ 按钮。

★命令：OFFSET。

2. 命令行提示

例题 6-13　利用“偏移”命令绘制图形，如图 6-33 所示。

命令：_line	
指定第一个点：	
指定下一点或 [放弃(U)]：＜正交 开＞ 200	‖ 绘制长度为 200 的水平线段 1；
指定下一点或 [放弃(U)]：↙	‖ 按 Enter 键，结束 line 命令；
命令：_offset	‖ 执行“偏移”命令；
当前设置：删除源＝否　图层＝源　OFFSETGAPTYPE＝0	‖ 当前模式设置；
指定偏移距离或 [通过(T)/删除(E)/图层(L)] ＜50.0000＞：20	‖ 输入偏移距离 20；
选择要偏移的对象，或 [退出(E)/放弃(U)] ＜退出＞：	‖ 选择线段 1；
指定要偏移的那一侧上的点，或 [退出(E)/多个(M)/放弃(U)] ＜退出＞：	‖ 在线段 1 上方点击，生成线段 2
选择要偏移的对象，或 [退出(E)/放弃(U)] ＜退出＞：	‖ 选择线段 2；
指定要偏移的那一侧上的点，或 [退出(E)/多个(M)/放弃(U)] ＜退出＞：	‖ 在线段 2 上方点击，生成线段 3
选择要偏移的对象，或 [退出(E)/放弃(U)] ＜退出＞：	‖ 选择线段 3；
指定要偏移的那一侧上的点，或 [退出(E)/多个(M)/放弃(U)] ＜退出＞：	‖ 在线段 3 上方点击，生成线段 4
选择要偏移的对象，或 [退出(E)/放弃(U)] ＜退出＞：↙	‖ 按 Enter 键，结束“偏移”命令；

命令：_arc	‖以起点、端点、角度(180°)的方式绘制圆弧 1；
指定圆弧的起点或［圆心(C)］：	
指定圆弧的第二个点或［圆心(C)/端点(E)］：_e	
指定圆弧的端点：	
指定圆弧的中心点(按住 Ctrl 键以切换方向)或［角度(A)/方向(D)/半径(R)］：_a	
指定夹角(按住 Ctrl 键以切换方向)：180	
命令：_offset	‖执行“偏移”命令；
当前设置：删除源＝否　图层＝源　OFFSETGAPTYPE＝0	‖当前模式设置；
指定偏移距离或［通过(T)/删除(E)/图层(L)］<20.0000>：	‖采用默认偏移距离值 20；
选择要偏移的对象，或［退出(E)/放弃(U)］<退出>：	‖选择圆弧 1；
指定要偏移的那一侧上的点，或［退出(E)/多个(M)/放弃(U)］<退出>：	‖在圆弧 1 左侧点击，生成圆弧 2；
选择要偏移的对象，或［退出(E)/放弃(U)］<退出>：↙	‖按 Enter 键，结束“偏移”命令；
命令：_arc	‖同上，以起点、端点、角度(180°)的方式绘制圆弧 3；
指定圆弧的起点或［圆心(C)］：	
指定圆弧的第二个点或［圆心(C)/端点(E)］：_e	
指定圆弧的端点：	
指定圆弧的中心点(按住 Ctrl 键以切换方向)或［角度(A)/方向(D)/半径(R)］：_a	
指定夹角(按住 Ctrl 键以切换方向)：180	
命令：_offset	‖执行“偏移”命令；
当前设置：删除源＝否　图层＝源　OFFSETGAPTYPE＝0	‖当前模式设置；
指定偏移距离或［通过(T)/删除(E)/图层(L)］<20.0000>：	‖采用默认偏移距离值 20；
选择要偏移的对象，或［退出(E)/放弃(U)］<退出>：	‖选择圆弧 3；
指定要偏移的那一侧上的点，或［退出(E)/多个(M)/放弃(U)］<退出>：	‖在圆弧 3 右侧点击，生成圆弧 4
选择要偏移的对象，或［退出(E)/放弃(U)］<退出>：↙	‖按 Enter 键，结束“偏移”命令。

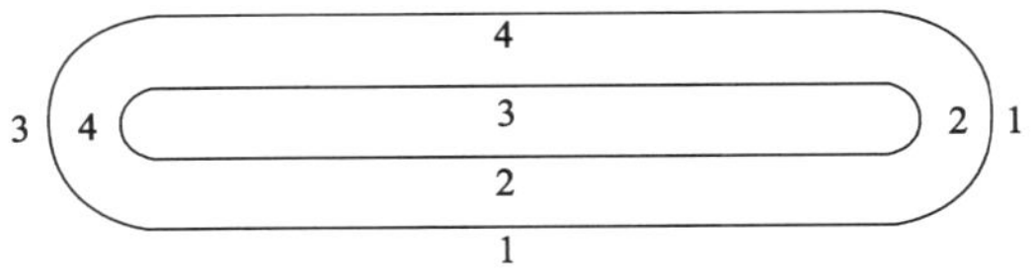

图 6-33　利用“偏移”命令绘图

3. 选项说明

“偏移”命令可以在指定距离或指定的通过点来偏移对象。偏移对象后，可以使用修剪或延伸的方式来创建包含多条平行线和曲线的图形。执行“偏移”命令后，可以选择多种选项：

［通过(T)］：指定通过点。

［删除(E)］：偏移后将源对象删除。

［图层(L)］：确定将偏移对象创建在当前图层上还是源对象所在的图层上。

［多个(M)］：输入“多个”偏移模式后，将使用当前偏移距离重复进行偏移操作。

五、移动

1. 命令执行方式

★菜单栏:“修改”➤“移动”。

★工具栏:“修改”工具栏 ➤按钮。

★功能区:“默认”选项卡➤“修改”面板 ➤按钮。

★命令:MOVE。

2. 命令行提示

```
命令:_move
选择对象:
选择对象:
指定基点或[位移(D)]<位移>:
指定第二个点或<使用第一个点作为位移>:
```

3. 选项说明

“移动”命令是在指定方向上按指定距离移动对象。

[基点]:指定移动的起点。

[第二点]:结合使用第一个点来指定一个矢量,以指明选定对象要移动的距离和方向。如果按 Enter 键以接受将第一个点用作位移值,则第一个点将被认为是相对位移。

[位移(D)]:指定相对距离和方向。

六、缩放

1. 命令执行方式

★菜单栏:“修改”➤“缩放”。

★工具栏:“修改”工具栏 ➤按钮。

★功能区:“默认”选项卡 ➤“修改”面板 ➤按钮。

★命令:SCALE。

2. 命令行提示

```
命令:_scale
选择对象:
选择对象:
指定基点:
指定比例因子或[复制(C)/参照(R)]:                ‖输入缩放比例,或选择选项。
```

3. 选项说明

“缩放”命令是放大或缩小选定对象,使缩放后对象的比例保持不变。

[基点]:指定的基点表示选定对象的大小发生改变(从而远离静止基点)时位置保持不变的点。

[比例因子]:按指定的比例放大选定对象的尺寸。大于 1 的比例因子使对象放大,介于

0 和 1 之间的比例因子使对象缩小。还可以拖动光标使对象变大或变小。

[复制(C)]:创建要缩放的选定对象的副本。

[参照(R)]:按参照长度和指定的新长度缩放所选对象。

七、修剪

1. 命令执行方式

★菜单栏:“修改”➤“修剪”。

★工具栏:“修改”工具栏 ➤ 按钮。

★功能区:“默认”选项卡 ➤“修改”面板 ➤ 按钮。

★命令:TRIM。

2. 命令行提示

例题 6-14　利用“修剪”命令将图 6-34(a)修改为图 6-34(b)和图 6-34(c)。

命令: _trim	
当前设置:投影=UCS,边=无	‖当前模式;
选择剪切边...	
选择对象或 <全部选择>: 找到 1 个	‖选择圆作为剪切边;
选择对象:	‖按 Enter 键,结束选择剪切边;
选择要修剪的对象,或按住 Shift 键选择要延伸的对象,或 [栏选(F)/窗交(C)/投影(P)/边(E)/删除(R)/放弃(U)]:V 选择要	‖选择线段左端为要修剪对象,修剪结果如图 6-34(b)所示;
修剪的对象,或按住 Shift 键选择要延伸的对象,或 [栏选(F)/窗交(C)/投影(P)/边(E)/删除(R)/放弃(U)]:↙	‖按 Enter 键,结束命令;
命令: _trim	
当前设置:投影=UCS,边=无	
选择剪切边...	
选择对象或 <全部选择>: 找到 1 个	‖选择直线段作为剪切边;
选择对象:↙	‖按 Enter 键,结束选择剪切边;
选择要修剪的对象,或按住 Shift 键选择要延伸的对象,或 [栏选(F)/窗交(C)/投影(P)/边(E)/删除(R)/放弃(U)]:	‖选择圆的下端作为要修剪对象,修剪结果如图 6-34(c)所示;
选择要修剪的对象,或按住 Shift 键选择要延伸的对象,或 [栏选(F)/窗交(C)/投影(P)/边(E)/删除(R)/放弃(U)]:↙	‖按 Enter 键,结束命令。

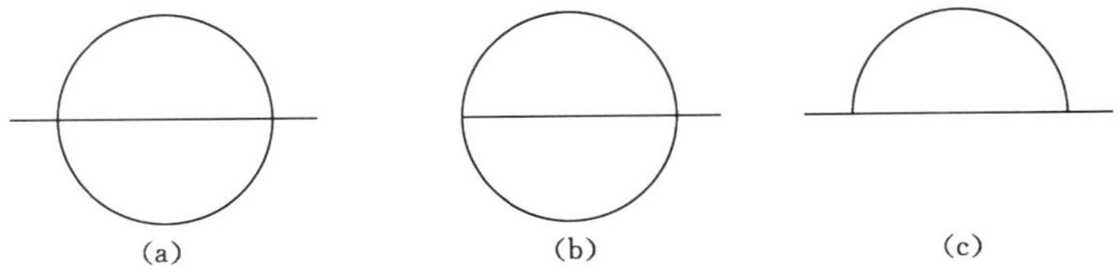

图 6-34　修剪对象

3. 选项说明

“修剪”命令按照指定的对象边界(相当于剪刀)裁剪对象,将多余的部分去除。

被修剪的对象和修剪边界可以相交也可以不相交，还可以将对象修剪到投影边或延长线交点。

[投影(P)]：指定修剪对象时使用的投影方式。该命令只修剪与三维空间中的剪切边相交的对象。

[边(E)]：确定对象是在另一对象的延长边处进行修剪，还是仅在三维空间中与该对象相交的对象处进行修剪。

[栏选(F)/窗交(C)]：可以选择以栏选或窗交方式选择对象。

八、拉长

1. 命令执行方式

★菜单栏："修改"➤"拉长"。

★功能区："默认"选项卡 ➤"修改"面板 ➤ ⁄ 按钮。

★命令：LENGTHEN。

2. 命令行提示

📖 **例题 6-15** 利用"拉长"命令将图 6-35(a)修改为图 6-35(b)。

命令：_lengthen	
选择要测量的对象或[增量(DE)/百分比(P)/总计(T)/动态(DY)]<动态(DY)>：dy	‖选择以动态(dy)模式进行拉长或缩短对象；
选择要修改的对象或[放弃(U)]：	‖选择图 6-35(a)水平中心线左端；
指定新端点：	‖向右移动缩短到合适位置；
选择要修改的对象或[放弃(U)]：	‖选择水平中心线右端；
指定新端点：	‖向左移动缩短到合适位置；
选择要修改的对象或[放弃(U)]：	‖选择垂直中心线上端点；
指定新端点：	‖向上移动拉长到合适位置；
选择要修改的对象或[放弃(U)]：	‖选择垂直中心线下端；
指定新端点：	‖向下移动拉长到合适位置；
选择要修改的对象或[放弃(U)]：↙	‖按 Enter 键，结束命令；修改后图形如图 6-35(b)所示。

(a) (b)

图 6-35 拉长对象

3. 选项说明

"拉长"命令可以更改对象的长度和圆弧的包含角。

[增量(DE)]：以指定的增量修改对象的长度。该增量从离选择点最近的端点处开始测

量。正值扩展对象,负值修剪对象。若在"增量(DE)"中选择"输入长度差值",则以指定的增量修改对象的长度;若在"增量(DE)"中选择"输入角度",则以指定的角度修改选定圆弧的包含角。

[百分数(P)]:通过指定对象总长度的百分数来修改对象长度。

[总计(T)]:将对象从离选择点最近的端点拉长到指定值。

[动态(DY)]:通过拖动对象的端点之一来修改其长度,其他端点保持不变。

九、拉伸

1. 命令执行方式

★菜单栏:"修改"➤"拉伸"。

★工具栏:"修改"工具栏 ➤ 按钮。

★功能区:"默认"选项卡 ➤"修改"面板 ➤ 按钮。

★命令:STRETCH。

2. 命令行提示

📖 **例题 6-16**　利用"拉伸"命令将图 6-36(a)修改为图 6-36(c)。

命令:_stretch	
以交叉窗口或交叉多边形选择要拉伸的对象...	
选择对象:指定对角点:找到 2 个	‖ 鼠标从右向左拖动形成矩形窗口,选择对象如图 6-36(b)所示;
选择对象:↙	‖ 按 Enter 键,结束选择对象;
指定基点或 [位移(D)] <位移>:	‖ 选择矩形右下角点为基点;
指定第二个点或 <使用第一个点作为位移>:	‖ 将矩形右下角点向下移动,修改图形如图 6-36(c)所示。

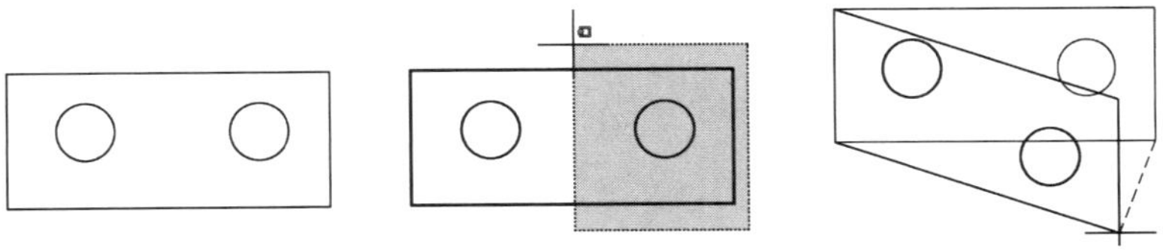

(a)　　(b)　　(c)

图 6-36　拉伸对象

3. 选项说明

"拉伸"命令是拉伸与交选窗口相交的对象,对于完全包含在交选窗口中的对象则会将其整体移动(而不是拉伸)。

❁❁提醒

使用"拉伸"命令,必须以交叉窗口或交叉多边形选择要拉伸的对象。

十、延伸

1. 命令执行方式

★菜单栏:"修改"➤"延伸"。

★工具栏："修改"工具栏 ➤ ⟶ 按钮。

★功能区："默认"选项卡 ➤"修改"面板 ➤ ⟶ 按钮。

★命令：EXTAND。

2. 命令行提示

📖 **例题 6-17** 利用"拉伸"命令将图 6-37(a)修改为图 6-37(b)。

命令：_extend	
当前设置：投影＝UCS，边＝无	
选择边界的边...	
选择对象或 ＜全部选择＞： 找到 1 个	‖ 选择图 6-37(a)中的垂直线段作为边界；
选择对象：↙	‖ 按 Enter 键，结束选择边界；
选择要延伸的对象，或按住 Shift 键选择要修剪的对象，或	‖ 选择圆弧作为要延伸的对象；
[栏选(F)/窗交(C)/投影(P)/边(E)/放弃(U)]：	
选择要延伸的对象，或按住 Shift 键选择要修剪的对象，或	‖ 再选择水平线段作为要延伸的对象；
[栏选(F)/窗交(C)/投影(P)/边(E)/放弃(U)]：	
选择要延伸的对象，或按住 Shift 键选择要修剪的对象，或	
[栏选(F)/窗交(C)/投影(P)/边(E)/放弃(U)]：↙	‖ 按 Enter 键，结束命令。

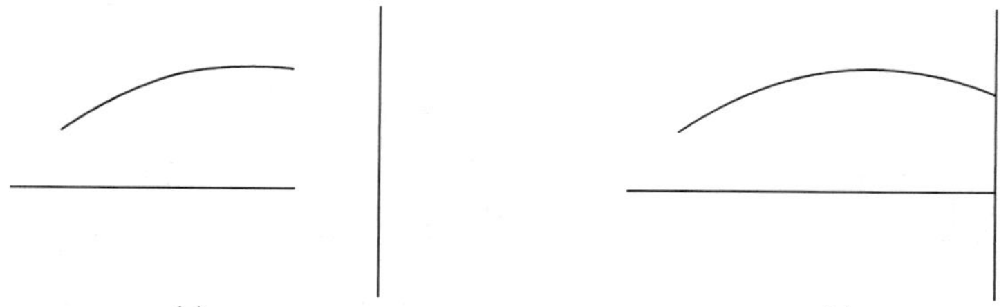

(a)　　　　(b)

图 6-37　延伸对象

3. 选项说明

"延伸"命令是将对象延伸到指定的边界上。命令中各选项的意义与"修剪"命令的选项类似。

第八节　二维基本绘图练习

📖 **例题 6-18** 按照给定尺寸绘图，如图 6-38 所示。

绘图前分析：本图基本由不同位置的圆构成，圆与圆之间由相切的直线段或圆弧连接，圆的中心定位线可根据间距尺寸采用"偏移"命令完成。根据前阶段所学内容，本章只要求绘制轮廓线，不进行尺寸标注和线型设置。基本绘图步骤如下：

(1) 设置绘图环境，根据给定图形尺寸，将图形界限设为 200×100，并点击"视图"菜单➤"缩放"➤"全部"(初学者应养成良好的绘图习惯，以后的实例中不再特意提醒)。

(2) 利用"直线"和"偏移"命令绘制 4 个圆心定位线，需要预先设置 2 个极轴追踪附加角，分别为 21°和 291°，如图 6-39(a)所示。

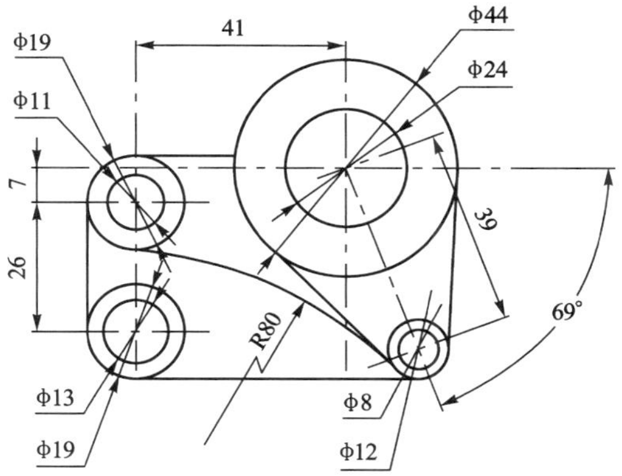

图 6-38　二维基本图形绘图练习一

（3）点击打开状态栏上“对象捕捉”按钮，选中“交点”自动捕捉，按照尺寸绘制所有的圆，见图 6-39(b)。

（4）打开“对象捕捉”工具栏，利用“直线”命令，并选择“切点”捕捉和“象限点”捕捉，绘制各圆之间的连线；利用“相切、相切、半径”画圆的命令绘制 R80 的圆，见图 6-39(c)。

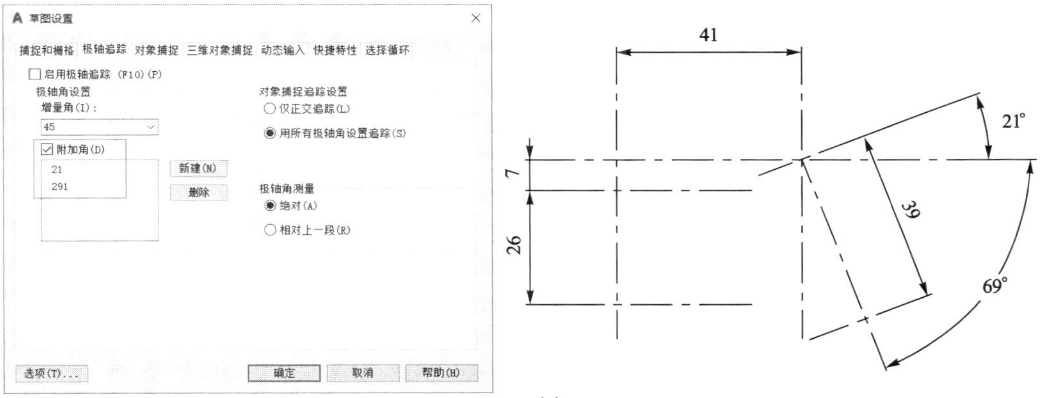

(a)

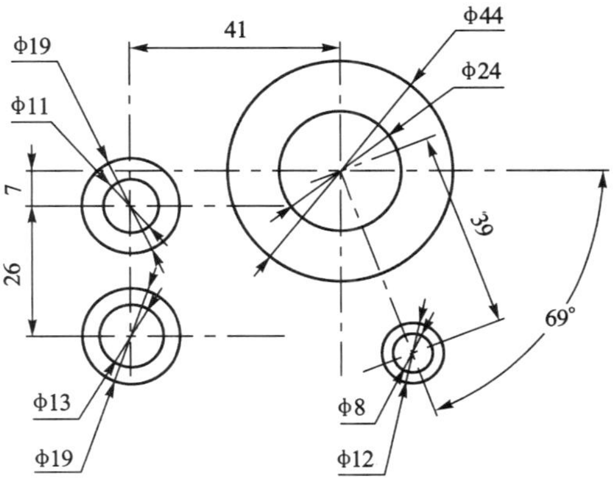

(b)

图 6-39　二维基本绘图练习一之绘图步骤

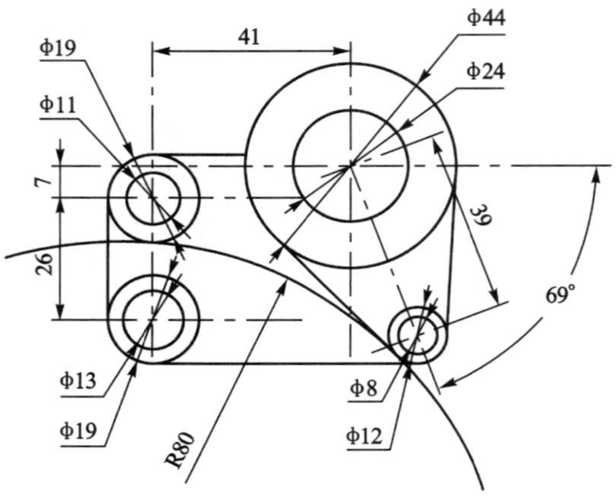

(c)

图 6-39 （续）

(5) 利用“修剪”命令对图形进行编辑，最终完成的图形见图 6-38。

例题 6-19 按照给定尺寸绘制扳手轮廓图，如图 6-40 所示。

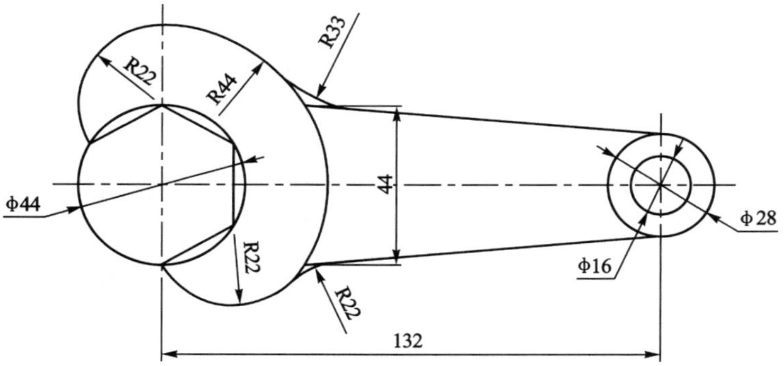

图 6-40 扳手轮廓图

绘图前分析：

本图基本由圆、六边形以及不同半径相切的圆弧段构成，圆的中心定位线同样可按照间距采用“偏移”命令完成。基本绘图步骤如下：

(1) 利用“直线”和“偏移”命令绘制两个圆心定位线，按照给定尺寸绘制相关的圆和六边形，如图 6-41(a)所示。

(2) 以点 O 为圆心绘制 R44 的大圆 1；以 B 点为起点、C 点为端点，绘制 R22 的圆弧 2，以 D 点为圆心、E 点为起点、与大圆 1 的交点 F 为端点，绘制 R22 的圆弧 3，如图 6-41(b)所示。

(3) 将水平中心线向上、下各偏移 22，找到交点 G、H；分别从交点 G、H 绘制圆 4 的两条外公切线；再以相切、相切、半径的方式绘制 R33 和 R22 的两个圆，如图 6-41(c)所示。

(4) 利用“修剪”命令对图形进行编辑，最终完成的图形如图 6-40 所示。

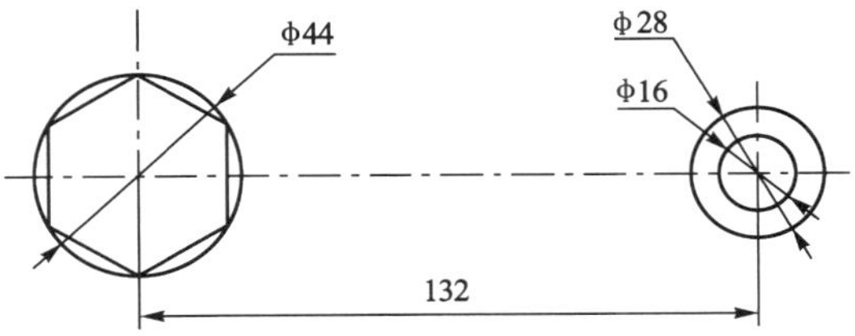

(a)

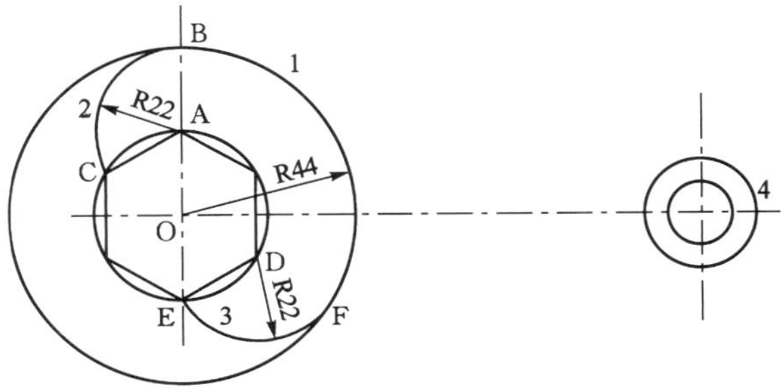

(b)

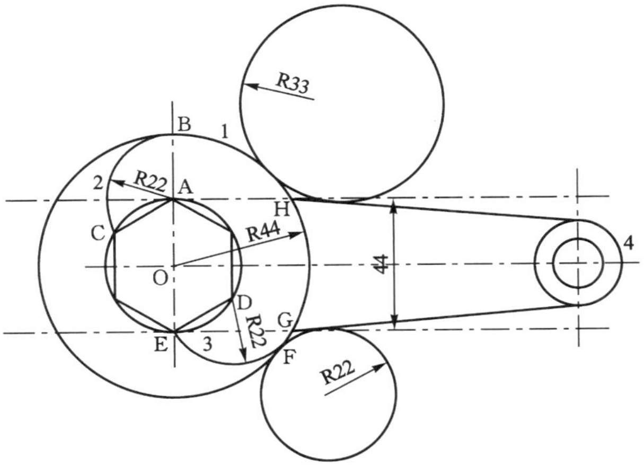

(c)

图 6-41　扳手轮廓图之绘图步骤

上机实践

实践一： 利用点的精确输入、捕捉、追踪等方法绘制图 6-42。

实践二： 利用“镜像”“偏移”“剪切”等命令绘制图 6-43 所示花格窗，本图的难点在于确定 R25 和 R12 圆弧的位置，并合理选择剪切边和要修剪的对象。

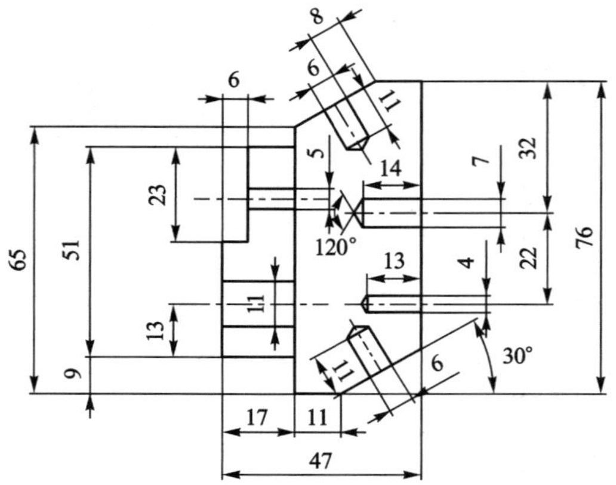

图 6-42　光孔与锥孔

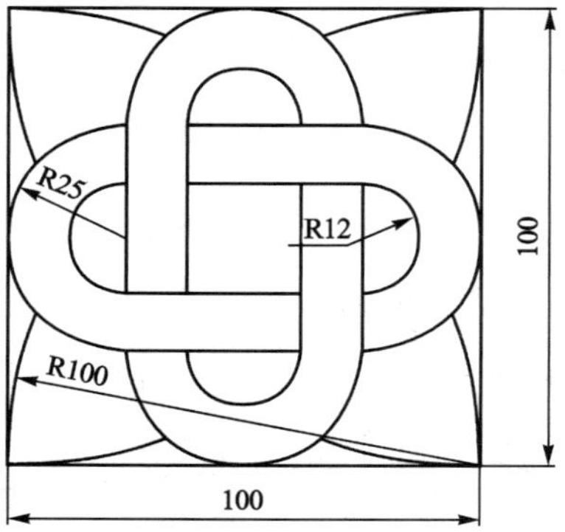

图 6-43　花格窗

实践三： 利用圆、椭圆、切点捕捉等命令绘制图 6-44(a)～(c)。对于图 6-44(a)(b)，重点在于分析清楚各段圆、圆弧之间的相切关系。对于图 6-44(c)，难点在于确定 R14 和 R24 两段圆弧的圆心位置。

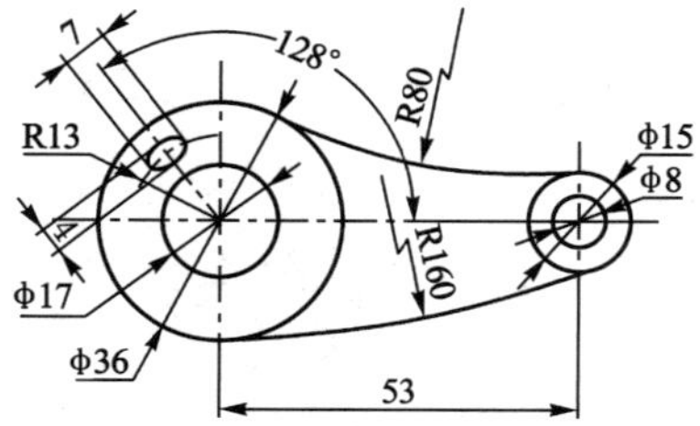

(a)

图 6-44　圆弧连接图

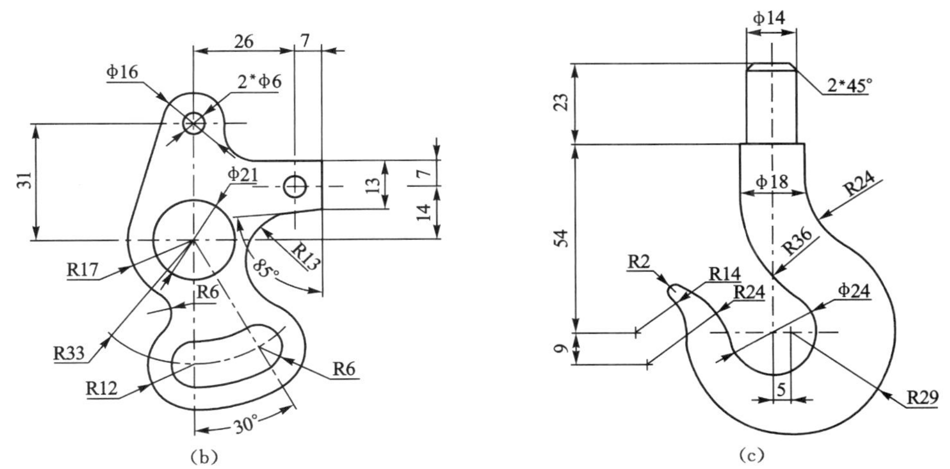

图 6-44 （续）

实践四： 利用“复制”“偏移”等命令绘制图 6-45 所示建筑物立面图。

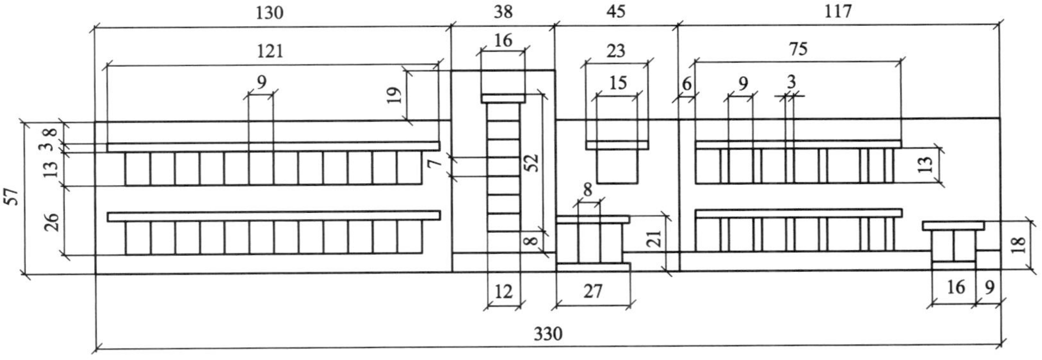

图 6-45　建筑物立面图

复习与思考题

1. AutoCAD 中的坐标系有哪两种？二者的区别是什么？

2. 点坐标的精确输入方法有哪些？点的精确定位方法有哪些？

3. 常用的图形编辑方法有哪几种？

4. 在 AutoCAD 中，对象选择方式有哪几种？当选择较多对象时，常采用窗口选择方式，那么窗口选择有哪几种方式？各种方式的区别是什么？

5. 对象捕捉的作用是什么？捕捉方式有哪些？

6. 极轴追踪与对象捕捉追踪的区别是什么？

7. 何为样条曲线和云线？

第七章 图层与对象特性

第一节 图 层

一、图层的相关概念

1. 图层的定义

图层就像一张张透明的电子纸，各层之间完全对齐，每一层上绘制同一图形的不同部分，各层叠在一起就是一幅完整的图形。用户可以对每一图层指定不同的颜色、线型、线宽和透明度。

例如图 7-1(a)所示图形，就是由图 7-1(b)粗实线层、图 7-1(c)中心线层和图 7-1(d)虚线层中的各图形对象在对应位置叠合而成的。

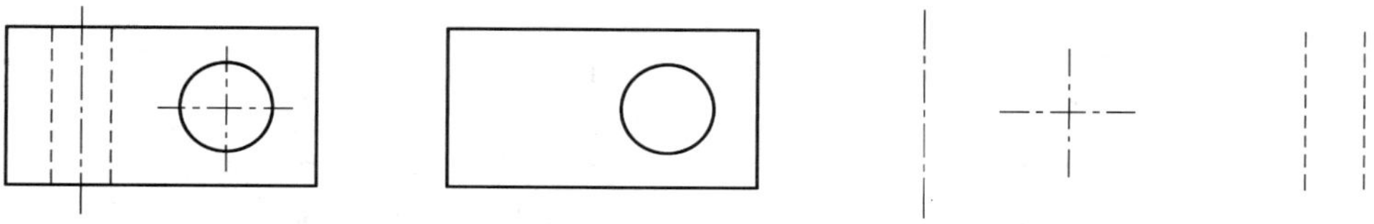

(a) (b) (c) (d)

图 7-1 图层

2. 图层特性管理器

(1) 图层的特性

图层的特性是指图层的颜色、线型、线宽、透明度和打印样式等信息，如图 7-2 所示。

(2) 图层状态的设置

图层的状态直接影响该层图形对象的显示、绘制、打印等特性。可以通过图层特性管理器对图层的状态进行设置，如图 7-2 所示。

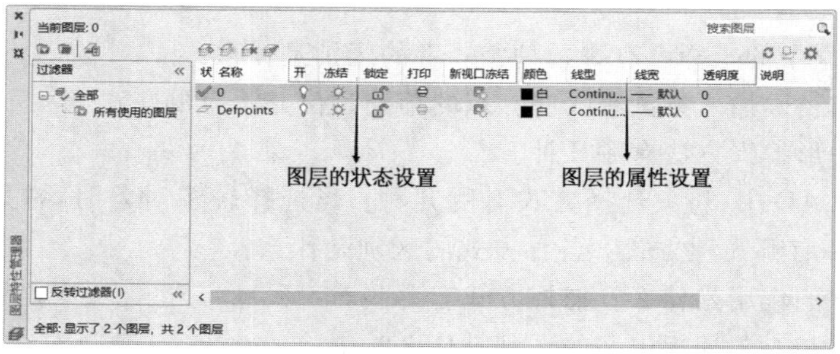

图 7-2 图层特性管理器

(3) 图层状态的类型

图层的状态有以下几种类型。

① 开/关

当层打开时,该层可见并且可在该层上画图。当层关闭时,位于该层上的内容不能在屏幕上显示或由绘图仪输出,但可在该层上画图,所画图形在屏幕上不可见。

② 冻结/解冻

冻结图层后,位于该层上的内容不能在屏幕上显示或由绘图仪输出,用户不能在该层上绘制图形。

③ 锁定/解锁

图层锁定后,用户只能观察该层上的图形,不能对其编辑和修改,图形仍可显示和输出,可在该层上画图,所画图形在屏幕上可见。

提醒

当某些图层需要频繁地切换它的可见性时,选择关闭该图层而不冻结;对于长时间不必显示的图层,可将其冻结而不关闭。

④ 打印/不打印

图层设置为不打印时,该图层上的图形可以在屏幕上显示,但不会被打印出来。

⑤ 新视口冻结/不冻结

设定是否冻结新视口。

二、新建图层与设置图层特性

在 AutoCAD 绘图过程中,用户可以根据需要设置多个图层,并为每一层上的对象设置不同的特性,如颜色、线型、线宽、透明度等特性,并对不同图层设置相关状态。

图形对象一般绘制在当前层。默认状态下,AutoCAD 系统内置两个图层,分别是 0 层和 defpoints(视口),0 层是当前层,所绘图形都在 0 层;当建立了多个图层时,可以随时设置某一层为当前层。

1. 新建图层方法

★菜单栏:“格式”➤“图层”➤ 按钮。

★工具栏:“图层”工具栏 ➤图层特性 ➤ 按钮。

★功能区:“默认”选项卡➤“图层”面板 ➤图层特性 ➤ 按钮。

★命令:LAYER。

例题 7-1 新建常用图层。

按照常规工程图纸绘制需要,新建常用的图层:粗实线层、细实线层、虚线层、中心线层、尺寸线层、文字层等。打开图层特性对话框后,逐次点击“新建图层”按钮,并为各层设置相关名称、颜色、线型、线宽,结果如图 7-3 所示。

提醒

为了方便以后绘图,最好将目前新建了常用图层的文件保存为样板文件,如 My-ISO.dwt。以后都在该样板文件的基础上新建图形文件,则不需要再重新设置图层了。

新建常用图层后,点击“图层”面板右侧的下拉按钮 ,可以看到所有的图层及其状态，如图 7-4 所示。

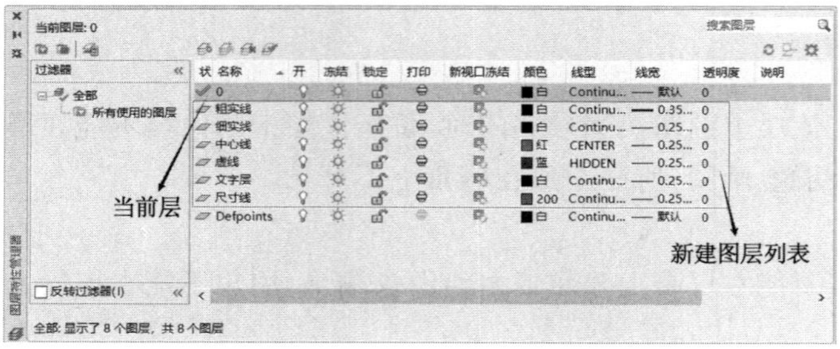

图 7-3　新建常用图层

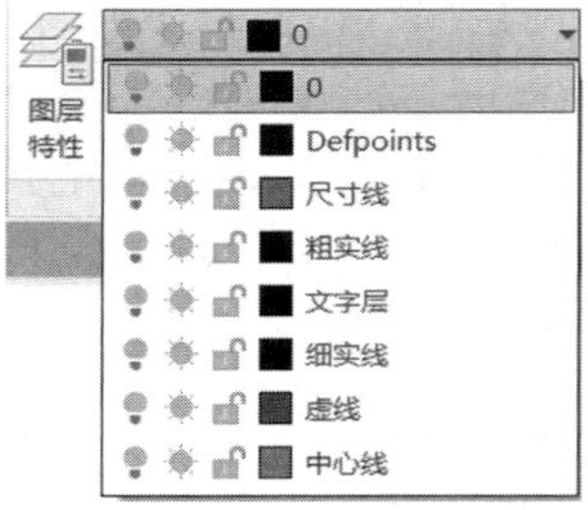

图 7-4　图层特性下拉列表

2. 选项说明

图层特性管理器中的常用选项按钮的意义是：

(1)“新建特性过滤器”按钮：单击该按钮，可以打开“图层过滤器特性”对话框，如图 7-5 所示，从中可以基于一个或多个图层特性创建图层过滤器。

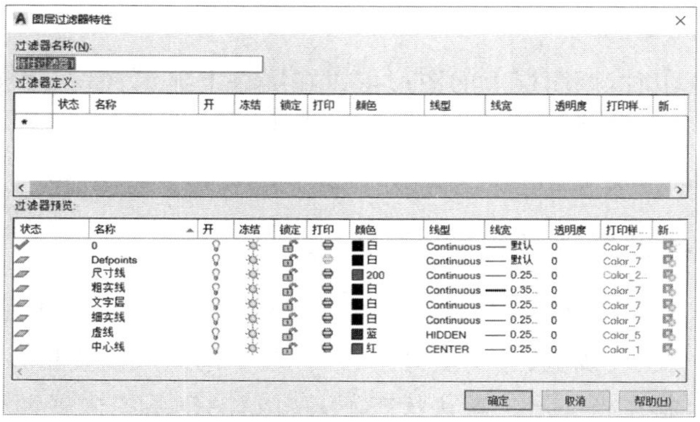

图 7-5　“图层过滤器特性”对话框

(2)“新建组过滤器”按钮：单击该按钮将弹出“组过滤器”选项，可以创建一个图层过滤器，其中包含用户选定并添加到该过滤器的图层。

(3)“图层状态管理器”按钮：单击该按钮，可以打开“图层状态管理器”对话框，从中可以将图层的当前特性设置保存到命名图层状态中，以后可以再恢复这些设置。

(4)“新建图层”按钮：单击该按钮，图层列表中出现一个新的图层名称“图层 1”，用户可使用此名称，也可重命名。

(5)“在所有视口中都被冻结的新图层视口”按钮：单击该按钮，将创建新图层，然后在所有现有布局视口中将其冻结。可以在模型空间或布局空间上单击此按钮。

(6)“删除图层”按钮：在图层列表中选中某一图层，然后单击该按钮，则删除该图层。

(7)“置为当前”按钮：在图层列表中选中某一图层，然后单击该按钮，则将该图层设置为当前图层，并在“当前图层”列中显示其名称。

3. 图层特性设置

(1) 颜色

显示和改变图层的颜色。

修改某一图层的颜色时，单击其对应的颜色图标■，打开如图 7-6 所示的“选择颜色”对话框，用户可从中选择需要的颜色。

(2) 线型

显示和修改图层的线型。

修改某一图层的线型时，单击该层的“线型”列，打开“选择线型”对话框，如图 7-7 所示，其中列出了当前可用的线型，用户可从中选择需要的线型。

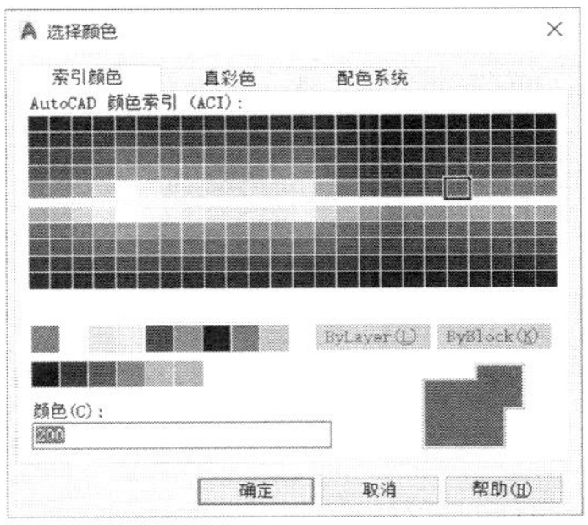

图 7-6　“选择颜色”对话框

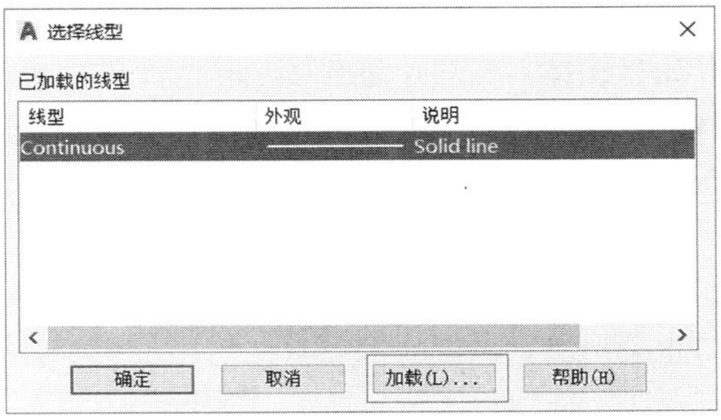

图 7-7　“选择线型”对话框

如果列表没有所需的线型，可以单击图 7-7 中的 加载(L)... 按钮，打开“加载或重载线型”对话框，如图 7-8 所示；该对话框列出了 AutoCAD 线型文件 acadiso. lin 中的所有可用线型，例如选择中心线“CENTER”，点击 确定 按钮进行加载。

(3) 线宽

显示和修改图层的线宽。

修改某一图层的线宽时，单击该层的“线宽”列，打开“线宽”对话框，如图 7-9 所示，其中列出了 AutoCAD 设定的线宽，用户可从中选择需要的线宽。当创建一个新图层时，采用默认线宽(其值为 0. 01 in，即 0. 22 mm)，默认线宽的值由系统变量 LWDEFAULT 设置。

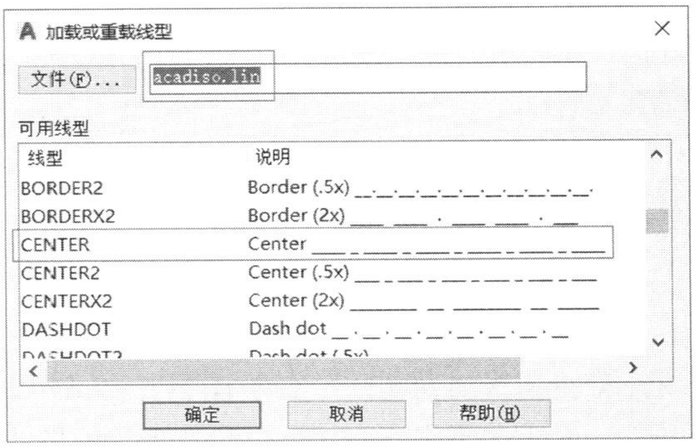

图 7-8　“加载或重载线型”对话框

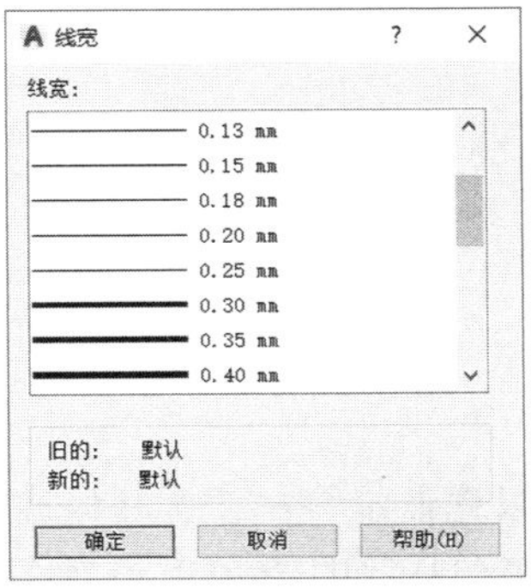

图 7-9　“线宽”对话框

(4) 透明度

可以指定选定图层的透明度。有效值从 0 到 90，值越大对象越显得透明。

（5）打印样式

打印图形时各项属性的设置。

提醒

在 AutoCAD 中，线型文件的后缀为.lin。AutoCAD 系统内嵌两个线型文件，分别为 acadiso.lin（公制）和 acad.lin（英制）。

4. 修改对象的图层

（1）切换当前图层

如要在某一图层上画图，必须先把该层设为当前层。可以通过图 7-3“图层特性管理器”中“置为当前”按钮，将某一图层设为当前层；也可以通过图 7-4“图层”面板右侧下拉列表，点击相关图层名称，将其设为当前层。

（2）修改对象所属图层

如果要把已绘制好的图形放置在某一图层上，则需先选择对象，然后点击图层下拉列表中的相关图层。

第二节　对象特性

一、“特性”工具栏与“特性”面板

AutoCAD 2019 提供如图 7-10 所示的“特性”工具栏，和图 7-11 所示“特性”面板（二者用处相同，打开其一即可）。用户可以利用下拉列表框中的选项，快速地查看和修改所选对象的颜色、线型和线宽特性。“特性”工具栏或面板上的颜色、线型、线宽和打印样式的控制增强了查看和编辑对象属性的命令。

图 7-10　“特性”工具栏

图 7-11　“特性”面板

可以先设定“特性”工具栏或面板上的颜色、线型和线宽样式，再在绘图区中绘制图形，则这时所绘图形具有以上设置的各项特性样式。也可以先选择绘图区已绘制好的图形对象，然后在“特性”工具栏或面板上修改其各项特性样式。

二、利用对象特性编辑图形

在图形的编辑方法中，除了可以采用编辑命令以外，还可以采用“特性”对话框进行编辑，如图 7-12 所示。

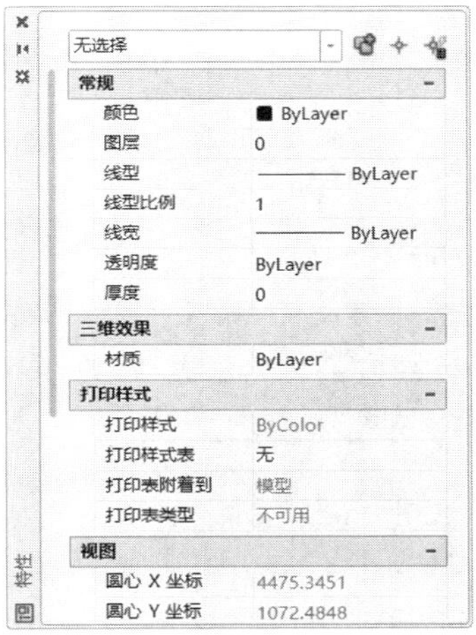

图 7-12　“特性”对话框

“特性”对话框的打开方法有：

★菜单栏：“修改”➤“特性”。

★工具栏：“标准”工具栏 ➤按钮。

★功能区：“视图”➤“选项卡”面板 ➤按钮。

★命令：PROPERTIES。

在绘图过程中，先选择要编辑修改的图形对象，然后点击“特性”按钮，这时在对象“特性”对话框中会显示所有关于该图形对象的特征属性，如对象所在的图层、颜色、线型、线宽等，以及对象的特征尺寸、坐标位置、三维效果等。用户可以通过该对象“特性”对话框修改对象的所有特征属性值。

例题 7-2　将图 7-13(a)中圆的线型变为图 7-13(b)所示的虚线(HIDDEN)，并将线型比例由 1 改为 0.5，如图 7-13(c)所示。

操作方法如下：

(1) 鼠标点选图 7-13(a)中的圆，这时圆显示为夹点状态，单击鼠标右键打开快捷菜单，点击快捷菜单中的“特性”，打开“特性”对话框如图 7-14 所示，点击对话框中“线型”选项右侧的下拉按钮，选择虚线(HIDDEN)，则图形样式如图 7-13(b)所示。

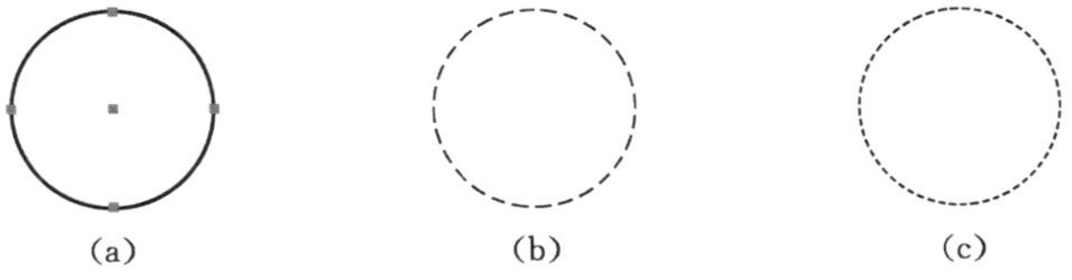

图 7-13　修改圆的线型和线型比例

(2) 另外，在“特性”对话框中“线型比例”选项右侧文字框中，将比例由 1 改为 0.5，如图 7-14 所示，这时圆的样式如图 7-13(c)所示。

图 7-14　修改图形的“线型”和“线型比例”

上 机 实 践

实践一： 新建“粗实线”“细实线”“中心线”“隐藏线(或虚线)”“文字”“尺寸标注”“标题栏图幅框”“图块”等图层，并为各图层设置相关的颜色、线型、线宽，并将文件保存为样板文件，如 kwcad. dwt。

实践二： 在样板文件 kwcad. dwt 的基础上新建一个文件，并在该文件中绘制图 7-15 所示的图形，并将图形中具有不同特性(颜色、线型、线宽)的图形对象设置为相应的图层。

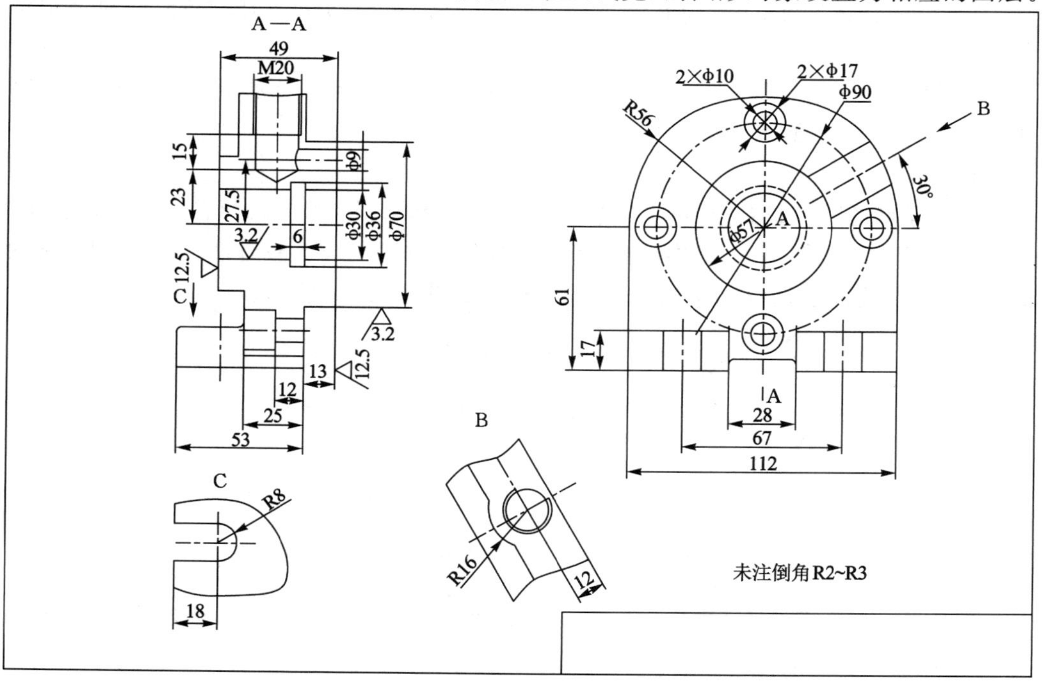

图 7-15　气缸前盖零件图

复习与思考题

1. 简述图层的定义、图层的特性及图层的状态。
2. AutoCAD 系统内嵌的两个线型文件是什么?
3. 在绘图时设置合适的线型比例才能使图形更加规范美观,如何修改线型的比例?

第八章　文字与表格

第一节　文 字 注 释

一、创建文字样式

在 AutoCAD 中，文字注释的外观效果可以通过定义不同的文字样式来实现。系统默认的文字样式为 Standard，它是由字体文件 txt. shx 定义生成的。用户可以根据需要创建新的文字样式。文字样式主要包括字体、文字大小和文字效果。

字体可以选择带有标志的 AutoCAD 专用字形文件（后缀为. shx）的字体，也可以选择带有标志的 Windows 操作系统的 TrueType 字体。一般来说，为了加快图形的显示，缩小图形文件，应优先考虑 *. shx 字体。“大字体”是专为亚洲国家设计的文字字体。其中，“gbenor. shx”（西文正体）和“gbetic. shx”（西文斜体）是符合国标的工程西文字体，“gbcbig. shx”（中文正体）是符合国标的工程汉字字体。字体文件 *. shx 一般放在 AutoCAD 安装目录下 Fonts 文件夹中。

创建文字样式的方法有：

★菜单栏：“格式”➤“文字样式(S)...”。

★功能区：“默认”选项卡➤“注释”面板 ➤ 按钮。

★命令：STYLE。

📖 **例题 8-1**　创建宋体（ST）、仿宋体（FST）、Times New Roman（TNR）和国际工程字体（GCZT）文字样式。

（1）点击“创建文字样式”命令，打开图 8-1 所示“文字样式”对话框。

（2）点击 新建(N)... 按钮，打开“新建文字样式”对话框，输入新的文字样式名称如“GCZT”，如图 8-2 所示。

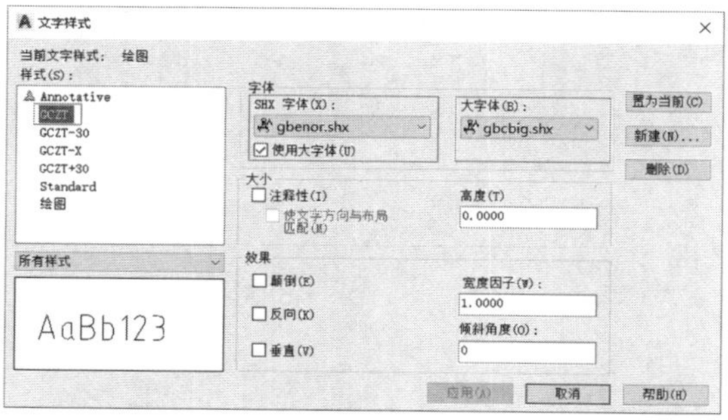

图 8-1　“文字样式”对话框

图 8-2　“新建文字样式”对话框

（3）在字体栏中选择“gbenor. shx”，勾选“使用大字体”，在大字体栏中选择“gbcbig.

shx”，点击 应用(A) 按钮，如图 8-1 所示。

(4) 采用上述方法，分别建立宋体(ST)、仿宋体(FST)、Times New Roman(TNR)字体的文字样式。

二、单行文字

在 AutoCAD 中，可以使用单行文字创建一行或多行文字。其中，每行文字都是独立的对象，可对其进行移动、格式设置或其他修改，按 Enter 键可换行，但用户不能控制各行的间距。单行文字常用于填写标题栏信息、尺寸标注说明、示意图中零部件名称说明等。

1. 创建单行文字的方法

★菜单栏：“绘图”➤“文字”➤“单行文字(S)”。

★工具栏：“文字”➤ A 按钮。

★功能区：“默认”选项卡➤“注释”面板 ➤ A 按钮。

★命令：TEXT。

2. 命令行提示

```
命令：text
当前文字样式：  “Standard”  文字高度：  2.5000  注释性：  否  对正：  左
指定文字的起点 或［对正(J)/样式(S)]：
指定高度 <2.5000>：
指定文字的旋转角度 <0>：
命令：
```

3. 选项说明

[样式(S)]：确定当前使用的文字样式，可以输入现有的文字样式名称。

[对正(J)]：设定输入文字的对齐方式。对齐方式有：

(1) 对齐(A)：用户在指定文本分布的起点和结束点之间输入文本，AutoCAD 把文字压缩或扩展使其充满指定的宽度，如图 8-3(a)所示。

(2) 布满(F)：与对齐(A)相比，该选项增加了“指定高度”提示，在将文字压缩或扩展使其充满指定宽度的同时，保持文字的高度为指定数值，如图 8-3(b)所示。

(3) [左(L)/居中(C)/右(R)/中间(M)/左上(TL)/中上(TC)/右上(TR)/左中(ML)/正中(MC)/右中(MR)/左下(BL)/中下(BC)/右下(BR)]：基于水平文本行定义的 4 条定位线，即顶线、中线、基线和底线确定的 13 个对正点，如图 8-3(c)所示。

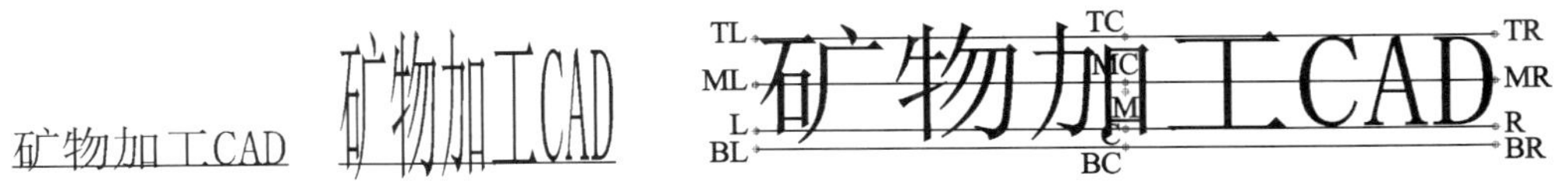

(a) 对齐　　(b) 布满　　(c) 其他对正点

图 8-3　文字对正方式

4. 特殊符号控制码

对于一些特殊符号，如直径符号、度符号等，在 AutoCAD 中无法通过键盘直接输入，为此提供控制码输入法。常用特殊字符的控制码及其输入方法见表 8-1。采用单行文字命令时，控制码需提供键盘输入，但采用多行文字命令时，用户可以使用多行文字编辑器中的符号@按钮来选择输入。

表 8-1　常用特殊字符的控制码及其输入方法

符号	控制码	示例	输入方法
度数符号	%%d	90°	90%%d
直径符号	%%c	ϕ80	%%c80
正负符号	%%p	±0.02	%%p0.02

三、多行文字

在 AutoCAD 中，利用多行文字命令可以创建复杂的文字说明，所创建的文字构成一个单独的实体，可对其整体进行移动、复制、修改等编辑操作。多行文字常用于编写技术要求、技术说明等内容。

1. 创建多行文字的方法

★菜单栏："绘图"➤"文字"➤"多行文字(M)..."。

★工具栏："文字"➤A按钮。

★功能区："默认"选项卡➤"注释"面板 ➤A按钮。

★命令：MTEXT。

2. 文字编辑器

单击多行文字命令，用户首先要建立一个文本框，以限制文字段落的左右边界，之后系统会打开"文字编辑器"选项卡，如图 8-4 所示。利用"文字编辑器"可以设置文字样式、文字高度、字体、颜色、加粗、倾斜、加下划线、堆叠等格式。

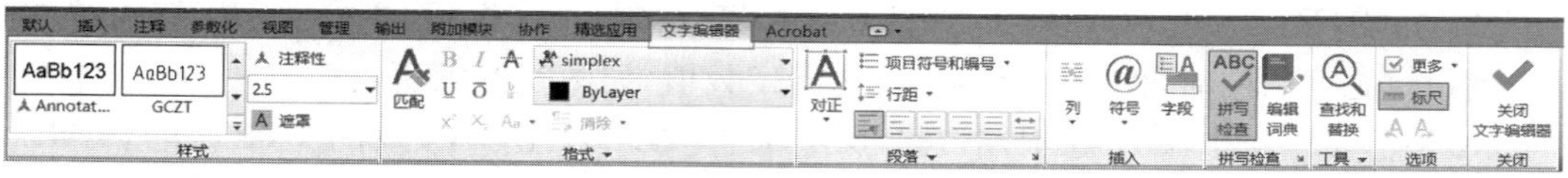

图 8-4　"文字编辑器"选项卡

例题 8-2　利用多行文字命令输入表 8-2 所示特殊文字内容。

表 8-2　特殊文字输入方法

文字内容	输入方法
1. 圆柱尺寸公差为 $\phi 80^{+0.02}_{-0.01}$	1. 输入%%c80 +0.02^-0.01，选中阴影部分文字，点击"堆叠"命令
2. 圆柱尺寸为 $\phi 36\ \dfrac{H7}{G6}$	2. 输入%%c36 H7/G6，选中阴影部分文字，点击"堆叠"命令
3. $\dfrac{6}{10}$	3. 输入6#10，选中阴影部分文字，点击"堆叠"命令

表 8-2(续)

文字内容	输入方法
4. A^1,A_1	4. 输入 A 1^,A ^1,选中阴影部分文字,点击“堆叠”命令
5. 沉孔标注 vϕ40×20	5. 输入沉孔标注 v%%c40x20,将字母 v 和 x 的字体设为 gdt.shx

在“文字编辑器”中,当需要输入特殊符号时,点击“@符号”按钮,如图 8-5(a)所示;点击“其他...”按钮打开“字符映射表”,如图 8-5(b)所示;选中所需符号,依次点击 选择(S) 和 复制(C) ,关闭“字符映射表”对话框,返回文本编辑框,在需要插入字符的位置单击鼠标右键,在快捷菜单中选择“粘贴”命令,即可插入所选符号。

(a) 打开符号@菜单

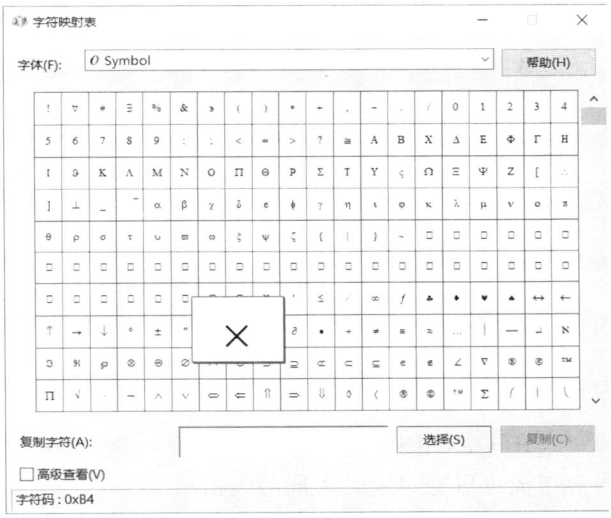

(b) 字符映射表

图 8-5　输入特殊符号

四、编辑文字

对于已经创建好的文本内容进行编辑、修改的方法有两种:一种是利用 TEXTEDIT 命令或直接双击所选文本内容,可以对文本内容进行编辑或修改;另一种是利用对象“特性”对话框,该方法不仅可修改文字内容,还可以修改文本颜色、高度、文本样式等特性。

1. 启动 TEXTEDIT 命令的方法

★菜单栏:“修改”➤“对象”➤“文字”➤“编辑(E)...”。

★命令:TEXTEDIT。

2. 利用对象“特性”对话框编辑文本内容

选中需要编辑的文本内容,以下列方式之一打开对象“特性”对话框如图 8-6 所示,可以对文本内容及其所有特性进行编辑。

★单击鼠标右键,在快捷菜单中选择“特性”。

★菜单栏:“修改”➤“特性”➤“文字”➤“编辑(E)...”。

★功能区:“视图”选项卡➤“选项板”面板 ➤特性按钮。

(a) 单行文字“特性”对话框　　(b) 多行文字“特性”对话框

图 8-6　利用“特性”对话框编辑、修改文本内容

第二节　表　　格

一、表格样式

在 AutoCAD 中,用户可以直接创建表格对象,并在表格中填入文字信息。表格的外观效果和内容组成可以通过定义不同的表格样式来实现。系统默认的表格样式为 Standard,表格的第一行是标题行,第二行是表头行,其他行是数据行。用户可以根据需要创建新的表格样式,可对表格内容、文字样式、对齐方式等进行设置。

设置表格样式的方法为:

★菜单栏:“格式”➤“表格样式(B)...”。

★命令:TABLESTYLE。

二、创建表格

★菜单栏:“绘图”➤“表格...”。

★功能区:“默认”选项卡 ➤“注释”面板 ➤表格按钮。

★命令:TABLE。

例题 8-3　新建“标题栏”表格样式,并创建如图 8-7 所示的标题栏。

(1) 单击菜单“格式”➤“表格样式(B)...”命令,新建“标题栏”表格样式,设置表格样式如图 8-8(a)、(b)所示。这里需要注意的是,必须依次选中“单元样式”中的“标题”“表头”和“数据”,分别对其“常规”“文字”和“边框”参数按照图 8-8(a)(b)所示内容进行设置。

(2) 选中“标题栏”表格样式,点击 置为当前(U) 。

(3) 单击“绘图”➤“表格...”,打开“插入表格”对话框,设置列数为 8,行数为 2,各单元

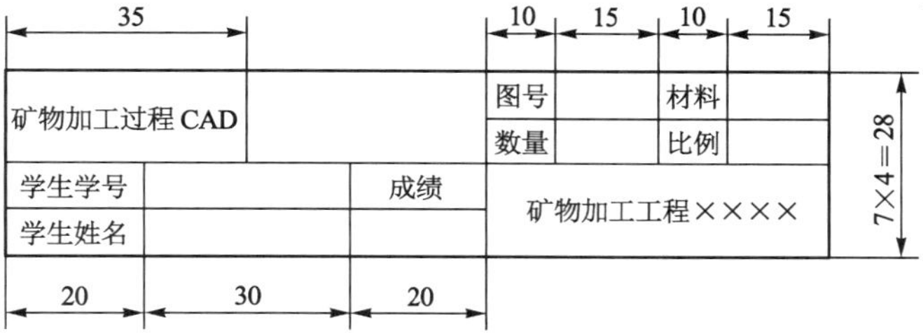

图 8-7　标题栏

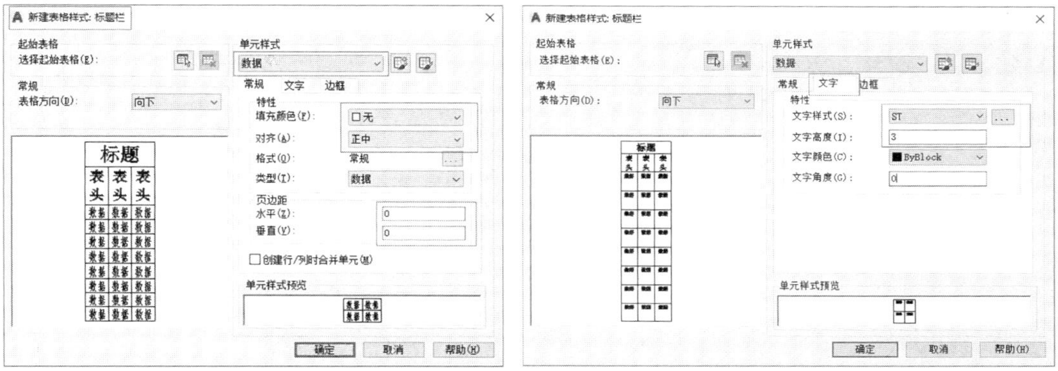

(a)　　　　(b)

图 8-8　新建“标题栏”表格样式

样式均为“数据”，如图 8-9 所示；点击 **确定** 后可插入一个 4 行 8 列的表格，如图 8-10(a)所示。

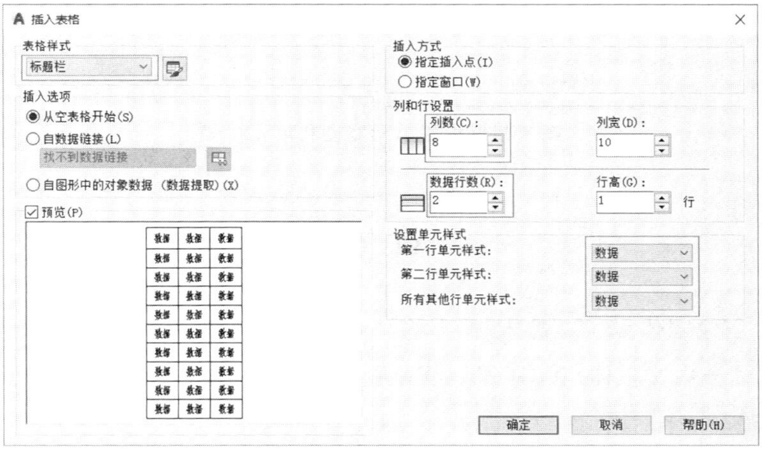

图 8-9　“插入表格”对话框

(4) 如图 8-10(a)所示，用鼠标选中表格第 1，2 行的 A，B 列的四个单元格，单击鼠标右键，选择“合并”➤“全部”；再对其余单元格进行合并，最后所得表格样式如图 8-10(b)所示。

(5) 如图 8-11(a)所示，用鼠标选中左上角单元格，单击鼠标右键，选择“特性”打开表

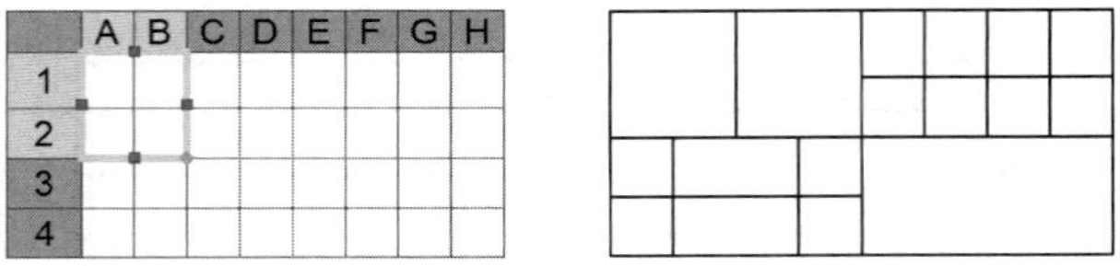

(a)　　　　　(b)

图 8-10　合并单元格

格特性对话框，按图 8-7 的尺寸要求设置该单元格的“单元高度”和“单元宽度”的数值，如图 8-11(b)所示。采用同样方法设置其余单元的宽度和高度。

(6) 用鼠标双击某一单元格，可以在其中填写相关文字内容。最后完成“标题栏”表格的创建。

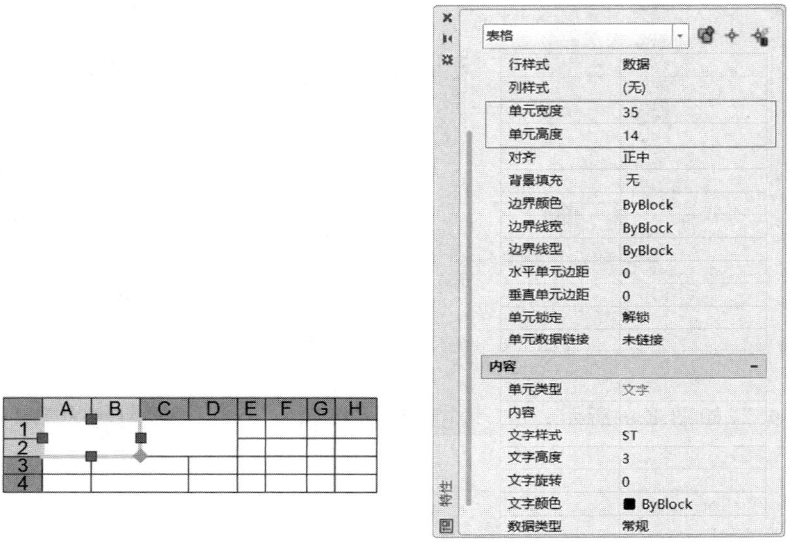

(a)　　　　　(b)

图 8-11　设置单元宽度和单元高度

上机实践

实践一： 创建宋体(ST)、仿宋体(FST)、Times New Roman(TNR)、国际工程字体 GCZT(西文正体+中文正体)和 GCZT－X(西文斜体+中文正体)等文字样式，并将其保存到样板文件 kwcad.dwt 中。

实践二： 尝试通过网络下载常用汉字大字体文件 hztxt.shx，将该字体文件放在 AutoCAD 安装目录下的 Fonts 文件夹中；创建“绘图”文字样式，其中西文和中文分别采用大字体 simplex.shx 和 hztxt.shx，并将字体宽度因子设为 0.8，如图 8-12 所示。

实践三： 创建图 3-4、图 3-5、图 3-6 和图 8-7 所示格式的标题栏，并保存。

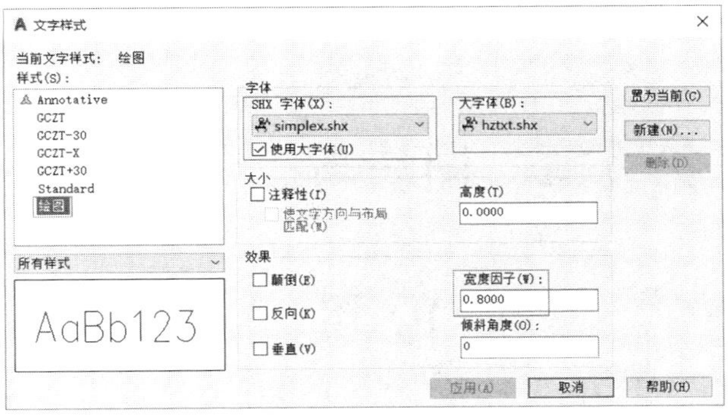

图 8-12　上机实践二

复习与思考题

1. 在国际工程字体中，西文和中文各应选择什么字体？
2. 单行文字与多行文字的区别是什么？
3. 在 AutoCAD 中，如何输入以下特殊文字内容？

$\phi 60$　　$90^{+0.001}_{-0.001}$　　$\phi 70\ \frac{H6}{G5}$　　45°

第九章 图块与工具选项板

第一节 图 块

一、图块及其属性的定义与作用

1. 图块的定义

图块是一组由用户定义的图形对象的集合，一个块可包含多个图形对象。用户需要时，可以将图块插入图中的适当位置，插入时可根据需要进行放大、缩小和旋转。

2. 图块的作用

(1) 提高绘图速度；

(2) 节省存储空间；

(3) 方便编辑；

(4) 可以附加属性。

3. 图块的属性

图块除了包含图形对象以外，还可以包括非图形对象如文本、数值信息等。这些非图形信息可以是图块的常量部分，也可以是图块的可变部分。

图块的可变部分称为图块的属性，图块属性包括属性标记和属性值两方面内容。

在插入图块时，AutoCAD 把图块中的常量信息和属性信息一起插入图形中，而且可以对图块属性进行编辑。

二、图块的创建

图块包括内部图块与外部图块。

1. 创建内部图块

内部图块是指只能在当前文件中使用的图块。

内部图块的创建方法为：

★菜单栏："绘图"➤"块"➤"创建(M)..."。

★功能区："默认"选项卡➤"块"面板➤创建。

★命令：BLOCK。

例题 9-1 将图 9-1 所示的颚式破碎机图形创建为内部图块。

命令：_block	‖ 打开块定义对话框，输入块名称为"颚式破碎机"；其余设置如图 9-2 所示。
指定插入基点：	‖ 选中"在屏幕上指定"，用鼠标拾取颚式破碎机图形中入料线的顶点为基点；
选择对象：指定对角点：找到 10 个	‖ 选中"在屏幕上指定"，用矩形窗口方式选中所有图形对象；
选择对象：↙	‖ 按 Enter 键，结束选择对象。

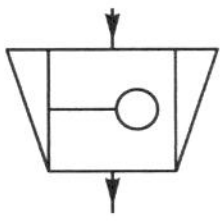

图 9-1　创建“颚式破碎机”图块

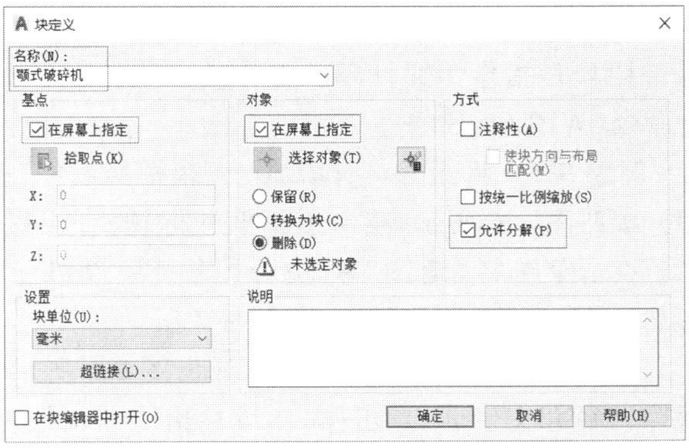

图 9-2　“块定义”对话框

2. 创建具有属性的图块

创建具有属性的图块时，首先定义属性，然后创建图块。

定义属性的方法为：

★菜单栏：“绘图”➤“块”➤“定义属性(D)...”。

★功能区：“默认”选项卡 ➤“块”面板 ➤定义属性按钮。

★命令：ATTDEF。

📖 **例题 9-2**　将图 9-3 所示图形创建为具有属性(粗糙度值)的图块，图块名称为“CCD”。

(1) 首先绘制粗糙度图块的图形部分，如图 9-4 所示。

(2) 定义属性，操作如下：

命令：_attdef	‖ 打开“属性定义”对话框，输入属性标记为“CCD”，输入属性提示为“输入粗糙度的值”；文字对正方式设置为“右下”，文字样式选择 Times New Roman 字体“TNR”，如图 9-5 所示。
指定起点：	‖ 鼠标点击如图 9-4 所示的粗糙度图形中的 A 点，作为属性标记“CCD”的对正点；
命令：_block	‖ 创建粗糙度图块，输入“CCD”作为图块名称；
指定插入基点：	‖ 鼠标点击如图 9-4 所示粗糙度图形的下端 B 点作为基点；
选择对象：指定对角点：找到 4 个	‖ 鼠标点击选取如图 9-3 所示的所有图形对象和属性标记；
选择对象：↙	‖ 按 Enter 键，结束选择对象。

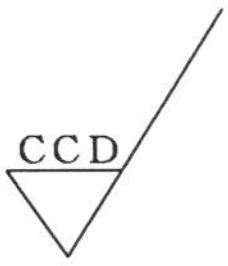

图 9-3　创建粗糙度图块

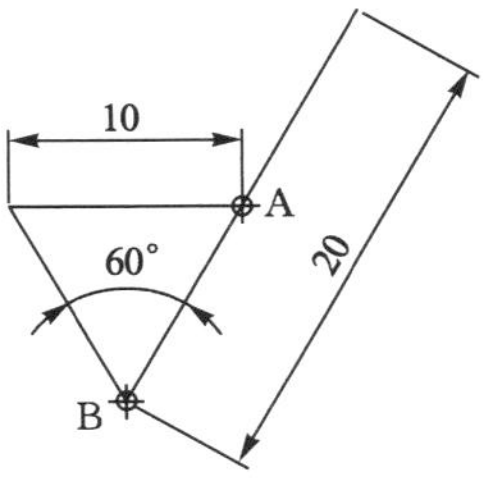

图 9-4　粗糙度图形尺寸

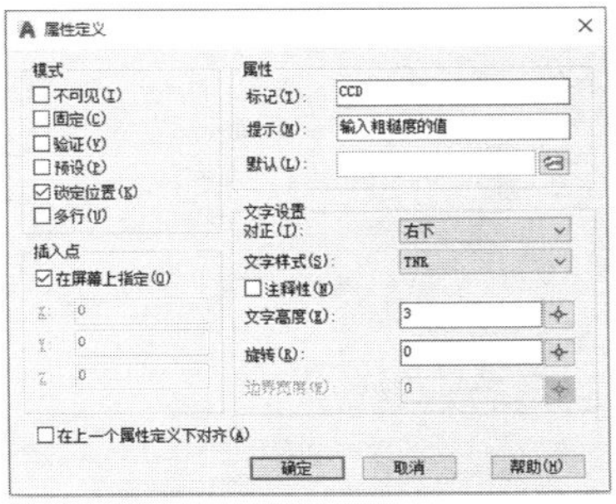

图 9-5　“属性定义”对话框

3. 创建外部图块

外部图块是指作为文件单独保存的图块,可以插入任何文件中,其创建方法为:

★命令:WBLOCK。

📖 **例题 9-3** 将图 9-6 所示 A4 图幅框标题栏(横向)图形创建为外部图块。

(1) 按照图 9-6 所示,绘制图幅框和标题栏,注写标题栏中除括号文字以外的文字。

(2) 点击菜单栏"绘图"➤"块"➤"定义属性(D)...",打开定义属性对话框,依次定义"(图形名称)""(图号)"等属性,如图 9-7 所示。

(3) 在命令行输入"WBLOCK",弹出图 9-8 所示"写块"对话框,选择、输入外部图块文件的保存路径和文件名;点击 拾取点(B) ,鼠标拾取图幅框左下角点为基点;再点击 选择对象(T) ,鼠标窗选所有对象;则可以创建"A4 图幅框-标题栏(横向)"图块。

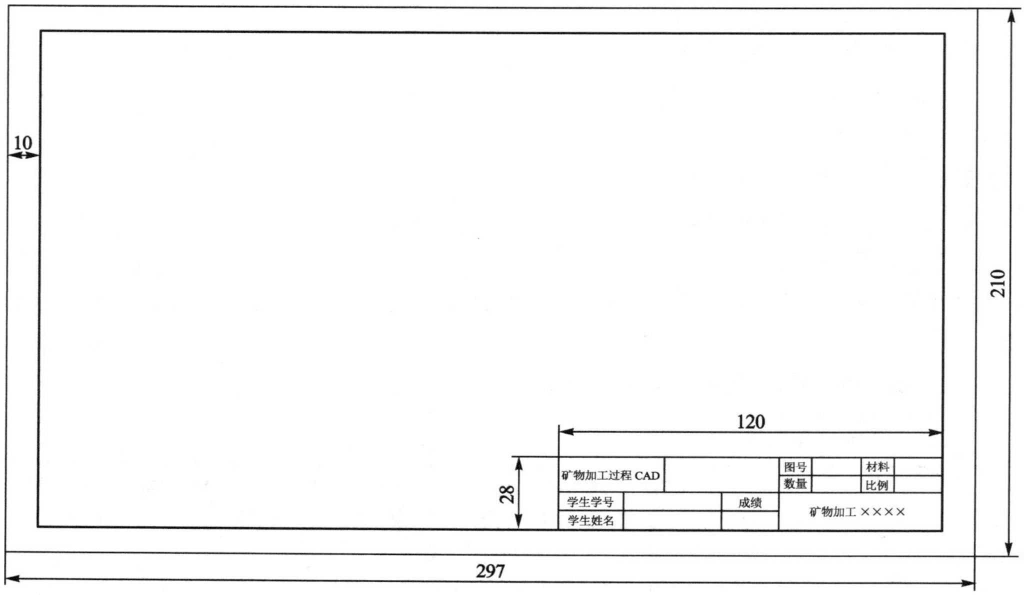

图 9-6 A4 图幅框-标题栏(横向)

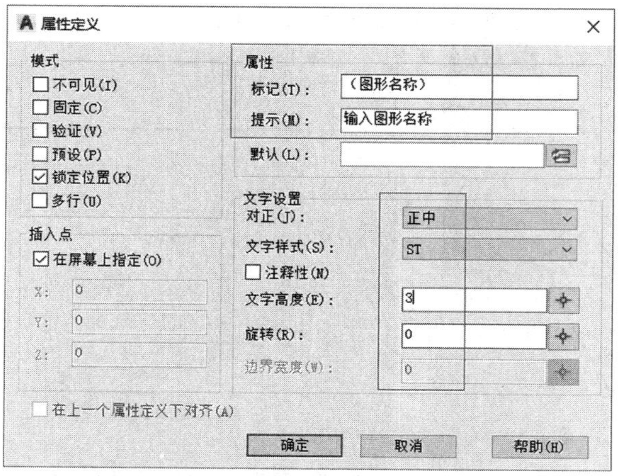

图 9-7 定义"图形名称"属性

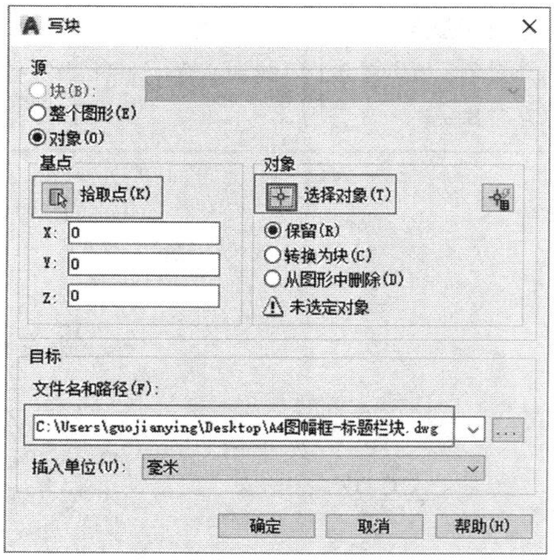

图 9-8 "写块"对话框

三、图块的插入

图块的插入方法为：

★菜单栏："插入"➤"块..."。

★功能区："默认"选项卡➤"块"面板➤插入块按钮。

★命令：INSERT。

启动插入块命令后，弹出对话框如图 9-9 所示。点击"名称"右侧的下拉按钮，可以选择插入内部图块；点击"浏览..."可以选择插入外部图块；还可以根据需要设置图块的比例和旋转角度。

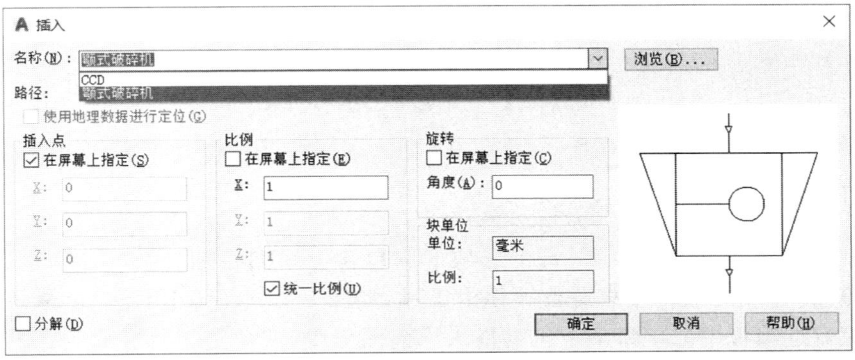

图 9-9　"插入"块对话框

四、编辑属性定义

在定义属性之后、创建图块之前，可以采用 TEXTEDIT 命令或者双击图块属性部分，修改属性定义中的标记、提示及默认值，如图 9-10 所示。

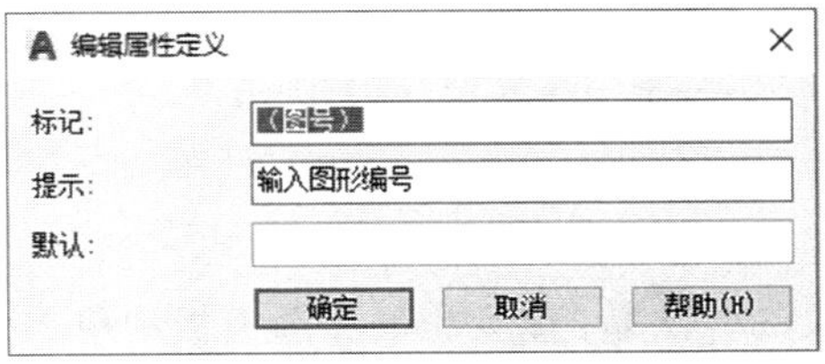

图 9-10　"编辑属性定义"对话框

五、修改块的属性

在插入图块以后，可以对图块的属性值、文字选项和特性进行修改或编辑，如图 9-11 所示。采用的方法有：

★菜单栏："修改"➤"对象"➤"属性"➤"单个(S)..."。

★功能区："默认"选项卡➤"块"面板➤编辑属性。

★命令：EATTEDIT。

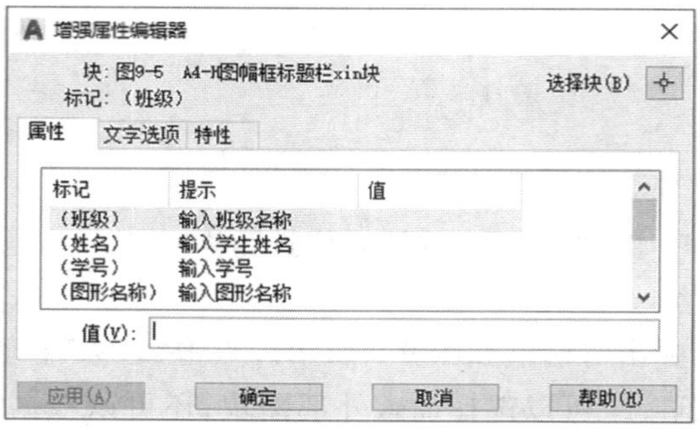

图 9-11 “增强属性编辑器”对话框

第二节 工具选项板

一、工具选项板简介

工具选项板包括很多选项卡，每个选项卡中包含一系列绘图、编辑、图块、填充图案等对象，这些对象被称为工具，如图 9-12 所示。用户可以从工具选项板中直接将某个工具拖入当前图形中(或单击工具以启动它)，也可以将新建图块、填充图案等工具放入工具选项板中，还可以创建新的工具选项板。总之，工具选项板提供了组织、共享图块及填充图案的有效方法。

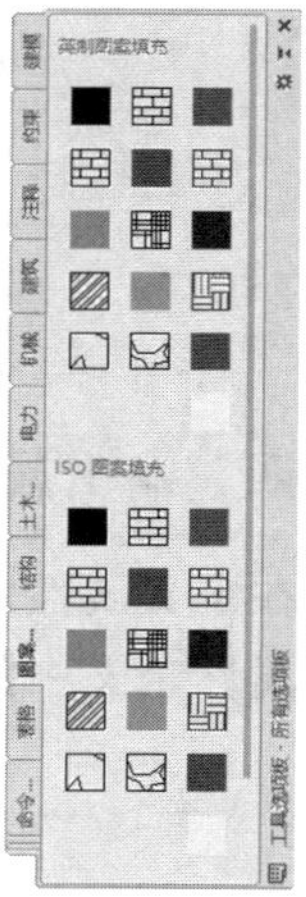

图 9-12 工具选项板

二、使用工具选项板

打开工具选项板的方法有：

★菜单栏：“工具”➤“选项板”➤“工具选项板”。

★功能区：“视图”选项卡➤“选项板”面板 ➤按钮。

★快捷键：Ctrl+3。

★命令：TOOLPALETTES。

调用工具选项板中图块的方法是：直接在工具选项板中单击一下要插入的图块，命令行就会提示插入点，剩下的操作跟插入图块一样。

三、工具选项板的管理

在工具选项板中提供了一系列右键菜单，可以对图块工具、选项板显示和组织形式进行设置。

(1) 在图块上点击右键，可以修改图块名字、删除图块；

(2) 在工具选项板标签上点击右键，可以删除工具选项板，重命名或设置视图选项(设置图标显示大小和显示形式)；

(3) 在工具选项板蓝色标题栏点击右键，可以设置工具选项板位置、形式等。

四、工具选项板的共享

工具选项板文件都保存在一个特定目录下，可以在选项对话框（输入 OP 命令可打开）中观看或调整工具选项板路径。自己设置好工具选项板后，可以将此目录复制共享给其他同事，也可以备份下来，以后重装 CAD 时直接复制回来可以恢复。

第三节　设 计 中 心

一、简介

设计中心的功能是共享 AutoCAD 图形中的设计资源，方便相互调用。它不但可以共享图块，还可以共享尺寸标注、文字样式、表格样式、布局、图层、线型、线宽、图案填充等，不仅可以调用本机上的图形，还可以调用局域网上其他计算机上的图形。

二、启动方法

★菜单栏："工具"➤"选项板"➤"设计中心"。

★工具栏："标准"工具栏 ➤按钮。

★快捷键：Ctrl＋2。

★命令：ADCENTER。

三、设计中心工作界面

设计中心的工作界面如图 9-13 所示。设计中心的工作界面类似于 Windows 资源管理器，分为三部分，顶部有一排工具栏，左边是树状图，右边是内容区域。

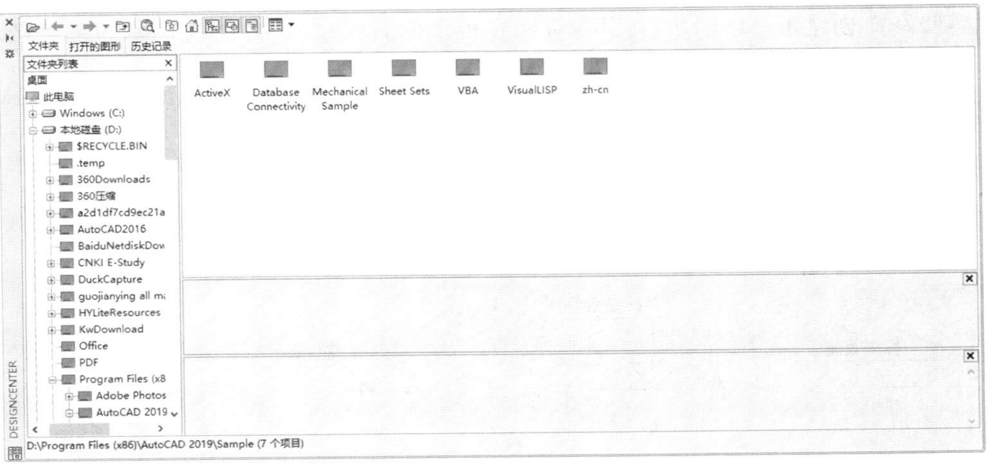

图 9-13　"设计中心"工作界面

（1）设计中心顶部的工具栏按钮可以显示和访问选项。

（2）树状图：显示用户计算机和网络驱动器上的文件、打开图形的列表以及上次访问过的位置的历史记录。选择树状图中的项目以便在内容区域中显示其内容。使用工具栏中的

“切换树状图”按钮来打开或关闭树状图。使用设计中心顶部的选项卡可以切换访问树状文件夹列表的选项。

① “文件夹”选项卡

显示计算机或网络驱动器(包括“我的电脑”和“网上邻居”)中文件和文件夹的层次结构。可以使用 ADCNAVIGATE 在设计中心树状图中定位到指定的文件名、目录位置或网络路径。

② “打开的图形”选项卡

显示当前工作任务中打开的所有图形,包括最小化的图形。

③ “历史记录”选项卡

显示最近在设计中心打开的文件的列表。显示历史记录后,在一个文件上单击鼠标右键显示此文件信息或从“历史记录”列表中删除此文件。

(3) 内容区域:显示左侧窗格的树状图中当前选定“容器”的内容。容器是包含设计中心可以访问的信息的网络、计算机、磁盘、文件夹、文件或网址(URL)。根据树状图中选定的容器,内容区域通常显示以下内容:

① 含有图形或其他文件的文件夹;

② 图形;

③ 图形中包含的命名对象(命名对象包括块、外部参照、布局、图层、标注样式、表格样式、多重引线样式和文字样式),表示块或填充图案的图像或图标;

④ 基于 Web 的内容,由第三方开发的自定义内容。

提醒

可以通过从内容区域中拖动内容或使用快捷菜单,将内容插入图形中或工具选项板中。

上机实践

实践一: 创建粗糙度图块,将其保存到样板文件 kwcad.dwt 中,并利用粗糙度图块对图 7-15 的图形进行粗糙度标注。

实践二: 分别创建两个标高标注符号图块,标高标注符号的尺寸如图 3-12 所示,所创建图块及属性如图 9-14(a)(b)所示,将其保存到样板文件 kwcad.dwt 中。

提醒

创建标高标注符号图块时,所选基点如图 9-14(c)所示。

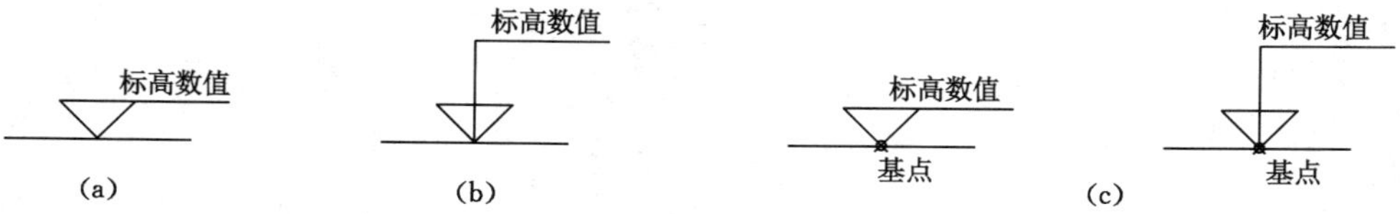

图 9-14 标高标注符号图块

实践三: 根据表 3-1 的图纸尺寸、图 3-2 的图框格式、图 3-3 的对中符号和图幅分区,并添加图 3-3、图 3-4 和图 8-7 所示的标题栏和图 3-6 所示的会签栏,创建 A1-H(横向)图幅框标、题栏与会签栏图块,且要求创建为外部图块,格式如图 9-15 所示。

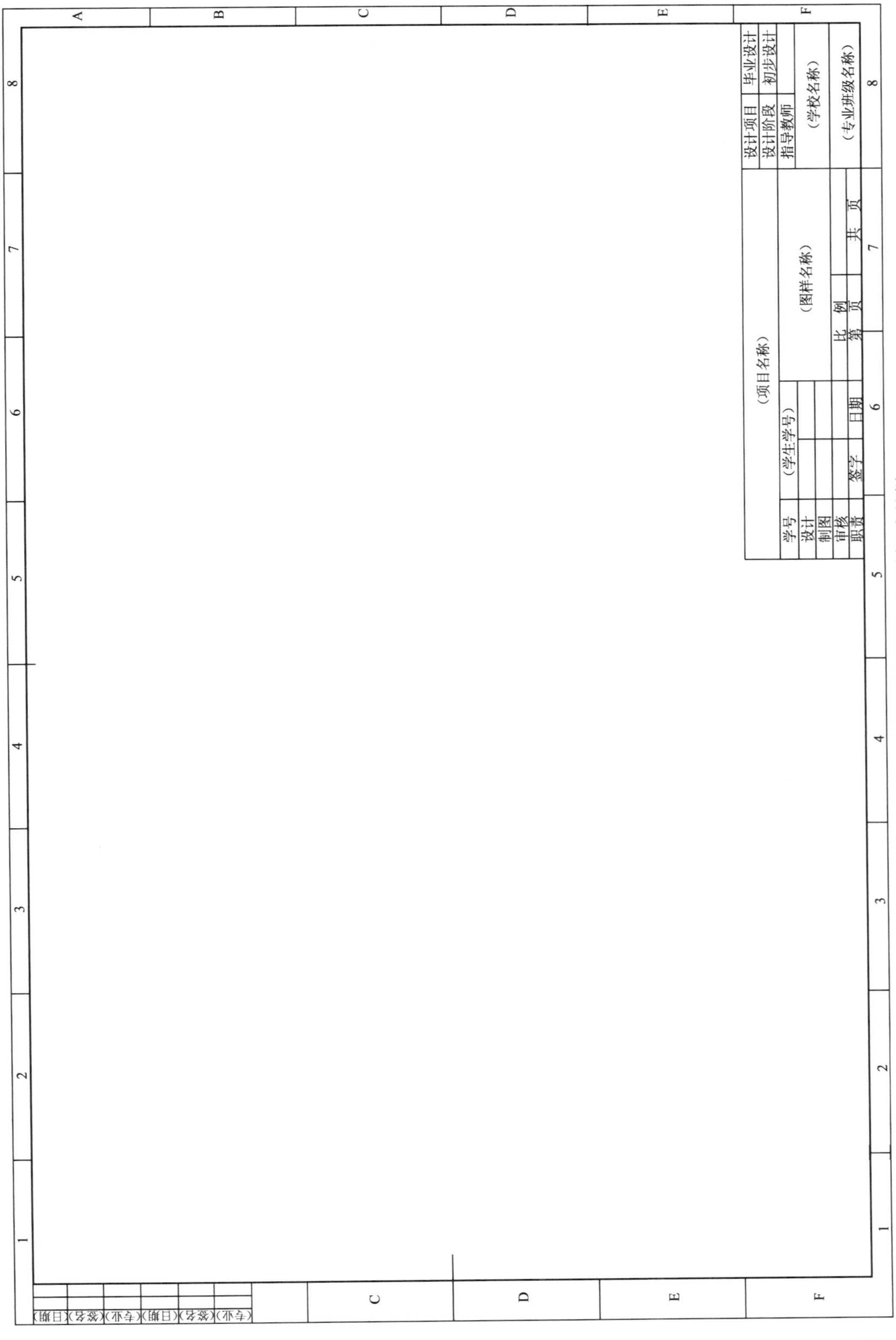

图 9-15　**A1-H（横向）图幅框、标题栏及会签栏**

复习与思考题

1. 何为图块？图块的作用、分类及创建方法是什么？
2. 图块的属性是什么？如何创建图块的属性？

第十章　二维复杂图形的绘制与编辑

第一节　复杂图形的绘图命令

一、点

1. 点样式的设置

点是最基本的图形元素。在 AutoCAD 中，点的外观形态由点样式控制。绘图时可以根据需要选择点的外观样式和点的大小，点的大小既可以相对于屏幕设置，也可以按绝对单位设置，如图 10-1 所示。“点样式”对话框的打开方法为：

★菜单栏：“格式”➤“点样式(P)...”。

★功能区：“默认”选项卡➤“实用工具”面板➤ 点样式... 。

★命令：PTYPE。

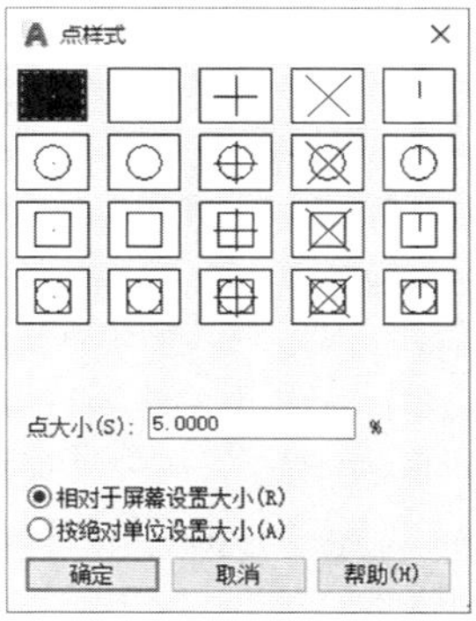

图 10-1　“点样式”对话框

2. 点命令执行方式

★菜单栏：“绘图”➤“点”➤“单点|多点|定数等分|定距等分”。

★工具栏：“绘图”➤ 按钮。

★功能区：“默认”选项卡➤“绘图”面板 ➤ 按钮。

★命令：POINT。

3. 点命令说明

利用点命令除了可以绘制单个点、多个点，还可以将对象进行定数等分和定距等分。

提醒

执行定数等分和定距等分命令可以对直线段、圆、圆弧、矩形、多边形、样条曲线、多段线等对象进行等分；等分点只是标记，并未将实体分成断开的分段，可用作对象捕捉中的“节点”捕捉。

例题 10-1 利用点的定数等分命令绘制五角星，如图 10-2(e)所示。

命令：_circle	‖ 绘制 1 个圆；
指定圆的圆心或［三点(3P)/两点(2P)/切点、切点、半径(T)］：	
指定圆的半径或［直径(D)］＜225＞：	
命令：'_ptype 正在重生成模型。	‖ 设置点样式为⊠；
命令：_divide	‖ 执行“定数等分”命令；
选择要定数等分的对象：	‖ 选择圆；
输入线段数目或［块(B)］：5V	‖ 输入 5，结果见图 10-2(a)；
命令：_line	‖ 设置“节点”捕捉，执行“绘制直线”命令；
指定第一个点：	‖ 依次间隔选择五个点，绘制五角星，见图 10-2(b)；
指定下一点或［放弃(U)］：	
指定下一点或［放弃(U)］：	
指定下一点或［闭合(C)/放弃(U)］：	
指定下一点或［闭合(C)/放弃(U)］：	
指定下一点或［闭合(C)/放弃(U)］：	
指定下一点或［闭合(C)/放弃(U)］：	
命令：_rotate	‖ 执行“旋转”命令；
UCS 当前的正角方向： ANGDIR＝逆时针 ANGBASE＝0	
选择对象：ALL	‖ 选择所有对象；
找到 11 个	
选择对象：	
指定基点：	‖ 选择圆心为基点；
指定旋转角度，或［复制(C)/参照(R)］＜0＞：r	‖ 选择以参照方式旋转对象；
指定参照角 ＜0＞：指定第二点：	‖ 鼠标点击圆心和其中 1 个角点，将二者连线作为参照线，将对象旋转到 90°方向，见图 10-2(c)；
指定新角度或［点(P)］＜0＞：	
命令：_trim	‖ 执行“修剪”命令；
当前设置：投影＝UCS，边＝无	
选择剪切边...	‖ 依次选择五角星的五条边做剪刀；
选择对象或 ＜全部选择＞：找到 1 个	
选择对象：找到 1 个，总计 2 个	
选择对象：找到 1 个，总计 3 个	
选择对象：找到 1 个，总计 4 个	
选择对象：找到 1 个，总计 5 个	
选择对象：	
选择要修剪的对象，或按住 Shift 键选择要延伸的对象，或	‖ 再依次选择五角星的五条边中需要修剪的部分作为要修剪的对象，修剪结果见图 10-2(d)；
［栏选(F)/窗交(C)/投影(P)/边(E)/删除(R)/放弃(U)］：	
选择要修剪的对象，或按住 Shift 键选择要延伸的对象，或	
［栏选(F)/窗交(C)/投影(P)/边(E)/删除(R)/放弃(U)］：	
选择要修剪的对象，或按住 Shift 键选择要延伸的对象，或	
［栏选(F)/窗交(C)/投影(P)/边(E)/删除(R)/放弃(U)］：	
选择要修剪的对象，或按住 Shift 键选择要延伸的对象，或	
［栏选(F)/窗交(C)/投影(P)/边(E)/删除(R)/放弃(U)］：	
选择要修剪的对象，或按住 Shift 键选择要延伸的对象，或	
［栏选(F)/窗交(C)/投影(P)/边(E)/删除(R)/放弃(U)］：	
选择要修剪的对象，或按住 Shift 键选择要延伸的对象，或	

[栏选(F)/窗交(C)/投影(P)/边(E)/删除(R)/放弃(U)]:
命令:_erase ‖执行“删除”命令;
选择对象:找到 1 个 ‖依次选择圆和五个节点,绘图结果见图 10-2(e)所示。
选择对象:找到 1 个,总计 2 个
选择对象:找到 1 个,总计 3 个
选择对象:找到 1 个,总计 4 个
选择对象:找到 1 个,总计 5 个
选择对象:找到 1 个,总计 6 个
选择对象:

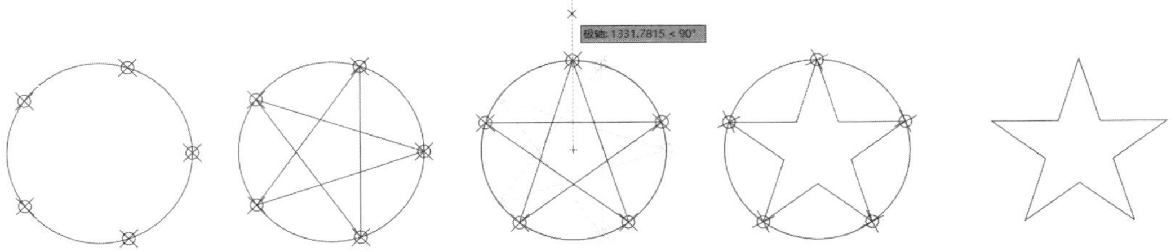

(a)　(b)　(c)　(d)　(e)

图 10-2　绘制五角星

二、多段线

多段线是作为单一对象创建的首尾相连的直线段和弧线序列,各连接点处的线宽可以在绘图过程中进行设置。

1. 命令执行方式

★菜单栏:“绘图”➤“多段线”。

★工具栏:“绘图”工具栏 ➤ 按钮。

★功能区:“默认”选项卡➤“绘图”面板 ➤ 按钮。

★命令:PLINE。

2. 命令行提示

命令:_pline
指定起点: ‖指定起点
当前线宽为 0.0000 ‖默认线宽;
指定下一个点或[圆弧(A)/半宽(H)/长度(L)/放弃(U)/宽度(W)]: ‖指定下一点绘制线段;
指定下一点或[圆弧(A)/闭合(C)/半宽(H)/长度(L)/放弃(U)/宽度(W)]:A ‖输入 A,可绘制圆弧;
指定圆弧的端点(按住 Ctrl 键以切换方向)或 ‖选择绘制圆弧的方式。
[角度(A)/圆心(CE)/闭合(CL)/方向(D)/半宽(H)/直线(L)/半径(R)/第二个点(S)/放弃(U)/宽度(W)]:A
指定夹角:
指定圆弧的端点(按住 Ctrl 键以切换方向)或[圆心(CE)/半径(R)]:
指定圆弧的端点(按住 Ctrl 键以切换方向)或
[角度(A)/圆心(CE)/闭合(CL)/方向(D)/半宽(H)/直线(L)/半径(R)/第二个点(S)/放弃(U)/宽度(W)]:

3. 选项说明

多段线可以用于创建由直线段和圆弧段组成的单个对象。绘制多段线时,可以选择多种选项:

[圆弧(A)]:开始创建与上一个线段相切的圆弧段。选择绘制圆弧后,命令行文字提示为:

指定圆弧的端点(按住 Ctrl 键以切换方向)或[角度(A)/圆心(CE)/方向(D)/半宽(H)/直线(L)/半径(R)/第二个点(S)/放弃(U)/宽度(W)]:

其中的各项含义为:

"指定圆弧的端点":完成圆弧段,圆弧段与多段线的上一段相切。

[角度(A)]:指定圆弧段从起点开始的包含角。输入正数将按逆时针方向创建圆弧段,输入负数将按顺时针方向创建圆弧段。

[圆心(CE)]:基于其圆心指定圆弧段。

[方向(D)]:指定圆弧段的切线,切线方向从圆弧的起点开始。指定建立曲线相切到起点的点。圆弧曲线远离起点和切点之间的矢量。

[半宽(H)]:指定从宽线段的中心到一条边的宽度。

[直线(L)]:从图形圆弧段切换到图形直线段。

[半径(R)]:指定圆弧段的半径。

[第二个点(S)]:指定三点圆弧的第二点和端点。

[放弃(U)]:删除最近绘制的线段。

[宽度(W)]:指定下一线段的宽度。

定义多段线一半的宽度或整个宽度时,请记住以下事项:

① 起点宽度将成为默认的端点宽度。宽线段的起点和端点位于线段的中心。

② 端点宽度在再次修改宽度之前将作为所有后续线段的统一宽度。

[闭合(CL)]:用弧线段连接图形的第一点和最后一点,以创建闭合的多段线。

[闭合(C)]:用直线段连接图形的第一点和最后一点,以创建闭合的多段线。

[长度(L)]:按照与上一线段相同的角度方向创建指定长度的线段。如果上一线段是圆弧,将创建与该圆弧段相切的新直线段。

例题 10-2 利用"多段线"命令绘制如图 10-3(a)(b)所示图形。

命令:_pline	
指定起点:	‖指定起点
当前线宽为 0.0000	‖默认线宽值为 0;
指定下一个点或[圆弧(A)/半宽(H)/长度(L)/放弃(U)/宽度(W)]:w	‖指定线宽;
指定起点宽度 <0.0000>:0	‖输入起点线宽 0;
指定端点宽度 <0.0000>:10	‖输入端点线宽 10;
指定下一个点或[圆弧(A)/半宽(H)/长度(L)/放弃(U)/宽度(W)]:8	‖输入上端箭头长度 8;
指定下一点或[圆弧(A)/闭合(C)/半宽(H)/长度(L)/放弃(U)/宽度(W)]:w	‖再指定下段线的线宽;
指定起点宽度 <10.0000>:4	‖输入起点线宽 4;
指定端点宽度 <4.0000>:	‖输入端点线宽 4;

指定下一点或［圆弧(A)/闭合(C)/半宽(H)/长度(L)/放弃(U)/宽度(W)］：5	输入中间线段长度 5；
指定下一点或［圆弧(A)/闭合(C)/半宽(H)/长度(L)/放弃(U)/宽度(W)］：w	指定下段圆弧的线宽；
指定起点宽度 ＜4.0000＞：15	输入起点线宽 15；
指定端点宽度 ＜15.0000＞：0	输入端点线宽 0；
指定下一点或［圆弧(A)/闭合(C)/半宽(H)/长度(L)/放弃(U)/宽度(W)］：A	输入 A 绘制圆弧；
指定圆弧的端点(按住 Ctrl 键以切换方向)或 ［角度(A)/圆心(CE)/闭合(CL)/方向(D)/半宽(H)/直线(L)/半径(R)/第二个点(S)/放弃(U)/宽度(W)］：	指定圆弧端点，所绘图形见图 10-3(a)；
命令：_pline	
指定起点：	指定起点
当前线宽为 0.0000	默认线宽值为 0；
指定下一个点或［圆弧(A)/半宽(H)/长度(L)/放弃(U)/宽度(W)］：	绘制一条水平线段；
指定下一点或［圆弧(A)/闭合(C)/半宽(H)/长度(L)/放弃(U)/宽度(W)］：w	指定线宽；
指定起点宽度 ＜0.0000＞：3	输入起点线宽 3；
指定端点宽度 ＜3.0000＞：0	输入端点线宽 0；
指定下一点或［圆弧(A)/闭合(C)/半宽(H)/长度(L)/放弃(U)/宽度(W)］：	绘制箭头形状；
指定下一点或［圆弧(A)/闭合(C)/半宽(H)/长度(L)/放弃(U)/宽度(W)］：	再绘制一条水平线段，如图 10-3(b)所示；
指定下一点或［圆弧(A)/闭合(C)/半宽(H)/长度(L)/放弃(U)/宽度(W)］：↙	点击 Enter，结束命令。

(a)　　　　(b)

图 10-3　利用“多段线”命令绘制图形

三、多线

多线是由两条或多条平行线组成的图形对象，常用于绘制公路、墙体等。用户可以根据绘图需要设置多线样式。

1. 命令执行方式

★菜单栏：“绘图”➤“多线”。

★命令：MLINE。

★菜单栏：“格式”➤“多线样式(M)...”。

2. 命令行提示

命令：_mline	
当前设置：对正 = 上，比例 = 20.00，样式 = STANDARD	多线样式
指定起点或［对正(J)/比例(S)/样式(ST)］：	指定起点；
指定下一点：	指定下一点绘制多线段；
指定下一点或［放弃(U)］：	同上；
指定下一点或［闭合(C)/放弃(U)］：	可以选择闭合或放弃。

3. 选项说明

多线可以创建多条平行线。绘制多线时，可以显示如下选项：

[对正]：确定如何在指定的点之间绘制多线。

[比例]：控制多线的全局宽度，它是基于在多线样式定义中建立的宽度。例如比例因子为 2 ，绘制多线时，其宽度是样式定义的宽度的两倍。该比例不影响线型比例。

[样式]：指定多线的样式。

4. 多线样式

多线样式决定了线的外在特征，并以文件的形式保存，缺省条件下 AutoCAD 将多线样式保存在 acad. mln 文件中；用户也可以创建自己的. mln 文件来保存多线样式。

鼠标点击菜单栏“格式”➤“多线样式(M)...”，打开“多线样式”设置对话框，如图 10-4(a)所示；点击 新建(N)... ，输入新建多线样式的名称，例如“Load”之后，点击 继续 可以创建新的多线样式，如图 10-4(b)所示；多线样式可以控制元素(直线)的数目和每个元素的特

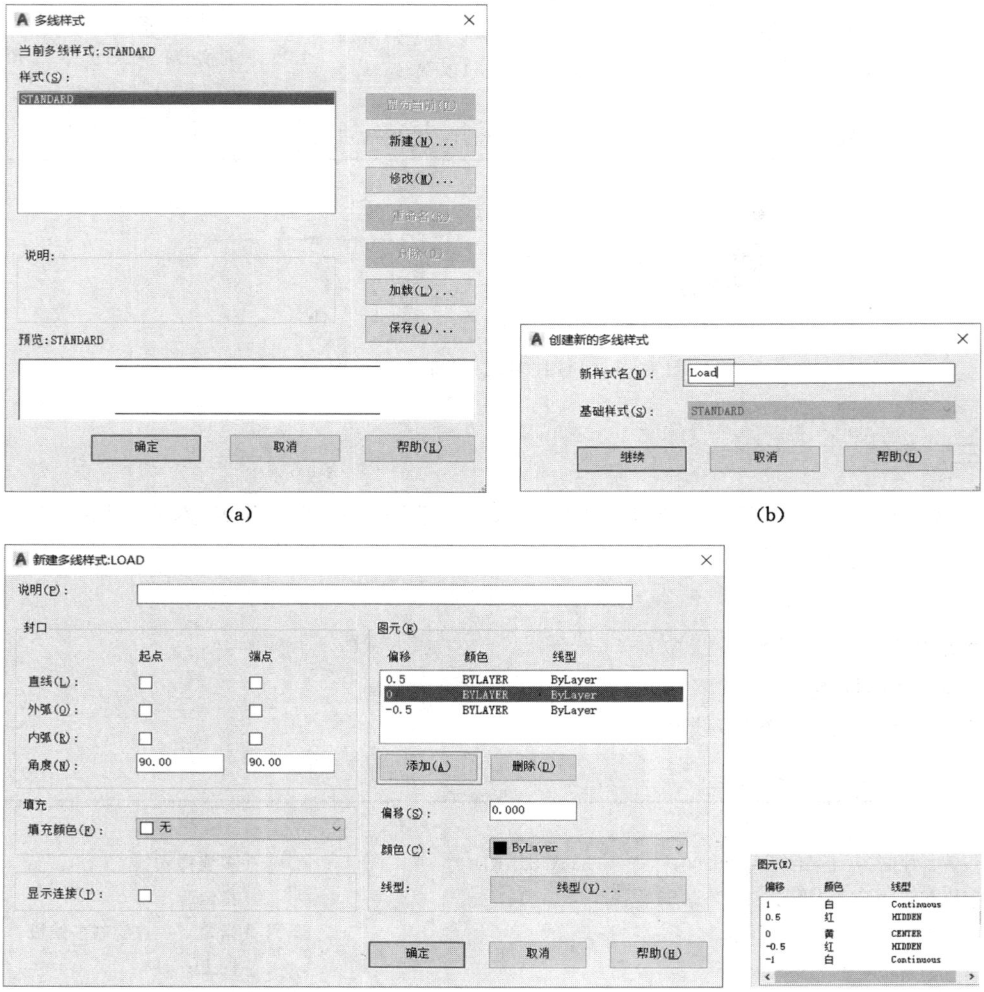

(a) (b)

(c) (d)

图 10-4 “多线样式”设置对话框

性，还可以控制背景色和每条多线的端点封口，如图 10-4(c)所示。

图 10-4(a)中的选项说明：

[当前多线样式]：显示当前多线样式的名称。

[样式]：显示已加载到图形中的多线样式列表。

[说明]：显示选定多线样式的说明。

[预览]：显示选定多线样式的名称和图像。

[置为当前]：设置用于后续创建的多线的当前多线样式。

[新建]：显示“创建新的多线样式”对话框，从中可以创建新的多线样式。

[修改]：显示“修改多线样式”对话框，从中可以修改选定的多线样式。

[重命名]：重命名当前选定的多线样式。不能重命名 STANDARD 多线样式。

[删除]：从“样式”列表中删除当前选定的多线样式。此操作并不会删除 MLN 文件中的样式。

[加载]：显示“加载多线样式”对话框，从中可以从指定的 MLN 文件加载多线样式。

[保存]：将多线样式保存或复制到多线库（.mln）文件。如果指定了一个已存在的 .mln 文件，新样式定义将添加到此文件中，并且不会删除其中已有的定义。

📖 **例题 10-3**　利用“多线”命令和“工具选项板”绘制如图 10-5(e)所示的公路和绿植图形。

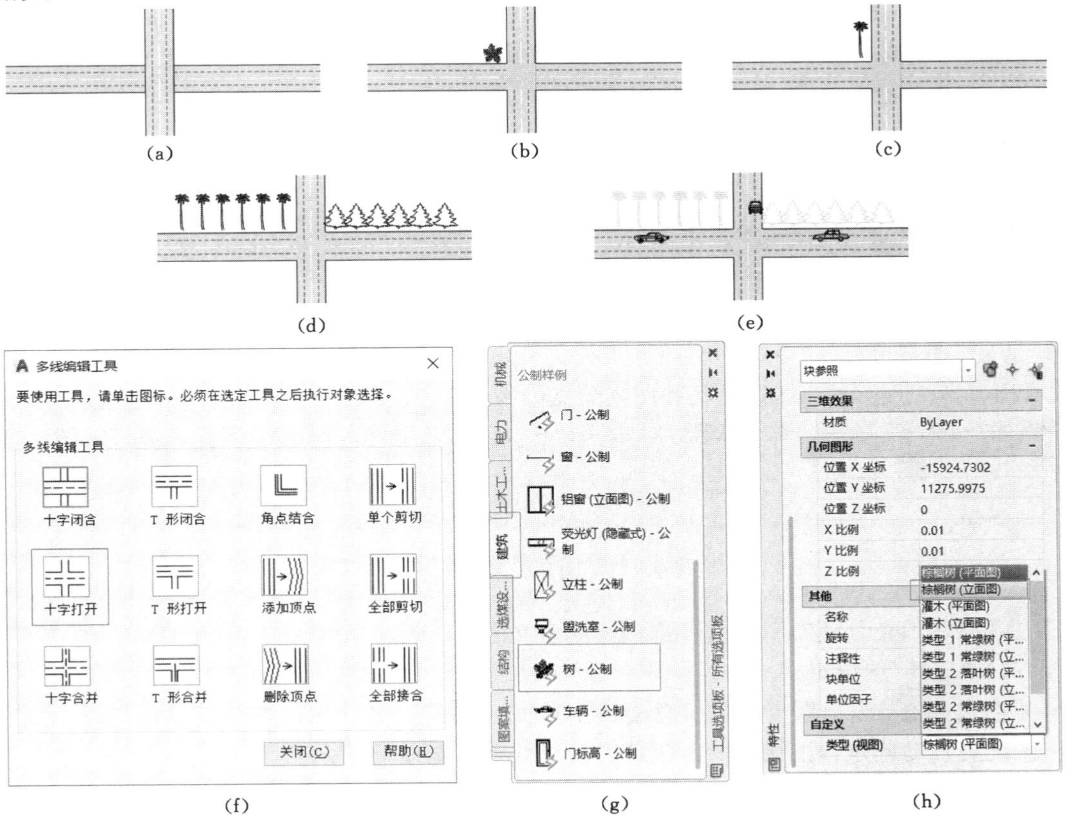

图 10-5　利用“多线”和“工具选项板”绘制图形

绘制方法：

(1) 新建如图 10-4(b)所示的名称为 Load 的多线样式，在图 10-4(c)所示对话框中设置公路图元特性，如图 10-4(d)所示。

(2) 点击菜单栏“绘图”➤“多线”，绘制十字交叉的公路，如图 10-5(a)所示。

(3) 点击菜单栏“修改”➤“对象”➤“多线”，弹出图 10-5(f)所示对话框，选择“十字打开”，并选择两条多线，修改多线十字交叉格式如图 10-5(b)所示。

(4) 点击菜单栏“工具”➤“选项板”➤“工具选项板”，打开工具选项板对话框，选择“建筑”卡片，并选择树-公制，如图 10-5(g)所示；将鼠标在公路线旁点击一点，则插入树的图形块。点击修改工具栏上的“缩放”命令，输入比例值 0.01，将绘制的树缩小，如图 10-5(b)所示。选中树图形块，点击鼠标右键选择“特性”，打开对象特性对话框如图 10-5(h)所示，选择底端的类型“棕榈树(立面图)”后，如图 10-5(c)所示。

(5) 将树沿公路边多次复制，并将树修改为不同类型如常绿树，如图 10-5(d)所示。点击“修改”菜单中的“分解”命令，将所有的树图块分解为简单线条，则可以改变树的颜色为绿色，如图 10-5(e)所示。

(6) 采用上述的方法可在公路上插入汽车图块，并修改其特性，如图 10-5(e)所示。

四、图案填充

图案填充，就是将某种图案填充到某一封闭区域。常用来绘制实体剖切面的剖面线，也表示材料性质或表面纹理，还可以用来给图形填充颜色，包括纯色和双色渐变的填充。

1. 命令执行方式

★菜单栏：“绘图”➤“图案填充”。

★工具栏：“绘图”工具栏 ➤ 或 按钮。

★功能区：“默认”选项卡➤“绘图”面板 ➤ 按钮。

★命令：HATCH。

2. 命令选项说明

点击“图案填充”命令，打开“图案填充创建”面板，如图 10-6 所示。在该面板中可以设置填充边界、图案类型、图案比例和图案角度等特性。

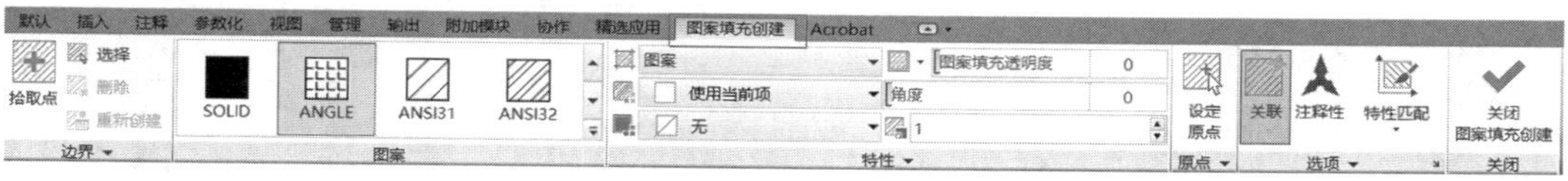

图 10-6 “图案填充创建”面板

在“图案填充创建”面板中，各选项组的意义是：

(1) “边界”选项组

[拾取点]：以拾取点的方式自动确定填充区域的边界。在填充的区域内任意拾取一点，系统会自动确定包围该点的封闭填充边界并且高亮度显示。

[选择]：以选择对象的方式确定填充区域的边界。可以根据需要选择构成填充区域的边界。同样，被选择的边界也会以高亮度显示。

[删除]：从边界定义中删除以前添加的任何对象。

(2)"图案"选项组

该选项组提供了可供选择的填充图案,如图 10-7 所示。

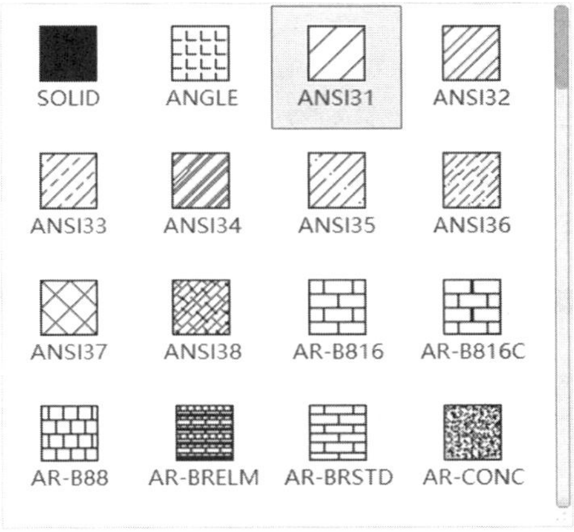

图 10-7　填充图案的类型

(3)"特性"选项组

在该选项组中可以设置图案的类型(实体、渐变色、图案、自定义),也可以设置图案填充的透明度、图案的角度和比例等特性。每种图案在定义时的旋转角度为 0°,初始比例为 1。用户可以在"角度"文本框中设置所希望的旋转角度,也可以根据需要在"比例"文本框中输入相应的比例值。

例如,选择图案 ANS131 时,角度设置不同值时的图案样式如图 10-8(a)~(c)所示。

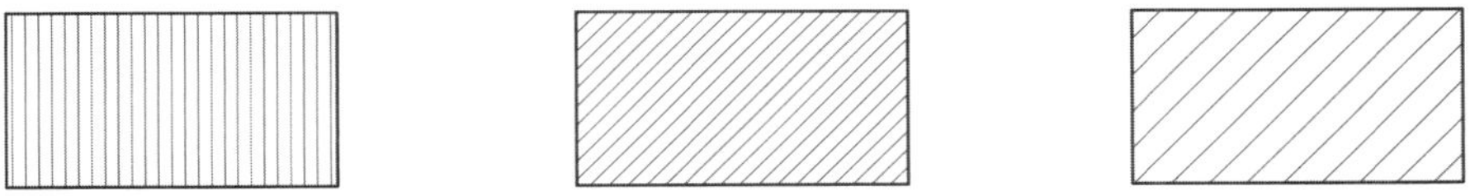

(a) 比例为 1,角度为 45°　　(b) 比例为 1,角度为 0°　　(c) 比例为 2,角度为 0°

图 10-8　角度、比例设为不同值时的图案样式

(4)"选项"选项组

提醒

注释性:可以指定根据视口比例自动调整填充图案比例。

关联性:选中"关联"选项,则填充的图案与填充边界保持着关联联系,当对填充边界进行某些编辑操作时,会重新生成图案填充;若未选中"关联"选项,填充的图案与填充边界没有关联联系,边界发生变化后,图案不随之变化,如图 10-9 所示。

孤岛检测:当所选边界内部有孤岛时,可以选择图案的填充方式,如图 10-10 所示。

(5)"渐变色"选项组

渐变色是指从一种颜色到另一种颜色的平滑过渡。渐变色能产生光的视觉感受,可为图形添加视觉立体效果。渐变色填充有 9 个渐变方式样板,包括线形、球形、抛物线形等。渐变色填充创建面板如图 10-11 所示。

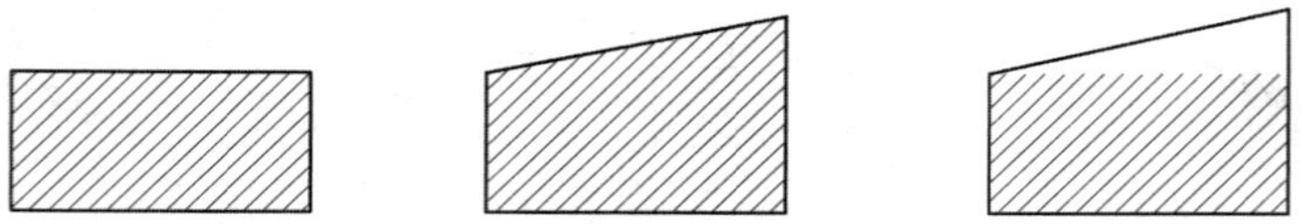

(a) 原图案填充图　(b) 选中"关联"　(c) 未选中"关联"

图 10-9　原图案填充与修改边界后的图形

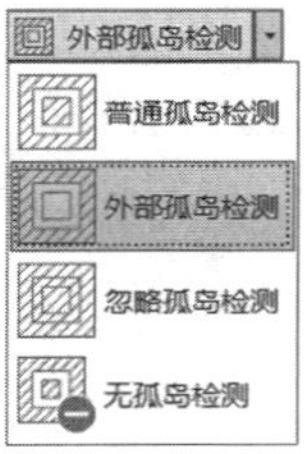

图 10-10　孤岛检测方式

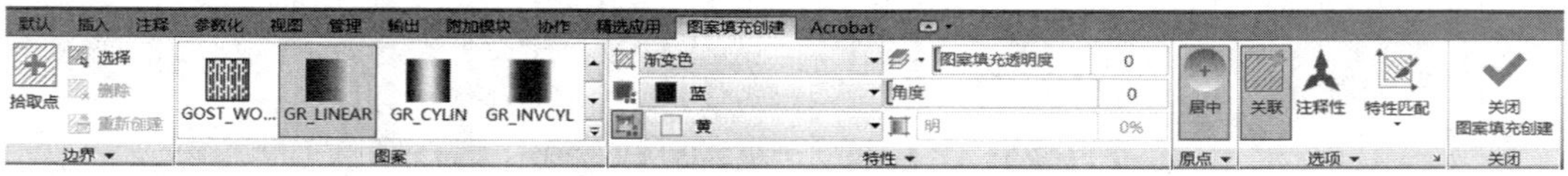

图 10-11　渐变色填充创建面板

例题 10-4　利用"图案填充"命令绘制图 10-12。

命令：_rectang	‖绘制螺柱头部；
指定第一个角点或［倒角(C)/标高(E)/圆角(F)/厚度(T)/宽度(W)］：	
指定另一个角点或［面积(A)/尺寸(D)/旋转(R)］：	
命令：_line	‖绘制螺柱杆中心线；
指定第一个点：＜打开对象捕捉＞	‖启用中点捕捉；
指定下一个点或［放弃(U)］：	
命令：_properties	‖设置中心线线型为 CENTER；
命令：_line	‖绘制螺柱一侧边线；
指定第一个点：	
指定下一点或［放弃(U)］：	
命令：_mirror	‖用"镜像"命令绘制螺柱另一侧边线，如图 10-12(a)所示；
选择对象：找到 1 个	
选择对象：	
指定镜像线的第一点：	
指定镜像线的第二点：	
要删除源对象吗？［是(Y)/否(N)］＜否＞：	
命令：_SPLINE	‖用"样条曲线"命令绘制螺柱杆的一条断面线；
当前设置：方式＝拟合　节点＝弦	
指定第一个点或［方式(M)/节点(K)/对象(O)］：_M	
输入样条曲线创建方式［拟合(F)/控制点(CV)］＜拟合＞：_FIT	
当前设置：方式＝拟合　节点＝弦	
指定第一个点或［方式(M)/节点(K)/对象(O)］：	
输入下一个点或［起点切向(T)/公差(L)］：	
命令：_SPLINE	‖用"样条曲线"命令绘制螺柱杆的另一条断面线，如图 10-12(b)所示；
当前设置：方式＝拟合　节点＝弦	
指定第一个点或［方式(M)/节点(K)/对象(O)］：*取消*	
命令：_CHAMFER	‖绘制螺柱头部的一个倒角；

（"修剪"模式）当前倒角距离 1＝0.0000，距离 2＝0.0000
选择第一条直线或［放弃(U)/多段线(P)/距离(D)/角度(A)/修剪(T)/方式(E)/多个(M)]： d
指定第一个倒角距离 ＜0.0000＞：25
指定第二个倒角距离 ＜25.0000＞：
选择第一条直线或［放弃(U)/多段线(P)/距离(D)/角度(A)/修剪(T)/方式(E)/多个(M)]：
选择第二条直线，或按住 Shift 键选择直线以应用角点或［距离(D)/角度(A)/方法(M)]：
命令：_CHAMFER ‖绘制螺柱头部的另一个倒角；
（"修剪"模式）当前倒角距离 1＝25.0000，距离 2＝25.0000
选择第一条直线或［放弃(U)/多段线(P)/距离(D)/角度(A)/修剪(T)/方式(E)/多个(M)]：
选择第二条直线，或按住 Shift 键选择直线以应用角点或［距离(D)/角度(A)/方法(M)]：
命令：_line ‖连线两个倒角点；如图 10-12(c)所示；
指定第一个点：
指定下一个点或［放弃(U)]：
命令：_hatch ‖对螺柱头部进行滚花的图案填充；
拾取内部点或［选择对象(S)/放弃(U)/设置(T)]：正在选择所有对象...
正在选择所有可见对象...
正在分析所选数据...
正在分析内部孤岛...
拾取内部点或［选择对象(S)/放弃(U)/设置(T)]：
命令：_hatch ‖对螺柱断面进行图案填充，完成图形如图 10-12(d)所示。
拾取内部点或［选择对象(S)/放弃(U)/设置(T)]：正在选择所有对象...
正在选择所有可见对象...
正在分析所选数据...
正在分析内部孤岛...
拾取内部点或［选择对象(S)/放弃(U)/设置(T)]：

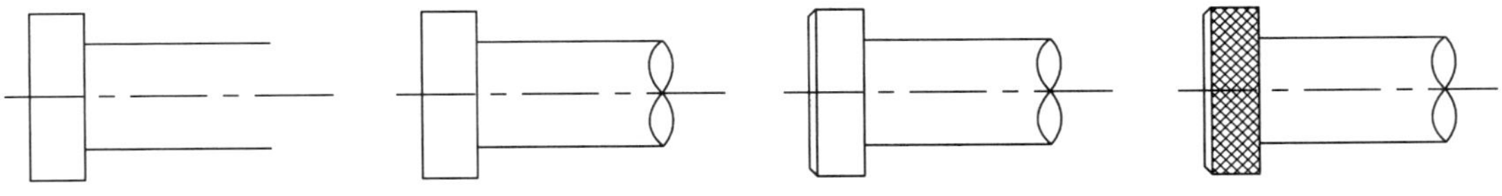

(a)　(b)　(c)　(d)

图 10-12　滚花螺柱

五、面域

面域是由封闭图形形成的二维实心区域，是二维实体模型，内部可以包含孔、槽等。AutoCAD 可以计算面域的面积、重心和惯性矩等，还可以对面域进行布尔运算，如并集、差集和交集。

构成面域的封闭图形可以是圆、椭圆、封闭二维多段线、封闭样条曲线等，也可以是圆弧、直线、二维多段线和样条曲线等。

提醒

用户不能直接创建面域，只能使用“面域”命令 REGION 将已有封闭线转换为面域。

1. 命令执行方式

★菜单栏：“绘图”➤“面域”。

★工具栏：“绘图”工具栏 ➤ 按钮。

★功能区：“默认”选项卡➤“绘图”面板➤ 按钮。

★命令：REGION。

2. 面域的布尔运算

面域的布尔运算有并集、差集和交集，命令执行方式为：

★菜单栏：“修改”➤“实体编辑”➤“并集”“差集”“交集”。

★工具栏：“实体编辑”工具栏 ➤ 按钮、按钮、按钮。

★功能区：“默认”选项卡➤“编辑”面板 ➤ 按钮、按钮、按钮（打开“三维基础”或“三维建模”工作空间）。

★命令：UNION、SUBTRACT、INTERSECT。

例题 10-5 利用“面域”命令和面域的布尔运算绘制图 10-13(d)所示的扳手。

绘制方法如下：

(1) 利用绘制圆、矩形、多边形等命令绘制图 10-13(a)所示图形；

(2) 点击菜单栏“绘图”➤“面域”，选择全部对象“ALL”，创建 8 个面域；

(3) 点击菜单栏“修改”➤“实体编辑”➤“并集”，选择图 10-13(a)中的对象 1、2、3，生成图形如图 10-13(b)所示；

(4) 点击菜单栏“修改”➤“实体编辑”➤“差集”，先选择图 10-13(b)中的对象 1 作为被减体，再选择六边形对象 4、5 作为减体，则所绘图形如图 10-13(c)所示；

(5) 点击菜单栏“修改”➤“实体编辑”➤“并集”，选择图 10-13(c)中的对象 6、7、8，则所绘图形如图 10-13(d)所示。

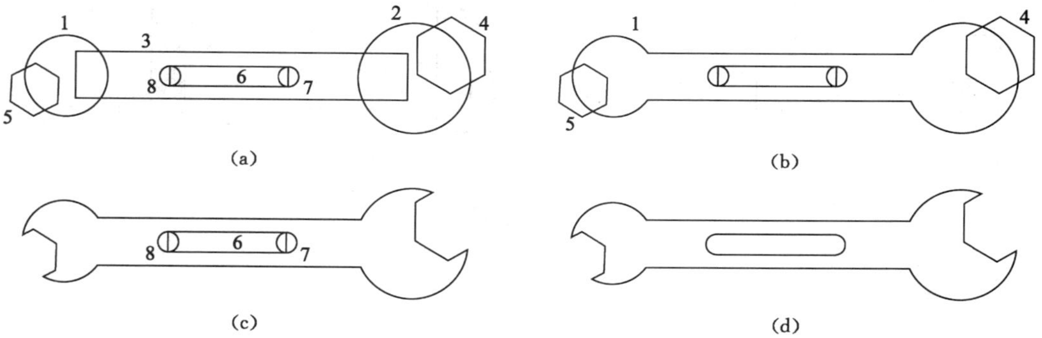

图 10-13 扳手

第二节　复杂编辑命令

一、阵列

1. 命令执行方式

★菜单栏："修改"➤"阵列"➤矩形阵列、路径阵列、环形阵列。

★工具栏："修改"工具栏 ➤按钮（点击按钮右下角小黑三角，可选择矩形、路径、环形阵列）。

★功能区："默认"选项卡 ➤"修改"面板 ➤ 按钮（点击按钮右侧小黑三角，可选择矩形、路径、环形阵列）。

★命令：ARRAYRECT、ARRAYPATH、ARRAYPOLAR。

2. 命令说明

在 AutoCAD 2019 版中，执行"阵列"命令后，弹出阵列创建对话框用于对阵列各项参数进行设置，如图 10-14 所示；同时在绘图区域显示阵列图形，图形中显示有可用于编辑的夹点，可以采取夹点编辑方式对阵列参数进行设置，如图 10-15 所示。

图 10-14　矩形、路径、环形阵列创建对话框

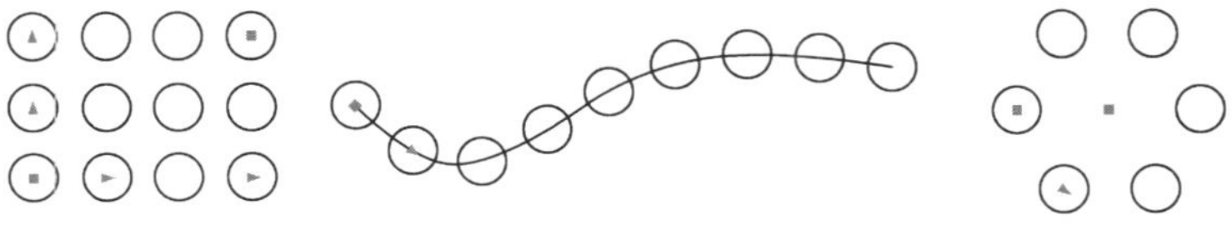

图 10-15　矩形、路径、环形阵列图形

3. 选项说明

(1) 矩形阵列

沿矩形均匀分布对象。

[选择对象]：选择要进行阵列的对象。

［关联］：指定阵列中的对象是关联的还是独立的。若选择关联，阵列后的对象为一个整体，类似于块；若选择不关联，则阵列后的对象为单独的个体，可以独立编辑。

［基点］：指定阵列中放置项目的基点。

［关键点］：对于关联阵列，在源对象上指定有效的约束（或关键点）以与路径对齐。如果编辑生成阵列的源对象或路径，阵列的基点保持与源对象的关键点重合。

［计数］：指定行数和列数并使用户在移动光标时可以动态观察结果（一种比“行和列”选项更快捷的方法）。

［表达式］：基于数学公式或方程式导出值。

［间距］：指定行间距和列间距并使用户在移动光标时可以动态观察结果。

［层级数］：三维阵列中的层数。

［层间距］：在 Z 坐标中指定每个对象等效位置之间的差值。

［总计］：行、列或层的总距离。

（2）路径阵列

沿路径或部分路径均匀分布对象。

［路径曲线］：指定阵列对象的路径，可以选择直线、多段线、三维多段线、样条曲线、螺旋、圆弧、圆或椭圆作为阵列路径。

［方法］：控制如何沿路径分布对象，包括定数等分和定距等分。

［定数等分］：将指定数量的对象沿路径的长度均匀分布。

［定距等分］：以指定的间隔距离沿路径分布对象。

［切线方向］：指定阵列中的对象如何相对于路径的起始方向对齐，选择不同方式所得阵列图形如图 10-16 所示。

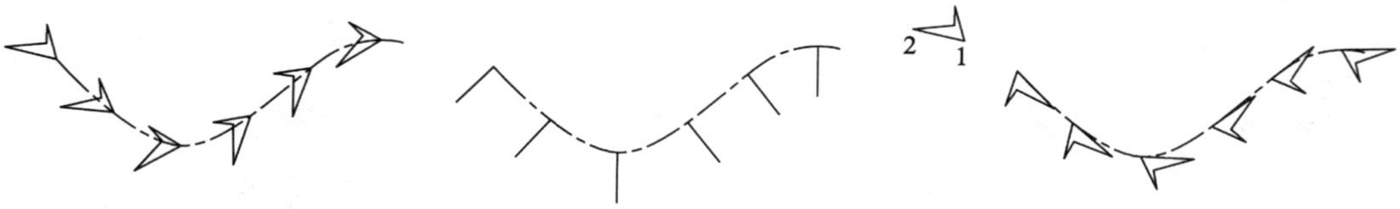

(a) 默认阵列切线方向　　(b) 指定阵列切线方向为法线方向　　(c) 指定阵列切线方向为 1， 2 点方向

图 10-16　路径阵列切向方向选择

［对齐项目］：指定是否对齐每个对象以与路径的方向相切，对齐是相对于第一个项目的方向，若选择“是”则所得图形如图 10-16(a)所示；若选择“否”则所得图形如图 10-17 所示。

［Z 方向］：控制是否保持对象的原始 Z 方向或沿三维路径自然倾斜项目。

图 10-17　路径阵列“不对齐”选择

（3）环形阵列

围绕中心点或旋转轴在环形阵列中均匀分布对象。

[圆心]:指定分布阵列对象所围绕的点,旋转轴是当前 UCS 的 Z 轴。

[旋转轴]:指定两个点定义的旋转轴。

[项目数]:环形阵列对象的个数。

[项目间角度]:环形阵列对象之间的角度。

[填充角度]:环形阵列中第一个和最后一个对象之间的角度。

[旋转项目]:控制在环形阵列中是否旋转对象,若选择"是",则阵列后的图形如图 10-18(a)所示;若选择"否",以围绕同样的圆心进行阵列,阵列后的图形如图 10-18(b)所示。

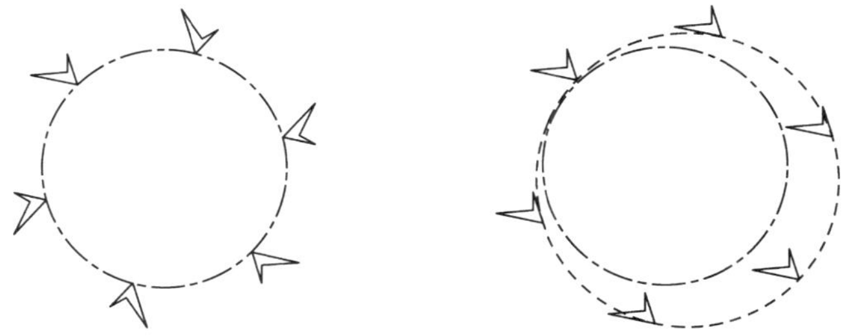

(a) 阵列时旋转对象　　(b) 阵列时不旋转对象

图 10-18　环形阵列

二、打断

在一点或两点之间打断指定的对象。

1. 命令执行方式

★菜单栏:"修改"➤"打断"。

★工具栏:"修改"工具栏 ➤ 或 按钮。

★功能区:"默认"选项卡 ➤"修改"面板 ➤ 或 按钮。

★命令:BREAK。

2. 命令行提示

```
命令:_break
选择对象:
指定第二个打断点 或[第一点(F)]:F
指定第一个打断点:
指定第二个打断点:
```

三、合并

合并相似对象并形成一个完整的对象。

1. 命令执行方式

★菜单栏:"修改"➤"合并"。

★工具栏:"修改"工具栏 ➤ 按钮。

★功能区:"默认"选项卡 ➤"修改"面板 ➤ 按钮。

★命令：JOIN。

2. 命令行提示

命令：_join
选择源对象或要一次合并的多个对象：找到 1 个
选择要合并的对象：找到 1 个，总计 2 个
选择要合并的对象：↙
2 条直线已合并为 1 条直线

四、倒角

为二维对象或三维对象添加倒角，按用户指定边的顺序指定所设置的距离或角度。

1. 命令执行方式

★菜单栏："修改"➤"倒角"。

★工具栏："修改"工具栏 ➤按钮。

★功能区："默认"选项卡 ➤"修改"面板 ➤按钮。

★命令：CHAMFER。

2. 命令行提示

命令：_chamfer
("修剪"模式) 当前倒角距离 1 = 0.0000，距离 2 = 0.0000
选择第一条直线或 [放弃(U)/多段线(P)/距离(D)/角度(A)/修剪(T)/方式(E)/多个(M)]：D
指定第一个倒角距离 ＜0.0000＞：30
指定第二个倒角距离 ＜30.0000＞：↙
选择第一条直线或 [放弃(U)/多段线(P)/距离(D)/角度(A)/修剪(T)/方式(E)/多个(M)]：
选择第二条直线，或按住 Shift 键选择直线以应用角点或 [距离(D)/角度(A)/方法(M)]：

3. 选项说明

[多段线]：在二维多段线中两条直线段相交的每个顶点处插入倒角线。倒角线将成为多段线的新线段，除非"修剪"选项设置为"不修剪"。

[距离]：设置距第一个对象和第二个对象交点的倒角距离。

[角度]：设置距选定对象交点的倒角距离及与第一个对象或线段所成的 XY 角度。

[修剪]：控制是否修剪选定对象以与倒角线的端点相交，如图 10-19 所示。

"修剪"：选定的对象或倒角线段被修剪。

"不修剪"：在添加倒角线后，选定的对象或线段不会被修剪。

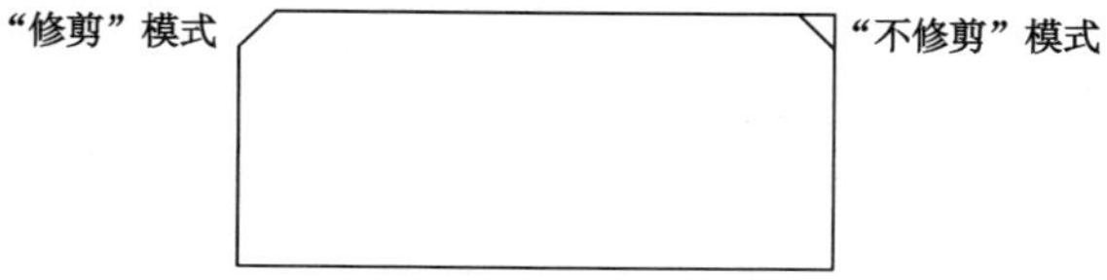

图 10-19　倒角

[方式]：控制如何根据选定对象或线段的交点计算出倒角线，有两种方式：

“距离”：倒角线由两个距离定义。

“角度”：倒角线由一个距离和一个角度定义。

五、圆角

为二维对象或三维对象添加圆角，按用户指定边的顺序指定所设置的距离或角度。

1. 命令执行方式

★菜单栏：“修改”➤“圆角”。

★工具栏：“修改”工具栏 ➤ 按钮。

★功能区：“默认”选项卡 ➤“修改”面板 ➤ 按钮。

★命令：FILLET。

2. 命令行提示

命令：_fillet
当前设置：模式 ＝ 不修剪，半径 ＝ 0.0000
选择第一个对象或 [放弃(U)/多段线(P)/半径(R)/修剪(T)/多个(M)]：r
指定圆角半径 <0.0000>：300
选择第一个对象或 [放弃(U)/多段线(P)/半径(R)/修剪(T)/多个(M)]：t
输入修剪模式选项 [修剪(T)/不修剪(N)] <不修剪>：t
选择第一个对象或 [放弃(U)/多段线(P)/半径(R)/修剪(T)/多个(M)]：
选择第二个对象，或按住 Shift 键选择对象以应用角点或 [半径(R)]：选择第二条直线，或按住 Shift 键选择直线以应用角点或 [距离(D)/角度(A)/方法(M)]：

3. 选项说明

[多段线]：在二维多段线中两条直线段相交的每个顶点处插入圆角线。倒角线将成为多段线的新线段，除非“修剪”选项设置为“不修剪”。

[半径]：设置圆角半径。

[修剪]：控制是否修剪选定对象以与倒角线的端点相交。

“修剪”：选定的对象或倒角线段被修剪。

“不修剪”：在添加倒角线后，选定的对象或线段不会被修剪。

六、分解

将复合对象分解为其部件对象，以便对每个部件对象进行编辑修改。其命令执行方式为：

★菜单栏：“修改”➤“分解”。

★工具栏：“修改”工具栏 ➤ 按钮。

★功能区：“默认”选项卡 ➤“修改”面板 ➤ 按钮。

★命令：EXPLODE。

七、二维对齐

将二维对象按照源点和目标点对应的方式对齐。

1. 命令执行方式

★菜单栏："修改"➤"三维操作"➤"对齐"。

★功能区："默认"选项卡 ➤"修改"面板 ➤ 按钮。

★命令：ALIGN。

2. 命令行提示

📖 **例题 10-6** 利用"对齐"命令完成图 10-20 的操作。

命令：_align	
选择对象：找到 1 个	‖选择图 10-20(a)中的矩形；
选择对象：↙	
指定第一个源点：	‖点击图 10-20(a)中矩形的左下角点为第一个源点；
指定第一个目标点：	‖点击图 10-20(a)中梯形的左上角点为第一个目标点；
指定第二个源点：	‖点击图 10-20(a)中矩形的右下角点为第二个源点；
指定第二个目标点：	‖点击图 10-20(a)中梯形的右上角点为第二个目标点；
指定第三个源点或 <继续>：↙	
是否基于对齐点缩放对象？[是(Y)/否(N)] <否>：↙	‖选择不缩放对象，结果如图 10-20(b)所示。

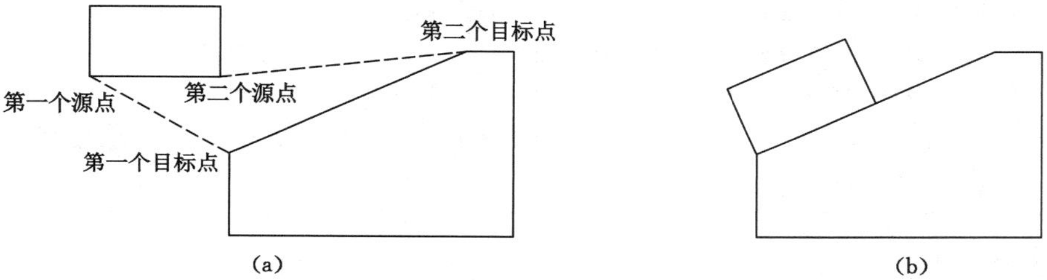

图 10-20　利用二维"对齐"命令绘图

八、夹点编辑

在 AutoCAD 中，当用鼠标单击选中图形对象时，图形上会出现若干个小方块，这些小方块就是图形对象的夹点，也称为控制点，如图 10-21 所示。利用对象夹点可以修改和编辑图形的形状、位置、大小和方向等。夹点的尺寸、颜色和功能开关均可通过图 10-22 所示的选项对话框进行设置。

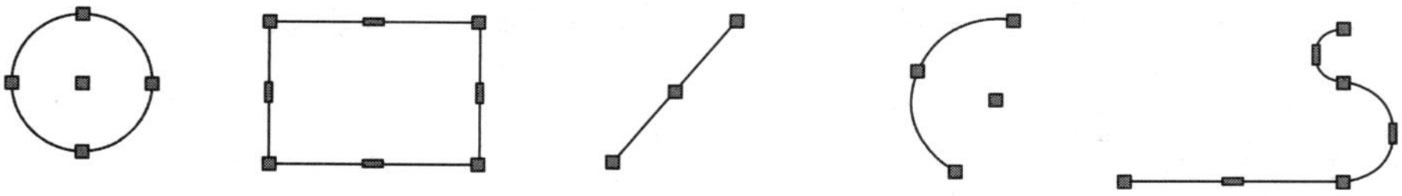

图 10-21　图形对象的夹点

通过夹点编辑可以对图形对象进行拉伸、移动、旋转、镜像、缩放等操作。鼠标在图形对象的某一夹点上停留(称悬停夹点)，单击选中该夹点(称为选中夹点)后，命令行提示"拉伸"操作，按 Enter 键，可依次切换为"移动""旋转""比例缩放""镜像"等操作。

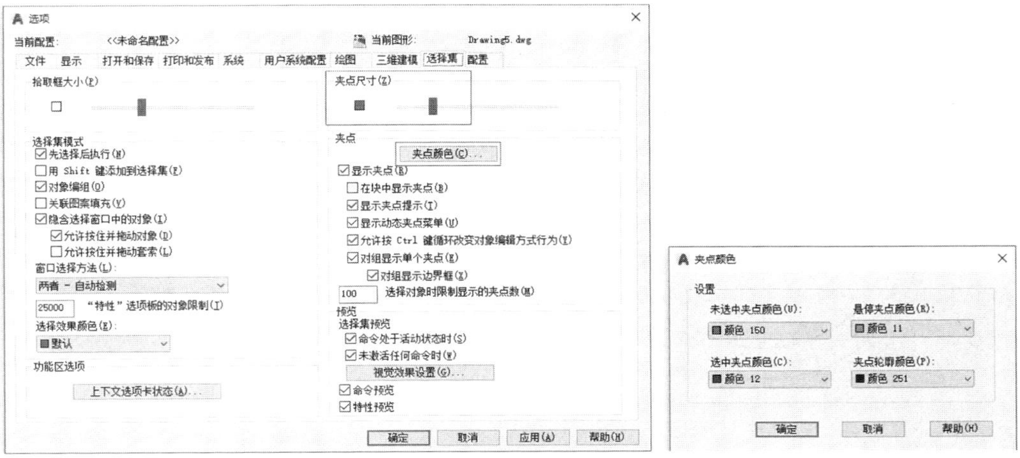

图 10-22　夹点设置

命令行提示如下：

命令：	
* * 拉伸 * * 指定拉伸点或[基点(B)/复制(C)/放弃(U)/退出(X)]：	‖拉伸图形，选中不同的夹点，拉伸效果不同；
* * MOVE * * 指定移动点或[基点(B)/复制(C)/放弃(U)/退出(X)]：	‖移动图形，选中不同的夹点，移动效果相同；
* * 旋转 * * 指定旋转角度或[基点(B)/复制(C)/放弃(U)/参照(R)/退出(X)]：	‖旋转图形，选中不同的夹点，旋转效果不同；
* * 比例缩放 * * 指定比例因子或[基点(B)/复制(C)/放弃(U)/参照(R)/退出(X)]：	‖按比例缩放图形，选中不同的夹点，缩放效果不同；
* * 镜像 * * 指定第二点或[基点(B)/复制(C)/放弃(U)/退出(X)]：	‖镜像图形，选中不同的夹点，镜像效果不同。

上机实践

实践一： 利用“修剪”“阵列”等命令绘制 m＝4，z＝20 的啮合齿轮副，如图 10-23(e)所示。

标准渐开线齿轮简化绘制过程为：

(1) 标准齿轮的基本参数为：分度圆直径 d＝mz＝80，齿顶圆直径为 $d_a=(z+2)m=88$，齿根圆直径为 $d_f=(z-2.5)m=70$，基圆直径为 $d_b=d\cos 20°=75.17$。依次画出这四个圆，如图 10-23(a)所示。

(2) 如图 10-23(b)所示，以圆心为起点绘制两条射线，两条射线之间以及与 y 轴之间的夹角为 360°/z＝18°，第二条射线与分度圆的交点为 A，以 OA 的中点 O′为圆心，O′A 为半径画圆，其与基圆的交点为 B，以 B 点为圆心，以 AB 为半径画圆，其与齿顶圆的交点为 C，与齿根圆的交点为 D，则圆弧 CAD 即可为齿轮轮廓线的一部分。

(3) 如图 10-23(c)所示，利用“修剪”命令，留出圆弧 CAD，在圆弧段 CAD 和齿根圆之

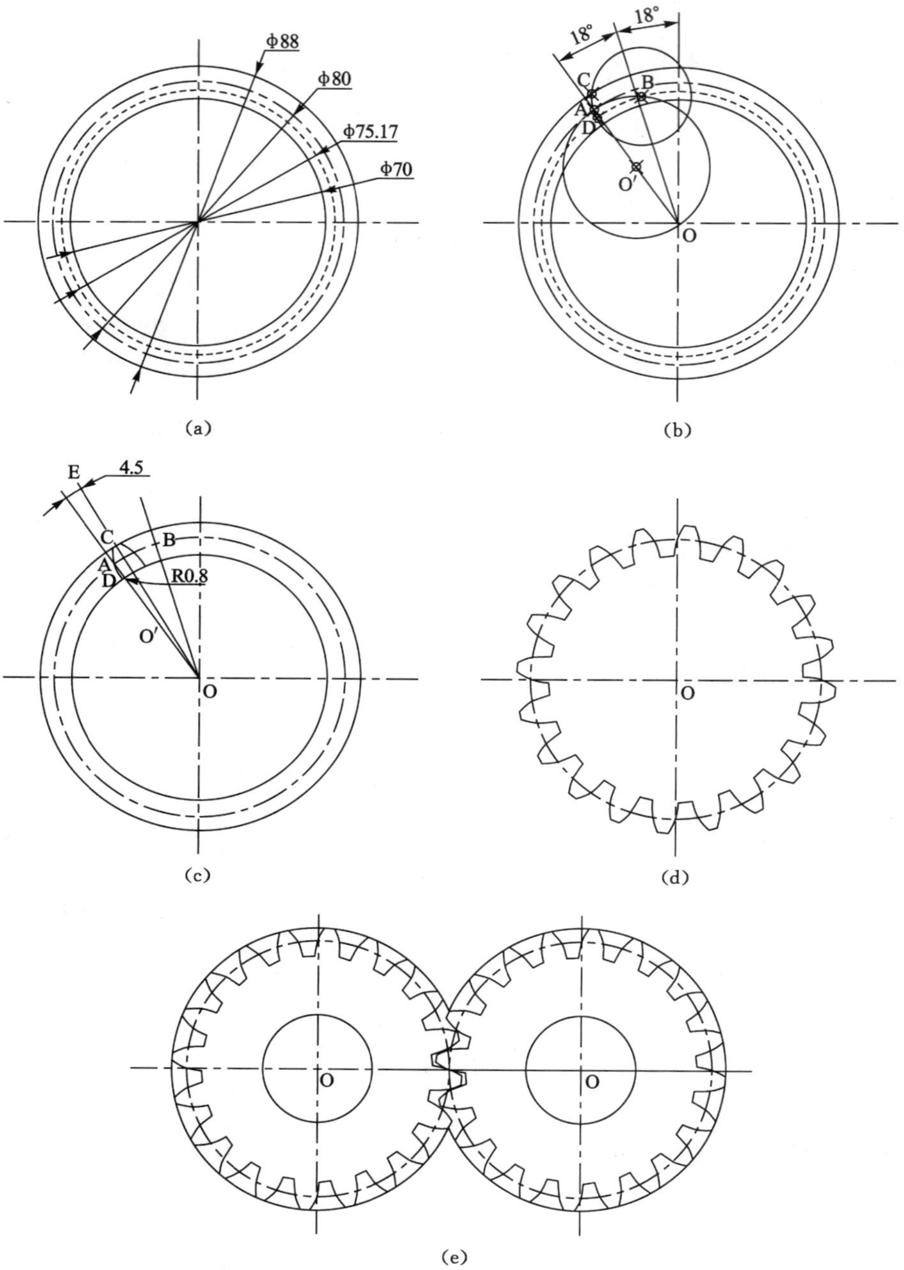

图 10-23　绘制啮合齿轮副

间倒圆角，圆角半径为 0.2m=0.8，即生成完整齿轮轮廓线；将射线 OA 旋转复制到 OE，OE 与 OA 间夹角为 360°/4z=4.5°；以 OE 为镜像轴，绘制出另一半齿轮轮廓线。

（4）利用“环形阵列”命令，绘制一个完整齿轮，如图 10-23(d)所示。再利用“复制”命令绘制齿轮副，最终完成图形如图 10-23(e)所示。

实践二： 利用“图案填充”命令，绘制涵洞图，如图 10-24 所示。

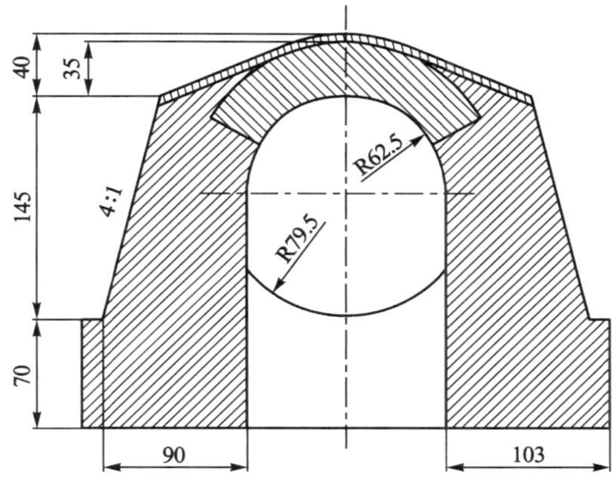

图 10-24　涵洞图

复习与思考题

1. 多段线、多线、图案填充和面域的概念是什么？
2. 进行图案填充时，“关联”与“不关联”选项的区别是什么？
3. 何为面域？用户是否可以直接创建面域？
4. 何为夹点？在绘图中夹点有何作用？

第十一章 尺寸标注

第一节 尺寸标注样式

对图形对象的大小、位置、特性等进行尺寸标注是绘制工程图纸的重要组成部分。在工程图纸中，一个完整的尺寸标注一般由尺寸线、尺寸界线、箭头、文字等四个部分组成，如图 11-1 所示。其中，尺寸线用于表示尺寸标注的方向；尺寸界线用于表示尺寸标注的范围；箭头用于表示尺寸标注的起始和终止位置；文字用于表示尺寸的具体数值。这四个部分的格式都可以通过尺寸标注样式进行设置。

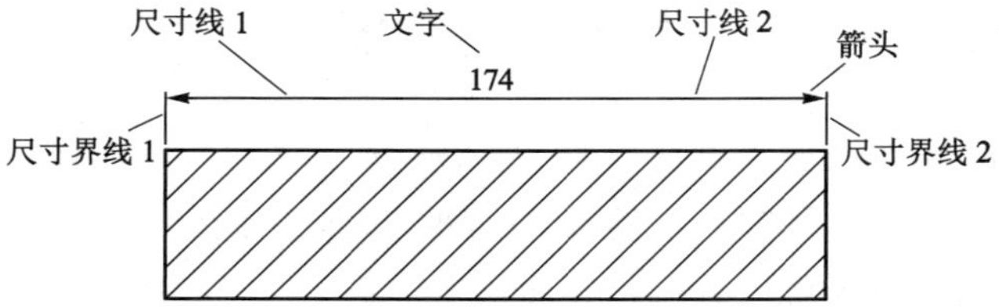

图 11-1 尺寸标注的组成

在 AutoCAD 中，系统默认的尺寸标注样式为 Standard 和 ISO-25，用户可以根据绘图需要，在“标注样式管理器”中修改它的设置，也可以创建自己的标注样式。

一、打开标注样式管理器

在图 11-2 所示的“标注样式管理器”中，可以对尺寸标注的尺寸线、尺寸界线、箭头、文字等内容的样式进行设置。“尺寸样式管理器”的打开方法为：

★菜单栏：“格式”➤“标注样式(D)...”。

★功能区：“默认”选项卡 ➤“注释”面板 ➤ 按钮。

★命令：DIMSTYLE。

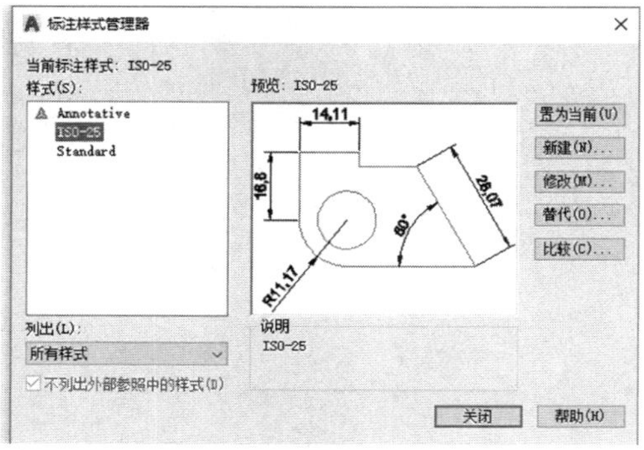

图 11-2 标注样式管理器

二、新建标注样式选项说明

单击图 11-2 中的 新建(N)... 按钮，打开“创建新标注样式”对话框，如图 11-3 所示；点击 继续 按钮，打开“新建标注样式”对话框，如图 11-4 所示。在该对话框中包含 7 个选项卡，可以分别对尺寸标注中的各项内容样式进行设置。

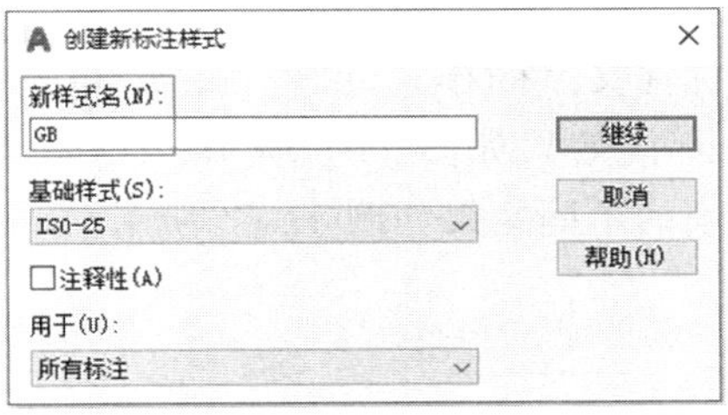

图 11-3 “创建新标注样式”对话框

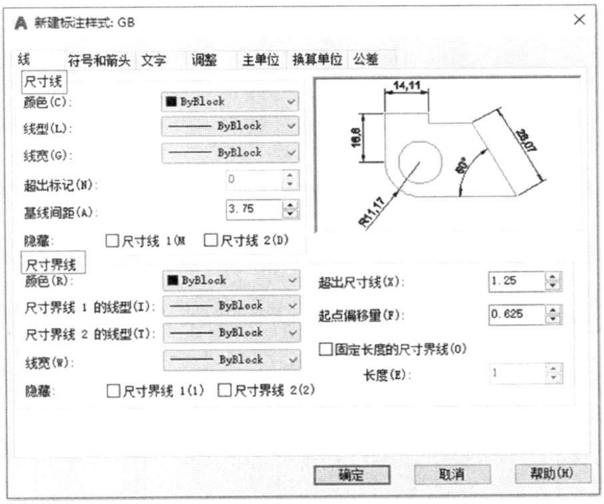

图 11-4 “新建标注样式”对话框

1. “线”选项卡

如图 11-4 所示，可以对尺寸线和尺寸界线的颜色、线型、线宽等样式进行设置。

“隐藏”选项：可以根据图形标注需要，隐藏其中一条尺寸线或尺寸界线；

“基线间距”选项：用于设置平行尺寸线之间的距离，如图 11-5 所示；

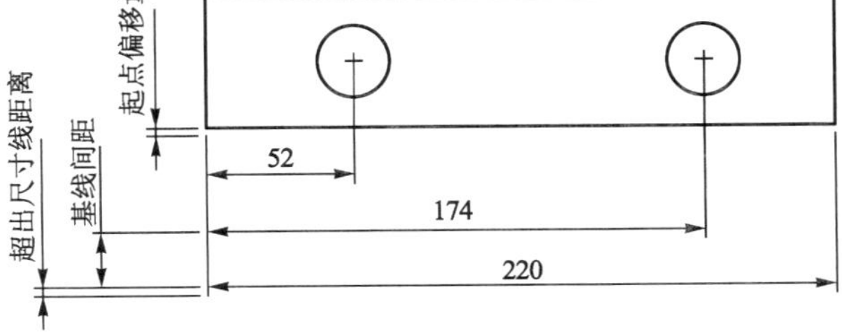

图 11-5 “直线”设置各选项含义

“超出尺寸线”选项:用于设置尺寸界线超出尺寸线的长度,如图 11-5 所示;

“起点偏移量”选项:用于设置尺寸界线与被标注对象之间的距离,如图 11-5 所示。

2. “符号和箭头”选项卡

如图 11-6 所示,可以对箭头的类型和大小、圆心标记、折断标注的大小、弧长符号、半径折弯标注的角度等内容进行设置。

3. “文字”选项卡

如图 11-7 所示,可以对标注文字的样式、颜色、高度、位置、对齐方式等内容进行设置。其中文字位置“垂直”选项的不同效果如图 11-8 所示;文字位置“水平”选项的不同效果如图 11-9 所示;文字“对齐”选项的不同效果如图 11-10 所示。

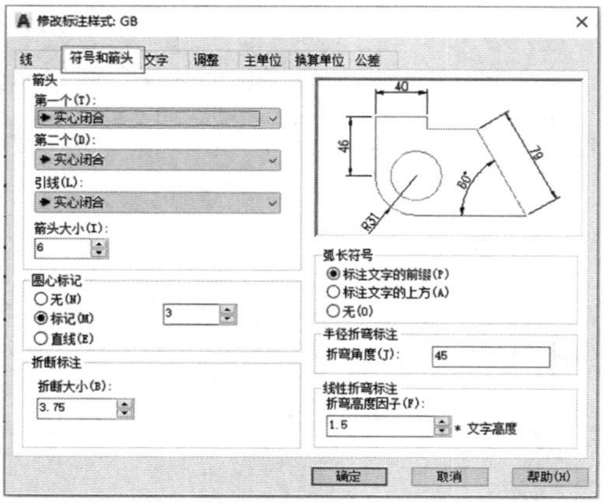

图 11-6 “符号和箭头”选项卡

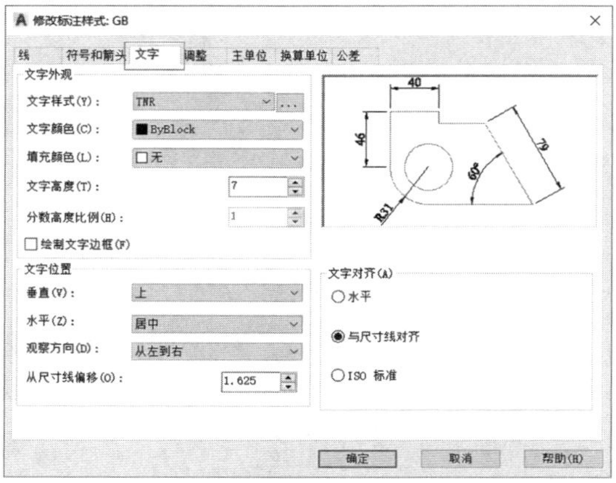

图 11-7 “文字”选项卡

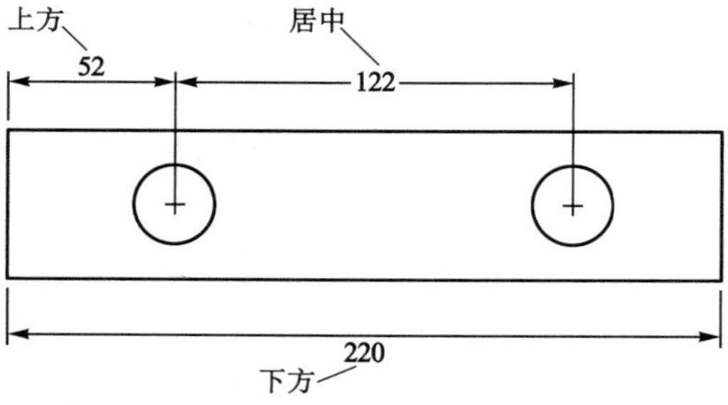

图 11-8 文字垂直位置

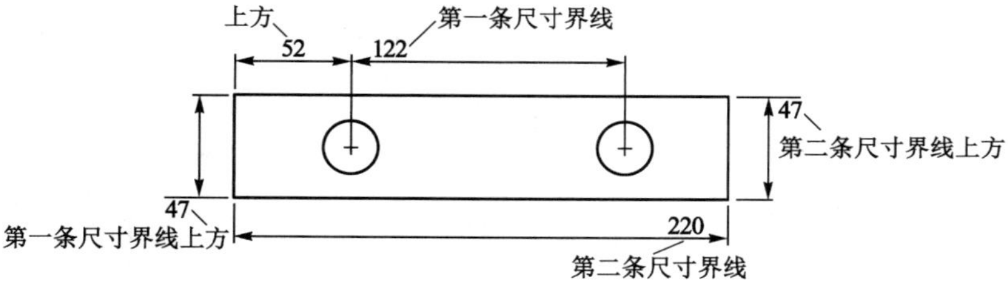

图 11-9 文字水平位置

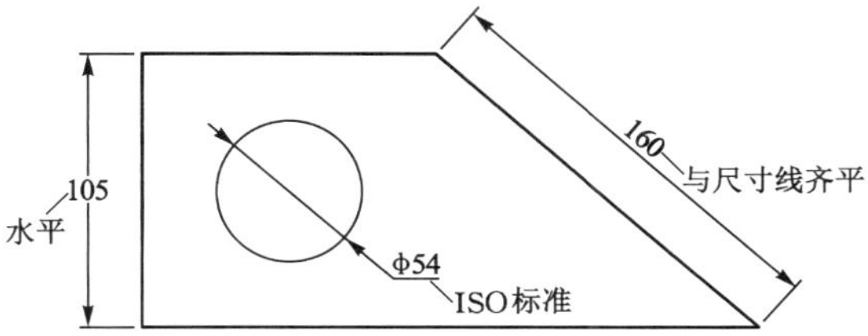

图 11-10 文字对齐方式

4. “调整”选项卡

如图 11-11 所示，可以对标注文字、箭头、尺寸界线及尺寸线之间的相互位置关系进行优化设置。

5. “主单位”选项卡

如图 11-12 所示，可以对线性标注数值及角度数值的单位格式、精度、小数分隔符等内容进行设置。

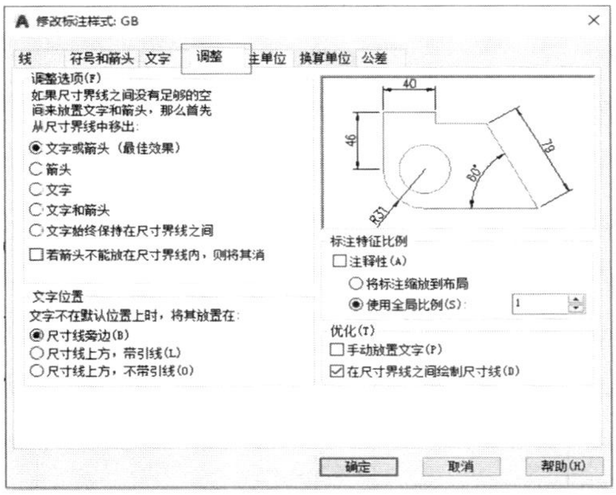

图 11-11 “调整”选项卡

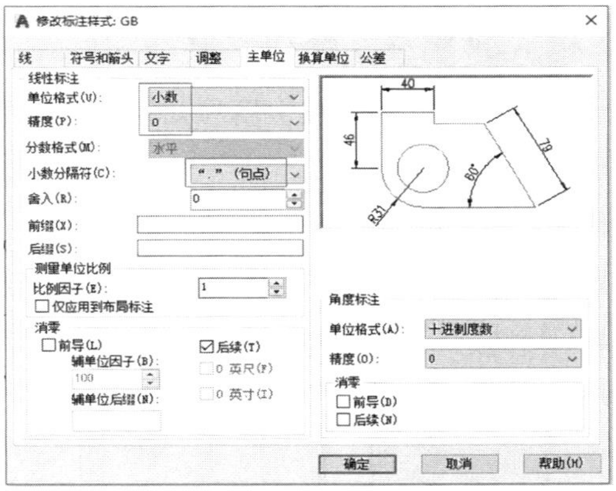

图 11-12 “主单位”选项卡

6. “公差”选项卡

如图 11-13 所示，可以对尺寸公差的方式、公差数值、公差对齐等内容进行设置。尺寸公差的不同标注方式如图 11-14 所示。

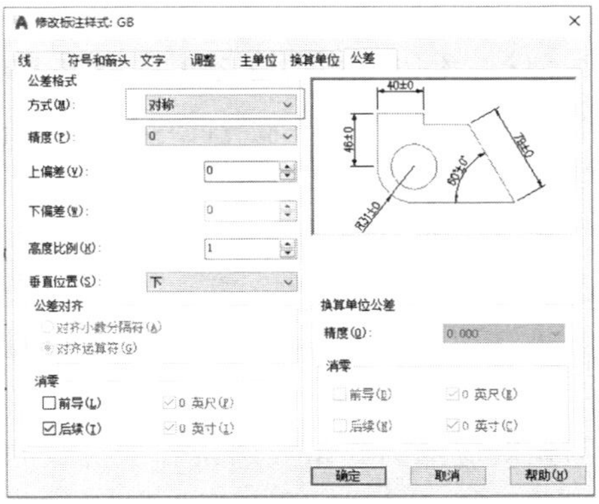

图 11-13 “公差”选项卡

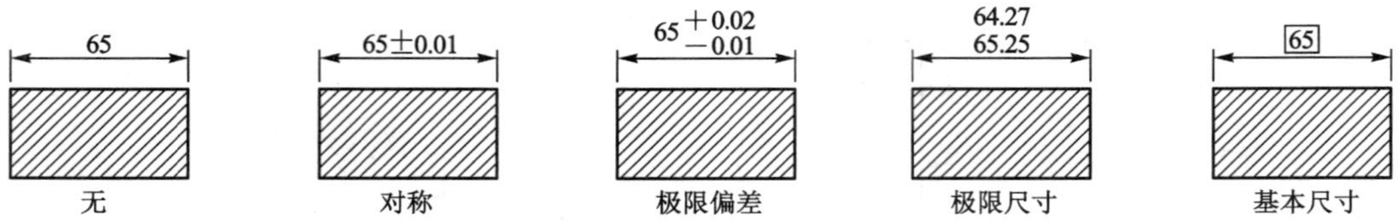

图 11-14　尺寸公差的不同标注方式

第二节　尺寸标注的类型

AutoCAD 2019 提供了快速标注、线性标注、对齐标注、弧长标注、坐标标注、半径标注、折弯半径标注、直径标注、角度标注、基线标注、连续标注、多重引线标注、公差标注、圆心标注、折弯线性标注等多种尺寸标注类型。分别在“标注”菜单、“标注”工具栏和“注释”选项卡中的“标注”面板中列出。

一、基础尺寸标注类型

图 11-15 显示了最常用的几组基础尺寸标注类型。其中：

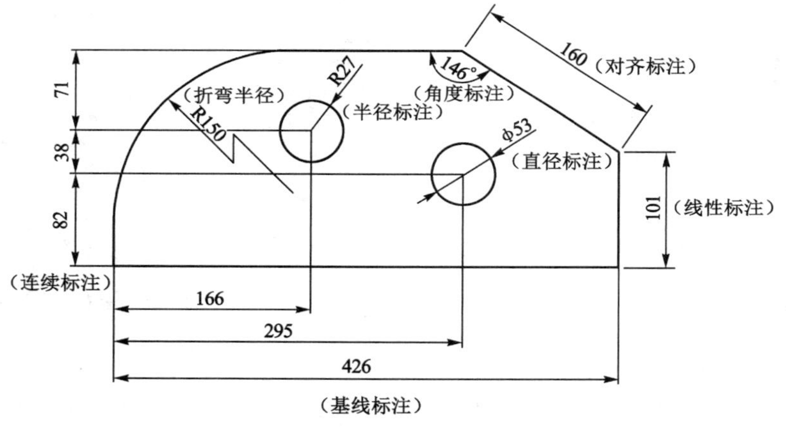

图 11-15　基础尺寸标注类型

(1) 快速标注：可以创建层叠、连续、基线、直径和半径等多种类型尺寸标注。执行该命令可以一次选择多个对象，同时标注多个相同类型的尺寸，以提高绘图效率。

(2) 线性标注：可以标注水平或垂直的线性尺寸。

(3) 对齐标注：适用于标注倾斜对象的线性尺寸。

(4) 半径标注：对圆或圆弧的半径进行标注。

(5) 折弯半径标注：当无法在实际圆心点标注半径时，采用折弯半径标注。

(6) 直径标注：对圆或圆弧的直径进行标注。

(7) 角度标注：可以对圆弧对应的圆心角或两条非平行线的夹角进行标注。

(8) 基线标注：用于标注公用第一条尺寸界线的一组平行的线性尺寸或角度尺寸。

(9) 连续标注：用于标注首尾相连的一组线性尺寸或角度尺寸。注意，在创建基线标注和连续标注之前，需要首先建立一个线性标注或角度标注。

二、其他尺寸标注类型

在绘制工程图纸时，除了需要进行基础尺寸标注以外，有时还会用到多重引线标注、折弯线性标注、形位公差标注以及非圆直径标注，如图 11-16 所示。

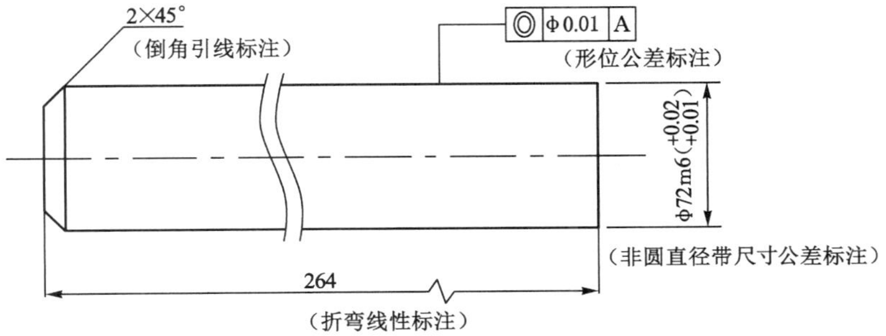

图 11-16　其他尺寸标注类型

1. 多重引线标注

多重引线是指具有多个选项的引线对象。多重引线标注可用于绘制引线和多种格式的注释文字。可以绘制一条引线来标注图形对象，并在引线末端输入文字、块和图形元素等。这些内容样式均在图 11-17 所示的多重引线样式管理器中设置。

多重引线样式管理器的打开方法为：

★菜单栏："格式"➤"多重引线样式(I)..."。

★功能区："默认"选项卡➤"注释"面板 ➤ 按钮。

★命令：MLEADERSTYLE。

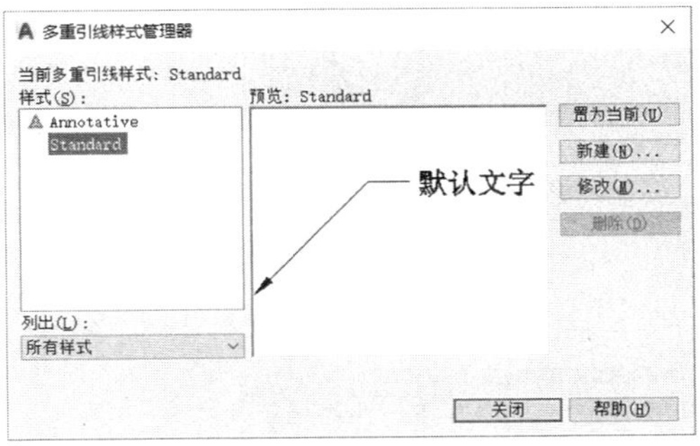

图 11-17　多重引线样式管理器

例题 11-1　创建多重引线标注样式"倒角引线"，以标注图 11-16 中的倒角尺寸。

(1) 打开"多重引线样式管理器"，点击 新建(N)... 按钮，打开"创建新多重引线样式"对话框，在"新样式名"中输入"倒角引线"，如图 11-18 所示。

(2) 在"修改多重引线样式：倒角引线"对话框，点击"引线格式"选项卡，设置引线的类型、颜色、线型、线宽，并设置箭头的符号类型和大小以及引线打断标志的大小，如图 11-19 所示。

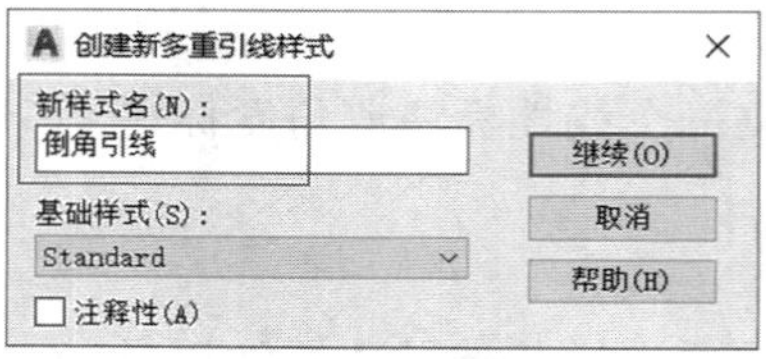

图 11-18 “创建新多重引线样式”对话框

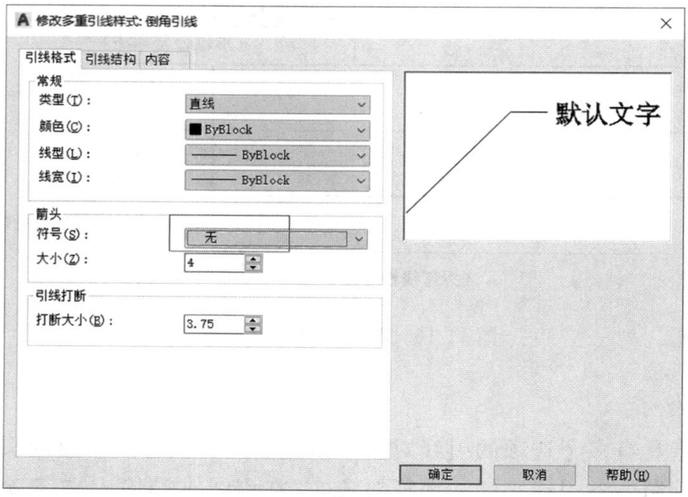

图 11-19 “修改多重引线样式:倒角引线”对话框中“引线格式”选项卡

(3) 点击“引线结构”选项卡,设置约束引线的最大点数、各段引线的角度以及是否自动包含基线等,如图 11-20 所示。

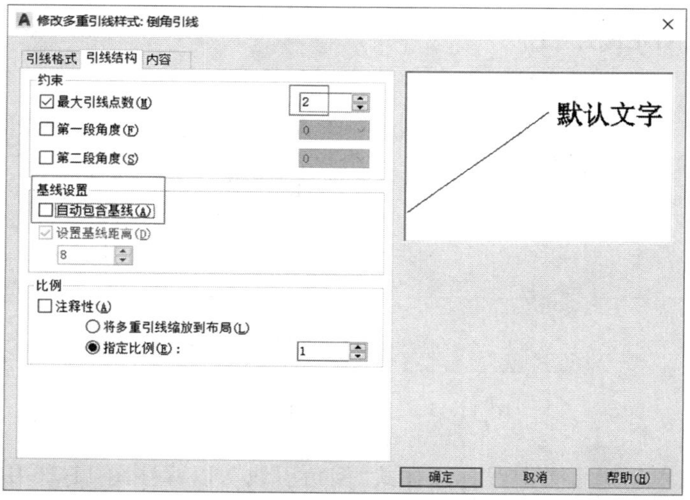

图 11-20 “引线结构”选项卡

(4) 点击“内容”选项卡,设置多重引线的类型(本例选为多行文字),并对多行文字的样式、角度、颜色、高度等进行设置;最后将引线连接的垂直连接位置均选为“最后一行加下划线”,所设内容及设置效果如图 11-21 所示。点击 确定 按钮,即创建好了“倒角引线”标注样式。

(5) 在“多重引线样式管理器”中,选择“倒角引线”,点击 置为当前(U) 按钮。点击菜单“标注”➤“多重引线(E)”命令,鼠标指定图 11-16 中倒角引线的起点和端点,这时 AutoCAD 自动启动“文字编辑器”,在其中输入“2×45%%d”,在空白处单击鼠标左键以结束标注。

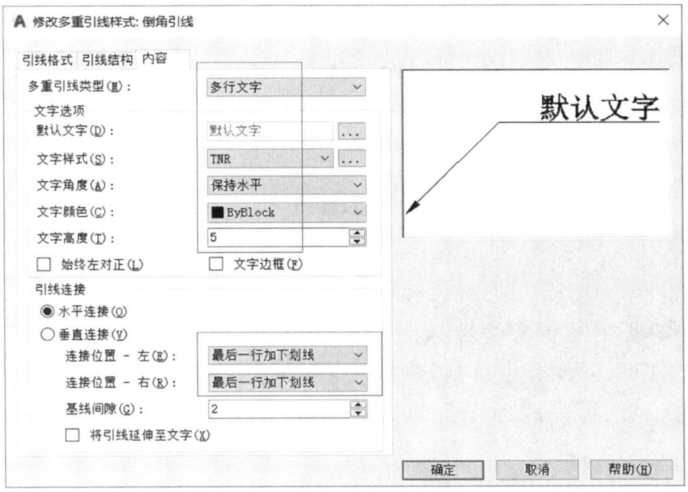

图 11-21　“内容”选项卡

2. 形位公差标注

加工后的零件会有尺寸公差,因而构成零件几何特征的点、线、面的实际形状或相互位置与理想几何体规定的形状和相互位置就存在差异,这种形状上的差异就是形状公差,而相互位置的差异就是位置公差,这些差异统称为形位公差。标注形位公差的命令启动方法为:

★菜单栏:“标注”➤“公差(T)...”。

★功能区:“注释”选项卡➤“标注”面板 ➤按钮。

★命令:TOLERANCE。

执行命令后,系统弹出“形位公差”对话框。按照图 11-16 所示的公差值,在其中选择相关符号或输入相应数值如图 11-22 所示,然后单击 确定 按钮,在图中指定形位公差放置位置即可,标注效果如图 11-16 所示。

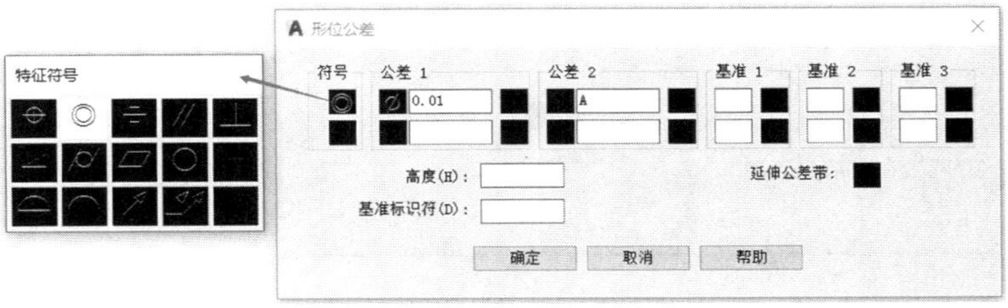

图 11-22　“形位公差”对话框

3. 非圆直径带尺寸公差标注

创建图 11-16 所示的非圆直径带尺寸公差标注的方法是：点击“线性标注”命令，标注时选择“多行文字(M)”选项，打开“文字编辑器”并输入标注文字，然后用堆叠字符的方式标注公差。标注过程中，命令行显示如下：

命令：_dimlinear	‖ 线性标注；
指定第一个尺寸界线原点或 <选择对象>：	
指定第二个尺寸界线原点：	
指定尺寸线位置或	
[多行文字(M)/文字(T)/角度(A)/水平(H)/垂直(V)/旋转(R)]：M	‖ 输入 M，打开文字编辑器；输入标注“%%c72m6(+0.02^+0.01)”，选中阴影部分，点击堆叠按钮；
指定尺寸线位置或 [多行文字(M)/文字(T)/角度(A)/水平(H)/垂直(V)/旋转(R)]	‖ 指定尺寸线位置，完成标注。

4. 折弯线性标注

创建图 11-16 中所示的折弯线性标注的方法是：首先采用“线性标注”命令对轴的长度进行标注，然后点击“标注”菜单栏➤“折弯线性(J)”，选择要添加折弯的标注(刚完成的线性标注)，并指定折弯位置，即完成标注。

第三节　编辑尺寸标注

绘制工程图纸时，可以根据需要对已经标注了的尺寸进行编辑，编辑内容包括对标注位置、文字位置、文字内容、标注样式等进行修改。

一、编辑标注

该命令用于修改选定标注对象的文字位置、内容、尺寸界线以及旋转尺寸文字。该命令可以同时编辑多个尺寸。该命令启动方法是：

★菜单栏：“标注”➤“倾斜”。

★功能区：“注释”选项卡➤“标注”面板 ➤按钮。

★命令：DIMEDIT。

执行该命令后，命令行显示如下：

命令：_dimedit	
输入标注编辑类型[默认(H)/新建(N)/旋转(R)/倾斜(O)] <默认>：_O	‖ 选择“倾斜(O)”选项；
选择对象：找到 1 个	‖ 选中图 11-23 中的线性标注；
选择对象：↙	
输入倾斜角度 (按 ENTER 表示无)：30	‖ 输入尺寸界线的倾斜角度 30°；修改效果如图 11-23 所示。

执行“编辑标注”命令时，各选项的含义为：

[默认(H)]：将标注文字放置在标注样式中定义的位置。

[新建(N)]:使用“文字编辑器”编辑尺寸文字的内容。

[旋转(R)]:将标注文字旋转某一指定的角度。

[倾斜(O)]:将尺寸界线按指定角度倾斜。

二、编辑标注文字

该命令用于移动和旋转标注文字。命令启动方法是:

★菜单栏:“标注”➤“对齐文字(X)”。

★功能区:“注释”选项卡➤“标注”面板 ➤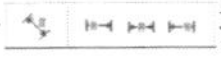按钮。

★命令:DIMTEDIT。

执行该命令后,命令行显示如下:

命令:_dimtedit

选择标注: ‖ 选中图 11-23 中的线性标注;

为标注文字指定新位置或 [左对齐(L)/右对齐(R)/居中(C)/默认(H)/角度(A)]:_a ‖ 选择“角度(A)”选项;

指定标注文字的角度:30 ‖ 输入标注文字的倾斜角度;修改效果如图 11-24 所示。

执行“编辑标注文字”命令时,各选项的含义为:

[左对齐(L)/右对齐(R)/居中(C)]:将标注文字放置在尺寸线的左端、右端和中间位置。

[角度(A)]:将标注文字旋转指定的角度。

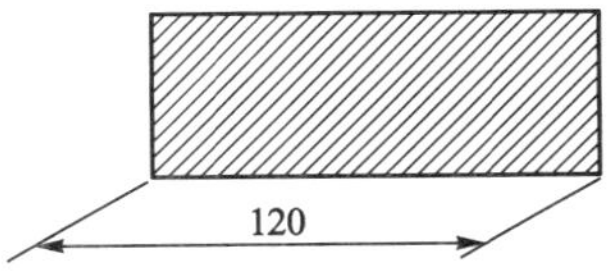

图 11-23 倾斜尺寸界线

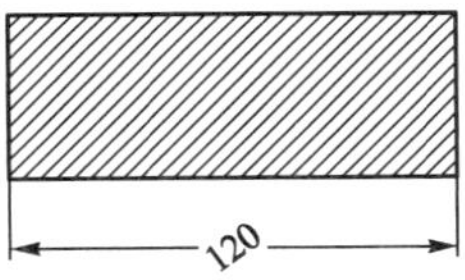

图 11-24 倾斜标注文字

三、编辑文本

该命令用于修改选定标注对象的文字格式、内容符号等。执行该命令后,系统打开“文字编辑器”可以对所选尺寸文字进行编辑。该命令启动方法是:

★菜单栏:“修改”➤“对象”➤“文字”➤“编辑”。

★命令:DDEDIT。

四、标注更新

该命令用于将已标注的尺寸按照当前的标注样式进行更新。使用该命令可以同时对多个尺寸进行编辑。该命令启动方法是:

★菜单栏:“标注”➤“更新(U)”。

★功能区："注释"选项卡➤"标注"面板 ➤按钮。

★命令：DIMSTYLE。

五、利用夹点调整标注位置

利用夹点编辑方式快捷简单，非常适合于移动尺寸线和标注文字的位置。

六、利用"特性"对话框编辑标注属性

选中要修改的尺寸标注，点鼠标右键，在快捷菜单中选择"特性"，打开"特性"对话框，可以在其中修改所选尺寸标注的各项属性。

上 机 实 践

实践一： 创建国标 GB 标注样式（文字采用 TNR），并创建常用的引线标注、序号标注等多重引线样式，并将其保存到样板文件 kwcad.dwt 中。

实践二： 绘制图 11-25 所示齿轮轴，并进行正确的尺寸标注。

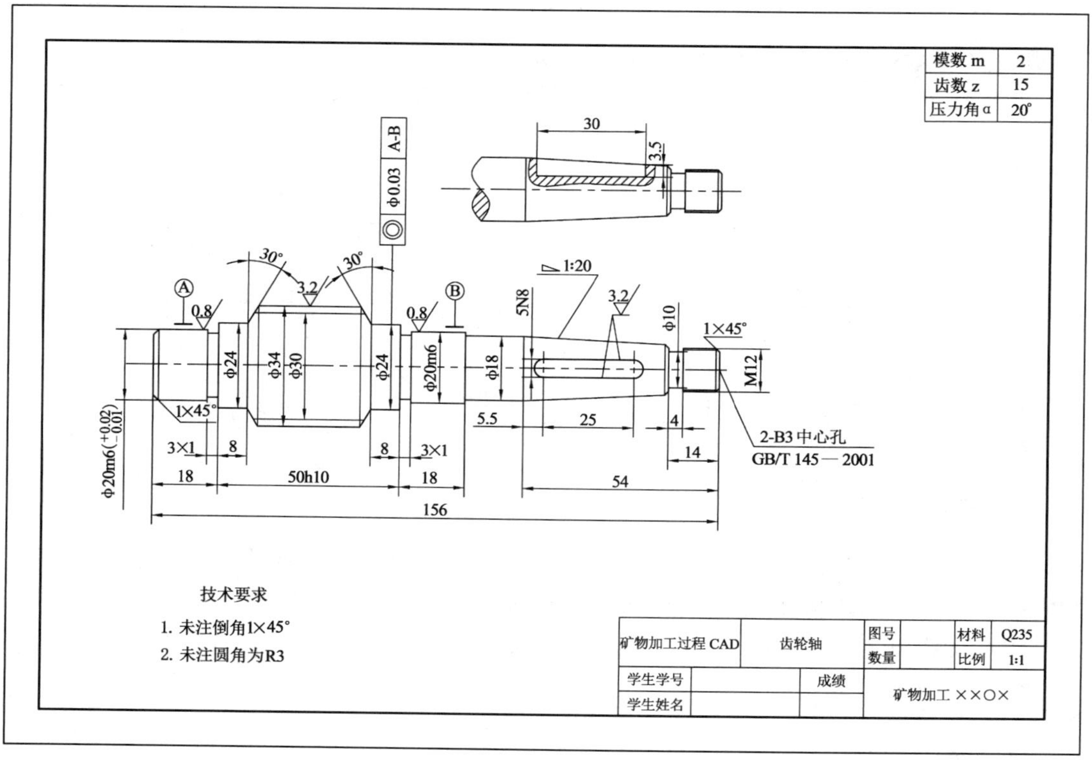

图 11-25 齿轮轴

复习与思考题

1. 一个完整的尺寸标注由哪几部分组成？

2. 在 AutoCAD 中，尺寸标注的类型有哪些？分别指出图 11-26 中①～⑩的尺寸标注类型。

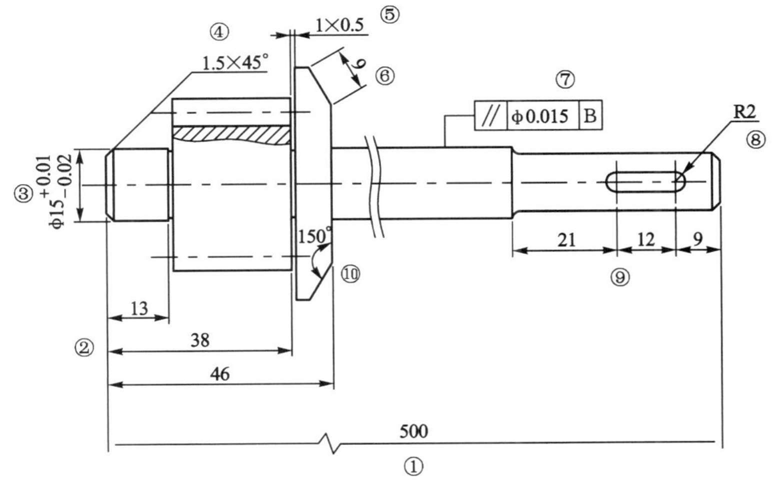

图 11-26　尺寸标注类型

第十二章　图形打印与输出

第一节　模型空间与图纸空间

AutoCAD 提供了放置图形和注释对象的两个主要空间，模型空间和图纸空间。

模型空间是创建图形对象(包括二维绘图和三维建模)的空间，图形的绘制、编辑与注释工作一般都在模型空间下进行；模型空间是无限大的，用户在模型空间可以按 1∶1 的比例绘制图形；在模型空间，用户只需考虑图形创建正确与否，而不必担心空间尺寸是否够大。

图纸空间用于创建要打印的已设置好的布局，它完全模拟图纸页面并控制打印输出，可以调整图形对象实际打印输出的尺寸大小和比例。

一、模型空间与图纸空间的切换

通过单击 AutoCAD 界面中的标签栏

上的 模型 或者 布局 按钮可以实现模型空间与图纸空间的切换。

二、布局的页面设置

在图纸空间可以设置打印输出图纸的大小、添加图幅框与标题栏、创建多个视口以显示模型的不同视图等。在图纸空间，用户可以根据需要创建多个布局，对每个布局设置不同的页面特性和打印特性。“页面设置”命令启动方法有：

★菜单栏：“文件”➤“页面设置管理器(P)”。

★功能区：“输出”选项卡 ➤“打印”面板 ➤ 页面设置管理器 按钮。

★命令：PAGESETUP。

启动命令后，打开“页面设置管理器”对话框，如图 12-1 所示。点击 新建(N)... 按钮，可以为当前布局创建新的页面设置，如图 12-2 所示。点击 确定 按钮，打开“页面设置”对话框，如图 12-3 所示。在“页面设置”对话框中，各选项的含义为：

打印机/绘图仪名称：指定当前页面中的打印设备的名称。

图纸尺寸：指定当前页面的图纸大小。

打印范围：指定要打印在当前页面上的图形对象的范围，可以通过布局、窗口、显示、尺寸范围的方式进行指定。

图形方向：指定当前页面图纸的放置方向，包括横向、纵向和上下颠倒打印。

三、在布局中创建视口

在布局中可以创建一个或多个视口，创建视口以后模型空间所绘图形即可显示在图纸空间。当由模型空间切换到图纸空间后，AutoCAD 即在布局中自动创建一个默认的浮动

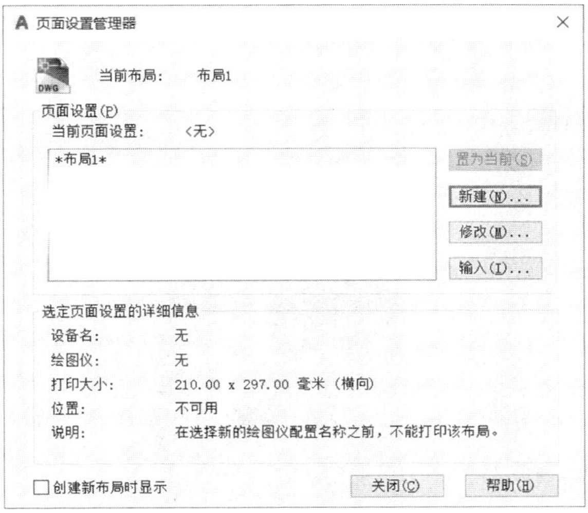

图 12-1　“页面设置管理器”对话框

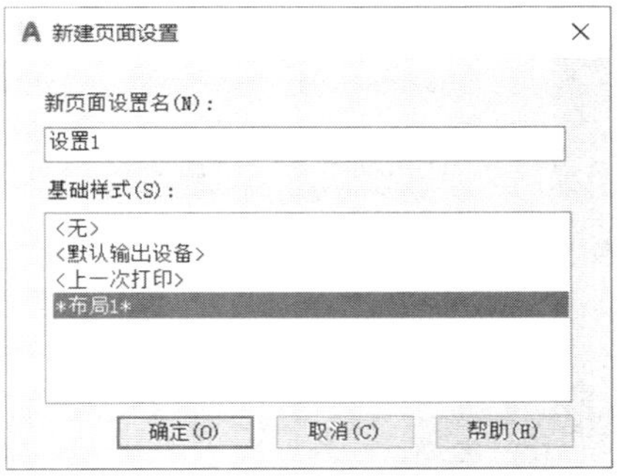

图 12-2　“新建页面设置”对话框

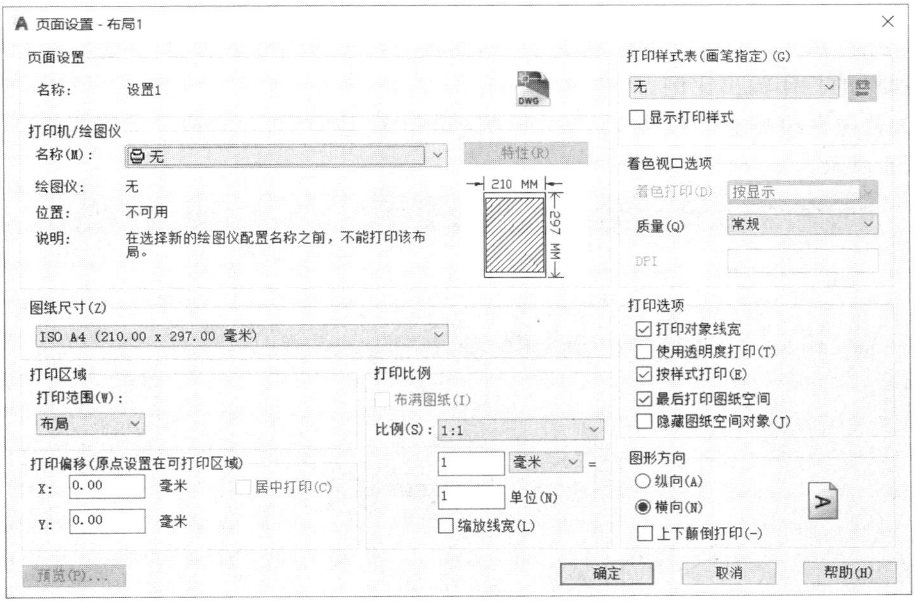

图 12-3　“页面设置”对话框

视口，如图 12-4 所示。用户可以删除该视口，也可以选中该视口，然后利用“移动”命令和夹点编辑方式调整该视口的大小和位置。

当在布局中建立视口之后，该布局可以呈现两种状态：一种为图纸空间状态；另一种为模型空间状态（也称为浮动式的模型空间）。这两种状态通过点击状态栏中的图纸或模型按钮进行切换，如图 12-4 所示。

在图纸空间状态下，可以对图纸进行平移、缩放等操作，也可以在图纸上创建图幅框和标题栏等内容。在浮动式的模型空间状态下，可以对所绘制的图形对象进行平移、设置打印出图比例等操作。可以通过“视口”工具栏控制图形的打印输出比例，如图 12-5 所示。

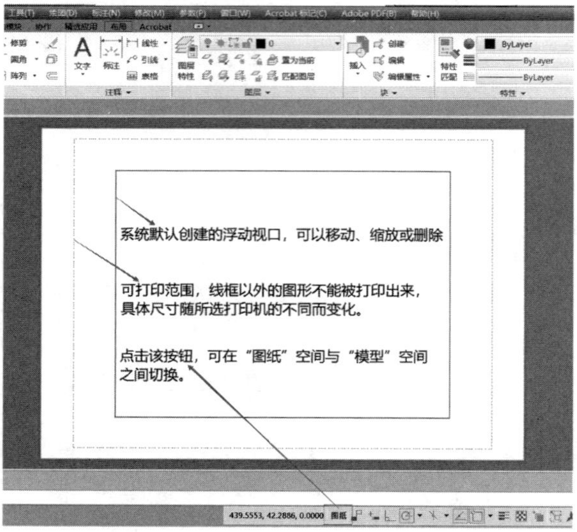

图 12-4 布局中创建视口

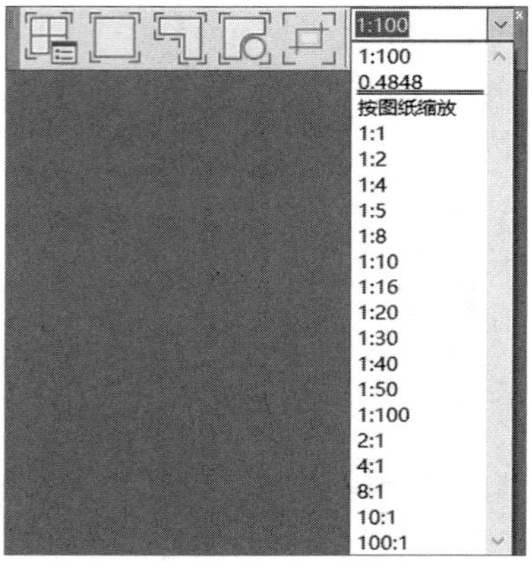

图 12-5 “视口”工具栏

📖 **例题 12-1** 创建“A4-H”布局页面，插入 A4-H 图幅框标题栏，并建立视口，设置图形“齿轮轴”的打印输出比例。

（1）首先在模型空间按照 1∶1 的比例绘制齿轮轴图形，并完成尺寸标注和文字注写。如图 12-6 所示。

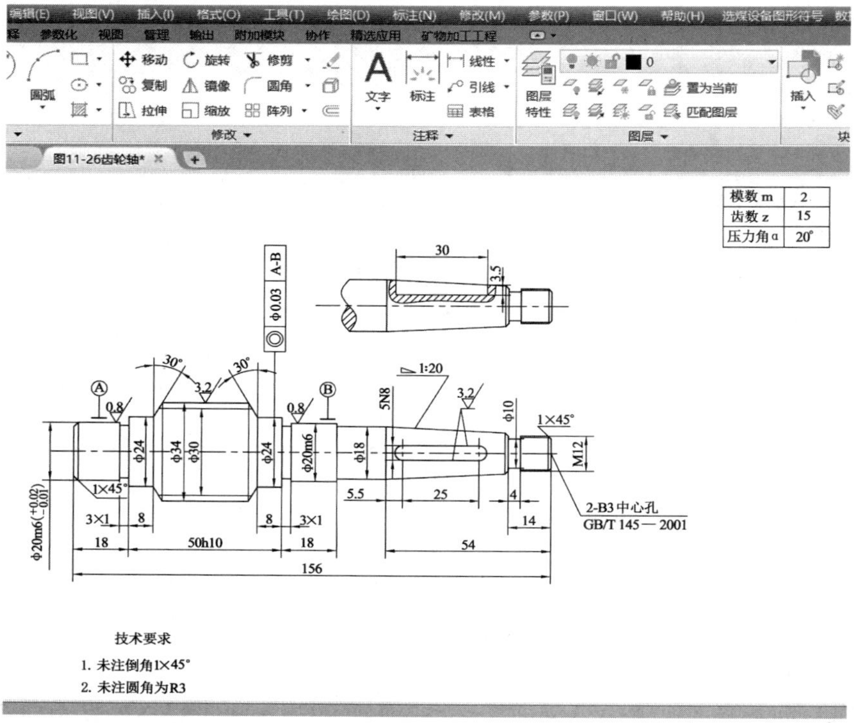

图 12-6 在模型空间绘制齿轮轴图形

(2) 鼠标单击 AutoCAD 界面中标签栏上的"布局 1"按钮，点击鼠标右键弹出快捷菜单，选择"重命名(R)"，将"布局 1"改名为"A4-H"。

(3) 鼠标放在标签"A4-H"上，点击右键选择"页面设置管理器"，按照图 12-7 设置页面。

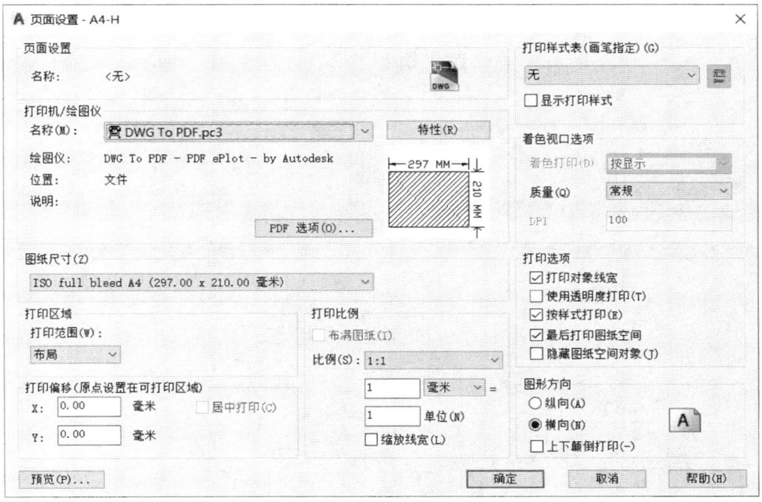

图 12-7　"A4-H"布局页面设置

(4) 在布局 A4-H 上，插入例题 9-3 所创建的"A4 图幅框-标题栏"图块，插入点设为 (0,0,0) 点(系统默认图纸左下角点为坐标原点)，结果如图 12-8 所示。

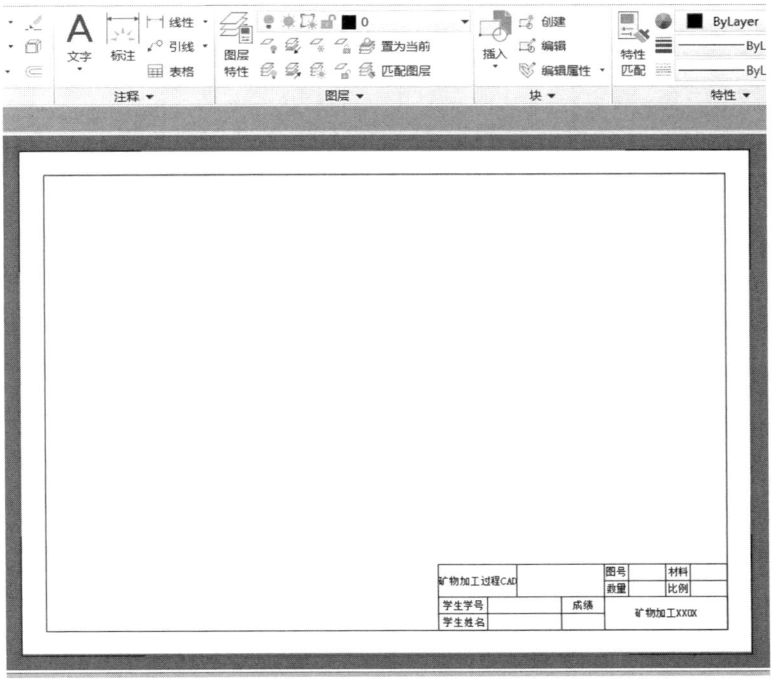

图 12-8　在"A4-H"布局中插入图幅框-标题栏

（5）点击菜单栏“视图”➤“视口”➤“新建视口(E)”，分别捕捉图框线左下角点和右上角点建立一个视口。点击状态栏中的“图纸”按钮，切换为“模型”状态。

（6）鼠标点击菜单栏“工具”➤“工具栏”➤“AutoCAD”➤“视口”，打开“视口”工具栏，在视口缩放控制框中输入出图比例“1：1”，再利用“平移”命令，将图形移动到图纸合适位置即可，设置效果如图 12-9 所示。

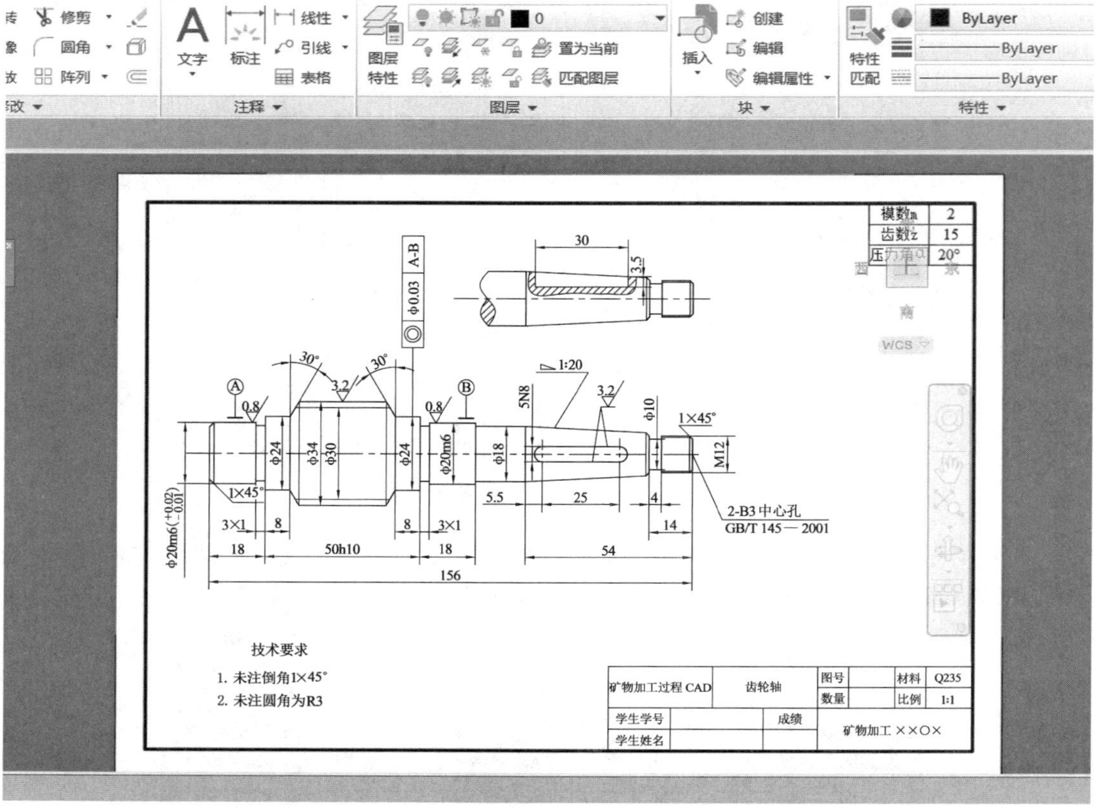

图 12-9 “齿轮轴”在 A4-H 图纸上的打印出图效果

第二节 图形的打印

一、在模型空间打印图纸

模型空间主要用于绘制图形对象，但是在完成图形对象的绘制和注释内容后，也可以直接进行打印和输出图纸。命令启动方法是：

★菜单栏：“文件”➤“打印(P)”。

★功能区：“输出”选项卡➤“打印”面板➤🖨按钮。

★命令：PLOT。

🕮 **例题 12-2** 在模型空间绘制并打印“齿轮轴”图形。

（1）首先在模型空间按照 1：1 的比例绘制图 11-25 所示齿轮轴图形，完成尺寸标注和文字注写，并同时绘制 A4 横向图幅框和标题栏，如图 12-10 所示。

(2) 鼠标单击 AutoCAD 界面中菜单栏“文件”➤“页面设置管理器”➤“新建”，如图 12-11 所示，设置打印机、图纸尺寸、打印范围、打印偏移及图纸方向。最后点击 确定 按钮即可打印图纸。

❁❁提醒

在模型空间打印图纸，要预先绘制好图幅框和标题栏，并在“打印范围”中选择“窗口”，利用矩形窗口选中模型空间中要打印的所有图形对象（包括注释内容、图幅框标题栏等）。

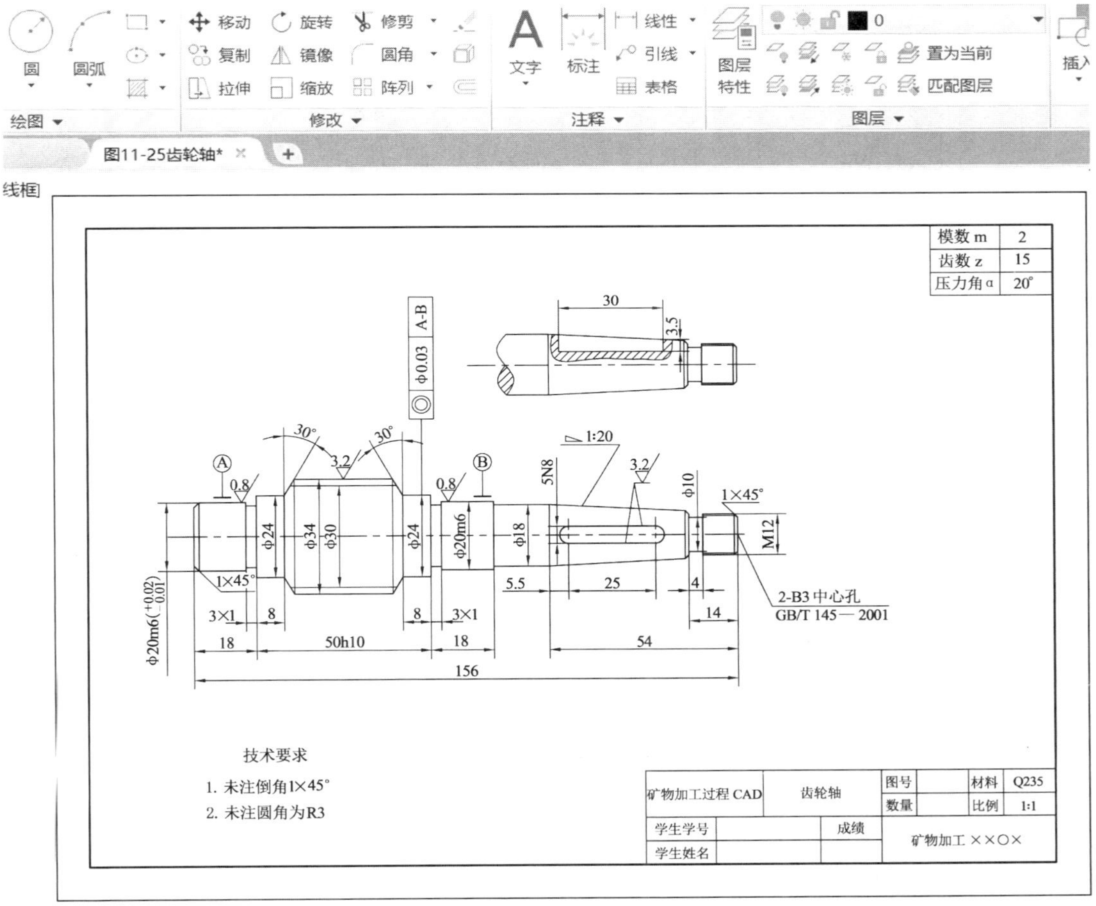

图 12-10　在模型空间绘制齿轮轴图形＋图幅框标题栏

二、在图纸空间打印图纸

在图纸空间打印输出图形对象的具体方法是，首先根据打印图纸的大小设置好相关布局，并在布局下的浮动式模型空间中设置好打印出图的比例，如例题 12-1 所示，然后点击菜单栏“文件”➤“打印”。

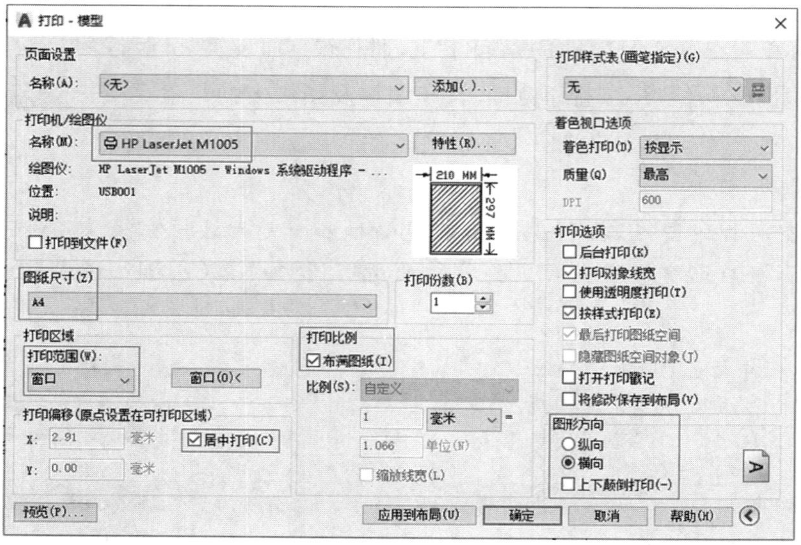

图 12-11　模型空间“打印”设置对话框

提醒

在图纸空间布局下打印图纸时，“打印”对话框中应将“打印范围”选择为“布局”即可，如图 12-12 所示。

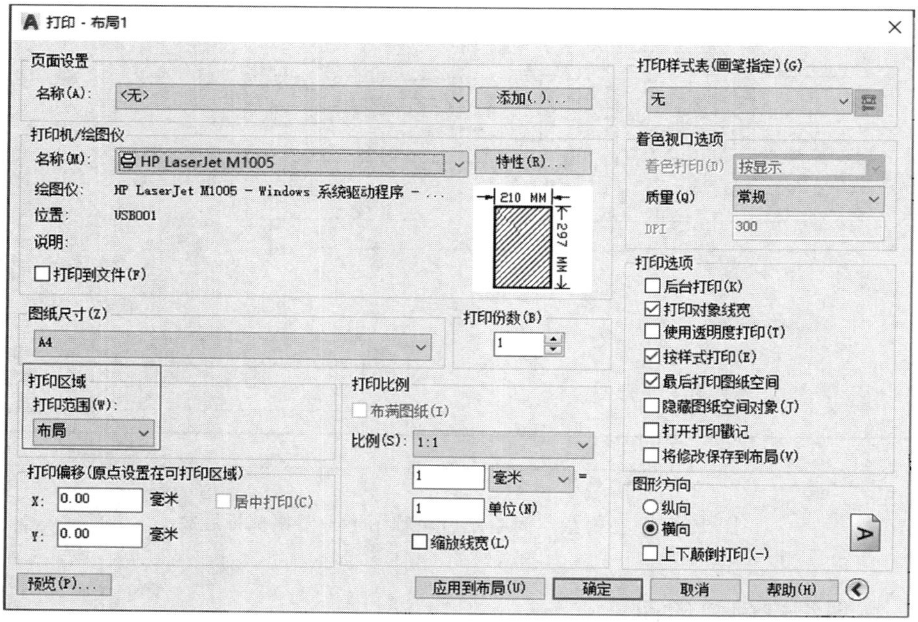

图 12-12　图纸空间“打印”设置对话框

第三节　图形的输出

一、将图形输出为 PDF 文件

在模型空间绘制好所有的图形对象，包括完成图形对象的标注和文字注释内容，并绘制好图幅框和标题栏后，也可以将图形文件输出为 PDF 文件，再进行打印。以 PDF 文件打印时，优点是不会丢失图形的任何特性，也不会受软件版本的影响，还可以将 PDF 文件导出为图片文件，便于 PPT 展示。

具体输出方法是：

(1) 点击菜单栏“文件”➤“打印(P)”，在“打印-模型”对话框中，将“打印机/绘图仪”选择为“DWG To PDF. pc3”；

(2) 选择“图纸尺寸”；

(3) 将“打印范围”选择为“窗口”，利用矩形窗口选择要打印的全部内容；

(4) 选中“居中打印”和“布满图纸”，并选择“打印方向”，如图 12-13 所示；

(5) 最后点击 确定 按钮，对输出的 PDF 文件命名并将其保存在相关文件夹中。

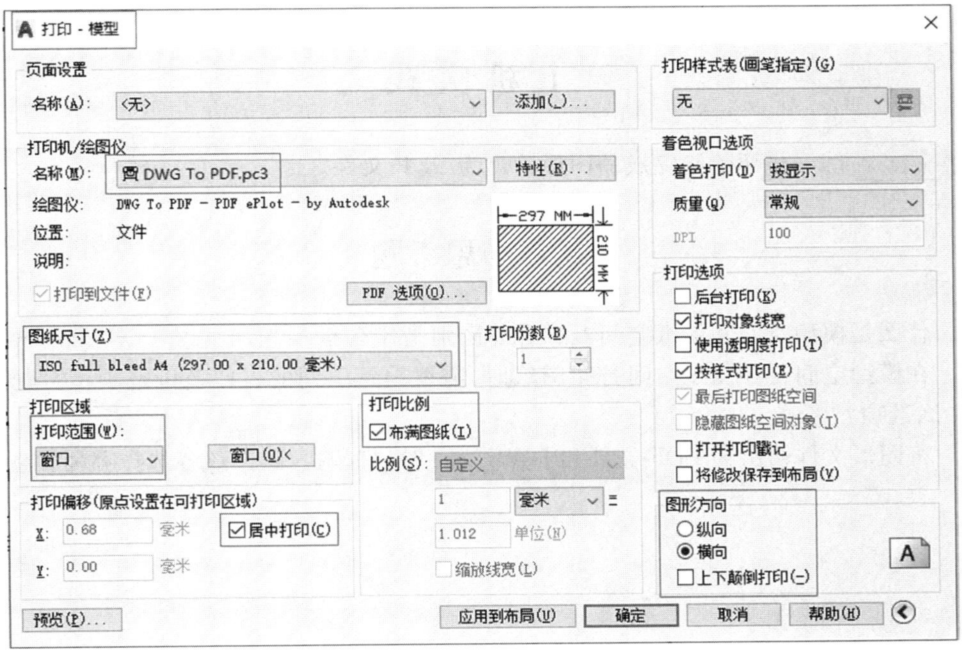

图 12-13　将图形输出为 PDF 文件的设置

二、将图形输出为 DWF 文件

在模型空间绘制好所有的图形对象，包括完成图形对象的标注和文字注释内容，并绘制好图幅框和标题栏后，也可以将图形文件输出为 DWF 文件。利用 AutoCAD 自动安装的

Autodesk DWF View，可以直接查看 DWF 文件。

具体输出设置为：

(1) 将“打印机/绘图仪”选择为“DWF6 ePlot. pc3”，其余设置如图 12-14 所示；

(2) 单击“特性”按钮，弹出“绘图仪配置编辑器”，选择“端口”选项卡，选择“打印到文件”，如图 12-15 所示。

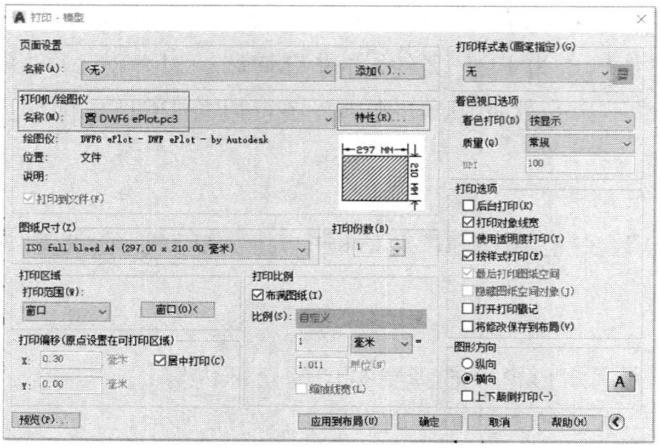

图 12-14 将图形输出为 DWF 文件的设置

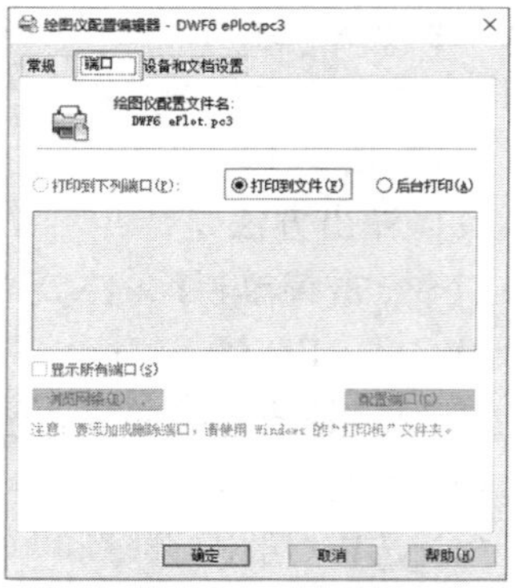

图 12-15 “打印到文件”设置

上机实践

实践一：练习将所绘制完成的图形输出为 PDF 文件。

复习与思考题

1. 什么是模型空间和图纸空间？二者的区别是什么？

2. 在模型空间与在图纸空间打印图纸时，需要设置不同的打印范围选项，请问分别应选择什么选项？

3. 将图形文件输出为 PDF 文件和 DWF 文件时，打印机/绘图仪各选择哪种类型？

第十三章　绘制等轴测图

第一节　等轴测图绘制模式

一、等轴测图

等轴测图是指在轴测投影模式下利用二维平面图形绘制的三维样式图。

二、打开等轴测图绘制模式

打开等轴测图绘制模式的方法是：

★打开“草图设置”对话框中的“捕捉与栅格”选项卡，在“捕捉类型”选中“等轴测捕捉”，如图 13-1 所示。

★命令：SNAP。

命令：SNAP
指定捕捉间距或［打开(ON)/关闭(OFF)/纵横向间距(A)/传统(L)/样式(S)/
类型(T)］<10.0000>：S　　‖ 选择“样式”选项；
输入捕捉栅格类型［标准(S)/等轴测(I)］<S>：I　　‖ 选择“等轴测”类型；
指定垂直间距 <10.0000>：↙　　‖ 点击 Enter，默认间距值。

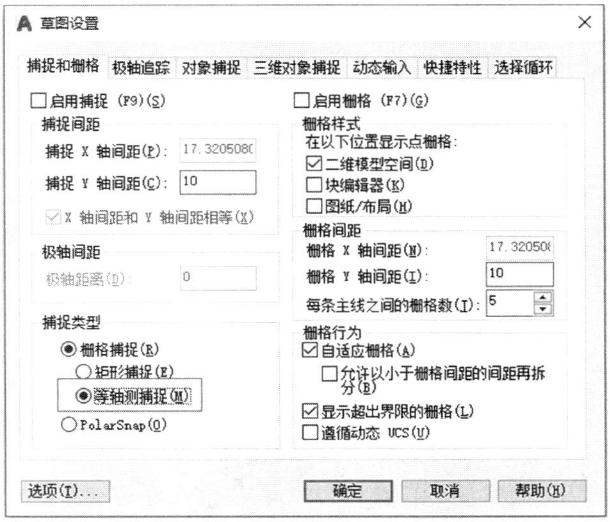

图 13-1　设置“等轴测捕捉”模式

三、等轴测图绘制模式的特点

在等轴测图绘制模式中，长方体仅有 3 个面是可见的，如图 13-2 所示。在绘图过程中，以这 3 个面作为图形的轴测投影平面，分别称为左等轴测平面（平行于 YOZ 平面）、右等轴测平面（平行于 XOZ 平面）、顶部等轴测平面（平行于 XOY 平面）。

使用 ISOPLANE 命令、F5 键、Ctrl ＋E 或者点击状态栏中“等轴测草图”按钮，可以在左等轴测、右等轴测和顶部等轴测平面间进行切换，同时也会自动改变光标十字线，如图 13-3 所示。

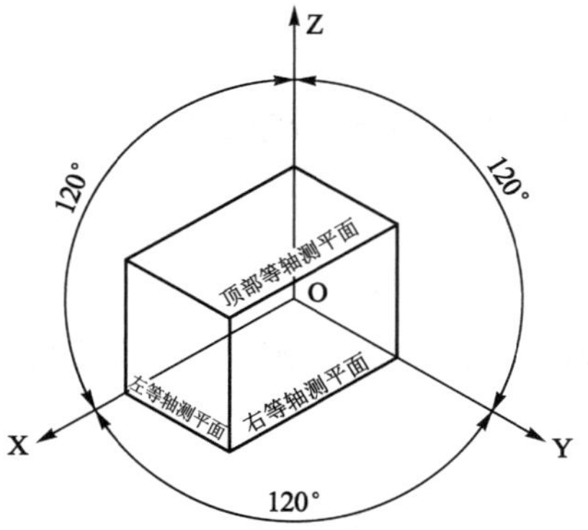

图 13-2　等轴测图模式

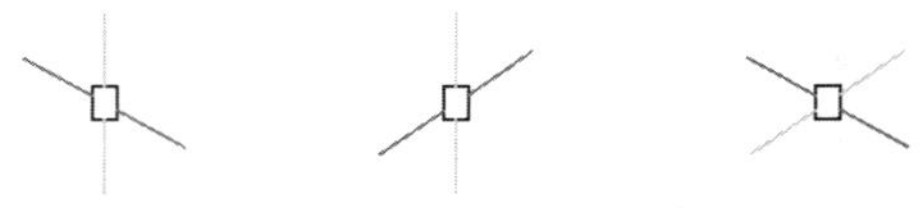

图 13-3　左、右、顶部等轴测平面光标样式

第二节　等轴测图绘制实例

一、绘制平面立体等轴测图

例题 13-1　绘制平面立体等轴测图，如图 13-4 所示。

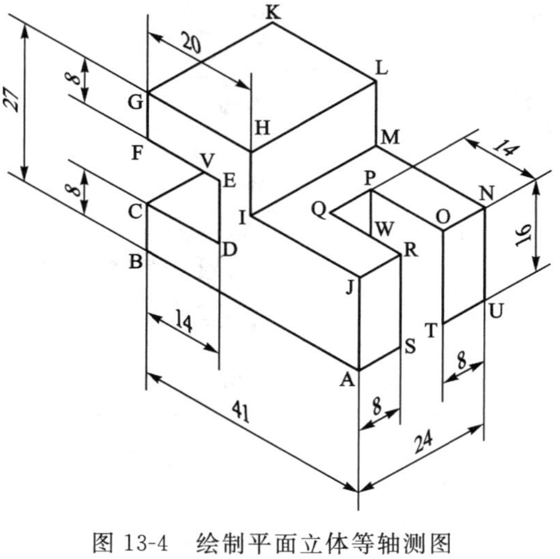

图 13-4　绘制平面立体等轴测图

（1）绘制等轴测图时，首先设置“等轴测捕捉”模式。

（2）绘制平面立体等轴测图，应掌握轴测模式下绘制直线的方法：打开“正交”模式、输入点的极坐标或直接输入距离、利用“极轴追踪”“对象捕捉”及“对象捕捉追踪”功能。

（3）首先将鼠标切换为“左等轴测平面”模式，并打开“正交”模式。

命令：_line	
指定第一个点：	‖鼠标指定等轴测图的 A 点；
指定下一点或［放弃(U)］：41	‖鼠标指定 AB 方向，输入 41，绘制直线 AB；
指定下一点或［放弃(U)］：8	‖鼠标指定 BC 方向，输入 8，绘制直线 BC；
指定下一点或［闭合(C)/放弃(U)］：14	‖鼠标指定 CD 方向，输入 14，绘制直线 CD；
指定下一点或［闭合(C)/放弃(U)］：11	‖鼠标指定 DE 方向，输入 11，绘制直线 DE；
指定下一点或［闭合(C)/放弃(U)］：14	‖鼠标指定 EF 方向，输入 14，绘制直线 EF；
指定下一点或［闭合(C)/放弃(U)］：8	‖鼠标指定 FG 方向，输入 8，绘制直线 FG；
指定下一点或［闭合(C)/放弃(U)］：20	‖鼠标指定 GH 方向，输入 20，绘制直线 GH；
指定下一点或［闭合(C)/放弃(U)］：11	‖鼠标指定 HI 方向，输入 11，绘制直线 HI；
指定下一点或［闭合(C)/放弃(U)］：21	‖鼠标指定 IJ 方向，输入 21，绘制直线 IJ；
指定下一点或［闭合(C)/放弃(U)］：	‖鼠标指定 A 点，绘制直线 JA；
指定下一点或［闭合(C)/放弃(U)］：↙	‖单击 Enter，结束 line 命令。
鼠标点击状态栏中的“等轴测草图”按钮：	‖切换为“顶部等轴测”绘图模式；
命令：_line	
指定第一个点：	‖鼠标指定 G 点；
指定下一点或［放弃(U)］：24	‖鼠标指定 GK 方向，输入 24，绘制直线 GK；
指定下一点或［放弃(U)］：20	‖鼠标指定 KL 方向，输入 20，绘制直线 KL；
指定下一点或［闭合(C)/放弃(U)］：	‖鼠标指定 H 点，绘制直线 LH；
指定下一点或［闭合(C)/放弃(U)］：↙	‖单击 Enter，结束 line 命令。
命令：_line	
指定第一个点：	‖鼠标指定 I 点；
指定下一点或［放弃(U)］：24	‖鼠标指定 IM 方向，输入 24，绘制直线 IM；
指定下一点或［放弃(U)］：21	‖鼠标指定 MN 方向，输入 21，绘制直线 MN；
指定下一点或［闭合(C)/放弃(U)］：8	‖鼠标指定 NO 方向，输入 8，绘制直线 NO；
指定下一点或［闭合(C)/放弃(U)］：14	‖鼠标指定 OP 方向，输入 14，绘制直线 OP；
指定下一点或［闭合(C)/放弃(U)］：8	‖鼠标指定 PQ 方向，输入 8，绘制直线 PQ；
指定下一点或［闭合(C)/放弃(U)］：14	‖鼠标指定 QR 方向，输入 14，绘制直线 QR；
指定下一点或［闭合(C)/放弃(U)］：	‖鼠标指定 J 点，绘制直线 RJ；
指定下一点或［闭合(C)/放弃(U)］：↙	‖单击 Enter，结束 line 命令。
命令：_line	
指定第一个点：	‖鼠标指定 C 点；
指定下一点或［放弃(U)］：	‖沿正交方向，在 EF 线上捕捉最近点，绘制 CV；
指定下一点或［放弃(U)］：↙	‖单击 Enter，结束 line 命令。
鼠标点击状态栏中的“等轴测草图”按钮：	‖切换为“右等轴测”绘图模式；
命令：_line	
指定第一个点：	‖鼠标指定 L 点；
指定下一点或［放弃(U)］：	‖鼠标指定 M 点，绘制直线 LM；

指定下一点或[放弃(U)]：↙	‖单击 Enter，结束 line 命令
命令：_line	
指定第一个点：	‖鼠标指定 N 点；
指定下一点或[放弃(U)]：<正交 开> 16	‖鼠标指定 NU 方向，输入 16，绘制直线 NU；
指定下一点或[放弃(U)]：8	‖鼠标指定 UT 方向，输入 8，绘制直线 UT；
指定下一点或[闭合(C)/放弃(U)]：	‖鼠标指定 O 点，绘制直线 TO；
指定下一点或[闭合(C)/放弃(U)]：↙	‖单击 Enter，结束 line 命令。
命令：_line	
指定第一个点：	‖鼠标指定 R 点；
指定下一点或[放弃(U)]：16	‖鼠标指定 RS 方向，输入 16，绘制直线 RS；
指定下一点或[放弃(U)]：	‖鼠标指定 A 点，绘制直线 SA；
指定下一点或[闭合(C)/放弃(U)]：↙	‖单击 Enter，结束 line 命令。
命令：_line	
指定第一个点：	‖鼠标指定 P 点；
指定下一点或[放弃(U)]：	‖沿正交方向，在 PW 线上捕捉最近点，绘制 PW；
指定下一点或[闭合(C)/放弃(U)]：↙	‖单击 Enter，结束 line 命令。

二、标注平面立体等轴测图

等轴测图立体感强、直观性好，但是等轴测图仍是二维图形，并不是真正的三维实体，所以其尺寸标注如果按一般的标注进行，其立体效果就体现不出来。等轴测图的正确标注方法见例题 13-2。

📖 **例题 13-2** 对图 13-4 所示的平面立体等轴测图进行尺寸标注。

(1) 标注等轴测图时，首先新建两种文字样式，"TNR＋30"和"TNR－30"如图 13-5 和图 13-6 所示。

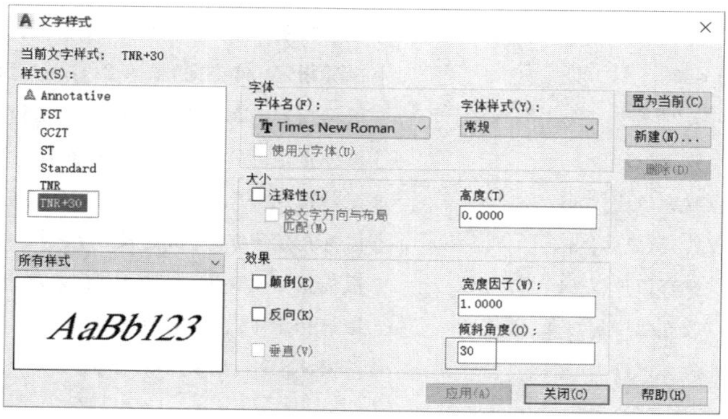

图 13-5 "TNR＋30"字体设置

(2) 标注等轴测图时，先采用"对齐标注"命令对各尺寸进行标注，如图 13-7(a)所示。

(3) 点击菜单栏"标注"➤"倾斜"，选择 GH 的尺寸标注，在命令行提示"输入倾斜角度(按 ENTER 表示无)："时，鼠标点击选中 H 点，然后用鼠标垂直向上确定尺寸线的倾斜方向，如图 13-7(b)所示，则该尺寸标注的尺寸界线改变为垂直向上。

(4) 选中 GH 尺寸标注，点鼠标右键，选择"特性"，将该尺寸标注的文字样式修改为

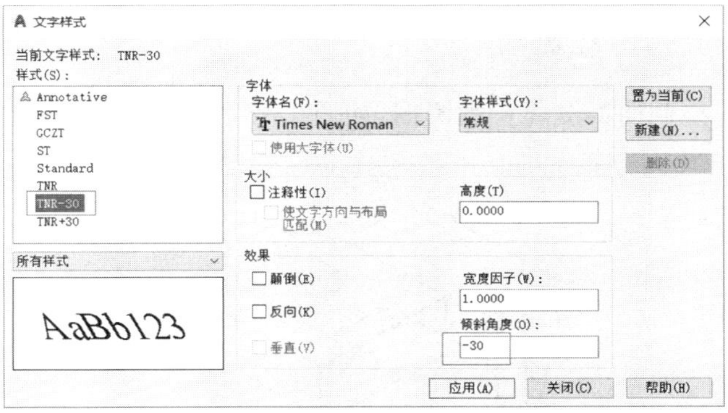

图 13-6　“TNR－30”字体设置

“TNR－30”，则标注结果如图 13-7(c)所示。

(5) 同样方法，选择 GF 的尺寸标注，在命令行提示“输入倾斜角度(按 ENTER 表示无)：”时，鼠标点击选中 G 点，然后用鼠标沿 150°方向确定尺寸线的倾斜方向，如图 13-7(c)所示；再选中该尺寸标注，将该尺寸标注的文字样式修改为“TNR＋30”，则标注结果如图 13-7(d)所示。

(6) 同上，选择 OP 的尺寸标注，在命令行提示“输入倾斜角度(按 ENTER 表示无)：”时，鼠标点击选中 O 点，然后用鼠标沿 30°方向确定尺寸线的倾斜方向；再选中该尺寸标注，将该尺寸标注的文字样式修改为“TNR＋30”，则标注结果如图 13-7(d)所示。

(7) 采用类似方法，完成其余的尺寸标注，最后效果如图 13-4 所示。

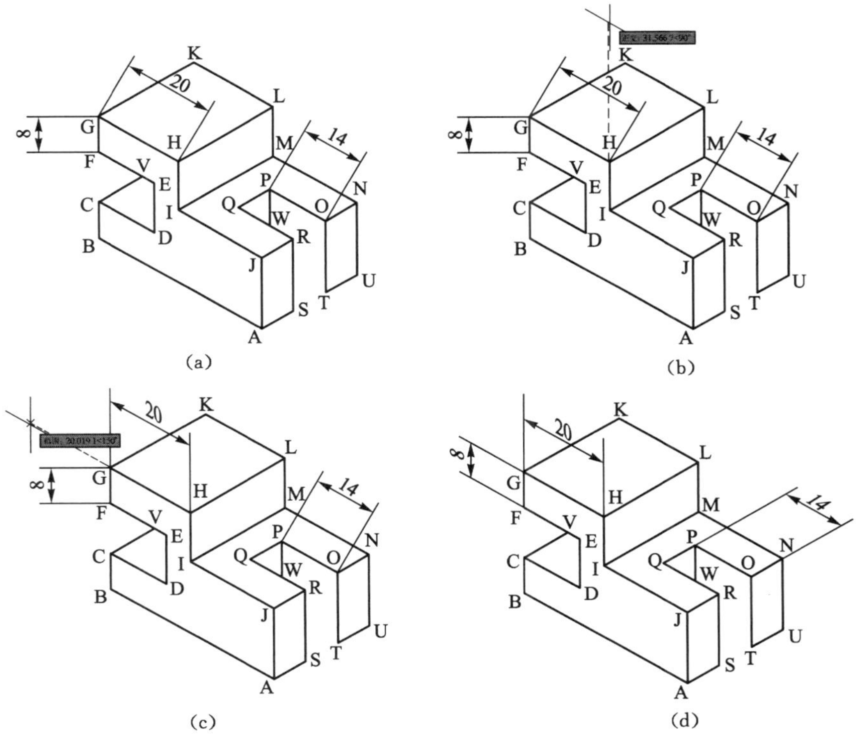

图 13-7　等轴测图标注方法

三、绘制曲面立体等轴测图

例题 13-3 绘制曲面立体等轴测图，如图 13-8 所示。

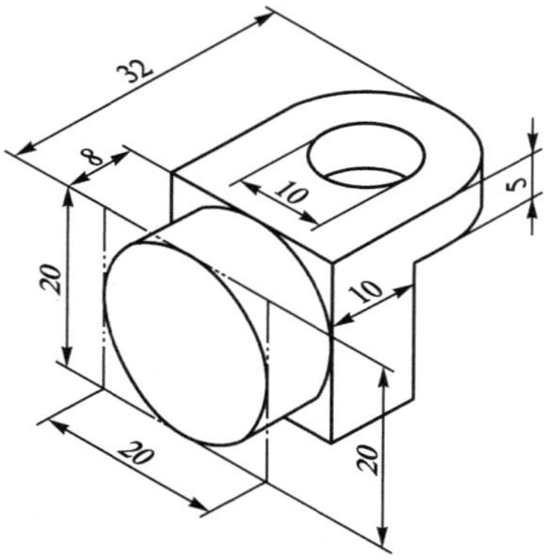

图 13-8 绘制曲面立体等轴测图

提醒

绘制曲面立体等轴测图时，应采用“椭圆”命令，并选择“等轴测圆(I)”选项，来绘制相应轴测平面上的圆。

将鼠标切换为“左等轴测”模式，并打开“正交”“对象捕捉”及“对象捕捉追踪”。

命令：_line	
指定第一个点：	‖ 鼠标指定等轴测图的 A 点；
指定下一点或 [放弃(U)]：20	‖ 鼠标指定 AB 方向，输入 20，绘制直线 AB；
指定下一点或 [放弃(U)]：20	‖ 鼠标指定 BC 方向，输入 20，绘制直线 BC；
指定下一点或 [闭合(C)/放弃(U)]：20	‖ 鼠标指定 CD 方向，输入 20，绘制直线 CD；
指定下一点或 [闭合(C)/放弃(U)]：	‖ 鼠标指定 A 点，绘制直线 DA；
指定下一点或 [闭合(C)/放弃(U)]：↙	‖ 单击 Enter，结束 line 命令。
命令：_ellipse	‖ 点击“绘制椭圆”命令；
指定椭圆轴的端点或 [圆弧(A)/中心点(C)/等轴测圆(I)]：I	‖ 选择绘制等轴测圆；
指定等轴测圆的圆心：	‖ 利用“对象捕捉追踪”确定圆心；
指定等轴测圆的半径或 [直径(D)]：↙	‖ 鼠标点击 BC 线中点确定半径；所绘图形如图 13-9(a)所示。
鼠标点击状态栏中的“等轴测草图”按钮：	‖ 切换为“顶部等轴测”绘图模式；
命令：_line	
指定第一个点：	‖ 鼠标指定 C 点；
指定下一点或 [放弃(U)]：14	‖ 鼠标指定 CE 方向，输入 14，绘制直线 CE；
指定下一点或 [放弃(U)]：20	‖ 鼠标指定 EF 方向，输入 20，绘制直线 EF；
指定下一点或 [闭合(C)/放弃(U)]：	‖ 鼠标指定 B 点，绘制直线 FB；

指定下一点或［闭合(C)/放弃(U)］：↙	单击 Enter，结束 line 命令。
命令：_ellipse	点击“绘制椭圆”命令；
指定椭圆轴的端点或［圆弧(A)/中心点(C)/等轴测圆(I)］:I	选择绘制等轴测圆；
指定等轴测圆的圆心：	鼠标点击 EF 的中点；
指定等轴测圆的半径或［直径(D)］：	鼠标点击 F 点，确定半径；
命令：_ellipse	点击“绘制椭圆”命令；
指定椭圆轴的端点或［圆弧(A)/中心点(C)/等轴测圆(I)］：I	选择绘制等轴测圆；
指定等轴测圆的圆心：	鼠标点击 EF 的中点；
指定等轴测圆的半径或［直径(D)］：5	输入半径 5；所绘图形如图 13-9(b)所示。
鼠标点击状态栏中的“等轴测草图”按钮：	切换为“右等轴测”绘图模式；
命令：_copy	复制；
选择对象：找到 1 个	选择顶部大圆；
选择对象：找到 1 个，总计 2 个	选择顶部小圆；
选择对象：找到 1 个，总计 3 个	选择直线 BF；
选择对象：↙	
当前设置：复制模式 ＝ 多个	
指定基点或［位移(D)/模式(O)］＜位移＞：	鼠标选择 B 点为基点；
指定第二个点或［阵列(A)］＜使用第一个点作为位移＞：5	鼠标指定 BA 方向，输入 5，向下复制 3 个对象；
指定第二个点或［阵列(A)/退出(E)/放弃(U)］＜退出＞：↙	单击 Enter，结束 copy 命令。
命令：_line	
指定第一个点：	鼠标指定 A 点；
指定下一点或［放弃(U)］：10	鼠标指定 AM 方向，输入 10，绘制直线 AM；
指定下一点或［放弃(U)］：15	鼠标指定 ML 方向，输入 15，绘制直线 ML；
指定下一点或［闭合(C)/放弃(U)］：↙	单击 Enter，结束 line 命令。
命令：_line	
指定第一个点：	鼠标捕捉上层大圆的右侧象限点；
指定下一点或［放弃(U)］：	鼠标捕捉下层大圆的右侧象限点；
指定下一点或［放弃(U)］：↙	单击 Enter，结束 line 命令。
命令：_copy	
选择对象：找到 1 个	鼠标选择左等轴测平面的圆；
选择对象：↙	
当前设置：复制模式 ＝ 多个	
指定基点或［位移(D)/模式(O)］＜位移＞：	鼠标捕捉圆心为基点；

指定第二个点或［阵列(A)］＜使用第一个点作为位移＞:＜正交开＞ 8	‖鼠标沿 O—O1 正交方向，输入 8，复制一个圆；
指定第二个点或［阵列(A)/退出(E)/放弃(U)］＜退出＞：↙	‖单击 Enter，结束 copy 命令。
命令：_line	
指定第一个点：	‖鼠标捕捉靠左边大圆的上侧象限点；
指定下一点或［放弃(U)］：	‖鼠标捕捉靠右边大圆的上侧象限点；
指定下一点或［放弃(U)］：	‖单击 Enter，结束 line 命令。
命令：_line	
指定第一个点：	‖鼠标捕捉靠左边大圆的下侧象限点；
指定下一点或［放弃(U)］：	‖鼠标捕捉靠右边大圆的下侧象限点；
指定下一点或［放弃(U)］：	‖单击 Enter，结束 line 命令。所绘图形如图 13-9(c)所示。
命令：_trim ……	‖利用“修剪”“删除”等命令对图形进行编辑，最后所绘图形如图 13-9(d)所示。
命令：_erase ……	
命令：_dimaligned ……	‖利用对齐标注、倾斜、修改标注文字倾斜角度等(方法见例题 13-2)对图形进行标注，最后所完成的图形如图 13-8 所示。
命令：_dimedit ……	
命令：_properties ……	

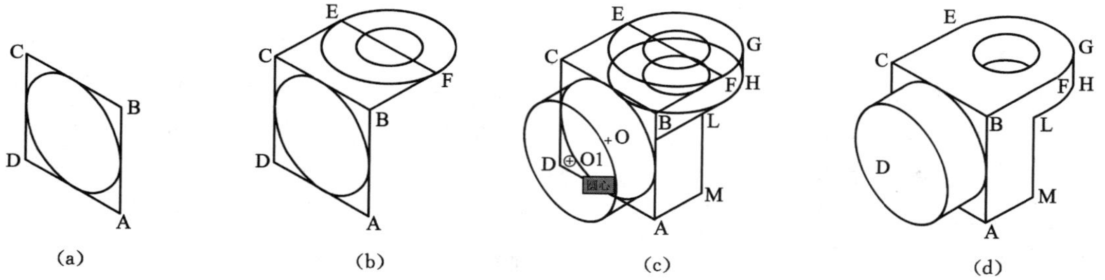

图 13-9　绘制曲面立体等轴测图过程

上 机 实 践

实践一： 绘制如图 13-10 所示的支架等轴测图，并对其进行尺寸标注。

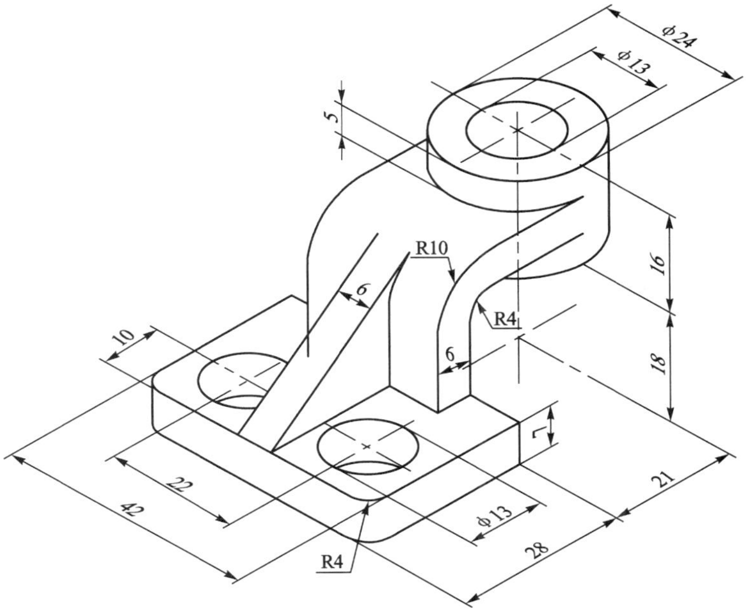

图 13-10　支架等轴测图

复习与思考题

1. 什么是等轴测图？如何绘制等轴测图？

2. 绘制等轴测图中直线和圆的方式有哪些？

3. 对等轴测图进行尺寸标注时，为了使其立体感强、直观性好，需要采取的最关键的三项操作各是什么？

第十四章 AutoCAD 系统初步定制

第一节 线型的定义与开发

AutoCAD 提供了两个线型文件，即 acad. lin 和 acadiso. lin，位于 AutoCAD 主文件夹的“SUPPORT”子文件夹中，其分别在使用样板文件 acad. dwt 和 acadiso. dwt 创建文件时被调用。这两个文件中定义的线型种类相同，区别仅在于 acad. lin 文件中线型为英制单位，acadiso. lin 文件中线型为公制单位。

一、线型的定义格式

下面以 acadiso. lin 文件为例来介绍线型的定义和定制。acadiso. lin 文件中定义了 45 种不同的线型，其中包括 14 种 ISO 线型和 7 种复杂线型，其余 24 种简单线型又可分为 8 组，每组线型的样式相同而线段长度和间隔不同。例如，“DASHED2”和“DASHEDX2”线型的线段长度和间隔分别为“DASHED”线型的 0.5 倍和 2 倍。

1. 线型定义格式

线型定义由标题行和模式行两部分组成。

(1) 标题行：由线型名称和线型描述组成，标题行以“*”为开始标记，线型名称和描述由逗号分开，其格式为：

*linetype-name,[description]　(*线型名称，[线型描述])

(2) 模式行：由对齐码和线型规格说明组成，中间由逗号分开，其格式为：

Alignment, patdesc－1, patdesc－2, ...(对齐码，线型规格说明……)

例题 14-1 在 acadiso. lin 文件中对 BORDER(边界线)的定义如下：

*BORDER,Border —— —— · —— —— · —— —— ·

A,12.7,－6.35,12.7,－6.35,0,－6.35

其中对齐码“A”表示该线型采用两端对齐方式，目前 AutoCAD 仅支持这一种对齐方式(需要注意的是，线型文件中的所有字符都必须是西文字符，否则 AutoCAD 加载时不能识别)。

2. 简单线型的定义

简单线型是由短划线(dash)、点(dot)和空格(space)组合而成的。在简单线型的规格说明中，正数表示其值为长度的短划线，负数表示其绝对值为长度的空格，0 表示点。

例如：在上述 BORDER(边界线)的线型规格说明“A, 12.7, －6.35, 12.7, －6.35, 0, －6.35”中，12.7 表示 12.7 个单位长的短划线，－6.35 表示 6.35 个单位长的空格，0 表示一个点。因此，上例中 BORDER 线型就是由规格说明定义的“短划线＋空格＋点＋空格”基本组合的不断重复。

3. 复杂线型的定义

复杂线型是在简单线型中嵌入符号、字符串或形等其他元素而形成的。

(1) 在线型规格说明中嵌入文字的格式为：

["string", style, U=n1(或 R=n2, 或 A=n3), S=n4, X=n5, Y=n6]

其中，"string":是线型中嵌入的文字，须用双引号括起来；

style:嵌入文字所采用的文字样式名称。

R:嵌入文字相对于画线方向的倾斜角度。

U:指定正立或易于阅读的文字。

A:嵌入文字相对于 WCS 坐标系中 X 轴正向的倾斜角度。

S:嵌入文字的高度比例因子。

X:嵌入文字在画线方向上的偏移量(正向右,负向左)。

Y:嵌入文字在画线方向的垂直方向的偏移量(正向上,负向下)。

例题 14-2　在 acadiso. lin 文件中对“GAS_LINE”线型的定义如下：

*GAS_LINE,Gas line —— GAS —— GAS —— GAS

A,12.7,-5.08,["GAS",STANDARD,S=2.54,U=0.0,X=-2.54,Y=-1.27],-6.35

该线型定义表明，GAS 线型就是由规格说明定义的“短划线＋空格＋GAS＋空格”基本组合的不断重复。其中,GAS 所采用的文字样式为“STANDARD”,文字高度比例因子为 2.54,向左偏移 2.54,向下偏移 1.27。

(2) 在线型规格说明中嵌入形的格式为：

[shape, shape file, U=n1,(或 R=n2, A=n3), S=n4, X=n5, Y=n6]

其中,shape:嵌入的形。

shape file:嵌入形所在的形文件,该文件应在 AutoCAD 的系统路径中。

U、R、A、S、X、Y 的意义同上。

例题 14-3　在 acadiso. lin 文件中对“FENCELINE2”线型的定义如下：

*FENCELINE2,Fenceline square — [] ———— [] ———— [] ————

A,6.35,-2.54,[BOX,ltypeshp. shx,X=-2.54,S=2.54],-2.54,25.4

该线型定义表明,Fenceline square 线型就是由规格说明定义的“短划线＋空格＋[]＋空格＋长划线”基本组合的不断重复。其中,BOX 为嵌入的形[],ltypeshp. shx 为嵌入的形所在的形文件,其余符号的含义同上。

二、线型的创建和修改

通过前面的学习已经了解了线型是如何定义的,在此基础上可以对标准线型进行修改或自己创建新的线型。

1. “-Linetype”命令

在 AutoCAD 中提供了“-Linetype”命令对线型进行各种操作。现在就使用该命令在 AutoCAD 环境下创建一个新的线型和线型文件。

例题 14-4　创建“INTERVAL”线型。

(1) 在 AutoCAD 的命令行输入:-Linetype

命令行提示：

输入选项［？/创建(C)/加载(L)/设置(S)］：C↙

输入要创建的线型名：INTERVAL↙

此时，AutoCAD 弹出“创建或附加线型文件”对话框，如图 14-1 所示。

(2) 在“创建或附加线型文件”对话框中输入线型文件名“user. lin”，并按下 保存(S) 键返回。此时系统创建了一个新的线型文件“user. lin”；

(3) 命令行提示用户输入描述文本和线型模式：

创建新文件

-Linetype 说明文字：Interval —— · —— · —— · —— · ↙

输入线型图案（下一行）：

—Linetype Interval A，12.7，—3.175，0，—3.175，6.35，—3.175，0，—3.175↙

新线型定义已保存到文件。

输入选项［？/创建(C)/加载(L)/设置(S)］：L↙

输入要加载的线型： Interval

线型“INTERVAL”已加载。

图 14-1 “创建或附加线型文件”对话框

☎说明

使用“-linetype”命令，如果该线型已在库文件中存在，则系统会提示用户该线型已经在库文件中定义，并询问用户是否重新定义。用户可对其重新定义来实现对已有线型的修改。

2. 在线型文件(.lin)中补充或修改以创建新线型

实际上，由于线型文件是 ASCII 格式的，因此用户可以在 AutoCAD 环境外使用任一文本编辑器直接打开或创建线型文件，并对其内容进行补充和修改以创建新的线型。

例题 14-5 创建“ARROW”线型。

(1) 使用 Windows 附件中的“记事本”程序打开由例题 14-4 创建的“user. lin”文件。

(2) 在该文件中添加如下内容并保存，如图 14-2 所示。

* Arrow, Arrow —— > —— > —— >

A,6.35,−1.27,[">",STANDARD,S=2.54,R=0.0,X=−2.54,Y=−1.27],−2.54

(3) 进入 AutoCAD 2019,载入线型文件"user.lin",即可使用该文件中定义的"INTERVAL"和"Arrow"线型,该线型及应用如图 14-3 所示。

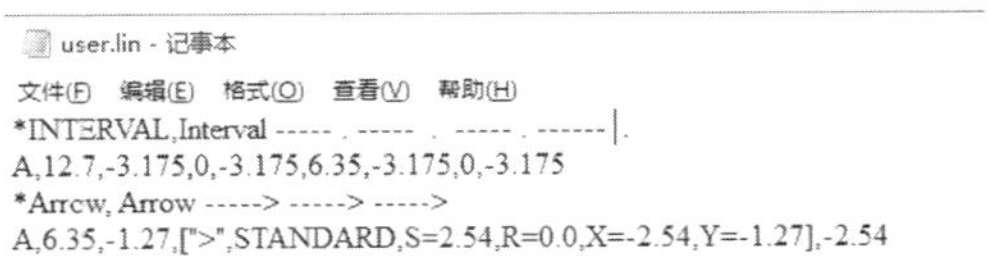
user.lin - 记事本
文件(F) 编辑(E) 格式(O) 查看(V) 帮助(H)
*INTERVAL,Interval ----- . ----- . ----- . ------ |.
A,12.7,-3.175,0,-3.175,6.35,-3.175,0,-3.175
*Arrow, Arrow -----> -----> ----->
A,6.35,-1.27,[">",STANDARD,S=2.54,R=0.0,X=-2.54,Y=-1.27],-2.54

图 14-2　user.lin 文件内容

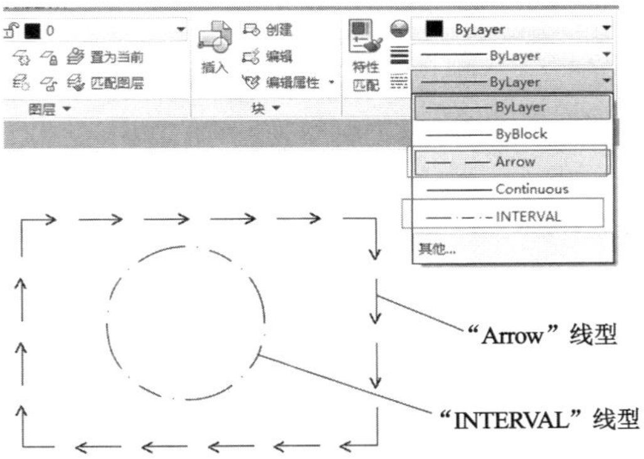

图 14-3　"INTERVAL"和"Arrow"线型及应用

☎说明

使用 Windows 附件中的"记事本"程序编写 AutoCAD 线型文件时,所有的字符、划线、点或数值均必须采用英文输入法;而且线型定义格式中","前后均不加空格。否则,加载线型文件时会显示出错,甚至线型说明显示为乱码。

三、定制矿物加工工艺流程图的专用线型

📖 **例题 14-6**　创建表 4-4 所示的选煤厂流程线。

❁❁提醒

在标准线型文件 acadiso.lin 基础上修改已有线型来创建选煤工艺流程线型。

CAD 标准线型定义文件 acadiso.lin 和 acad.lin,存放在 C:\Users\(当前管理员账户名)\AppData\Roaming\Autodesk\AutoCAD 2019\R23.0\chs\Support 文件夹中。

(1) 点击菜单栏"格式"➤"线型"➤ 加载(L)... ,在"加载或重载线型"对话框中,点击 文件(F)... 按钮,在"Support"文件夹中,将标准线型文件 acadiso.lin 复制到桌面,如图 14-4 所示。

(2) 用 Windows 附件中的"记事本"程序打开 acadiso.lin 文件,如图 14-5 所示。

(3) 在 acadiso.lin 中多次复制"GAS-LINE",并分别将其修改为选煤工艺常用流程线,如图 14-6 所示;然后将文件保存为 acadiso-选煤.lin。

(4) 进入 AutoCAD 2019,载入线型文件"acadiso-选煤.lin",即可使用该文件中定义的选煤工艺流程线型,如图 14-7 所示。

(5) 由于对所定制的选煤工艺流程线中的文字符号采用的是 Time New Roman 字体(TNR),因此在加载该线型文件之前,必须保证当前的图形文件中已预先定义"TNR"的文字样式,否则加载时会出错。

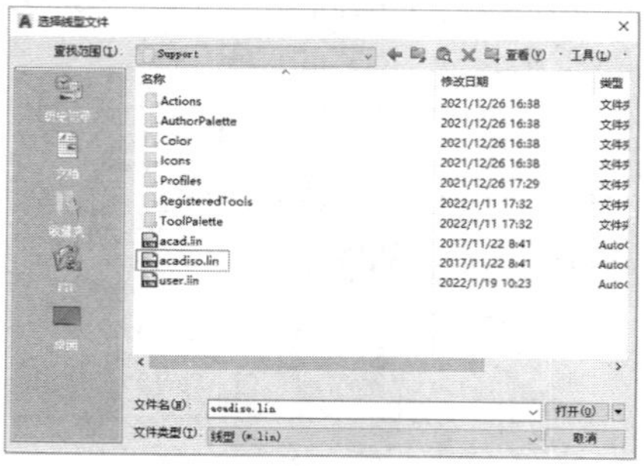

图 14-4　线型文件 acadiso. lin 的位置

acadiso.lin - 记事本
文件(F) 编辑(E) 格式(O) 查看(V) 帮助(H)
;; Complex linetypes
;;
;; Complex linetypes have been added to this file.
;; These linetypes were defined in LTYPESHP.LIN in
;; Release 13, and are incorporated in ACAD.LIN in
;; Release 14.
;;
;; These linetype definitions use LTYPESHP.SHX.
;;
*FENCELINE1,Fenceline circle ----0-----0----0-----0----0-----0--
A,6.35,-2.54,[CIRC1,ltypeshp.shx,x=-2.54,s=2.54],-2.54,25.4
*FENCELINE2,Fenceline square ----[]-----[]----[]-----[]----[]---
A,6.35,-2.54,[BOX,ltypeshp.shx,x=-2.54,s=2.54],-2.54,25.4
*TRACKS,Tracks -|-|-|-|-|-|-|-|-|-|-|-|-|-|-|-|-|-|-|-|-|-|-|-
A,3.81,[TRACK1,ltypeshp.shx,s=6.35],3.81
*BATTING,Batting SSSSSSSSSSSSSSSSSSSSSSSSSSSSSSSSSSSSSSSSSSSS
A,.00254,-2.54,[BAT,ltypeshp.shx,x=-2.54,s=2.54],-5.08,[BAT,ltypeshp.shx,r=180,x=2.54,s=2.54],-2.54
*HOT_WATER_SUPPLY,Hot water supply ---- HW ---- HW ---- HW ----
A,12.7,-5.08,["HW",STANDARD,S=2.54,U=0.0,X=-2.54,Y=-1.27],-5.08
*GAS_LINE,Gas line ----GAS----GAS----GAS----GAS----GAS----GAS--
A,12.7,-5.08,["GAS",STANDARD,S=2.54,U=0.0,X=-2.54,Y=-1.27],-6.35
*ZIGZAG,Zig zag /\/
A,.00254,-5.08,[ZIG,ltypeshp.shx,x=-5.08,s=5.08],-10.16,[ZIG,ltypeshp.shx,r=180,x=5.08,s=5.08],-5.08
;; Linetype Definition related to JIS Z 8312
第 1 行，第 1 列　100%　Windows (CRLF)　ANSI

图 14-5　线型文件 acadiso. lin 内容

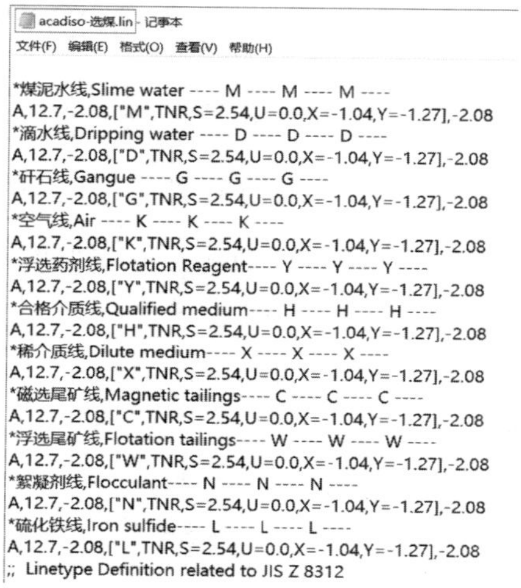

acadiso-选煤.lin - 记事本
文件(F) 编辑(E) 格式(O) 查看(V) 帮助(H)
*煤泥水线,Slime water ---- M ---- M ---- M ----
A,12.7,-2.08,["M",TNR,S=2.54,U=0.0,X=-1.04,Y=-1.27],-2.08
*滴水线,Dripping water ---- D ---- D ---- D ----
A,12.7,-2.08,["D",TNR,S=2.54,U=0.0,X=-1.04,Y=-1.27],-2.08
*矸石线,Gangue ---- G ---- G ---- G ----
A,12.7,-2.08,["G",TNR,S=2.54,U=0.0,X=-1.04,Y=-1.27],-2.08
*空气线,Air ---- K ---- K ---- K ----
A,12.7,-2.08,["K",TNR,S=2.54,U=0.0,X=-1.04,Y=-1.27],-2.08
*浮选药剂线,Flotation Reagent---- Y ---- Y ---- Y ----
A,12.7,-2.08,["Y",TNR,S=2.54,U=0.0,X=-1.04,Y=-1.27],-2.08
*合格介质线,Qualified medium---- H ---- H ---- H ----
A,12.7,-2.08,["H",TNR,S=2.54,U=0.0,X=-1.04,Y=-1.27],-2.08
*稀介质线,Dilute medium---- X ---- X ---- X ----
A,12.7,-2.08,["X",TNR,S=2.54,U=0.0,X=-1.04,Y=-1.27],-2.08
*磁选尾矿线,Magnetic tailings---- C ---- C ---- C ----
A,12.7,-2.08,["C",TNR,S=2.54,U=0.0,X=-1.04,Y=-1.27],-2.08
*浮选尾矿线,Flotation tailings---- W ---- W ---- W ----
A,12.7,-2.08,["W",TNR,S=2.54,U=0.0,X=-1.04,Y=-1.27],-2.08
*絮凝剂线,Flocculant---- N ---- N ---- N ----
A,12.7,-2.08,["N",TNR,S=2.54,U=0.0,X=-1.04,Y=-1.27],-2.08
*硫化铁线,Iron sulfide---- L ---- L ---- L ----
A,12.7,-2.08,["L",TNR,S=2.54,U=0.0,X=-1.04,Y=-1.27],-2.08
;; Linetype Definition related to JIS Z 8312

图 14-6　在 acadiso. lin 基础上创建选煤工艺流程线

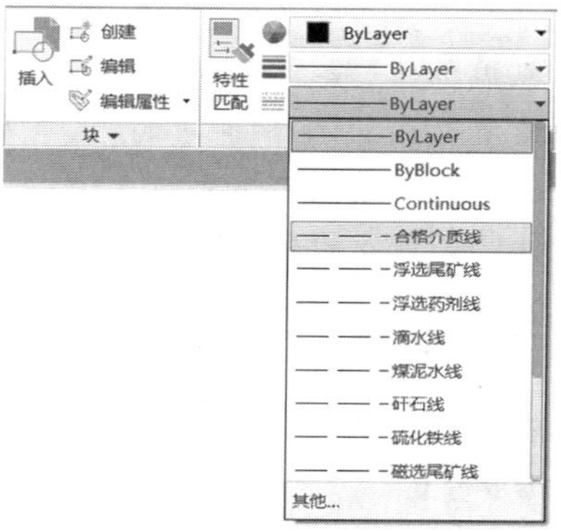

图 14-7　已加载的选煤工艺流程线型

第二节　自定义绘图工作界面

一、矿物选别加工处理设备工具选项板的定制与开发

AutoCAD 的工具选项板提供了很多通用图块。为了满足本专业的需求，我们可以利用工具选项板，将本专业经常使用的图块做成专用图库。这样，可以根据绘图需要在任意图纸中插入工具选项板中的专业图块。

下面简单介绍如何将图块放到工具选项板以及如何管理工具选项板。

将图块添加到工具选项板的方法主要有三种：一是从设计中心添加；二是直接从图形文件中将图块拖放到工具选项板中；三是 AutoCAD 高版本支持直接从 Windows 资源管理器向工具选项板中拖放 dwg 文件来添加图块。利用设计中心添加起来比较方便，不仅可以添加打开图纸中的图块，也可以添加未打开图纸的图块。

1. 利用设计中心将图块添加到工具选项板中

(1) 首先按 Ctrl +2 打开设计中心，按 Ctrl +3 打开工具选项板。

设计中心有几个选项卡，常用的是前面两个："文件夹"和"打开的图形"。在"文件夹"选项卡中可以浏览任意可以访问的 dwg\dxf 文件，"打开的图形"就是指当前 AutoCAD 已经打开的图形文件。

(2) 在"文件夹"选项卡中选择要提取图块的 dwg 图纸文件，然后在右侧双击"块"，显示该图形文件中所有图块，如图 14-8 所示。

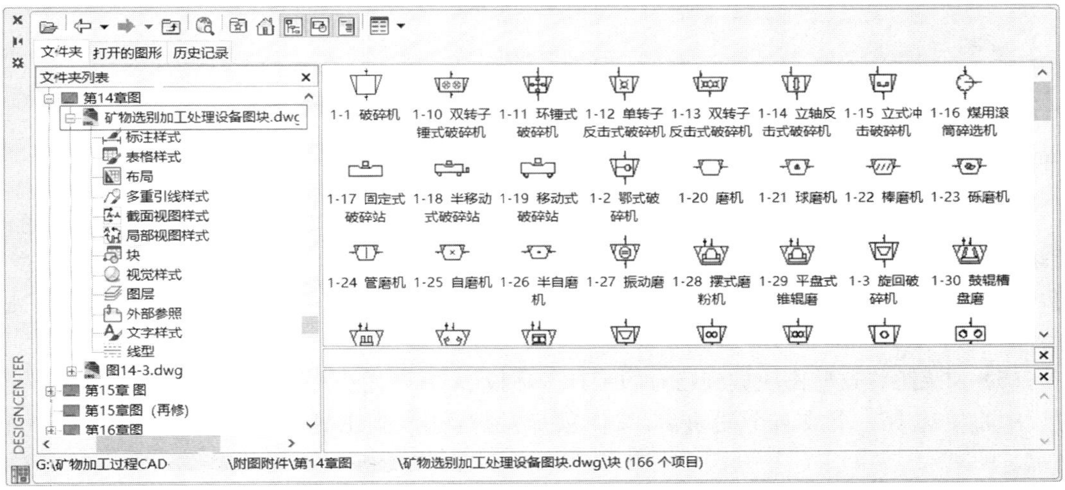

图 14-8　设计中心中"矿物选别加工处理设备图块.dwg"中的图块

(3) 选择你需要添加到工具选项板的图块，可以框选也可以按住 Ctrl 键依次点选，如图 14-9 所示，拖放到相关的工具选项板中。

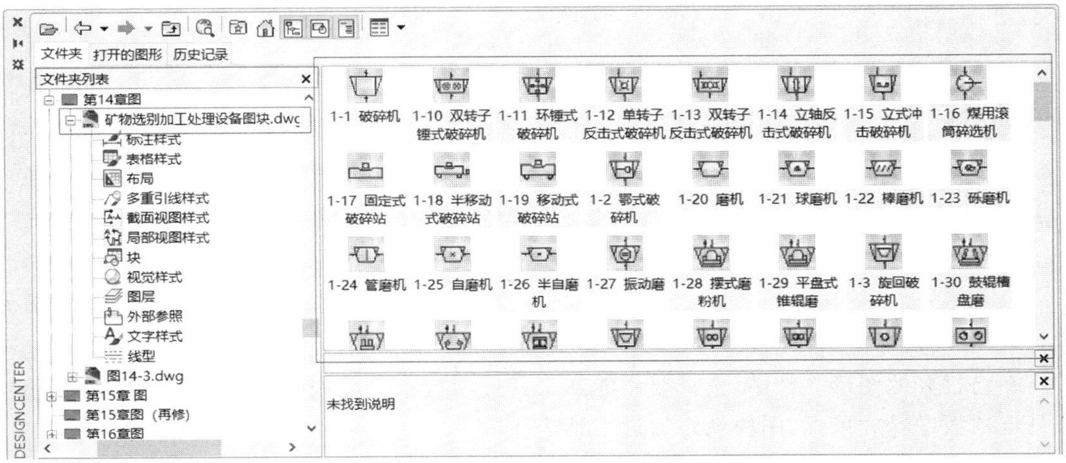

图 14-9　选择要提取的图块

(4) 如果想将这些图块创建为一个新的图库分类，不用打开工具选项板，直接右键，选

“创建工具选项板”即可，工具选项板中会增加一个“新建选项板”，在工具选项板中可以通过右键单击对标签进行重命名，如图 14-10 所示。

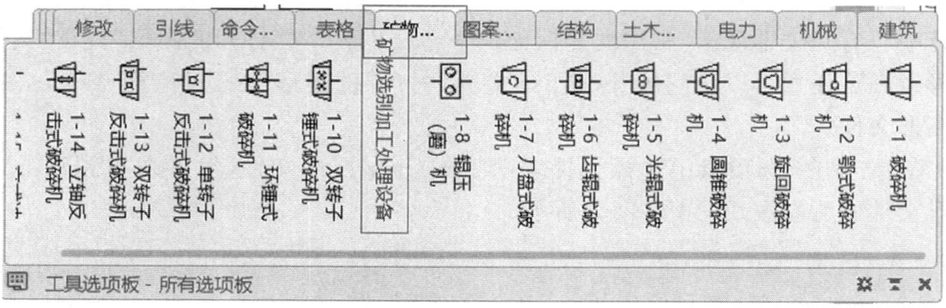

图 14-10　创建好的“矿物选别加工处理设备”工具选项板

提醒

在 AutoCAD 中提供了很多材质样例、填充的工具选项板，这对于大多数绘制二维图纸的设计人员来说没有太大用处，可以右键将这些平时不用的工具选项板删除，只保留自己常用的工具选项板。如果在默认页面中没有显示新建的工具选项板，可以点标签底部重叠处，在弹出的列表中选择自己的工具选项板。

(5) 如果想将这些图块放到已有的工具选项板中，需要先在工具选项板打开此类工具，在设计中心中选中一个或多个图块后，按住鼠标左键，拖放到工具选项板中即可，如图 14-11 所示。

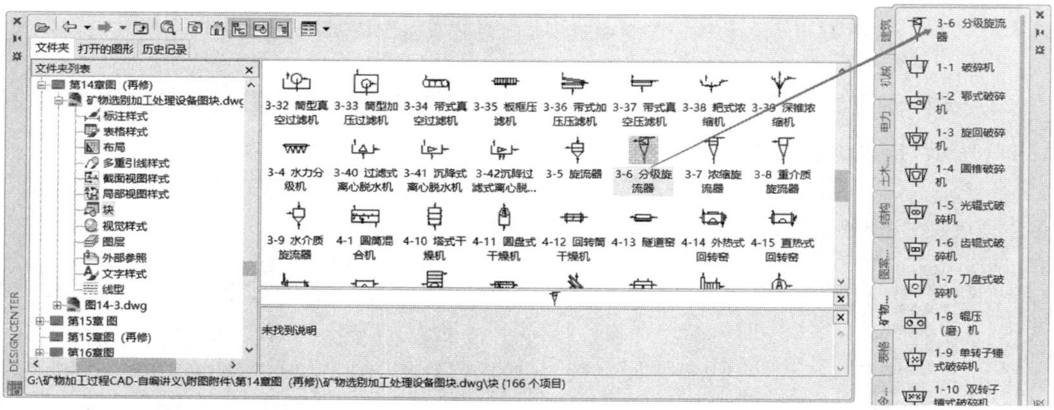

图 14-11　将图块添加到已有的工具选项板中

2. 直接将当前文件中的图块添加到工具选项板中

在已打开的图形文件中，选择要添加到工具选项板中的图块，按住鼠标左键，一直拖到工具选项板中释放鼠标，图块就添加进工具选项板了。

3. 直接从 Windows 的资源管理器中将块文件(*.dwg)拖放到工具选项板中

如果我们已有一些外部图块文件(*.dwg)，可以直接从 Windows 资源管理器中选中这些文件，然后拖放到工具选项板中。

二、自定义用户界面

AutoCAD 的用户界面是由 CUIx 文件定义的。AutoCAD 2019 可以通过“自定义用户界面”编辑器来修改或设置用户界面，灵活地定制出适合个人使用的 AutoCAD 界面。

1．命令的启动

★功能区：“管理”选项卡 ➤“自定义设置”面板 ➤用户界面。

★命令：CUI。

命令启动后，打开“自定义用户界面”编辑器，如图 14-12 所示。

图 14-12　“自定义用户界面”编辑器

2．基本组成

“自定义用户界面”编辑器由“自定义”选项卡和“传输”选项卡组成。

(1)“自定义”选项卡：显示可以自定义的用户界面元素(如工作空间、快速访问工具栏、功能区、工具栏、菜单、快捷菜单、鼠标按钮、局部 CUIx 文件等)的树状结构，由三个区域组成：

①“自定义设置”区域(对话框左上方)：显示可以自定义的用户界面元素(如工作空间、

快速访问工具栏、功能区、工具栏、菜单、快捷菜单、鼠标按钮、局部 CUIx 文件等)的树状结构。在该区域中:

列表框:显示加载的 CUIx 文件列表。

“打开”按钮 :加载部分自定义的 CUIx 文件。

“保存”按钮:保存对显示的所有 CUIx 文件所做的修改。

“树状图”窗格:列出在列表框中选择的 CUIx 文件,并显示在“显示过滤器”对话框中选择的界面元素。

② “命令列表”区域(对话框左下方):显示程序中加载的命令列表。

“按类别”下拉列表:显示命令列表的过滤器,包括“所有命令”“ACAD 命令”“自定义命令”等过滤器。

“查找命令”按钮:查找命令或文字。

“创建新命令”按钮:创建一个新命令。用户可以添加或修改特性,还可以创建或编辑命令按钮。

③ “动态显示”区域(对话框右方):动态显示左窗格的树状图中所选择的用户界面元素的内容。随着左窗格树状图中选择的界面元素的不同,而显示如下相应内容:

信息:描述没有特性的用户界面元素,如“工具栏”节点、“菜单”节点和“快捷菜单”节点等。

特性:显示在树状图中选择的用户界面元素或项目的特性。

按钮图像:显示程序加载的所有工具栏的按钮图像。可以编辑工具栏按钮、更改其特性以及创建新的工具栏按钮。

快捷键:显示快捷键名称和临时替代名称、对应的快捷键组合、键盘快捷键类型和源 GUIx 文件名列表。

(2) “传输”选项卡:在主自定义文件(CUIx)或部分自定义文件中传入或传出用户界面元素。可以打开 CUIx 文件,以输入或输出用户界面数据。

三、自定义用户 CUIx 文件

CUIx 文件不能在文字编辑器中进行编辑或修改,因此,不能在文字编辑器中编写创建 CUIx 文件。AutoCAD 2019 提供了两种创建用户 CUIx 文件的方法。

1. 以现有 CUIx 文件为基础创建用户 CUIx 文件

以这种方式创建的 CUIx 文件,包含了大部分定义用户界面的元素(包括标准菜单、工具栏等),通常将其作为主 CUIx 文件进行加载。启动 AutoCAD 时,将自动加载该主 CUIx 文件。

提醒

AutoCAD 的默认主 CUIx 文件为 acad. cuix 文件。

2. 使用 CUIMPORT 命令创建用户 CUIx 文件

例题 14-7 以现有 acad. cuix 文件为基础,创建 kwacad. cuix 的菜单文件,并将其作为主自定义文件进行加载。

(1) 在 Windows 资源管理器中,搜索 acad. cuix 文件,将其复制到新位置,并重新命名为 kwacad. cuix，保留源文件，以便将来再次使用或修改。

（2）在 AutoCAD 命令行中，输入“menu”命令，加载新的菜单文件 kwacad. cuix。

（3）点击“管理”选项卡➤“自定义设置”面板 ➤用户界面，启动“自定义用户界面”对话框。

（4）在“主自定义文件(kwacad. cuix)”窗格中，在原自定义组名“ACAD”上单击鼠标右键，选择“重命名”，输入新的自定义组名“KWACAD”，如图 14-13 所示。

（5）单击 确定 按钮。

图 14-13　自定义 kwacad. cuix 菜单文件

四、自定义选煤设备图形符号绘制命令

我们可以在用户界面中创建新命令、复制现有命令以创建新命令、编辑现有命令，并将新命令放置到下拉菜单、工具栏和功能区面板。创建或编辑命令时，可以定义的特性包括：命令名、说明、宏、元素 ID(仅适用于新命令)以及大、小图像。我们可以在“自定义用户界面”编辑器的“命令列表”窗格中创建和管理命令。将命令添加到用户界面元素后，将创建该命令的参照。然后，如果我们更改了命令，这些更改将反映在 CUIx 文件内参照命令的所有位置。

1. 创建新命令

(1) 打开"自定义用户界面"编辑器，在"自定义"选项卡上的"命令列表"窗格中，单击"创建新命令"按钮。

(2) "命令列表"和"特性"窗格中都将显示一个新命令（名为"命令 1"），如图 14-14 所示。

图 14-14 创建新命令

(3) 在"特性"窗格中，可以执行以下操作：

在"名称"框中为命令输入一个名称。该值在添加到用户界面元素时将用作默认名称，并将用作工具提示的一部分。

在"说明"框中为此命令输入说明。该值将显示在状态栏或工具提示中。

在"扩展型帮助文件"框中，输入用于命令的扩展型帮助的文件名和 ID。

在"命令显示名"框中，输入要为命令显示的命令名。

在"宏"框中为命令输入一个宏。

在"标签"框中，输入在应用程序菜单的"搜索"框中搜索命令时要使用的字符串。

在"元素 ID"框中为命令输入元素 ID。

(4) 如果新建的命令要用于工具栏,还要为该命令创建自定义图标。

可以使用"自定义用户界面"编辑器中的"按钮编辑器"或外部图像编辑软件创建按钮图像。所创建的图像应采用两种大小之一:16×16 像素和 32×32 像素。创建图像后,可以将其指定给该命令的"小图像"和"大图像"特性。将图像指定给该命令后,将其输入正在使用的自定义(CUIx)文件,使其更容易共享自定义设置。

将命令添加到功能区面板、工具栏或下拉菜单时,指定的图像将显示在功能区面板或工具栏按钮上,或者图像将显示在菜单项的左侧。

创建图标的步骤为:

① 在"按钮图像"区域中,从图像列表中选择在外观上最接近要创建图标的图像,单击 编辑(I)... 。

提 醒

如果要从空白图像开始创建,请在图像列表中选择任一图像。单击"编辑"以显示"按钮编辑器"对话框,然后单击 清除(L) 。

② 在"按钮编辑器"对话框中,如图 14-15 所示,使用"铅笔""直线""圆"和"删除"工具,创建或编辑按钮图像。要更改使用的颜色,请从调色板中选择颜色,或单击"其他"以打开"选择颜色"对话框。

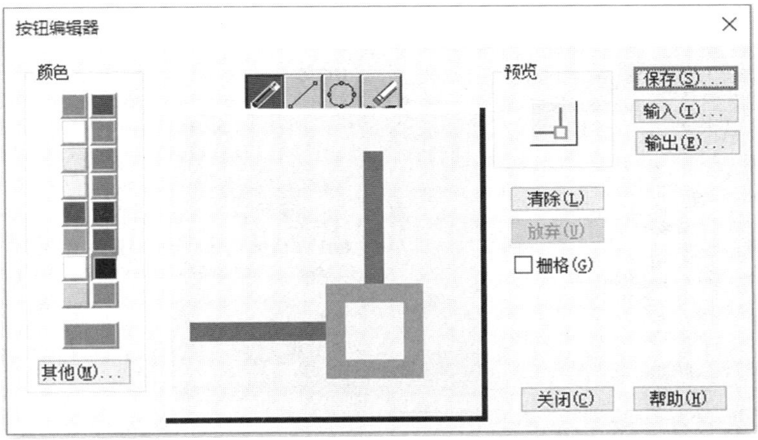

图 14-15　按钮编辑器

"铅笔"按钮:将选定的颜色应用于画布上的一个矩形。每个矩形表示一个像素。可以拖动定点设备来同时编辑多个矩形。

"直线"按钮:以选定的颜色创建直线。单击、拖动并松开以绘制直线。

"圆"按钮:以选定的颜色创建圆或椭圆。单击、拖动并松开以创建圆或椭圆。

"删除"按钮:将画布中一个矩形的颜色重置为默认颜色。

"输入"按钮 输入(I)... :输入存储在本地驱动器或网络驱动器上的图像文件,以便在"按钮编辑器"对话框中进行编辑,并将其存储在工作 CUIx 文件中。

③ 单击 保存(S)... 。

④ 在"保存图像"对话框的"图像名称"框中,输入名称并单击 确定 。

⑤ 单击 关闭 。

2. 删除命令

(1) 打开“自定义用户界面”编辑器，在“自定义”选项卡上的“命令列表”窗格中，从“命令过滤器”下拉列表中选择“自定义”。

(2) 过滤该列表，仅显示用户定义的已添加到加载自定义文件中的命令。

(3) 选择要删除的命令。

(4) 在该命令上单击鼠标右键，然后单击“删除”。

警告：

无法放弃删除命令。如果意外删除错误的命令，请单击 取消 以退出 CUI 编辑器。单击 取消 将不保存自 CUI 编辑器打开或最后一次应用更改之后所做的更改。

3. 编辑命令

打开“自定义用户界面”编辑器，在“自定义”选项卡中，执行以下操作之一：

(1) 在“命令列表”窗格中，选择命令。

(2) 在“所有文件中的自定义设置”窗格中，定位并选择用户界面元素下的命令。

在“特性”和“按钮图像”窗格中，可以更改命令的特性和其按钮图像，如图 14-16 所示。

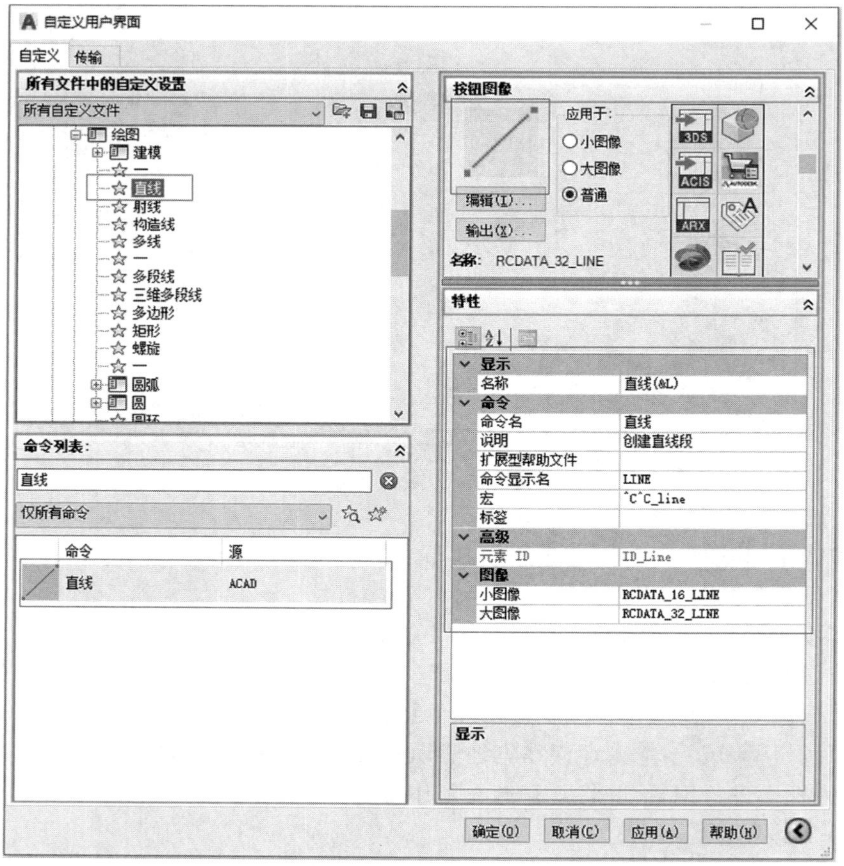

图 14-16 命令及其特性

提醒

在“自定义”选项卡上的“命令列表”窗格中，查找要添加的命令，可以通过拖放、复制和粘贴的方式将相应的命令添加到用户界面的各元素中。

4. 创建宏

宏将定义使用用户界面元素时应执行的动作。宏可以包含命令、特殊字符、DIESEL 表达式或 AutoLISP 编程代码。可以定义宏，然后通过在“自定义用户界面”编辑器中修改命令的“宏”特性来将其指定给命令。

(1) 宏基础

宏的基本组成可以只包含一条命令(例如 circle)，并且可以包含特殊字符(例如 ^C^C)。例如，在 acad. CUIx 中已定义的工具栏、下拉菜单中的宏：

^C^C_line　　　　‖绘制直线；

^C^C_circle　　　‖绘制圆；

^C^C_polygon　　‖绘制正多边形；

^C^C_circle \1　　‖绘制一个半径为 1 个单位的圆。

其中，^C 代表取消任何正在运行的命令(相当于按一次 Esc 键)。

当单击用户界面中的某个按钮时，将在程序的当前上下文中执行指定到此按钮的宏，即该宏将尝试响应当前提示。如果要确保在执行宏时，当前没有命令处于活动状态，则使用^C 命令序列作为宏的前缀。虽然单个^C 能取消大多数命令，但要从标注命令返回命令提示必须使用^C^C。由于^C^C 可以取消大多数命令序列，一般推荐在宏开头使用^C^C。

(2) 自定义宏

宏可以完成用户需要执行一系列操作才能完成的绘图任务，例如：

^C^C_color;1;line　　　　　　‖绘制红色直线；

^C^C_linetype;s;center;;_line　‖绘制中心线型的直线；

^C^C_circle;\20　　　　　　　‖绘制半径为 20 的圆；

*^C^C_circle　　　　　　　　‖重复画圆。

宏中的每个字符(即使是空格)都有重要意义。如果在宏的末尾加了一个空格，将视为已经按了空格键或 Enter 键来完成命令。宏可以使用表 14-1 中列出的特殊字符。

表 14-1　宏中使用的特殊字符

字符	说　明
;	发出 Enter
^M	发出 Enter
^I	发出 Tab
[空格]	输入空格；命令序列中的空格相当于按空格键
\	暂停以等待用户输入(不能与加速键配合使用)
.	使用户可以访问标准命令
_	将本地化名称后面的命令和选项转换为全局名称

表 14-1(续)

字符	说　明
=*	显示当前顶层的下拉菜单、快捷菜单或图像平铺菜单
*	重复执行某个命令，直到启动另一个命令或终止当前命令为止
$	引入条件 DIESEL 宏表达式（$M=）
^B	打开或关闭“捕捉”；相当于按 Ctrl +B 组合键
^C	取消活动的命令或命令选项；相当于按 Esc 键
^D	打开或关闭“动态 UCS”；相当于按 Ctrl +D 组合键
^E	设定下一个等轴测平面；相当于按 Ctrl +E 组合键
^G	打开或关闭“栅格”；相当于按 Ctrl +G 组合键
^H	输入退格键
^O	打开或关闭“正交”
^P	打开或关闭 MENUECHO
^Q	将不显示宏的“命令行”历史记录中的所有提示和输入
^R	打开或关闭命令版本控制。某些命令需要使用命令版本控制来确保在较旧版本中编写的命令宏可以在最新版本中正常工作
^T	打开或关闭数字化仪；相当于按 Ctrl +T 组合键
^V	更改当前视口
^Z	空字符，用于禁止自动将空格添加到宏的末尾

注：当从键盘直接进行输入时，其中的多个控制字符将以不同的方式进行操作，这些字符包括 ^Q(退出)、^R(循环浏览视口)和 ^V(从剪贴板粘贴)。

例题 14-8　在例题 14-7 创建的自定义界面文件 kwacad. cuix 中，创建带按钮图像的“破碎机”命令。

(1) 编写 AutoLISP 程序，创建能够绘制选煤厂用破碎机图形符号的命令，将该命令名称定义为“CRUSHER”。将该 AutoLISP 程序在 AutoCAD 平台中加载后，CRUSHER 即成为 AutoCAD 的可执行命令(该内容详见第十九章)。

(2) 用任意一款图像编辑软件创建“破碎机”的按钮图像，保存为文件“RCDATA_32_CRUSHER. BMP”。

(3) 启动“自定义用户界面”对话框，单击“创建新命令”按钮。

(4) “命令列表”和“特性”窗格中都将显示一个新命令(名为“命令 1”)。

(5) 在“按钮图像”区域中，在图像列表中选择任一图像。单击“编辑”以显示“按钮编辑器”对话框，然后单击 清除(L)，删除已有图像；单击 输入(I)...，选择已建好的文件“RCDATA _32_CRUSHER. BMP”，创建好的命令图标如图 14-17 所示。最后点击 保存(S)... 按钮和 关闭(C) 按钮，则创建的按钮图像以“RCDATA _32_CRUSHER. BMP”名称保存到与 kwacad. cuix 的同一目录下。

(6) 在“特性”窗格中，执行以下操作，如图 14-18 所示。

① 在“名称”框中为命令输入一个名称“破碎机”。

② 在“说明”框中为此命令输入说明“创建破碎机图形符号”。

③ 在“命令显示名”框中为命令输入命令名“CRUSHER”。

④ 在“宏”框中为命令输入一个宏“^C^C_crusher”。

⑤ 在“元素 ID”框中为命令输入元素 ID“ID_crusher”。

(7) 依次点击 应用(A) 按钮和 确定(O) 按钮。

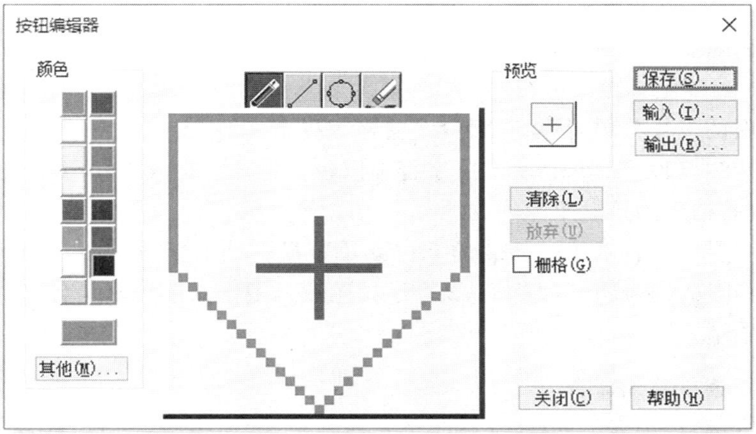

图 14-17　“破碎机”命令图标

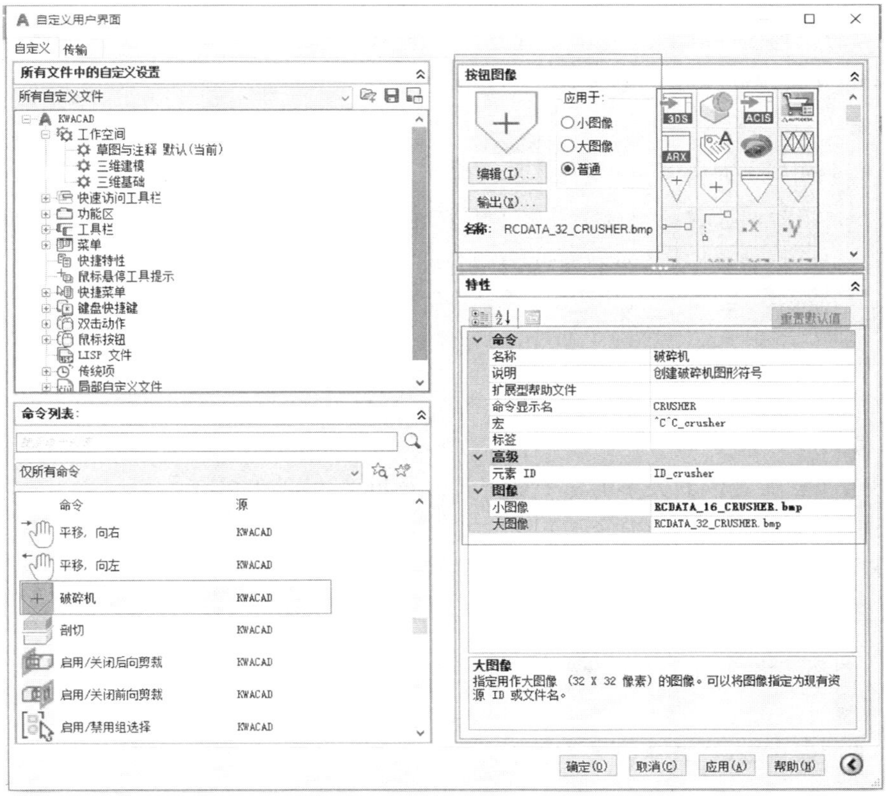

图 14-18　“破碎机”命令的特性

五、自定义和创建选煤设备图形符号下拉菜单

在“自定义用户界面”编辑器中，可以为已创建的 CUIx 文件添加下拉菜单。创建下拉式菜单的步骤如下：

（1）在“自定义用户界面”编辑器中“自定义”选项卡上的“主文件中的自定义设置”区域中，在“菜单”节点上单击鼠标右键，单击“新建菜单”。新的下拉菜单（名为“菜单 1”）位于“菜单”节点的底部。

（2）在“菜单 1”上单击鼠标右键，单击“重命名”，然后输入新的下拉菜单名称。

（3）选择新的下拉菜单，然后在“特性”窗格中更新其特性：

① （可选）在“名称”框中，编辑文字字符串以包含特殊字符或 DIESEL 表达式。

② 在“说明”框中为该菜单输入说明。

③ 在“别名”框中，将基于已加载的下拉菜单数量自动为新菜单指定别名。例如，如果别名指定为 POP13，则表明已加载了 12 个下拉菜单。根据需要编辑别名。

（4）单击 应用(A) 。

（5）为下拉菜单添加命令。

① 在“自定义”选项卡上的“主文件中的自定义设置”窗格中，单击“菜单”节点旁边的加号[＋]以将其展开。

② 单击想要添加命令的下拉菜单旁边的加号[＋]以将其展开。

③ 在“命令列表”窗格中，将命令拖动或复制与粘贴到该下拉菜单或“主文件中的自定义设置”窗格中的下拉菜单下的位置。

☎ **注 意**

将命令添加到下拉菜单后，可以更改命令的显示名称。这允许用户控制下拉菜单项的显示以及如何通过 Alt 键使用键盘导航来访问它。要进行此操作，请选择下拉菜单下的下拉菜单项，然后在“特性”窗格中更改“名称”特性。

④ 单击 应用(A) 。

（6）更改菜单项的标题。

① 在“自定义”选项卡上的“主文件中的自定义设置”窗格中，单击“菜单”节点旁边的加号[＋]以将其展开。

② 单击包含要更改其文字的命令的下拉式菜单旁边的加号[＋]。

③ 选择要更改其文字的命令。

④ 在“特性”窗格的“显示”部分，对“名称”特性（不是“命令名”或“命令显示名”特性）进行所需的更改。

⑤ 单击 应用(A) 。

❁❁ **提 醒**

创建下拉菜单后，还必须向该菜单中添加命令。否则，就无法将该菜单保存到 CUIX 文件中。

🕮 **例题 14-9** 在所创建的自定义界面文件 kwacad. cuix 中，创建一个名为“选煤设备

图形符号”的下拉菜单。

(1) 打开“自定义用户界面”编辑器，在“自定义”选项卡上的“主文件中的自定义设置”区域中，在“菜单”节点上单击鼠标右键，单击“新建菜单”。新的下拉菜单(名为“菜单 1”)位于“菜单”节点的底部。

(2) 在“菜单 1”上单击鼠标右键，单击“重命名”，然后输入新的下拉菜单名称“选煤设备图形符号”。

(3) 在新菜单“选煤设备图形符号”的“特性”区域中，在“说明”框输入“绘制选煤厂设备流程图菜单”，如图 14-19 所示。

(4) 在“命令列表”区域，将前面创建的“破碎机”命令拖动到“选煤设备图形符号”下面的位置；单击 确定(O) 按钮。这时，在 AutoCAD 用户界面的菜单栏的最后会显示“选煤设备图形符号”，点击该菜单，可以看到有“破碎机”二级菜单命令，如图 14-20 所示。

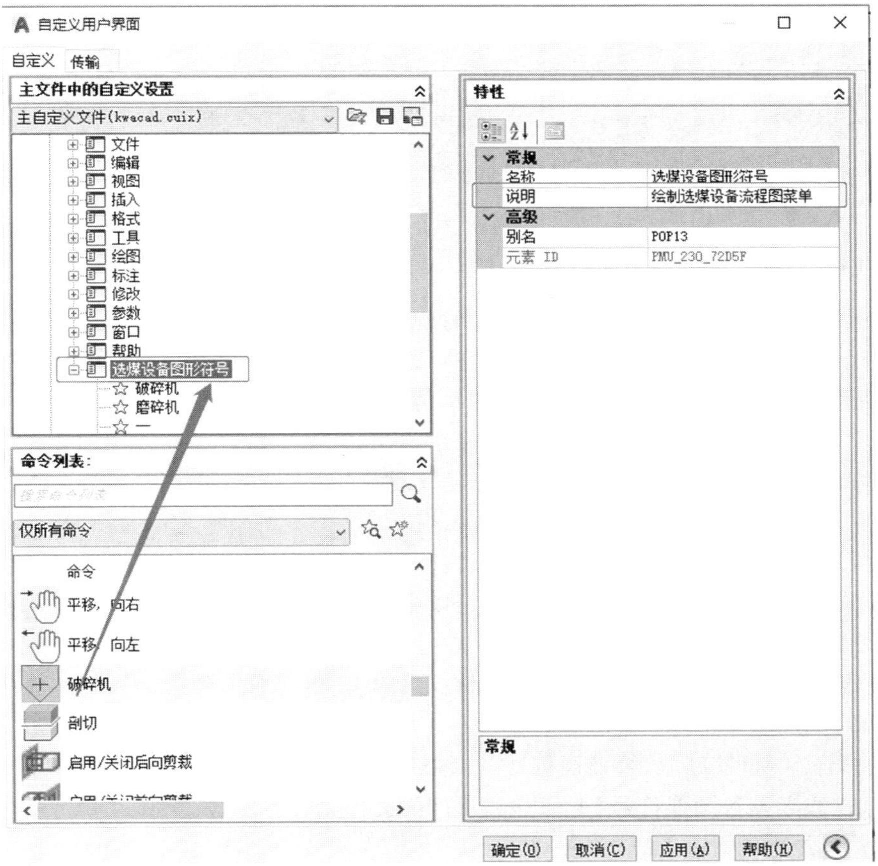

图 14-19　建立“选煤设备图形符号”下拉菜单

(5) 按照前述方法，可以再创建“磨碎机”“筛分机”“旋流器”“浮选机”等命令，用于绘制这几种设备的图形符号。

(6) 然后打开“自定义用户界面”编辑器，在新创建的下拉菜单“选煤设备图形符号”下的“破碎机”命令上单击鼠标右键，在快捷菜单中单击“插入分隔符”选项。

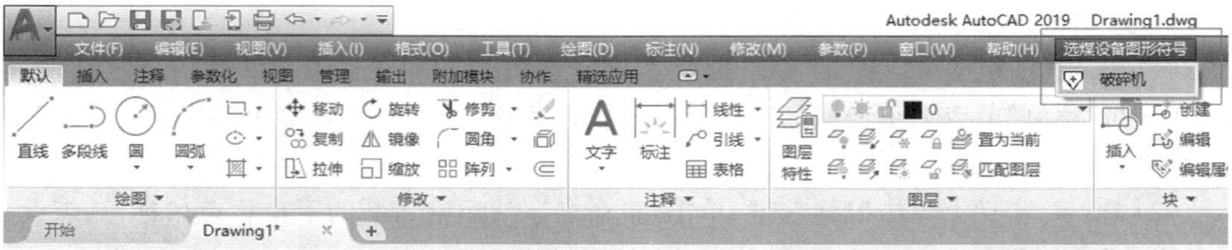

图 14-20　创建好的“选煤设备图形符号”下拉菜单

（7）依次将新创建的“磨碎机”“筛分机”“旋流器”“浮选机”等命令拖动到“选煤设备图形符号”菜单中“分隔符”的下面；最后结果如图 14-21 所示。

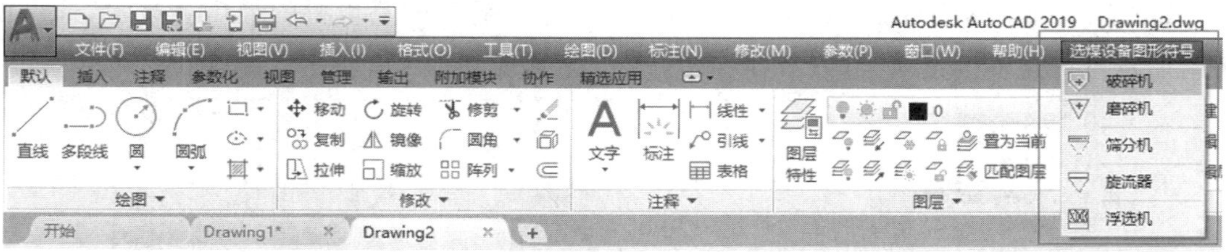

图 14-21　含有多个命令的“选煤设备图形符号”菜单

六、自定义选煤设备图形符号功能区面板

功能区选项卡由功能区面板构成，可以管理功能区面板在功能区上的显示及显示顺序。功能区面板上包含常用的可执行命令。用户可以根据需要组织相关命令来自定义功能区面板，并将创建的功能区面板放置到自定义的功能区选项卡中。

自定义功能区面板的步骤和方法在下例中说明。

🕮 **例题 14-10**　在所创建的自定义界面文件 kwacad. cuix 中，创建一个名称为“选煤设备图形符号”的功能区面板。

（1）打开“自定义用户界面”编辑器，在“自定义”选项卡上的“主文件中的自定义设置”区域中，单击“功能区”节点旁边的加号[＋]，以将其展开。

（2）在“面板”节点上单击鼠标右键；单击“新建面板”；“面板”节点底部将出现一个新面板（名为“面板 1”）。在“面板 1”上单击鼠标右键；单击“重命名”，然后输入新的面板名称“选煤设备图形符号”。

（3）在“命令列表”区域，将前面创建的“破碎机”“磨碎机”“筛分机”“浮选机”“旋流器”命令拖动到“选煤设备图形符号”下面“第 1 行”的位置，如图 14-22 所示。

（4）单击 确定(O) 按钮。

七、自定义矿物加工工程功能区选项卡

自定义功能区选项卡的步骤和方法在下例中说明。

🕮 **例题 14-11**　在所创建的自定义界面文件 kwacad. cuix 中，创建一个名为“矿物加工工程”的功能区选项卡。

（1）打开“自定义用户界面”编辑器，在“自定义”选项卡上的“主文件中的自定义设置”

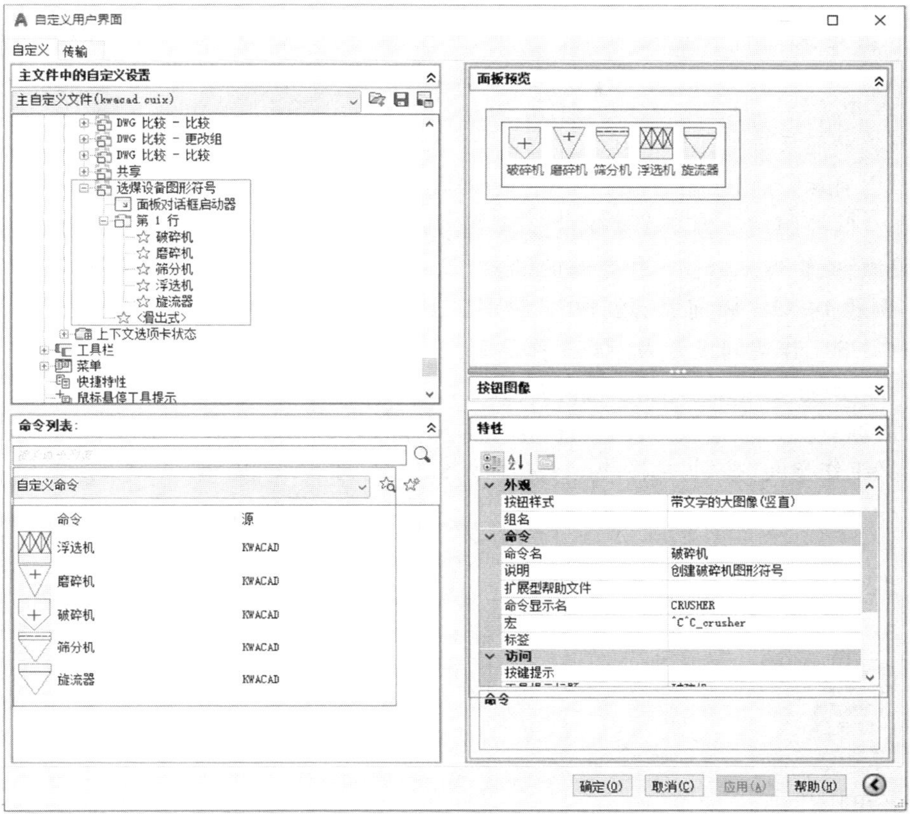

图 14-22 建立“选煤设备图形符号”面板

区域中,在“功能区”节点上单击鼠标右键;单击“新建选项卡”;“选项卡”节点底部将出现一个“新建选项卡”;在“新建选项卡”上单击鼠标右键,单击“重命名”,然后输入新的面板名称“矿物加工工程”。

(2) 向功能区选项卡添加功能区面板:

① 单击“矿物加工工程”旁边的加号[+],以将其展开。

② 将“选煤设备图形符号”节点拖动到“矿物加工工程”选项卡下面,以使功能区面板与选项卡关联,如图 14-23 所示。

(3) 单击 确定(O) 按钮。

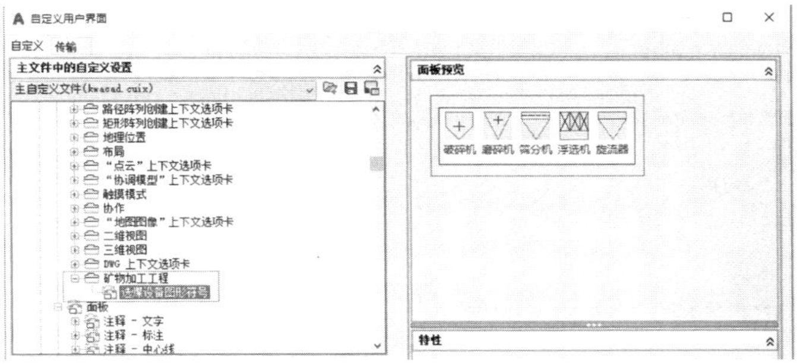

图 14-23 建立“矿物加工工程”选项卡

八、自定义工作空间

提 醒

必须将功能区选项卡添加到工作空间，才能使其显示在功能区中。将功能区选项卡添加到工作空间后，可以控制功能区选项卡和与之关联的功能区面板的默认显示状态。

工作空间控制用户界面元素集的显示，它们通常按功能或工作流组织。可以使用“自定义用户界面”编辑器来修改工作空间的设置，以满足个性绘图需要。

例题 14-12 将前面所创建“矿物加工工程”选项卡添加到“草图与注释”工作空间，并将修改后的工作空间设置为当前工作空间。

（1）打开“自定义用户界面”编辑器，在“主文件中的自定义设置”区域中，单击“工作空间”旁边的加号[＋]以将其展开，选择“草图与注释”选项，在右边的“工作空间内容”区域，单击“自定义工作空间”按钮，如图 14-24(a)所示。

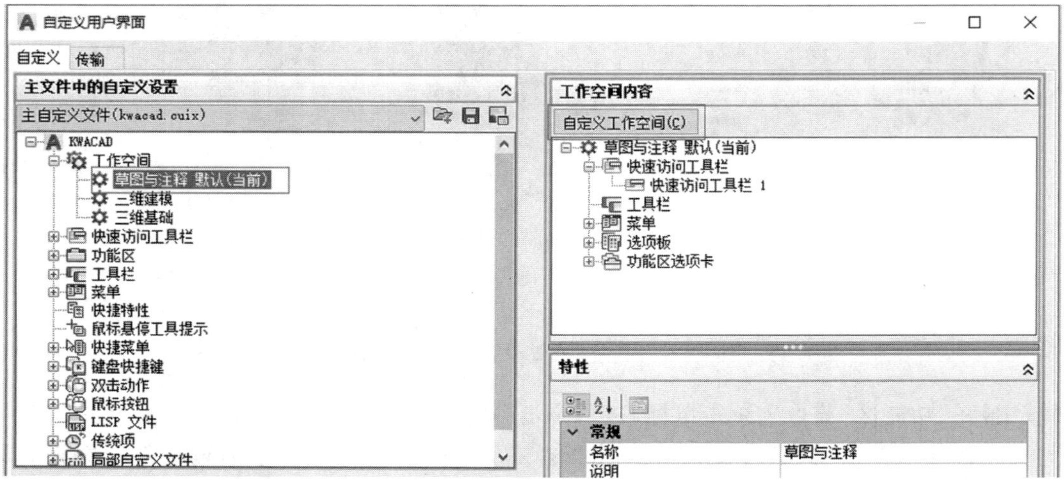

(a)

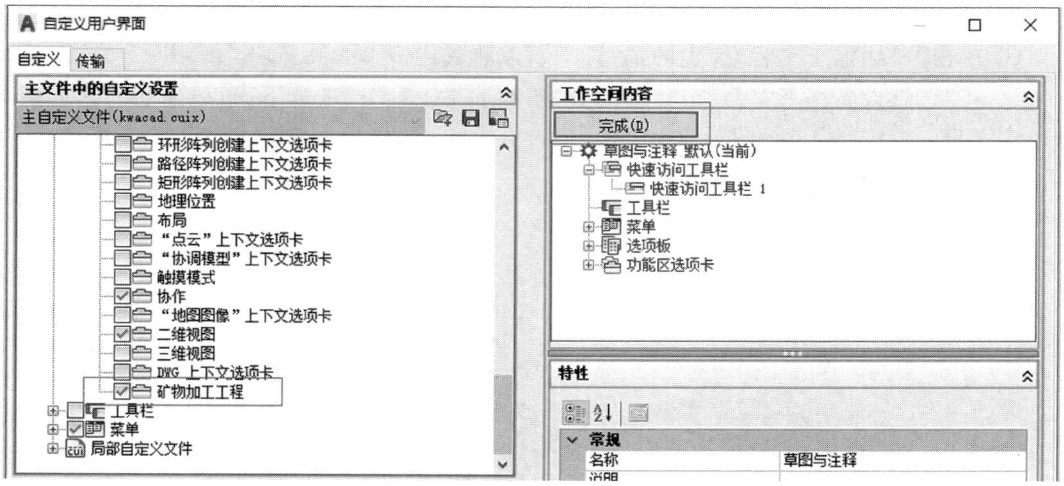

(b)

图 14-24 自定义工作空间

(2) 在“自定义”选项卡上的“主文件中的自定义设置”区域中，单击“选项卡”旁边的加号[+]以将其展开，每个选项卡界面元素旁边都显示复选框□(复选框中打钩表示该界面元素已添加到工作空间)，勾选“矿物加工工程”旁边的复选框。在右边的“工作空间内容”区域中，单击 完成(D) 按钮，如图 14-24(b)所示。

(3) 在“自定义”选项卡上的“主文件中的自定义设置”区域中，选择“草图与注释”，单击鼠标右键，选择“置为当前”选项。

(4) 最后单击 确定(O) 按钮。修改后的“草图与注释”工作空间如图 14-25 所示。

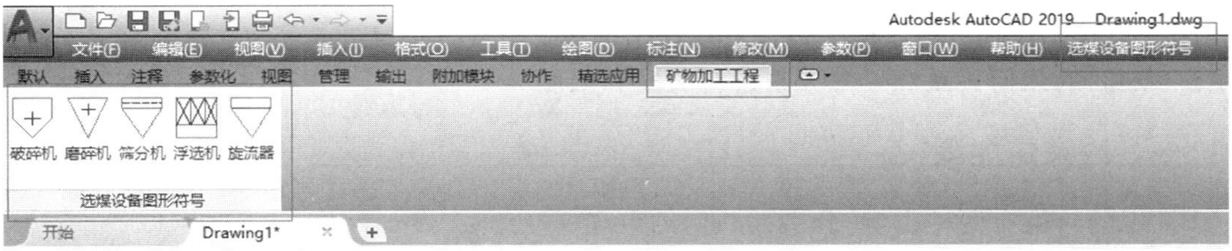

图 14-25　修改后的“草图与注释”工作空间

复习与思考题

1. AutoCAD 提供了哪两个线型文件？

2. 在 acadiso.lin 文件中对 BORDER(边界线)的定义如下：

* BORDER，Border

____ ____ · ____ ____ · ____ ____ ·

A，12.7，－6.35，12.7，－6.35，0，－6.35

其中，对齐码“A”，12.7，－6.35，0 各自表示的含义是什么？

3. 在 acadiso.lin 文件中对“GAS_LINE”线型的定义如下：

* GAS_LINE，Gas line —— GAS —— GAS —— GAS —— GAS

A，12.7，－5.08，["GAS"，STANDARD，S=2.54，U=0.0，X=－2.54，Y=－1.27]，－6.35

其中，STANDARD、S、U、X、Y 表示的含义是什么？

第十五章　参数化绘图和约束

第一节　概　　述

在 AutoCAD 中，参数化绘图是一项使用约束进行设计的技术。约束，指的是对二维几何图形之间的几何关系和尺寸关系进行关联和限制。

一、约束的类型

常用的约束有两种类型，分别是几何约束和标注约束。

(1) 几何约束：控制图形对象相对于彼此的几何关系，如平行、垂直或同心圆等。

(2) 标注约束：控制图形对象的距离、长度、角度和半径值。

图 15-1 显示了使用的几何约束和标注约束。

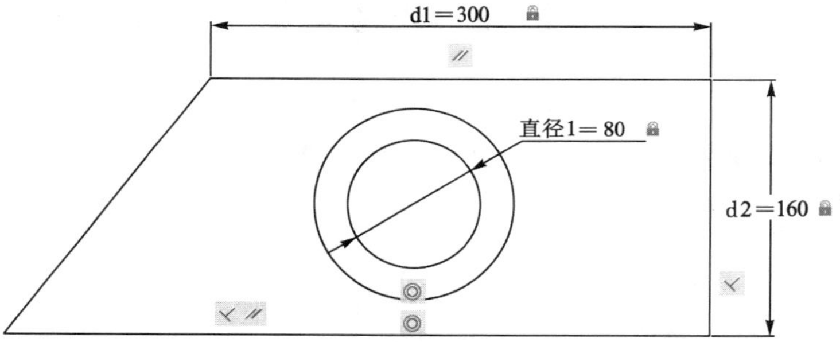

图 15-1　几何约束和标注约束

在工程设计阶段，通过约束，可以在试验各种设计方案或进行更改时强制执行特定要求。对某一图形对象所做的更改可能会自动调整其他图形，并将更改限制为设定的距离和角度值。

利用约束，用户可以实现的目标包括：

(1) 通过约束图形中的几何对象来保持设计规范和要求。

(2) 将多个几何约束应用于图形对象。

(3) 在标注约束中包括公式和方程式。

(4) 通过更改变量值快速进行设计修改。

提醒

建议首先在设计中应用几何约束以确定设计的形状，然后应用标注约束以确定图形对象的大小。

二、约束的使用

当使用约束时，图形会处于以下三种状态之一：

（1）未约束：未将约束应用于任何几何图形。

（2）欠约束：将某些约束应用于几何图形。

（3）完全约束：将所有相关几何约束和标注约束应用于几何图形。完全约束的一组对象还需要包括至少一个固定约束，以锁定几何图形的位置。

有以下两种通过约束进行设计的方法，其选择取决于设计实践以及主题的要求。

（1）可以在欠约束图形中进行操作，同时进行更改。操作方法是，使用编辑命令和夹点的组合，添加或更改约束。

（2）可以先创建一个图形，并对其进行完全约束，然后以独占方式对设计进行控制。操作方法是，释放并替换几何约束，更改标注约束中的数值。

第二节　几何约束

几何约束可以控制图形对象相对于彼此的关系。用户可指定二维图形对象或对象上的点之间的几何约束，之后在编辑或修改受约束的几何图形时，将保留约束条件。因此，通过使用几何约束，用户可以在图形中包括设计要求。

一、几何约束的应用

几何约束命令的启动方法：

★菜单栏："参数"➤"几何约束"➤12 种不同的几何约束类型。

★功能区："参数化"选项卡 ➤"几何约束"面板 ➤12 种不同的几何约束类型。

★工具栏："几何约束"工具栏 ➤12 种不同的几何约束类型。

12 种不同几何约束类型的功能见表 15-1。

表 15-1　几何约束的类型和功能

类　型	功　　能
重合	约束两个点使其重合，或者约束一个点使其位于直线、曲线或其延长线上。第二个选定点或对象将设为与第一个选定点或对象重合
垂直	约束两条直线或多段线线段，使其夹角始终保持为 90°。第二个选定对象将设为与第一个对象垂直
平行	约束两条直线，使其倾斜角度相同。第二个选定对象将设为与第一个对象平行
相切	约束两条曲线，使其彼此相切或延长线相切
水平	约束一条曲线或两个点，使其与当前 UCS 的 X 轴平行。对象上的第二个选定点将设为与第一个选定点水平
竖直	约束一条曲线或两个点，使其与当前 UCS 的 Y 轴平行。对象上的第二个选定点将设为与第一个选定点垂直
共线	约束两条直线，使其位于同一条无限长直线上。第二条选定直线将设为与第一条直线共线

表 15-1(续)

类　型	功　　能
同心◎	约束选定的圆、圆弧或椭圆,使其具有相同的圆心。第二个选定对象将设为与第一个对象同心
平滑	约束一条样条曲线,使其与其他样条曲线、直线、圆弧或多段线彼此相连,并保持连续性。第一条选定的必须为样条曲线,第二个选定对象将设为与第一条样条曲线连续
对称	约束对象上的两条曲线或两个点,使其以选定直线为对称轴彼此对称
相等＝	约束两条直线或多段线线段,使其具有相同的长度,或约束圆弧或圆使其具有相同的半径。使用“多个”选项使两个或多个对象具有相同的值
固定	约束一个点或一条曲线,使其位于相对于世界坐标系的特定位置或方向上

例题 15-1　通过对图 15-2(a)进行几何约束,完成图 15-2(j)所示图形。

(1) 绘制图 15-2(a)所示图形(没有尺寸限制,但线段 1～7 要由“多段线”命令连续绘制,为 1 个图形对象)。

(2) 鼠标点击“参数化”选项卡 ➤“几何约束”面板 ➤水平按钮,这时命令行提示为“选择对象或[两点(2P)] <两点>:”,按 Enter 键,即选择“两点”方式;然后鼠标点击线段 3 的左端点为第一个点,选择线段 3 的右端点为第二个点,完成图形如图 15-2(b)所示。

(3) 鼠标点击垂直按钮,选择线段 3 为第一个对象,选择线段 1 为第二个对象,完成图形如图 15-2(c)所示。

(4) 再次点击垂直按钮,选择线段 1 为第一个对象,选择线段 2(靠近右端点处)为第二个对象,完成图形如图 15-2(d)所示。

(5) 鼠标点击相等按钮＝,选择线段 3 为第一个对象,选择线段 2 为第二个对象,完成图形如图 15-2(e)所示。

(6) 鼠标点击对称按钮,选择线段 2 为第一个对象,选择线段 3 为第二个对象,选择线段 10 为对称轴,完成图形如图 15-2(f)所示。

(7) 鼠标点击相等按钮＝,选择直线 4 为第一个对象,选择直线 5 为第二个对象;再次点击对称按钮,选择直线 4 为第一个对象,选择直线 5 为第二个对象, 选择线段 10 为对称轴,完成图形如图 15-2(g)所示。

(8) 鼠标点击水平按钮,鼠标靠近左端点处选择直线 6;再次点击水平按钮,鼠标靠近左端点处选择直线 7,完成图形如图 15-2(h)所示。

(9) 鼠标点击相切按钮,选择直线 6 为第一个对象,选择圆 8 为第二个对象;再次点击相切按钮,选择直线 7 为第一个对象,选择圆 8 为第二个对象,完成图形如图 15-2(i)所示。

(10) 鼠标点击同心按钮◎,选择圆 8 为第一个对象,选择圆 9 为第二个对象;再采用“修剪”命令对图形进行修改完善,完成图形如图 15-2(j)所示。

提醒

(1) 几何约束标志显示为淡蓝色小方块。

(2) 如果几何图形未完全约束,则用户仍然可以通过夹点更改圆弧的半径、圆的直径、水平线的长度以及垂直线的长度。要指定这些距离,需要应用标注约束。

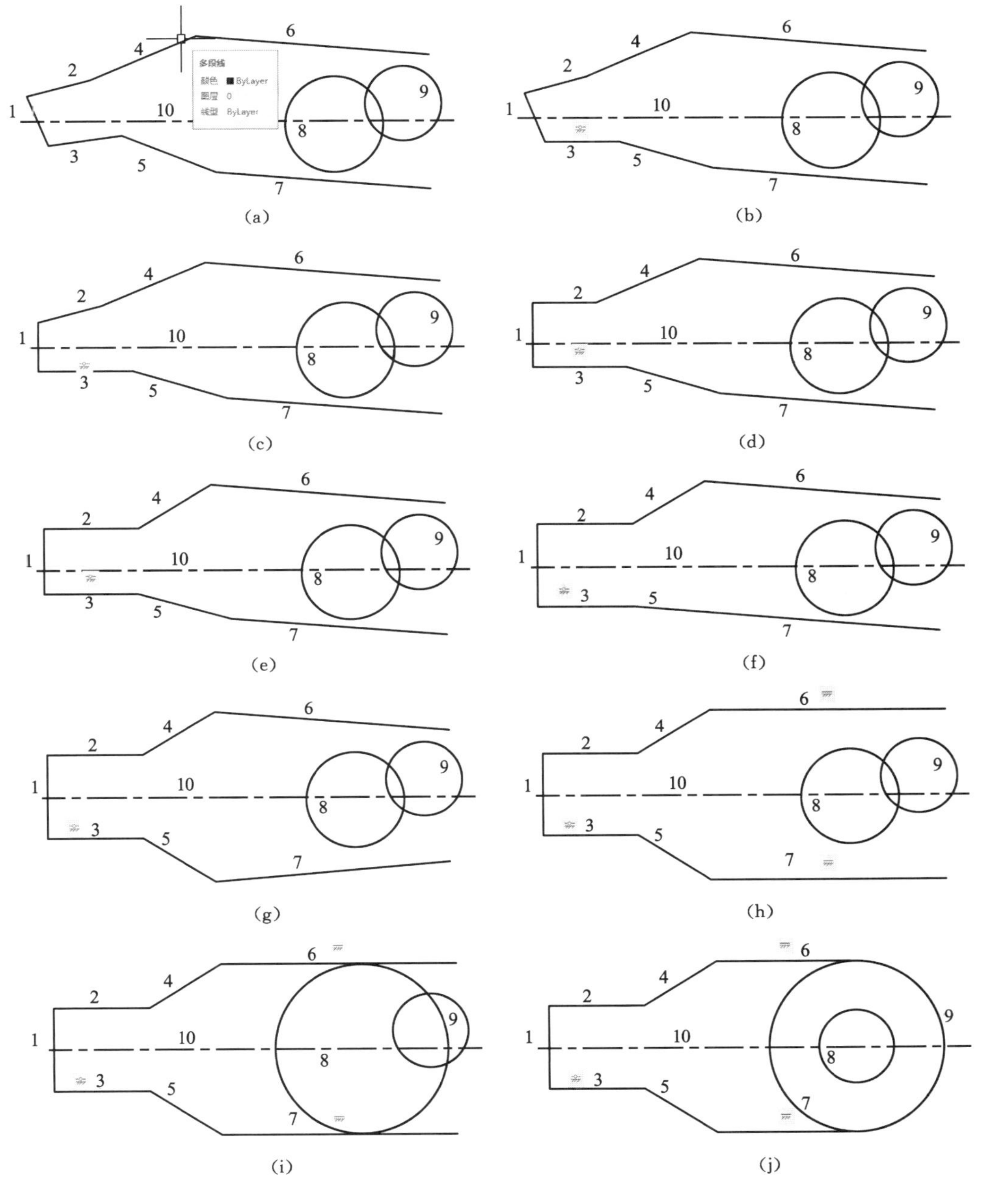

图 15-2　利用几何约束绘制图形

(3) 可以向多段线中的线段添加约束，就像这些线段为独立的对象一样。

(4) 将鼠标悬停在已应用几何约束的对象上时，会亮显与该对象关联的所有约束栏。这些亮显特征简化了约束的使用，尤其是当图形中应用了多个约束时。

(5) 默认情况下，约束图标显示在受约束的对象旁边(图 15-1)；重合约束显示为蓝色小方块，所有其他约束显示为灰色图标。

(6) 应用约束后，只允许对该几何图形进行不违反此类约束的更改。这提供执行以下操作的方法：在遵守设计要求和规范的情况下探寻设计方案或对设计进行更改。

(7) 在某些情况下，应用约束时选择两个对象的顺序十分重要。通常，所选的第二个对象会根据第一个对象进行调整。例如，应用垂直约束时，选择的第二个对象将调整为垂直于第一个对象。

(8) 另外，在某些情况下，应用约束时选择某对象的不同位置也十分重要，选择位置不同，约束后形成的图形对象几何关系也不同。

(9) 对于某些约束，可以在对象上指定约束点，而非指定对象本身。对象上的约束点与对象捕捉类似，但是位置限制为端点、中点、中心点以及插入点。例如，重合约束可以将一条直线的端点位置限制为另一条直线的端点。

二、隐藏/显示与删除几何约束

可以根据需要选择显示或隐藏指定对象上的几何约束符号，也可以选择显示或隐藏所有对象上的几何约束符号。

命令的启动方法：

★菜单栏："参数"➤"约束栏"➤"选择对象(O)"/"全部显示(S)"/"全部隐藏(H)"。

★功能区："参数化"选项卡 ➤"几何约束"面板 ➤"显示/隐藏"/"全部显示"/"全部隐藏"。

★工具栏："参数化"工具栏 ➤。

★快捷菜单：在图形对象的约束符号上点鼠标右键，弹出约束快捷菜单。可以选择删除、隐藏或隐藏所有约束。

提醒

隐藏几何约束符号以后，该对象受到的约束仍然存在。

三、推断约束

启用"推断约束"模式，会自动在正在创建或编辑的对象与对象捕捉的关联对象或点之间自动应用几何约束。但约束也只在对象符合约束条件时才会应用。"推断约束"不会重新定位对象。打开"推断约束"时，用户在创建几何图形时指定的对象捕捉将用于推断几何约束。但是，不支持交点、外观交点、延伸、象限点等对象捕捉模式；而且无法推断下列约束如固定、平滑、对称、同心、等于、共线。

"推断约束"命令的启动方法：

★菜单栏："参数"➤"约束设置"，在"约束设置"对话框中选中"推断几何约束"。

★功能区："参数化"选项卡 ➤"几何约束"面板 ➤按钮，打开"约束设置"对话框，选中"推断几何约束"。

★状态栏：点击按钮，打开"推断几何约束"。

例题 15-2 推断约束使用方法。

打开"推断几何约束"，打开"对象捕捉""对象捕捉追踪"和"正交"功能，绘制图 15-3 所示图形，绘制过程中利用"平行线捕捉"绘制两条斜线。图形绘制结束后，系统会自动推断并添加相应的几何约束，选择全部对象使其呈现"夹点"状态，则显示图形如图 15-3 所示。

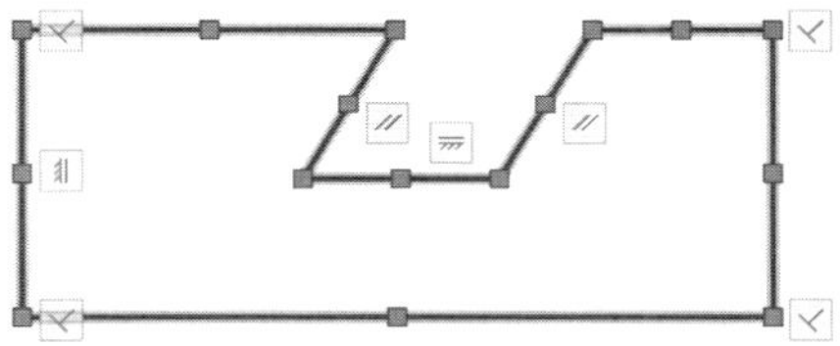

图 15-3　推断几何约束

提醒

在系统图形对象添加了推断几何约束后，如果利用夹点编辑修改对象，其约束关系保持不变。大家可以自行练习并验证。

四、自动约束

AutoCAD 可以分析已经绘制好的图形对象，根据对象相对于彼此的位置和方向将几何约束应用于所选对象。

“自动约束”的启动方法：

★菜单栏：“参数”➤“自动约束”。

★功能区：“参数化”选项卡➤“几何约束”面板 ➤“自动约束”按钮。

★工具栏：“参数化”工具栏 ➤按钮。

第三节　标注约束

一、标注约束的概念

标注约束控制设计图形的大小和比例。它们可以约束的内容有，对象之间或对象上的点之间的距离、对象之间或对象上的点之间的角度、圆弧和圆的大小，在如图 15-4 所示图中，包括线性约束、对齐约束、角度约束和直径约束。

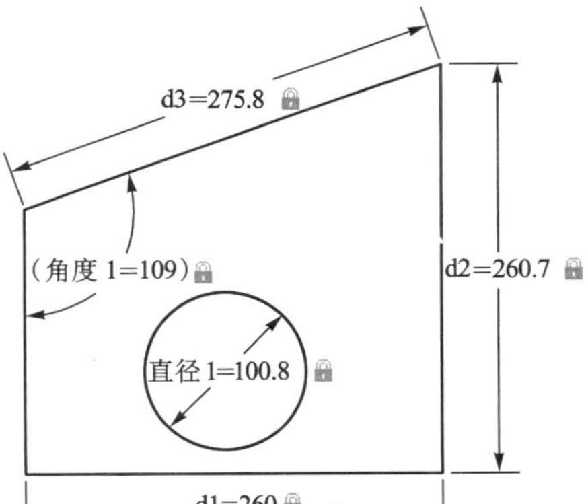

图 15-4　标注约束

如果更改标注约束的值，系统会自动计算对象上的所有约束，并自动更新受影响的对象。此外，可以向多段线中的线段添加约束，就像这些线段为独立的对象一样。

提醒

标注约束中显示的小数位数由 LUPREC 和 AUPREC 系统变量控制。

二、标注约束与标注对象的区别

标注约束与标注对象在以下几个方面有所不同：

(1) 标注约束用于图形的设计阶段，而标注通常在文档阶段进行创建。

(2) 标注约束驱动对象的大小或角度，而标注由对象驱动。

(3) 默认情况下，标注约束并不是对象，仅以一种标注样式显示，在缩放操作过程中保持相同大小，且不能输出到设备；如果需要输出具有标注约束的图形或使用标注样式，可以将标注约束的形式从“动态”更改为“注释性”。

三、标注约束的应用

“标注约束”的启动方法：

★菜单栏：“参数”➤“标注约束”➤对齐、竖直、水平、角度、直径、半径。

★功能区：“参数化”选项卡 ➤“标注”面板 ➤各标注约束命令。

★工具栏：“标注约束”工具栏。

将标注约束应用于对象时，会自动创建一个约束变量，以保留约束值。默认情况下，这些名称为指定的名称，例如 d1 或 dia1，但是，用户可以在参数管理器中对其进行重命名。标注约束可以创建为“动态约束”或者“注释性约束”两种形式之一，这上述两种形式用途不同。此外，还可以将所有“动态约束”或“注释性约束”转换为参照参数。

(1) 默认情况下，标注约束是动态的。它们对于常规参数化绘图和设计任务来说非常理想。动态约束具有以下特征：

① 缩小或放大时保持大小相同。

② 可以在图形中轻松全局打开或关闭。

③ 使用固定的预定义标注样式进行显示。

④ 自动放置文字信息，并提供三角形夹点，可以使用这些夹点更改标注约束的值，打印图形时不显示。

⑤ 在需要控制动态约束的标注样式时，或者需要打印标注约束时，可以使用“特性”对话框将标注的约束形式由“动态”更改为“注释性”。

(2) 在以下情况下，可以使用注释性约束：

① 缩小或放大时大小发生变化。

② 随图层单独显示。

③ 使用当前标注样式显示。

④ 提供与标注上的夹点具有类似功能的夹点功能。

⑤ 打印图形时显示。打印后，可以使用“特性”对话框将标注的约束形式由“注释性”改回为“动态”。

(3) 参照参数

参照参数是一种从动标注约束(动态或注释性)。从动标注约束意味着它并不控制关联的几何图形,但是会将类似的测量报告给标注对象。

参照参数可以显示出可能需要计算的测量结果。例如,图 15-4 中的"角度 1"受竖直约束"d2 "和对齐约束"d3 "约束。参照参数"角度 1" 会显示角度,但不对其进行约束。参照参数中的文字信息始终显示在括号中。

四、修改应用了标注约束的对象

可以控制对象的长度、距离和角度的方法有:更改约束值;使用夹点操作标注约束;更改与标注约束关联的用户变量或表达式。

(1) 编辑标注约束的名称、值和表达式

① 可以通过在位编辑来编辑与标注约束关联的名称、值和表达式。

② 双击标注约束,或先选择标注约束,然后使用快捷菜单或 TEXTEDIT 命令。

③ 选择标注约束,点右键打开"特性"对话框。

④ 打开参数管理器,从列表或图形中选择标注约束。

⑤ 将"快捷特性"选项板自定义为显示多种约束特性。

(2) 使用标注约束的夹点修改标注约束

① 可以使用关联标注约束上的三角形夹点或正方形夹点修改受约束对象。

② 标注约束上的三角形夹点提供了更改约束值同时保持约束的方法。

③ 标注约束上的正方形夹点提供了更改文字及其他元素的位置的方法。

④ 要使用对象本身的夹点编辑标注约束的对象,请单击夹点,然后按住 Shift 键来暂时禁用约束。

例如,可以使用竖直的标注约束上的三角形夹点更改竖直线的长度。斜线保持其角度和长度不变,如图 15-5 所示。

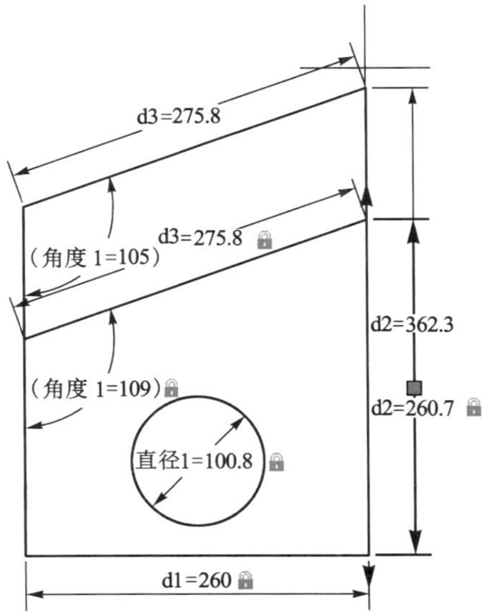

图 15-5　修改标注约束

第四节 参数管理器

通过参数管理器,可以自定义用户变量,可以从标注约束及其他用户变量内部引用这些变量。定义的表达式可以包括各种预定义的函数和常量。

图 15-6 所示为"参数管理器"对话框。打开"参数管理器"对话框的方式为:

★菜单栏:"参数"➤"参数管理器"。

★功能区:"参数化"选项卡 ➤"管理"面板 ➤"f(x)参数管理器"。

一、使用参数管理器控制几何图形

参数管理器列出了标注约束参数、参照参数和用户变量,如图 15-6 所示。可以从参数管理器中轻松地创建、修改和删除参数,它支持以下操作:

(1) 单击标注约束参数的名称,则图形中的该标注会亮显。

(2) 双击名称或表达式可以进行编辑。

(3) 单击鼠标右键并点击"删除",可以删除标注约束参数或用户变量。

(4) 单击列标题可以按名称、表达式或值对参数的列表进行排序。

(5) 在表达式中使用运算符。

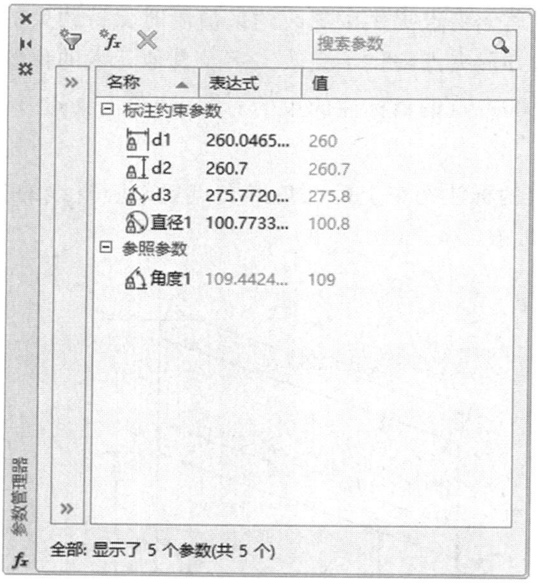

图 15-6 "参数管理器"对话框

二、参数化公式和方程式

可以将公式和方程式表示为标注约束参数内的表达式或通过定义用户变量来进行表示。例如,图 15-7(a)表示将圆约束到矩形中心的设计,且圆的面积与矩形的面积相等;图 15-7(b)为该图形设计时的参数管理器。

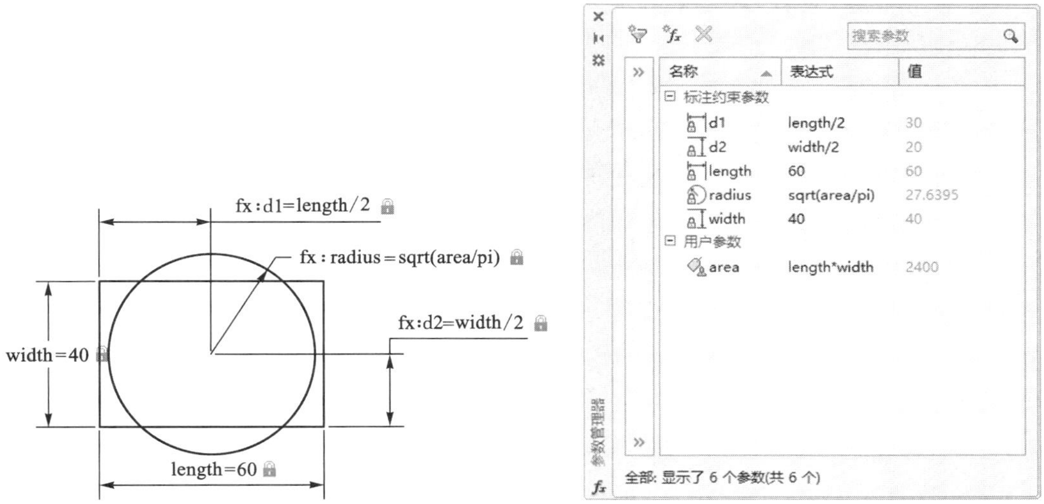

(a)　　　　　　　　　　　　　　　　(b)

图 15-7　标注约束为参数化公式与方程式

图中，长度 length 和宽度 width 标注约束参数设定为常量。d1 和 d2 约束为参照长度和宽度的简单表达式。半径标注约束参数设定为包含平方根函数的表达式，用括号括起以确定操作的优先级顺序，area 是用户变量，pi 是常量 π。这些参数都可以在参数管理器中访问。

如图 15-7 所示，用于确定圆的面积 area 的方程式，有一部分包括在半径标注约束参数中，一部分定义为用户变量。

当一个动态标注约束参照一个或多个参数时，系统会将前缀 fx:添加到该约束的名称中。此前缀仅显示在图形中。其作用是当标注名称格式设定为“值”或“名称”时，可帮助避免意外覆盖参数和公式，因为该前缀可以抑制参数和公式的显示。

第五节　参数化绘图综合实例

📖 **例题 15-3**　用参数化绘图和约束方法，绘制如图 15-8(g)所示图形。

绘图方法如下：

(1) 绘制任意三角形，再用“相切、相切、相切”方法绘制三角形内切圆，如图 15-8(a)所示。

(2) 点击菜单“参数”➤“自动约束”➤选择所有对象；依次点击执行“参数化”选项卡➤“几何约束”面板中的“垂直”约束和“水平”约束；结果如图 15-8(b)所示。

(3) 点击菜单“参数”➤“标注约束”，分别执行“对齐”标注约束和“直径”标注约束；结果如图 15-8(c)所示。

(4) 鼠标点击对齐标注约束“d1＝11.2199”，将 d1 的值修改为 15；选择直径标注约束“直径 1＝4.4622”，点右键选择“特性”，在对象特性对话框中，将“表达式”的值修改为 6，结果如图 15-8(d)～(f)所示。

(5) 点击菜单“参数”➤“删除约束”➤选择全部对象，最后对图形进行尺寸标注，结果如图 15-8(g)所示。

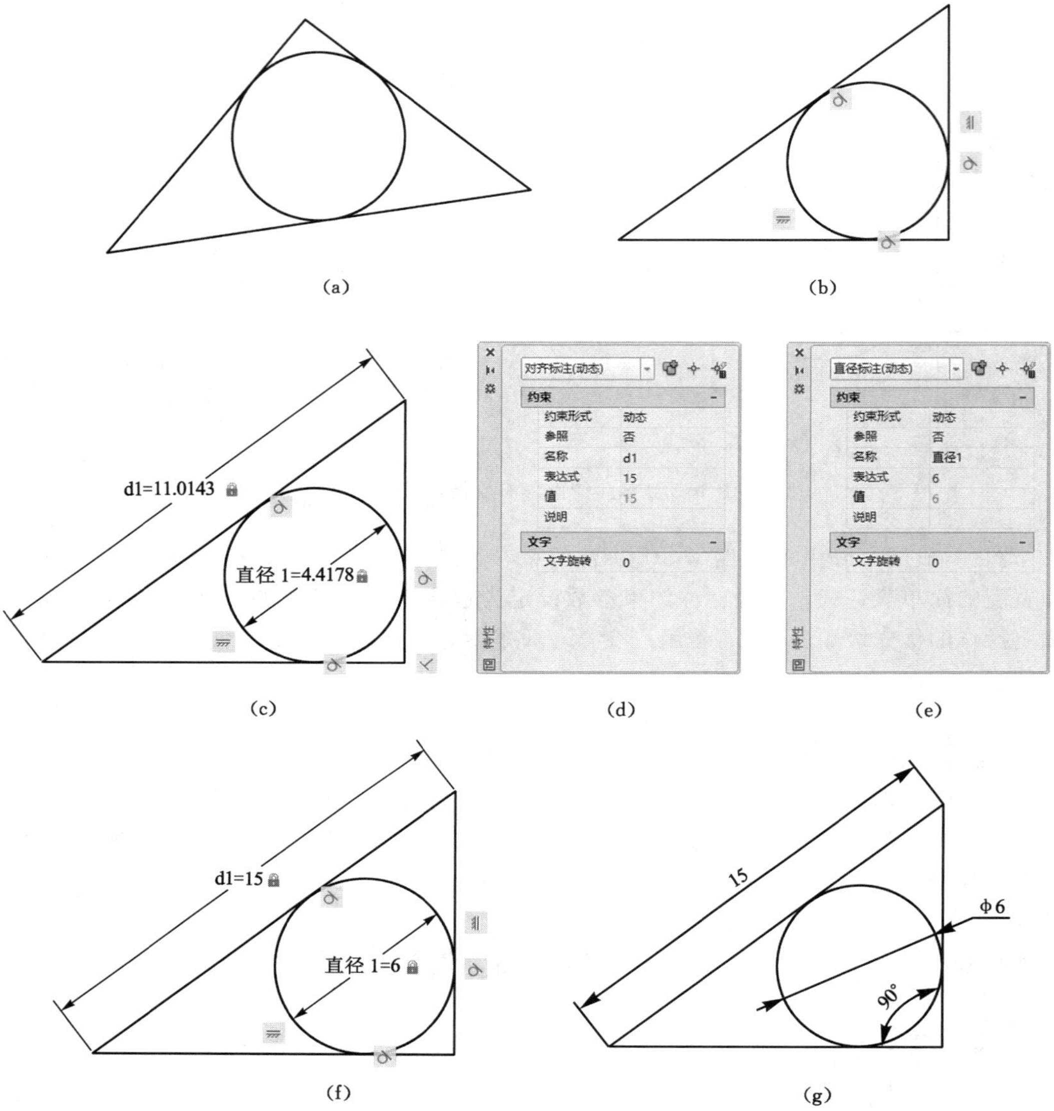

图 15-8　参数化绘图方法及步骤

第十六章　矿物加工工程二维图纸绘制

第一节　选煤工艺流程图的绘制

工艺流程图是用图表符号形式，表达产品通过工艺过程中的部分或全部阶段所完成的工作。随着计算机技术的不断发展，计算机辅助设计在矿物加工设计过程中得到了广泛的应用。在矿物加工设计过程中，工艺流程图绘制是一个重要环节。选煤工艺流程图，是一种用线条和简单文字及数字表示选煤厂各作业环节所组成的生产过程的系统图，可以表明作业的前后顺序、相互关系，以及各作业的入料和排料（包括煤、水和介质等）的数量及质量指标。本节将介绍利用 AutoCAD 平台绘制选煤工艺流程图的方法。

📖 **例题 16-1**　绘制选煤工艺流程图，并以 A4 图纸打印出图，如图 16-1 所示（该图只节选了小部分工艺）。

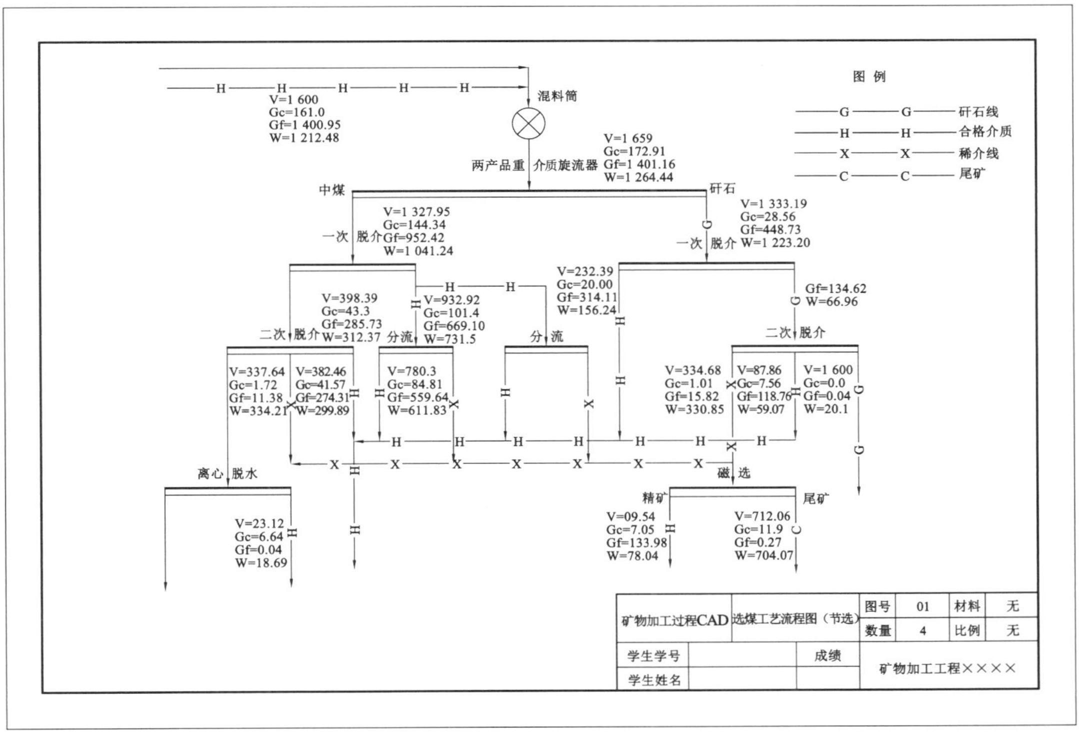

图 16-1　选煤工艺流程图（节选）

一、绘图说明

(1) 工艺流程图根据打印图纸的大小进行 1∶1 绘制。

(2) 选煤工艺流程图中包含特殊线型,因此绘图前应根据需要定制专用线型。GB/T 16660—2008《选煤厂用图形符号》规定了选煤厂流程线表示方法,见表 4-3。线型定制方法请参考第十四章第一节的内容(例题 14-6)。

(3) 工艺流程图要求线条清晰,文字标注整齐美观,图形布局合理。

二、绘图步骤

(1) 新建文件,保存为文件“选煤工艺流程图.dwg”。

(2) 点击菜单“格式”➤“线型”➤“加载”,将定制好的选煤工艺流程图线型加载到本文件中。

(3) 参考表 3-1 和图 8-7 绘制 A4 纸图幅框和标题栏,也可以直接插入例题 9-3 所创建的 A4 图幅框-标题栏图块。

(4) 工艺流程图中含有带箭头的线段,可以采用多重引线标注方法进行绘制,多重引线设置如图 16-2 所示;也可以采用“多段线”命令绘制;还可以将绘制好的箭头创建为图块,根据需要随时插入该图块(同时可以旋转箭头方向)。

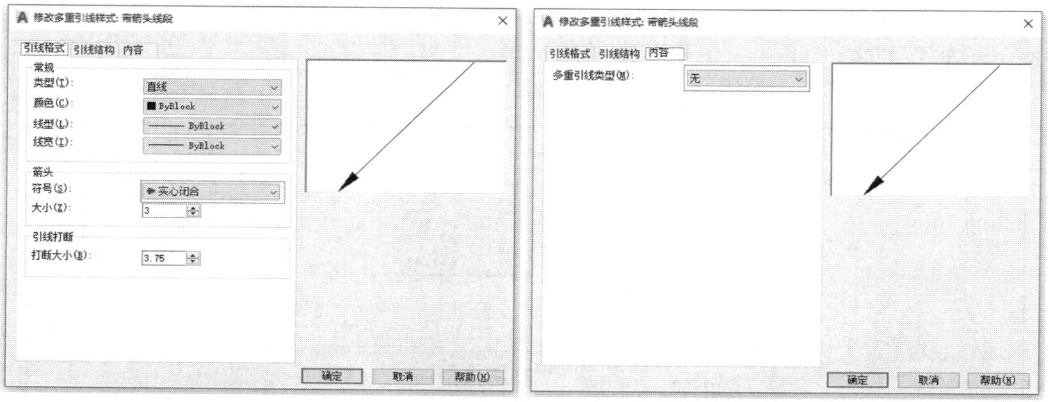

图 16-2 “带箭头线段”多重引线样式设置

(5) 选煤工艺流程图中的相关作业应采用一粗一细的双横线符号表示,因此首先绘制间距为 2 mm 的两条平行线,其中上面线段的线宽可设为 0.4 mm,下面线段的线宽可设为 0.25 mm。

(6) 根据需要复制双横线符号表示的作业线,为了图形美观,尽量保持作业线横向在同一水平线上,纵向具有相同间隔高度。

(7) 点击菜单“标注”➤“多重引线”命令,在作业线之间绘制带箭头的连接线,注意选择正确的起始点,以确保箭头位置正确。

(8) 带箭头的流程连接线全部绘制好以后,根据需要选中具有特定意义的线条,点击鼠标右键,点击“特性”,将线型修改为相关的选煤工艺流程线型。

(9) 点击菜单“绘图”➤“文字”➤“多行文字”,在流程图的合适位置编辑一组作业名称和数质量指标,其中文字样式选为国际工程字体“TNR”,作业名称的字体高度可设为 5,数质量指标的字体高度可设为 2.5。其余位置的作业名称和数质量指标可以通过复制、修改等方法完成。

(10) 最后完成的选煤工艺流程图如图 16-1 所示。图形完成后,输出为 PDF 文件以便打印出图。

第二节　选煤设备流程图的绘制

在矿物加工工程设计中，设备流程图是用图形符号表示各生产作业所使用的设备及其相互联系的系统图。设备及附属部件应标出位置号，并应与车间布置图中标注的位置号一致。本节将介绍利用 AutoCAD 平台绘制选煤设备流程图的方法。

🕮 **例题 16-2**　绘制选煤设备流程图，并以 A4 图纸竖向打印出图，如图 16-3 所示（该图只节选了局部设备）。

一、绘图说明

（1）设备流程图根据打印图纸的大小进行 1∶1 绘制。

（2）选煤设备流程图中包含特殊线型，绘制方法同例题 16-1。

（3）绘制选煤设备流程图需要大量用到 GB/T 16660—2008《选煤厂用图形符号》中的图块，可参阅第十四章的内容，预先定制“选煤厂用图形符号”工具选项卡，如图 16-3 所示。

（4）设备流程图要求线条清晰，设备图形符号符合国标规范，文字标注整齐美观，图形布局合理。

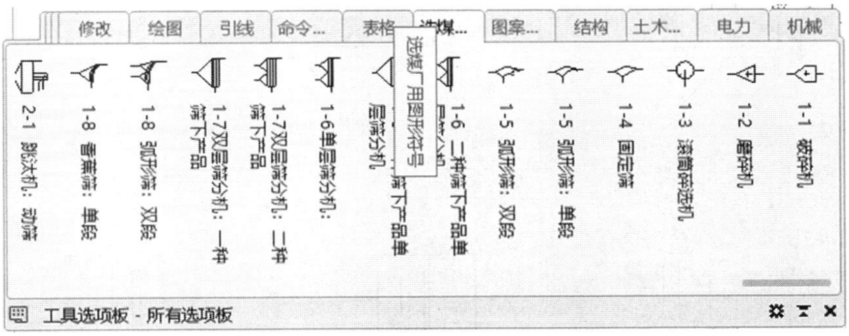

图 16-3　“选煤厂用图形符号”工具选项卡

二、绘图步骤

（1）新建文件，保存为文件“选煤设备流程图（节选）.dwg”；绘制 A4 竖向图幅框-标题栏；点击菜单“格式”➤“线型”➤“加载”，将定制好的选煤工艺流程图线型加载到本文件中。

（2）打开“选煤厂用图形符号”工具选项卡，将主要设备图形符号以图块形式插入合适位置，并根据图纸大小调整图块的比例，结果如图 16-4(a)所示。

（3）利用“矩形”“复制”命令，并打开“对象捕捉追踪”等辅助绘图工具，为图形添加“设备储料桶”图形符号，结果如图 16-4(b)所示。

（4）绘制设备之间的连接线，并将其线型修改为选煤流程专用线型；对图形进行编辑修改、完善，并补充其余设备的图形符号，结果如图 16-4(c)所示。

（5）最后，利用“单行文字”“复制”“编辑文字”等命令，为设备流程图补充设备编号以及图例说明，最后完成的选煤设备流程图（节选）如图 16-4(d)所示。

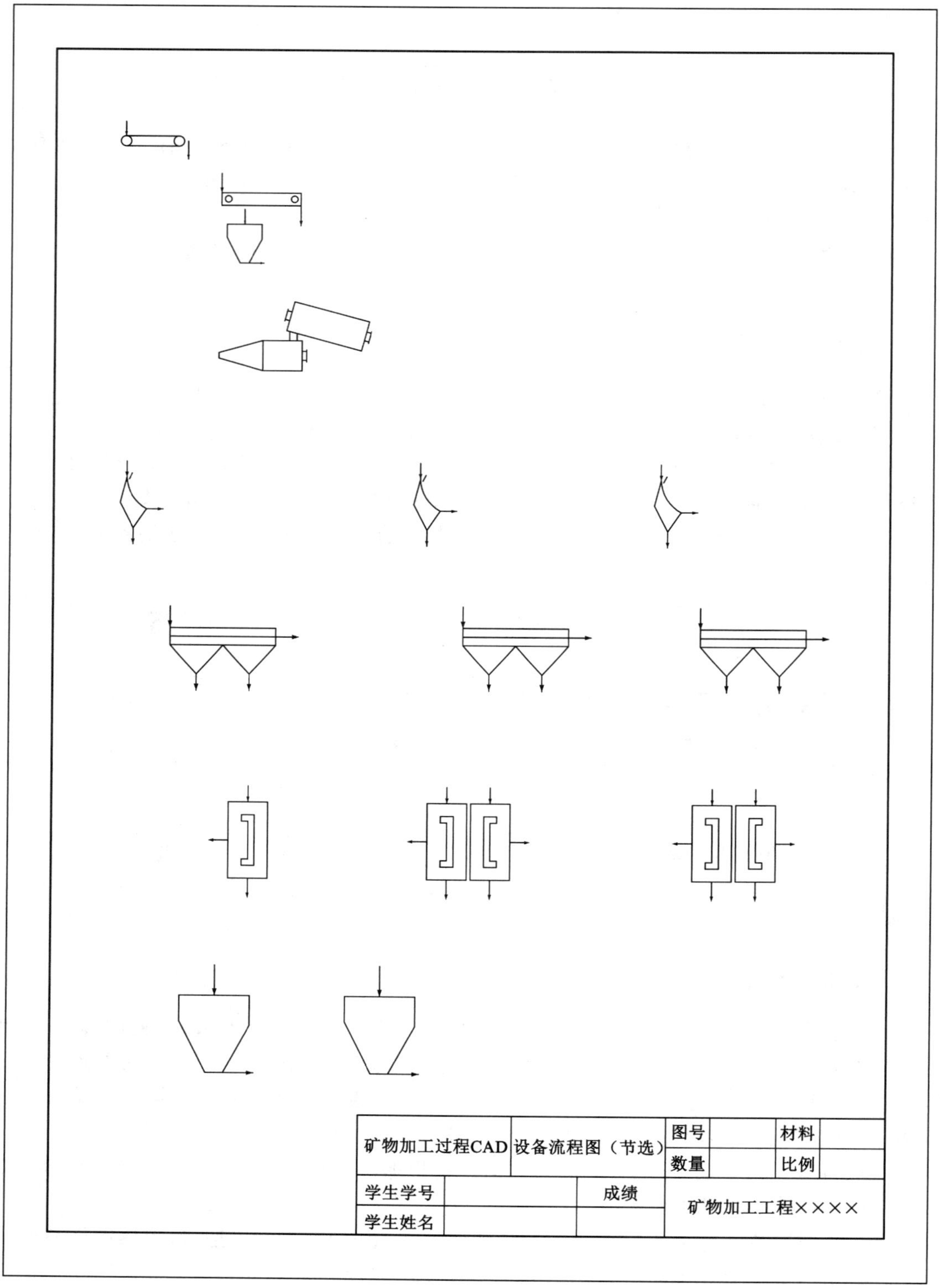

(a) 选煤设备流程图(节选)绘图步骤一

图 16-4 选煤设备流程图(节选)绘图步骤

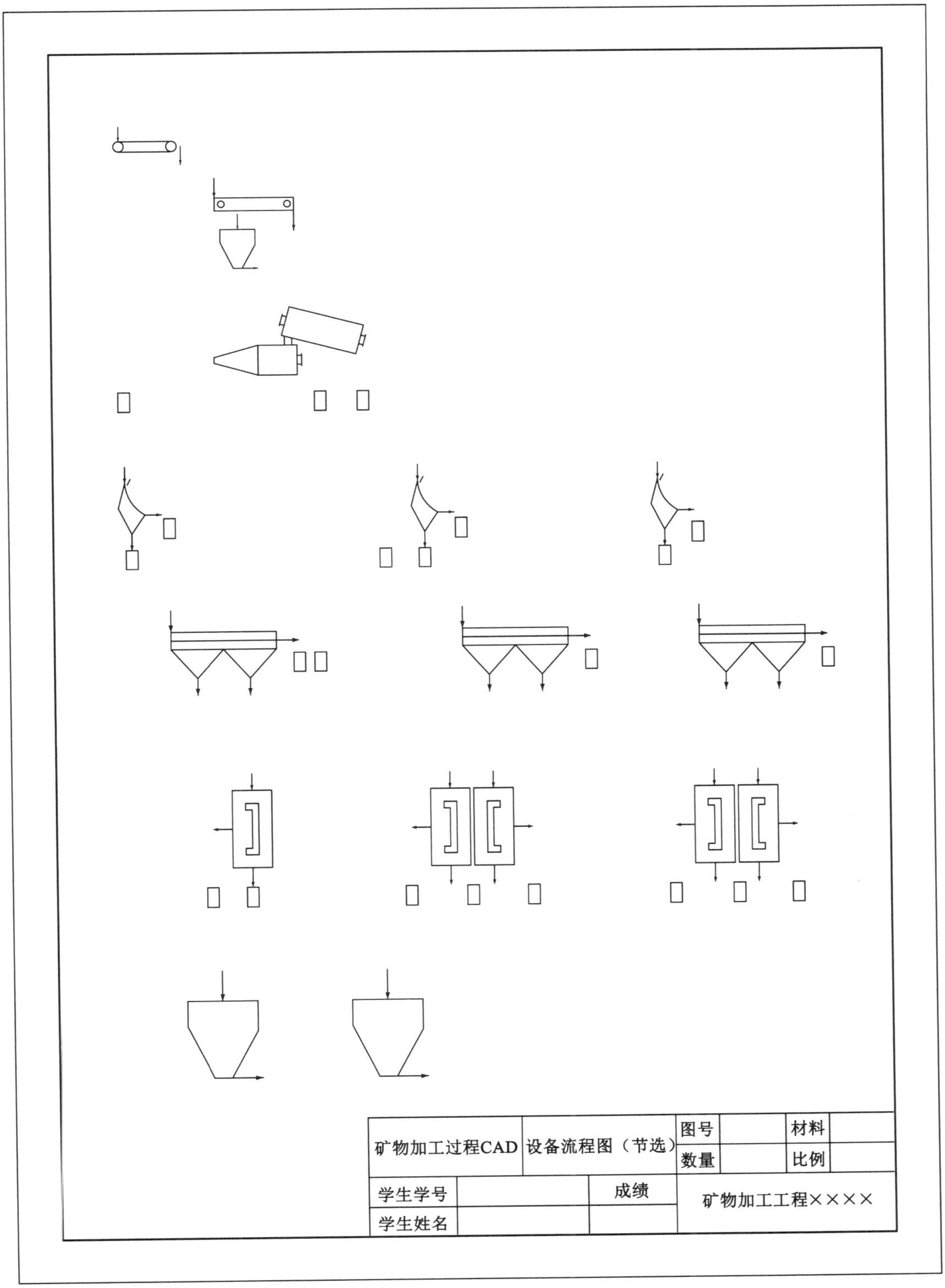

(b)　选煤设备流程图(节选)绘图步骤二

图 16-4　(续)

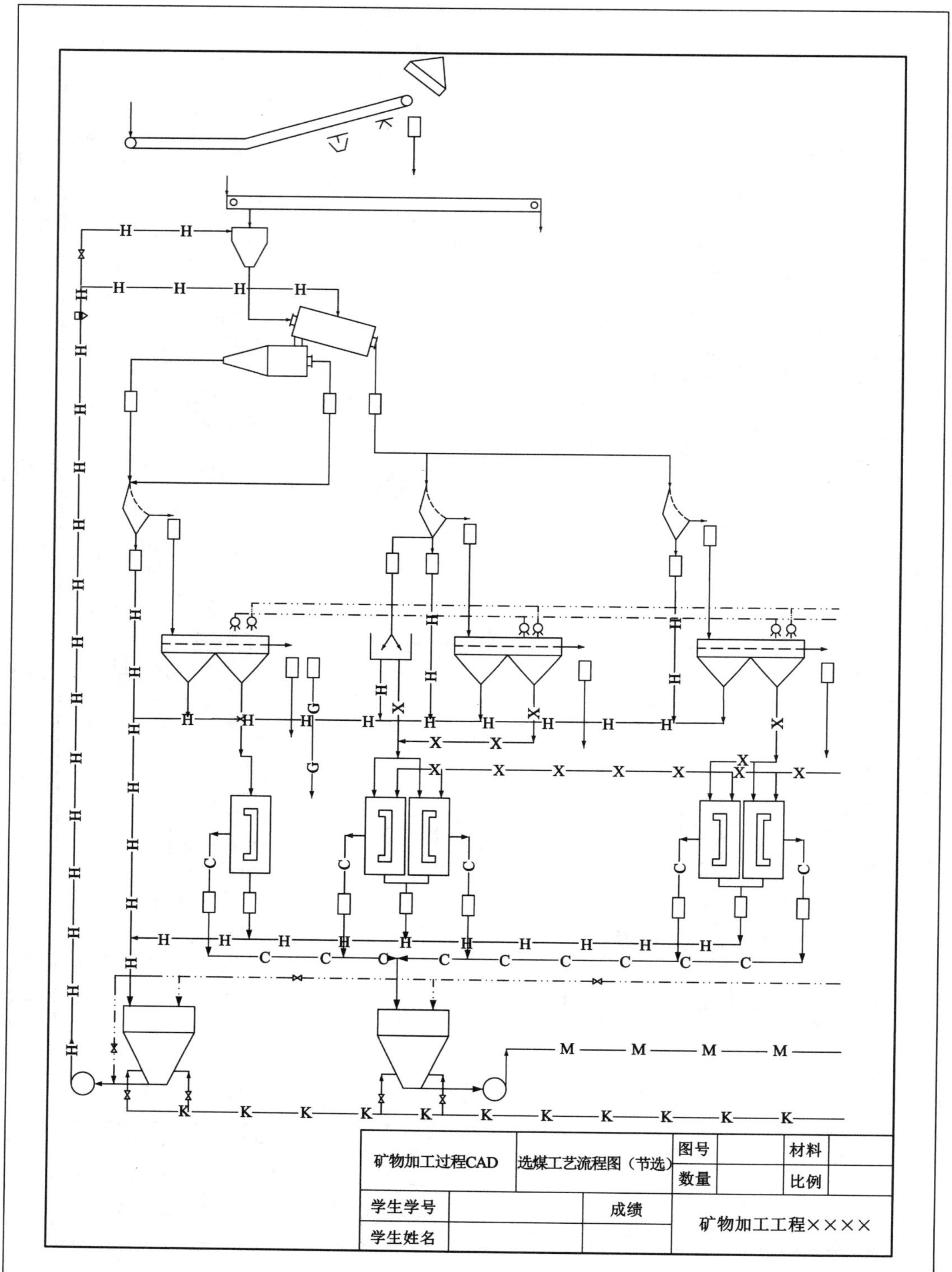

（c） 选煤设备流程图（节选）绘图步骤三

图 16-4 （续）

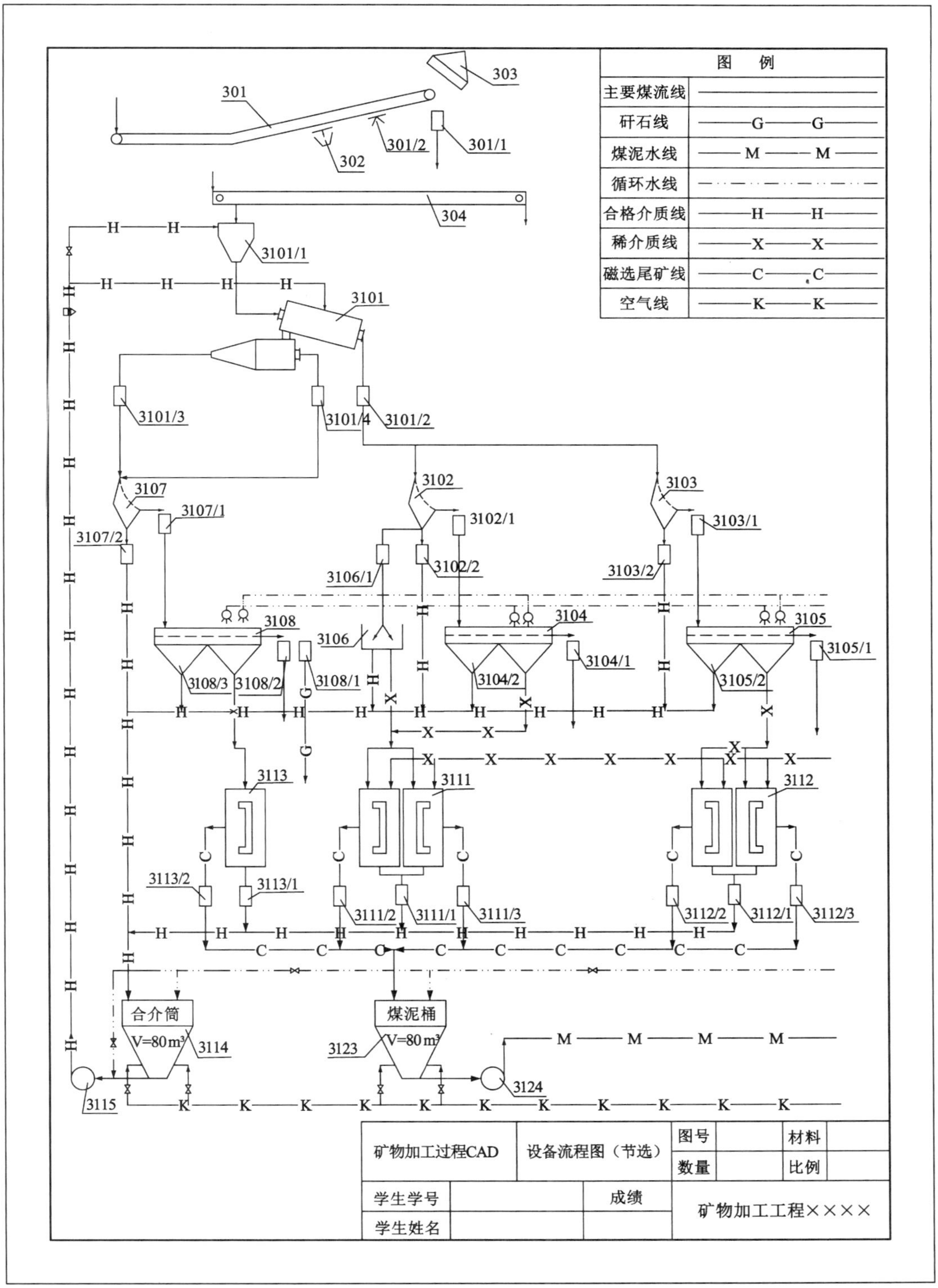

(d)　选煤设备流程图(节选)绘图步骤四

图 16-4　(续)

第三节　设备零部件图及装配图的绘制

在矿物加工工程设计中，经常需要绘制设备的零部件图与装配图，它们是指导设备生产的重要技术文件。零件图用于表达单个零件的形状、大小和特征，生产过程需要根据零件图样和技术要求进行生产准备、加工制造及检验。装配图是表达机器或部件的工作原理、运动方式、零件间的连接及装配关系的图样。

零件图的绘制需要符合相关国家技术制图标准。装配图的绘制根据使用场合及目的有两种方法：一种是在生产一部新机器或者部件的过程中，先进行设计并直接画出装配图，再由装配图拆画出零件图，然后按零件图制造零件，最后依据装配图把零件装配成机器或部件；另一种是已拥有产品零件图（如对现有产品进行测绘或改造设计），为避免重复劳动，直接利用各零件图来组装绘制装配图。

在 AutoCAD 中利用各零件图来组装绘制装配图，主要用到两个命令：下拉菜单“编辑”➤“带基点复制”和“粘贴为块”。

🕮 **例题 16-3**　绘制水力旋流器的装配图，并以 A3 图纸打印出图，如图 16-5 所示（该图参考自沐风网 https://www.mfcad.com/tuzhi）。

一、绘制水力旋流器各零部件图形

（1）按照图 16-6 所示的结构和尺寸，绘制水力旋流器的筒体、蝶阀及其与筒体连接的法兰，保存为文件“筒体.dwg”。

（2）按照图 16-7 所示的结构和尺寸，绘制水力旋流器的顶板及其与筒体连接的法兰，保存为文件“顶板与连接法兰.dwg”。

（3）按照图 16-8 所示的结构和尺寸，绘制顶板与筒体连接的螺栓、螺母和垫片等标准件，保存为文件“标准件.dwg”。

（4）按照图 16-9 所示的结构和尺寸，绘制隔板和溢流管，保存为文件“隔板与溢流管.dwg”。

二、绘制水力旋流器装配图

（1）新建图形文件，保存为文件“水力旋流器装配图.dwg”

（2）绘制 A3 图纸的图幅框和标题栏，结果如图 16-5 所示。

（3）根据所绘水力旋流器的结构尺寸，估算出图比例为 1∶10。因此将刚绘制的 A3 图纸的图幅框和标题栏，以左下角点为基点，点击“缩放”命令，将其放大 10 倍。

（4）设置文字样式为“TNR”。

（5）设置标注样式“ISO-KWJG”，其中将标注文字样式选为“TNR”，文字高度设为 40；箭头大小设为 30，如图 16-10 所示（由于出图比例为 1∶10，这样 A3 图纸上的标注文字高度为 4，箭头大小为 3）。

（6）打开文件“筒体.dwg”，点击菜单“编辑”➤“带基点复制”命令，选择筒体上端中心点 A 为基点，利用“窗口”方式选择筒体图形；在文件“水力旋流器装配图.dwg”中，点击菜单“编辑”➤“粘贴”命令，将筒体图形放在图幅框内的合适位置。

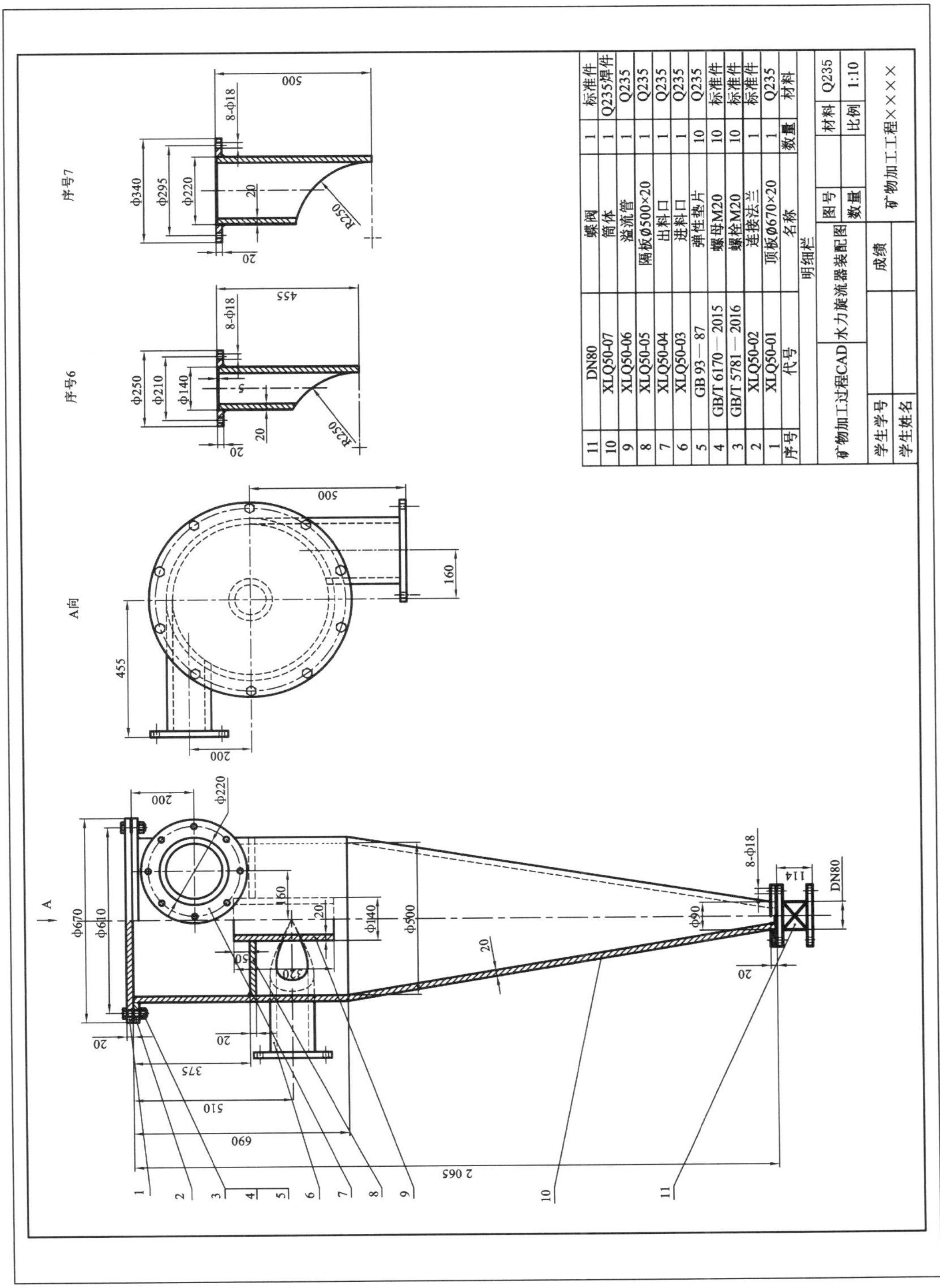

图 16-5　水力旋流器装配图

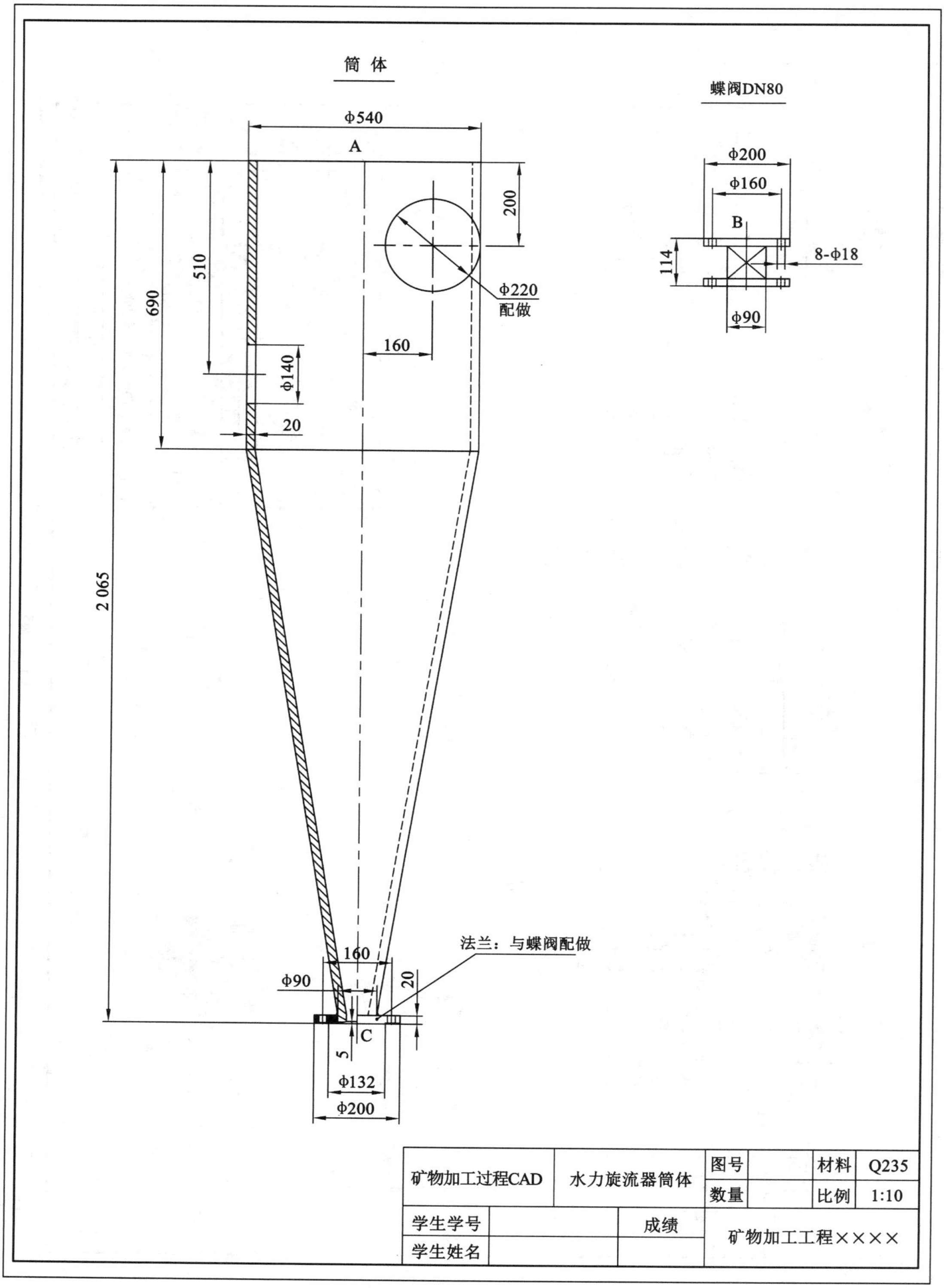

图 16-6　水力旋流器筒体及蝶阀结构尺寸

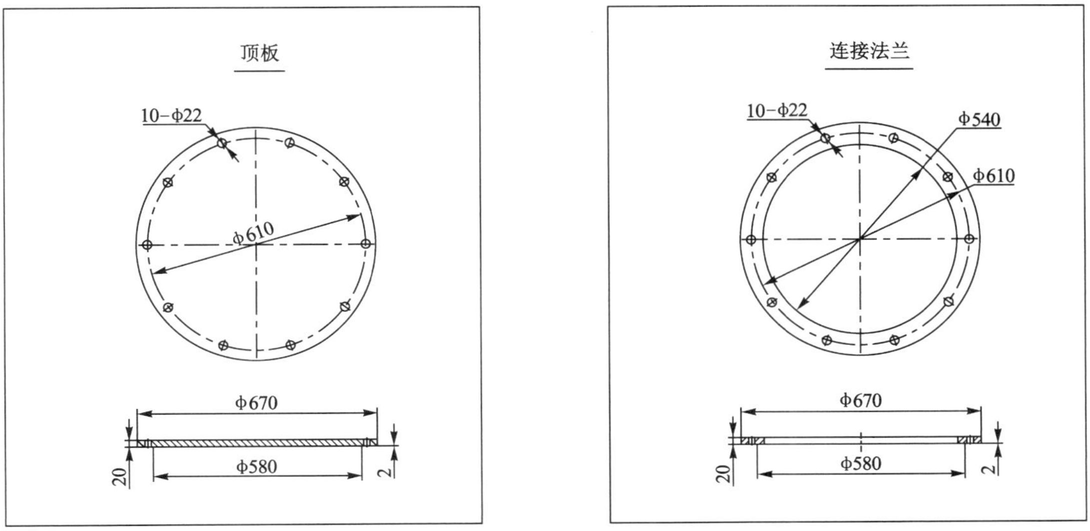

图 16-7　顶板与连接法兰零件图

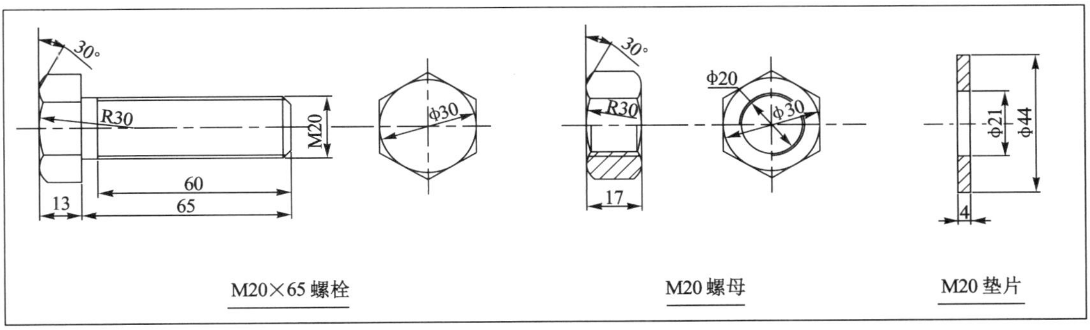

图 16-8　螺栓、螺母和垫片等标准件

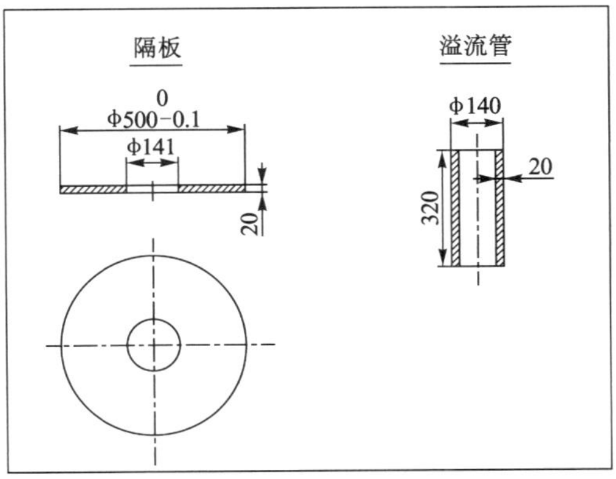

图 16-9　隔板与溢流管

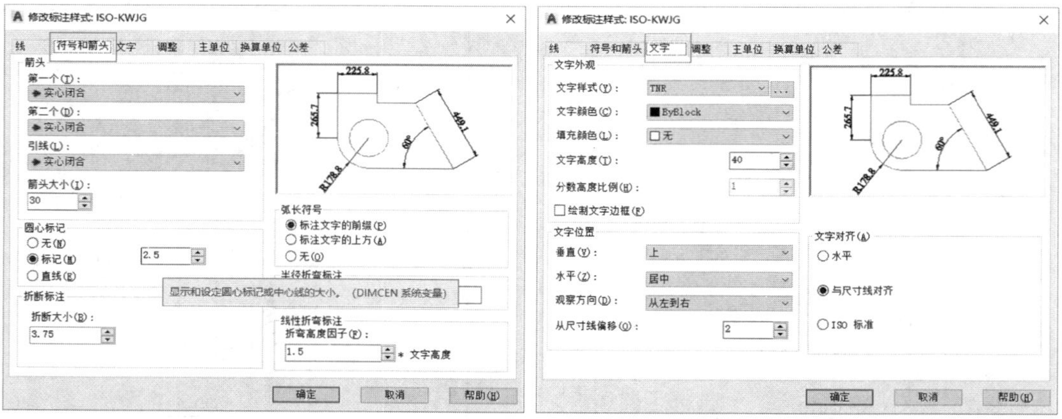

图 16-10　标注样式“ISO-KWJG”设置

(7) 再次打开文件“筒体.dwg”，点击菜单“编辑”➤“带基点复制”命令，选择蝶阀上端中心点 B 为基点，利用窗口选择蝶阀图形；在文件“水力旋流器装配图.dwg”中，点击菜单“编辑”➤“粘贴为块”命令，并捕捉图 16-6 所示筒体底部法兰下端中心点 C 为插入点，将蝶阀图形放在相应位置。

提醒

执行“粘贴为块”命令后，所复制的图形以图块形式插入新图形中，系统会自动为图块命名。AutoCAD 自动生成的块名是以“A＄C”开头、由 11 位字符组成的无意义的字符串。为了便于管理，可以用“RENAME”命令将上述图块名改为“筒体”和“蝶阀”。另外，以图块的形式将零部件图插入装配图中，其目的是在需要调整零件图位置时可以一次性选取一个零件的全部图形。

(8) 采用与步骤(6)(7)相同的方法，分别将图 16-7、图 16-8 和图 16-9 中的顶板、连接法兰、螺栓螺母标准件、隔板、溢流管等相关图形复制、粘贴到文件“水力旋流器装配图.dwg”中的相应位置。注意基点与插入点的正确选择。另外，可以预先在“水力旋流器装配图.dwg”中画出辅助线，以便于隔板和溢流管的准确定位粘贴。

(9) 将图 16-7 中顶板主视图复制、粘贴到装配图中的相应位置，参考图 16-5，绘制“A 向”图形，并绘制“序号 6”进料管图形和“序号 7”出料管图形。

(10) 将文件“水力旋流器装配图.dwg”中所有的图块进行“分解”，并参照图 16-5 进行修改、完善；对图形进行尺寸标注和文字注写。

(11) 点击“多重引线样式”管理器中新建“序号”多重引线标注样式，设置如图 16-11 所示。

(12) 在装配图中利用“多重引线”标注各零件的序号。

(13) 在标题栏上方绘制“明细栏”，明细栏表格宽度自行设置，高度统一为 50 mm，表格内文字高度为 25 mm。

(14) 保存“水力旋流器装配图.dwg”文件，为了便于打印，将图形输出为 PDF 文件，设置如图 16-12 所示。

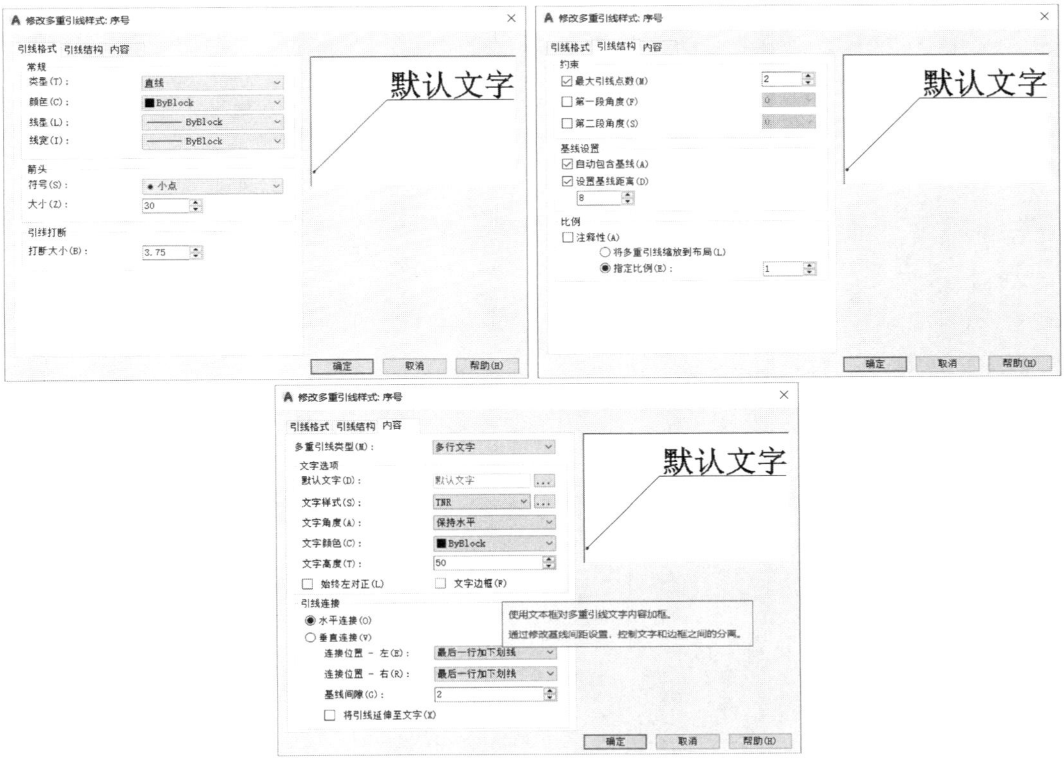

图 16-11　“序号”多重引线标注样式设置

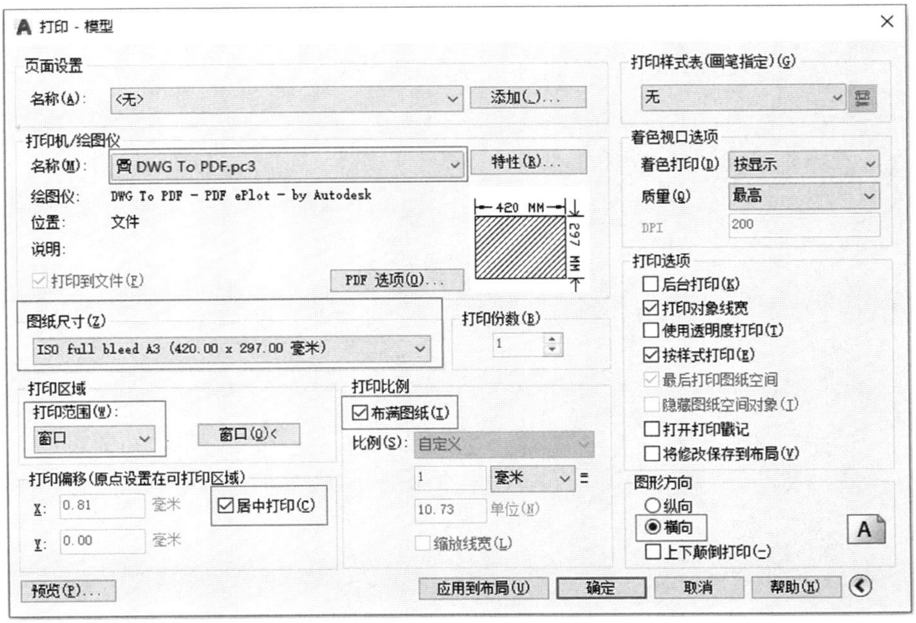

图 16-12　输出 PDF 文件设置

第四篇

基于 AutoCAD 的三维建模方法

随着三维建模技术的发展，三维 CAD 已成为产品设计与创新的必要手段。本篇以 AutoCAD 2019 版本为平台，主要讲解三维实体建模基本方法，并创建矿物加工设备三维实体模型。

第十七章　三维建模基本方法

第一节　三维建模基础知识

一、三维模型的概念

在 AutoCAD 中，三维模型分为线框模型、表面模型和实体模型三种类型。

1. 线框模型

线框模型由空间的直线和曲线构成，不包含面和体的信息，如图 17-1(a)所示。线框模型不支持消隐、着色和渲染等操作，也不具有质量、重心和体积等物理特性。

2. 表面模型

表面模型由平面和曲面构成，包含立体表面和边界的信息，如图 17-1(b)所示。表面模型支持消隐、着色和渲染等操作。在 AutoCAD 中，表面模型用多边形网格来定义，网格的密度决定了曲面的光滑程度。网格密度越大，曲面越光滑。

3. 实体模型

实体模型包含表面和体的完整信息，具有质量、重心和体积等各项物理特性，如图 17-1(c)所示。实体模型不但支持消隐、着色和渲染等操作，还可以进行布尔操作，以实现实体零部件的增材或减材（挖孔、切槽）的设计。

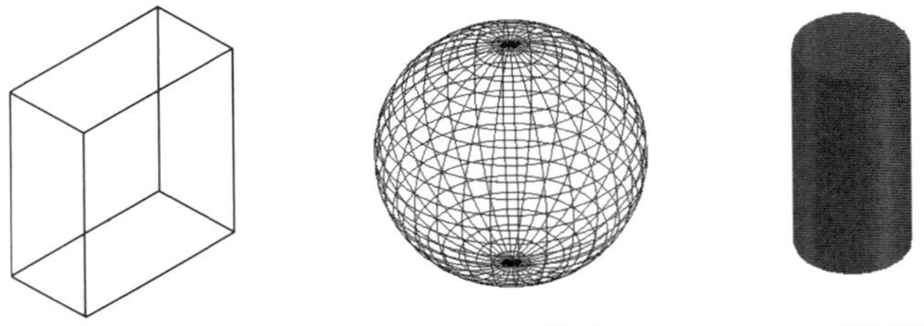

(a) 线框模型　　(b) 表面模型　　(c) 实体模型

图 17-1　三维模型

二、建立用户坐标系(UCS)

AutoCAD 系统提供的坐标系为笛卡儿直角坐标系，默认状态下，该坐标系为世界坐标系(WCS)。在绘图过程中，WCS 的原点和方向是固定不动的。但是在三维建模过程中，经常需要建立原点和方向可以变化的用户坐标系(UCS)。

提醒

在 AutoCAD 系统中，建立三维模型时，其高度和厚度的设置均是相对于 Z 轴的，而且用户通过光标绘制的二维图形均在 XY 平面或平行于 XY 平面的平面上。因此，三维建模过程中必须不断建立新的用户坐标系（UCS），其主要目的是设置绘图平面，即 XY 平面。

在新建用户坐标系（UCS）时，确定坐标轴的方向和旋转变换时的正角方向的准则为右手定则。当新建了用户坐标系（UCS）之后，在绘图命令中输入的坐标值就不再是相对于世界坐标系，而是相对于当前的用户坐标系。

右手定则：将右手拇指指向 X 轴正向，四指指向 Y 正向，则四指弯曲方向即为 Z 正向；将右手拇指指向 X 或 Y 或 Z 轴正向，四指弯曲方向即为绕轴旋转的正向。

1. 新建用户坐标系的方法

★菜单栏："工具"➤"新建 UCS(W)"。

★功能区："三维建模"工作空间 ➤"常用"选项卡➤"坐标"面板 ➤ 按钮。

★命令：UCS。

2. 选项说明

新建 UCS 时，有多种选项，如图 17-2 所示。

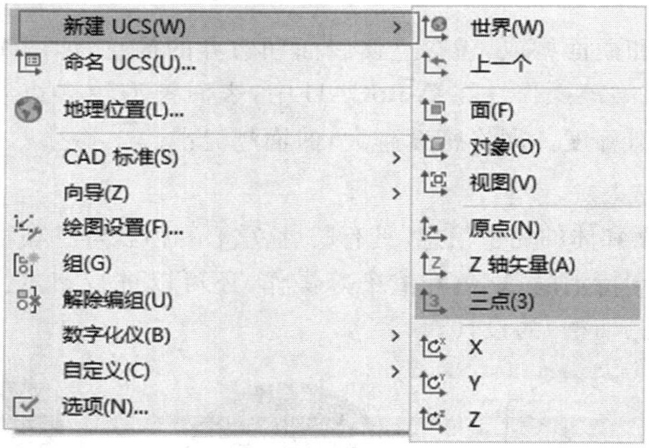

图 17-2 新建 UCS 的方法

各选项的含义如下：

[世界(W)]：将 UCS 与世界坐标系（WCS）对齐。

[上一个]：恢复上一个 UCS。

[面(F)]：将 UCS 与三维实体的面对齐。

[对象(O)]：将 UCS 与选定的二维对象或三维对象对齐。

[视图(V)]：将 UCS 的 XY 平面与垂直于观察方向的平面对齐。原点保持不变，但 X 轴和 Y 轴分别为垂直和水平。

[原点(N)]：指定 UCS 的原点，但不改变坐标轴的方向。

[Z 轴矢量(A)]：将 UCS 与指定的正 Z 轴对齐，UCS 的原点移动到指定的第一个点，Z 轴通过第二个点。

[三点(3)]：通过指定原点、正 X 轴上的一点和正 Y 轴上的一点来确定 UCS。

[X/Y/Z]：绕指定 X 或 Y 或 Z 轴旋转当前 UCS，其旋转正向按右手定则确定。

三、三维模型的观察方法

在创建三维模型过程中，经常需要从不同角度观察模型，以确定所建模型的正确性。在AutoCAD系统中，观察三维模型的方法有：标准视点观察、三维动态观察、多视口观察和使用 ViewCube 观察。

1. 标准视点观察

视点：假想用摄像机观察图形，那么摄像机的位置和方向就是视点。

在菜单栏“视图”➤“三维视图(D)”中，AutoCAD 系统提供了 10 种标准视点，如图 17-3 所示。用户通过单击这些视点就能方便快捷地获得三维对象的 10 种视图，如常用的主视图、俯视图、左视图和西南等轴测视图等。另外，用户也可以点击“视点”命令，新建其他视点来观察三维图形。

2. 三维动态观察

在菜单栏“视图”➤“动态观察(B)”中，AutoCAD 系统提供了 3 种三维模型动态观察方法，分别是受约束的动态观察、自由动态观察和连续动态观察，如图 17-4 所示。拖动鼠标左键，视点会绕着中心点旋转。

3. 多视口观察

AutoCAD 在默认状态下，只提供一个单角度的视口，因此每次只能得到三维模型的一个视图。而在实际工程绘图中，经常需要同时显示三维模型的多个不同视图，以充分且完整地显示出三维模型的全貌。这时，用户可以根据需要建立多个视口，如图 17-5 所示。建立多个视口之后，鼠标单击可以激活各个视口，并在不同视口中显示出三维模型的不同视图以及视觉样式，如图 17-6 所示。

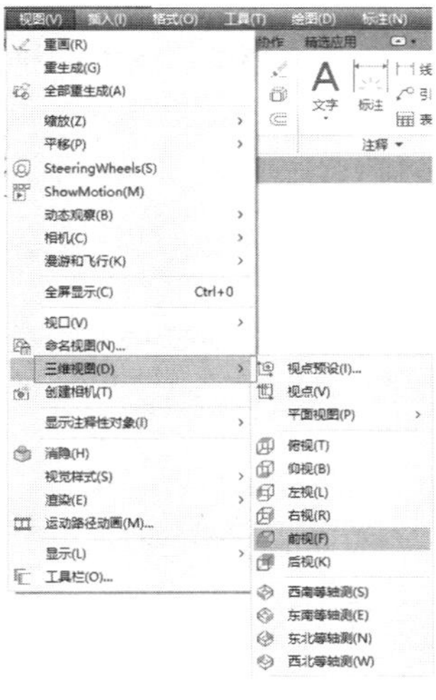

图 17-3　标准视点观察

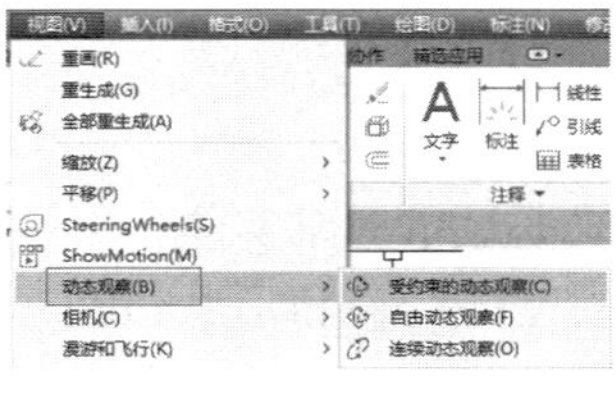

图 17-4　三维动态观察

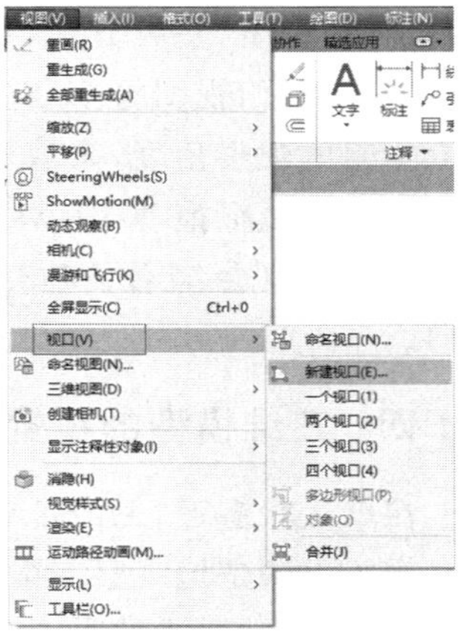

图 17-5　新建视口

建立多个视口的命令启动方法是：

★菜单栏：“视图”➤“视口(V)”。

★功能区：“三维建模”工作空间➤“可视化”选项卡➤“模型视口”面板➤▢视口配置

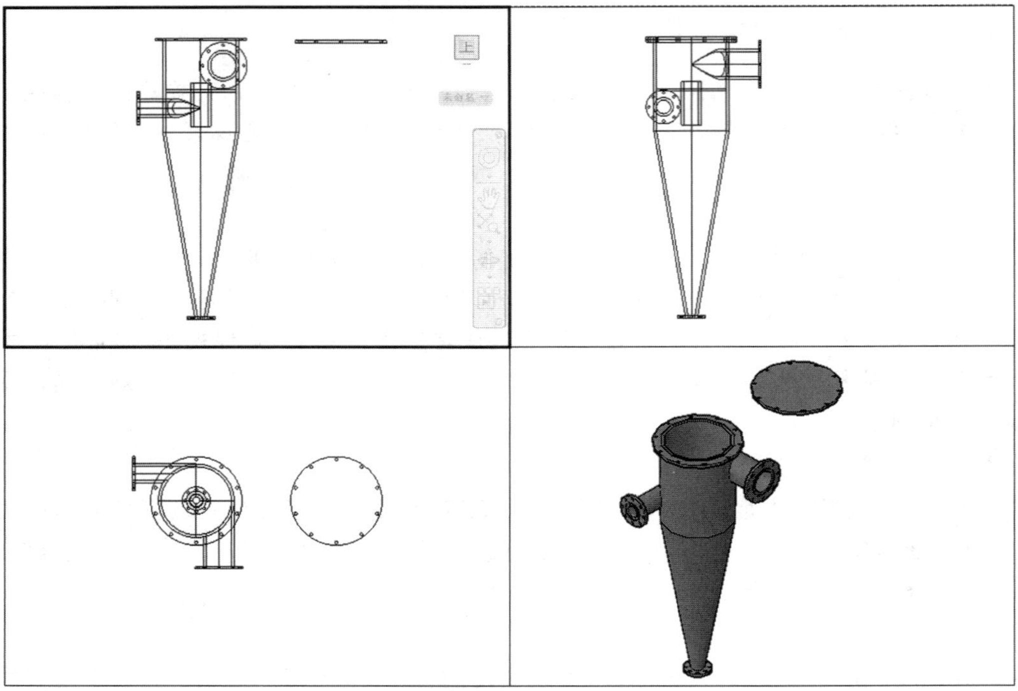

图 17-6　多视口观察三维模型

按钮。

★命令：VPORTS。

4. 使用 ViewCube 观察

AutoCAD 提供了 ViewCube 观察器，如图 17-7 所示。其中央的立方体标示了三维模型的前后、上下、左右方向，用户可以单击该立方体的各表面来获得主视图、俯视图等 6 个基本视图，也可以单击边线或棱角来选取斜向的观察角度，来获得其余 16 个预置观察方向的视图，还可以通过鼠标拖动 ViewCube 周围圆环的方法来改变观察方向，这时模型会绕着 Z 轴旋转，单击任意角度可以确定观察方向。

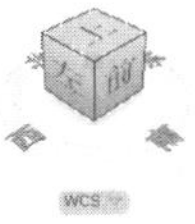

图 17-7　ViewCube 观察器

四、三维模型的视觉样式

在默认状态下，AutoCAD 用线框显示三维实体。

为了更清楚地观察三维实体模型的结构和形状，用户可以选择不同的视觉样式来显示图形对象，视觉样式的种类如图 17-8 所示，显示效果如图 17-9 所示。设置视觉样式的方法有：

★菜单栏："视图"➤"视觉样式(S)"。

★功能区："三维建模"工作空间 ➤"可视化"选项卡 ➤"视觉样式"面板 ➤

按钮。

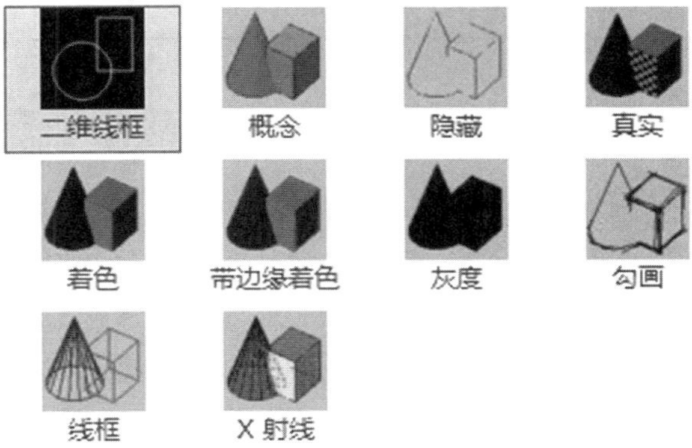

图 17-8　视觉样式

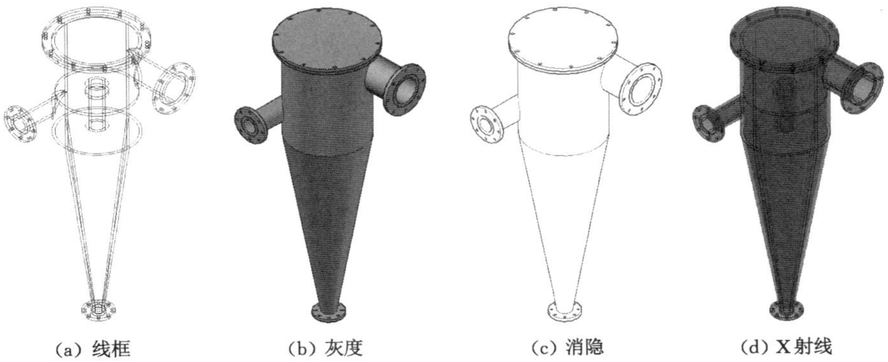

图 17-9　不同视觉样式显示效果

五、标高与厚度

1. 标高

标高是指 Z 坐标不为零的对象的高度。AutoCAD 系统默认的绘图标高为 0。

(1) 修改默认标高的命令为:“ELEV”。

(2) 修改已存在对象的标高的命令为:“CHANGE”➤“P”。

2. 厚度

厚度是以对象的标高为基准拉伸出的距离,正的厚度表示向上拉伸,负的厚度表示向下拉伸。

(1) 修改默认厚度的命令为:“THICKNESS”或“格式”➤“厚度”。

(2) 修改已存在对象的厚度的命令为:“CHANGE” ➤“P”。

☎注 意

标高与厚度仅对二维对象有效,增加了厚度的二维对象并不具有三维对象的特性,如体积、质量等。

3. “ELEV”“THICKNESS”和“CHANGE”命令的执行过程

命令：ELEV

指定新的默认标高 <0.0000>：100　　‖ 指定新的默认标高为 100；

指定新的默认厚度 <0.0000>：↙

命令：THICKNESS

输入 THICKNESS 的新值 <0.0000>：10　　‖ 指定新的默认厚度为 10；

命令：CHANGE

选择对象：找到 1 个

选择对象：

指定修改点或 [特性(P)]：P　　‖ 输入 P，修改所选对象的特性；

输入要更改的特性 [颜色(C)/标高(E)/图层(LA)/线型(LT)/线型比例(S)/线宽(LW)/厚度(T)/透明度(TR)/材质(M)/注释性(A)]：e　　‖ 输入 e，修改所选对象的标高；

指定新标高 <100.0000>：↙　　‖ 输入 Enter，指定标高值为 100；

输入要更改的特性 [颜色(C)/标高(E)/图层(LA)/线型(LT)/线型比例(S)/线宽(LW)/厚度(T)/透明度(TR)/材质(M)/注释性(A)]：t　　‖ 输入 t，修改所选对象的厚度；

指定新厚度 <10.0000>：↙　　‖ 输入 Enter，指定厚度值为 10；

输入要更改的特性 [颜色(C)/标高(E)/图层(LA)/线型(LT)/线型比例(S)/线宽(LW)/厚度(T)/透明度(TR)/材质(M)/注释性(A)]：↙　　‖ 输入 Enter，结束命令。

🕮 **例题 17-1**　如图 17-10 所示，将图(a)中圆的标高和厚度均设置为 0，图(b)中圆的标高设置为 50，图(c)中圆的厚度设置为 50。

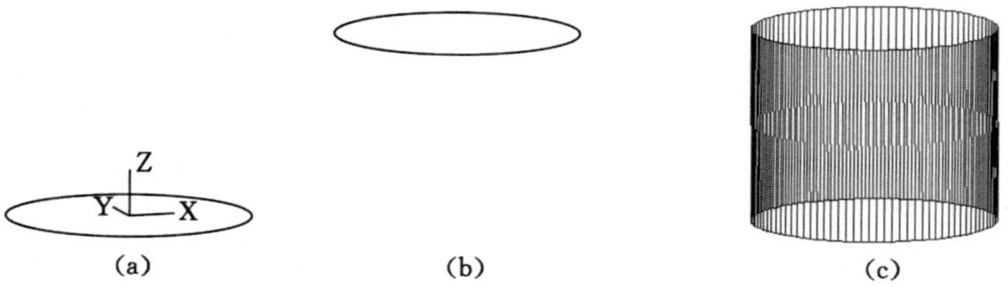

图 17-10　具有不同标高与厚度的圆

第二节　三维模型创建方法

在 AutoCAD 系统中，创建三维实体的方法基本有三种：利用基本规则实体命令(长方体、圆锥体、圆柱体、球体等)来创建，也称体素法；通过布尔运算组合这些基本实体来创建更复杂的实体；通过拉伸、旋转、扫掠、放样二维对象的方式来创建复杂三维实体。

提醒

创建三维模型时，首先要切换到“三维基础”或“三维建模”工作空间。本书后续所有命令位置均指的是其在“三维建模”工作空间中的位置。

一、三维基本实体创建方法

1. 长方体

(1) 命令执行方式

★菜单栏:“绘图”➤“建模”➤“长方体(B)”。

★工具栏:“建模”工具栏 ➤按钮。

★功能区:“常用”选项卡➤“建模”面板 ➤按钮。

★命令:BOX。

(2) 命令行提示

📖 **例题 17-2**　创建长方体,如图 17-11(a)所示。

命令: _box	
指定第一个角点或 [中心(C)]:	‖ 鼠标指定或键盘输入长方体底面第一个角点的坐标;
指定其他角点或 [立方体(C)/长度(L)]:	‖ 鼠标指定长方体底面第二个角点的坐标;
指定高度或 [两点(2P)]: 50↙	‖ 指定长方体 Z 轴方向的高度 50。

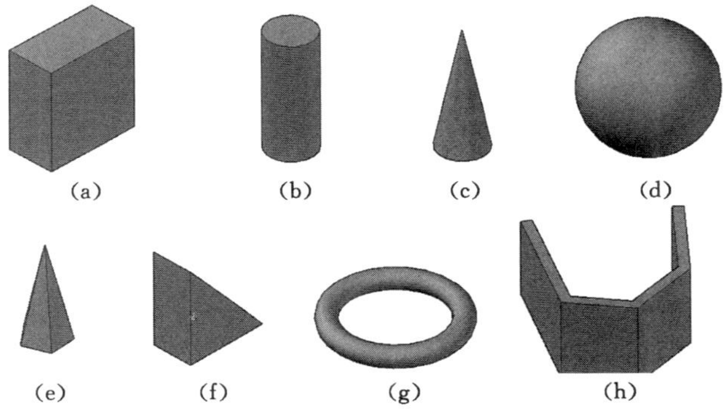

图 17-11　三维基本实体

2. 圆柱体

(1) 命令执行方式

★菜单栏:“绘图”➤“建模”➤“圆柱体(C)”。

★工具栏:“建模”工具栏 ➤按钮。

★功能区:“常用”选项卡➤“建模”面板 ➤按钮。

★命令:CYLINDER。

(2) 命令行提示

📖 **例题 17-3**　创建圆柱体,如图 17-11(b)所示。

命令: _cylinder	
指定底面的中心点或 [三点(3P)/两点(2P)/切点、切点、半径(T)/椭圆(E)]:	‖ 鼠标指定或键盘输入圆柱体底面中心点的坐标;
指定底面半径或 [直径(D)]: 10↙	‖ 指定圆柱体底面圆的半径 10;
指定高度或 [两点(2P)/轴端点(A)]: 50↙	‖ 指定圆柱体 Z 轴方向的高度 50。

3. 圆锥体

(1) 命令执行方式

★菜单栏:“绘图”➤“建模”➤“圆锥体(O)”。

★工具栏:“建模”工具栏 ➤按钮。

★功能区:“常用”选项卡➤“建模”面板 ➤按钮。

★命令:CONE。

(2) 命令行提示

例题 17-4 创建圆锥体,如图 17-11(c)所示。

命令:_cone

指定底面的中心点或[三点(3P)/两点(2P)/切点、切点、半径(T)/椭圆(E)]: ‖鼠标指定或键盘输入圆锥体底面中心点的坐标;

指定底面半径或[直径(D)]＜77.7361＞:10↙ ‖指定圆锥体底面半径 10;

指定高度或[两点(2P)/轴端点(A)/顶面半径(T)]:50↙ ‖指定圆锥体 Z 轴方向的高度 50。

4. 球体

(1) 命令执行方式

★菜单栏:“绘图”➤“建模”➤“球体(S)”。

★工具栏:“建模”工具栏 ➤按钮。

★功能区:“常用”选项卡➤“建模”面板 ➤按钮。

★命令:SPHERE。

(2) 命令行提示

例题 17-5 创建球体,如图 17-11(d)所示。

命令:_sphere

指定中心点或[三点(3P)/两点(2P)/切点、切点、半径(T)]: ‖鼠标指定或键盘输入球体中心点的坐标;

指定半径或[直径(D)]:25↙ ‖指定球体的半径 25。

5. 棱锥体

(1) 命令执行方式

★菜单栏:“绘图”➤“建模”➤“棱锥体(Y)”。

★工具栏:“建模”工具栏 ➤按钮。

★功能区:“常用”选项卡➤“建模”面板 ➤按钮。

★命令:PYRAMID。

(2) 命令行提示

例题 17-6 创建五棱锥体,如图 17-11(e)所示。

命令：_pyramid
4 个侧面　外切　‖ 默认创建四棱锥；
指定底面的中心点或［边(E)/侧面(S)］：S↙　‖ 选择输入 S 以指定棱锥体侧面数；
输入侧面数 <4>：5↙　‖ 指定侧面数为 5；
指定底面的中心点或［边(E)/侧面(S)］：　‖ 鼠标指定底面中心点；
指定底面半径或［内接(I)］：10↙　‖ 指定底面半径 10；
指定高度或［两点(2P)/轴端点(A)/顶面半径(T)］：50↙　‖ 指定棱锥体的高度 50。

6. 楔体

(1) 命令执行方式

★菜单栏："绘图"➤"建模"➤"楔体(W)"。

★工具栏："建模"工具栏 ➤按钮。

★功能区："常用"选项卡➤"建模"面板 ➤按钮。

★命令：WEDGE。

(2) 命令行提示

📖 **例题 17-7**　创建楔体，如图 17-11(f)所示。

命令：_wedge
指定第一个角点或［中心(C)］：　‖ 鼠标指定或键盘输入楔体底面第一个角点的坐标；
指定其他角点或［立方体(C)/长度(L)］：　‖ 鼠标指定楔体底面第二个角点的坐标；
指定高度或［两点(2P)］：50↙　‖ 指定楔体 Z 轴方向的高度 50。

7. 圆环体

(1) 命令执行方式

★菜单栏："绘图"➤"建模"➤"圆环体(T)"。

★工具栏："建模"工具栏 ➤◎按钮。

★功能区："常用"选项卡➤"建模"面板 ➤◎按钮。

★命令：TORUS。

(2) 命令行提示

📖 **例题 17-8**　创建圆环体，如图 17-11(g)所示。

命令：_torus
指定中心点或［三点(3P)/两点(2P)/切点、切点、半径(T)］：　‖ 鼠标指定或键盘输入圆环体中心点的坐标；
指定半径或［直径(D)］：30↙　‖ 指定圆环体的半径 30；
指定圆管半径或［两点(2P)/直径(D)］：5↙　‖ 指定圆管的半径 5。

8. 多段体

(1) 命令执行方式

★菜单栏："绘图"➤"建模"➤"多段体(P)"。

★工具栏："建模"工具栏 ➤按钮。

★功能区："常用"选项卡➤"建模"面板 ➤按钮。

★命令：POLYSOLID。

(2) 命令行提示

📖 **例题 17-9** 创建多段体，如图 17-11(h)所示。

命令：_Polysolid 高度 =80.0000，宽度 = 5.0000，对正 = 居中	‖ 默认多段体的高度、宽度和对正方式；
指定起点或［对象(O)/高度(H)/宽度(W)/对正(J)］<对象>：H	‖ 输入 H，重新指定高度；
指定高度 <80.0000>：40	‖ 指定高度 40；
高度 =40.0000，宽度 = 5.0000，对正 = 居中	‖ 当前多段体的高度、宽度和对正方式；
指定起点或［对象(O)/高度(H)/宽度(W)/对正(J)］<对象>：	‖ 鼠标指定或键盘输入多段体的起点的坐标；
指定下一个点或［圆弧(A)/放弃(U)］：	‖ 鼠标指定多段体第二点；
指定下一个点或［圆弧(A)/放弃(U)］：	‖ 鼠标指定多段体第三点；
指定下一个点或［圆弧(A)/放弃(U)］：	‖ 鼠标指定多段体第四点；
指定下一个点或［圆弧(A)/放弃(U)］：↙	‖ 按 Enter 键，结束命令。

二、三维实体的布尔操作

对三维基本实体进行布尔操作可以创建复杂实体。布尔操作有三种，分别是并集、差集和交集。布尔操作命令执行方式为：

★菜单栏："修改"➤"实体编辑"➤"并集(U)/差集(S)/交集(I)"。

★工具栏："建模"/"实体编辑"工具栏 ➤ 按钮。

★功能区："常用"选项卡➤"实体编辑"面板 ➤ 按钮。

★命令：UNION / SUBTRACT / INTERSECT。

提醒

执行"差集"命令时，先选择要从中减去的实体、曲面和面域(相当于被减数)，再选择要减去的实体、曲面和面域(相当于减数)。

📖 **例题 17-10** 利用基本实体和布尔操作创建台座三维实体模型，如图 17-12 所示。

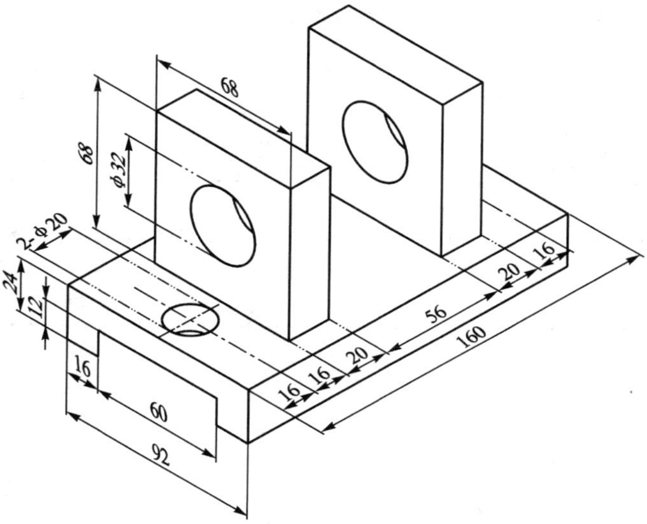

图 17-12 台座

操作步骤如下：

命令：_box	‖绘制底板大长方体；
指定第一个角点或［中心(C)］：0,0,0↙	‖指定坐标原点为第一个角点；
指定其他角点或［立方体(C)/长度(L)］：160,92,24↙	‖指定长方体另一角点；
命令：_box	‖绘制底板槽体(小长方体)；
指定第一个角点或［中心(C)］：0,0,0	‖指定坐标原点为第一个角点；
指定其他角点或［立方体(C)/长度(L)］：160,60,12↙	‖指定小长方体另一角点；
命令：_move	‖移动小长方体到中间位置；
选择对象：找到 1 个	‖选择小长方体；
选择对象：↙	
指定基点或［位移(D)］<位移>：	‖鼠标点击小长方体底边中点为基点；
指定第二个点或 <使用第一个点作为位移>：	‖鼠标点击大长方体底边中点为移动第二点；完成的图形如图 17-13(a)所示。
命令：_cylinder	‖绘制底板上的圆柱体；
指定底面的中心点或［三点(3P)/两点(2P)/切点、切点、半径(T)/椭圆(E)］：16,46↙	‖指定圆柱体底面中心点；
指定底面半径或［直径(D)］：8↙	‖指定圆柱体半径为 8；
指定高度或［两点(2P)/轴端点(A)］<12.0000>：24↙	‖指定圆柱体的高度为 24；
命令：_cylinder	‖绘制底板上的另一个圆柱体；
指定底面的中心点或［三点(3P)/两点(2P)/切点、切点、半径(T)/椭圆(E)］：144,46↙	‖指定圆柱体底面中心点；
指定底面半径或［直径(D)］<8.0000>：8↙	‖指定圆柱体半径为 8；
指定高度或［两点(2P)/轴端点(A)］<24.0000>：24↙	‖指定圆柱体的高度为 24；完成的图形如图 17-13(b)所示。
命令：_subtract 选择要从中减去的实体、曲面和面域...	‖对底板挖槽、挖孔；
选择对象：找到 1 个	‖选择底板中大的长方体；
选择对象：↙	
选择要减去的实体、曲面和面域...	
选择对象：找到 1 个	‖选择底板中小的长方体；
选择对象：找到 1 个，总计 2 个	‖依次选择两个圆柱体；
选择对象：找到 1 个，总计 3 个	完成的图形如图 17-13(c)所示。
选择对象：↙	
命令：_ucs	‖建立用户坐标系 UCS；
当前 UCS 名称：*世界*	
指定 UCS 的原点或［面(F)/命名(NA)/对象(OB)/上一个(P)/视图(V)/世界(W)/X/Y/Z/Z 轴(ZA)］<世界>：_o	
指定新原点 <0,0,0>：	‖指定底板大长方体上顶面左下角点为坐标原点，如图 17-13(d)所示。
命令：_box	‖按照坐标原点的位置和台座尺寸绘制两块竖板；
指定第一个角点或［中心(C)］：32,12,0↙	
指定其他角点或［立方体(C)/长度(L)］：@20,68,68↙	
命令：_box	

指定第一个角点或［中心(C)］：108,12,0	
指定其他角点或［立方体(C)/长度(L)］：@20,68,68↙	‖完成的图形如图 17-13(d)所示。
命令：_ucs	‖建立新的用户坐标系 UCS；
当前 UCS 名称：*没有名称*	
指定 UCS 的原点或［面(F)/命名(NA)/对象(OB)/上一个(P)/视图(V)/世界(W)/X/Y/Z/Z 轴(ZA)］＜世界＞：_o	‖指定左边竖板的右下角点为坐标原点；
指定新原点＜0,0,0＞：	
命令：_ucs	‖再次建立新的用户坐标系 UCS；
指定 UCS 的原点或［面(F)/命名(NA)/对象(OB)/上一个(P)/视图(V)/世界(W)/X/Y/Z/Z 轴(ZA)］＜世界＞：_y	‖将当前用户坐标系绕 Y 轴旋转－90°使 XOY 平面位于竖板侧面，如图 17-13(e)所示。
指定绕 Y 轴的旋转角度＜90＞：－90	
命令：_cylinder	‖绘制竖板上的圆柱体；
指定底面的中心点或［三点(3P)/两点(2P)/切点、切点、半径(T)/椭圆(E)］：32,32↙	‖指定圆柱体底面中心点；
指定底面半径或［直径(D)］＜8.0000＞：16↙	‖指定圆柱体半径 16；
指定高度或［两点(2P)/轴端点(A)］＜68.0000＞：－96↙	‖指定圆柱体的高度为沿 Z 轴负向 96；
命令：_subtract 选择要从中减去的实体、曲面和面域...	‖对竖板挖孔；
选择对象：找到 1 个	‖分别选择两块竖板作为要从中减去的实体；
选择对象：找到 1 个，总计 2 个	
选择对象：↙	
选择要减去的实体、曲面和面域...	‖选择刚绘制的圆柱体为要减去的实体；
选择对象：找到 1 个	
选择对象：↙	‖完成的图形如图 17-13(f)所示。
命令：_union	‖最后，将底板与竖板合并，并以“消隐”方式显示，完成的图形如图 17-12 所示。
选择对象：找到 1 个	
选择对象：找到 1 个，总计 2 个	

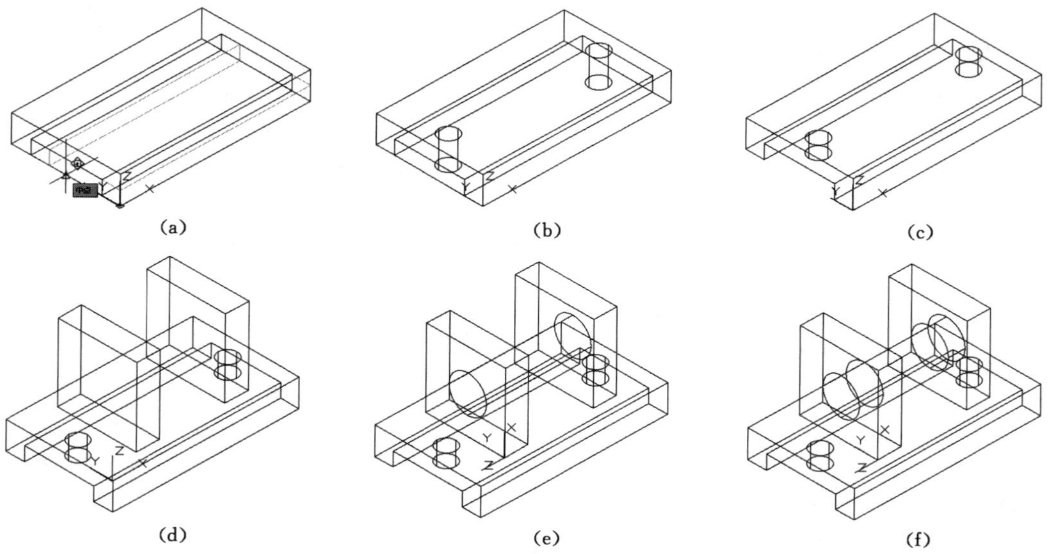

图 17-13　台座建模步骤

三、拉伸、旋转、放样与扫掠

1. 拉伸

通过拉伸二维图形创建三维曲面或实体。

(1) 命令执行方式

★菜单栏："绘图"➤"建模"➤"拉伸(X)"。

★工具栏："建模"工具栏 ➤按钮。

★功能区："常用"选项卡 ➤"建模"面板 ➤按钮。

★命令：EXTRUDE。

(2) 命令行提示

命令：_extrude	
当前线框密度：　ISOLINES=4，闭合轮廓创建模式 ＝ 实体	‖目前的拉伸模式；
选择要拉伸的对象或［模式(MO)］：_MO 闭合轮廓创建模式［实体(SO)/曲面(SU)］＜实体＞：_SO	‖选择将二维图形拉伸为实体还是曲面模型；默认为实体；
选择要拉伸的对象或［模式(MO)］：找到 1 个	‖选择二维图形；
选择要拉伸的对象或［模式(MO)］：↙	
指定拉伸的高度或［方向(D)/路径(P)/倾斜角(T)/表达式(E)］：	‖指定沿 Z 轴拉伸高度，拉伸结果如图 17-14(a)所示(输入正值将沿 Z 轴正向拉伸，输入负值将沿 Z 轴负向拉伸)。

(3) 选项说明

拉伸二维图形时，除指定沿 Z 轴方向的拉伸高度外，还有其他选项：

［方向(D)］：指定两个点确定拉伸的长度和方向，方向不能与二维图形在同一个平面或平行的平面上。沿方向拉伸效果如图 17-14(b)所示。

［路径(P)］：指定拉伸路径，拉伸时路径将移动到二维图形的质心。路径不能与二维图形在同一个平面上，也不能有大的曲率。沿路径拉伸效果如图 17-14(c)所示。

［倾斜角(T)］：指定拉伸的倾斜角。正角度表示拉伸对象逐渐变细，如图 17-14(d)所示；负角度表示拉伸对象逐渐变粗，如图 17-14(e)所示

［表达式(E)］：输入公式或表达式以指定拉伸高度。

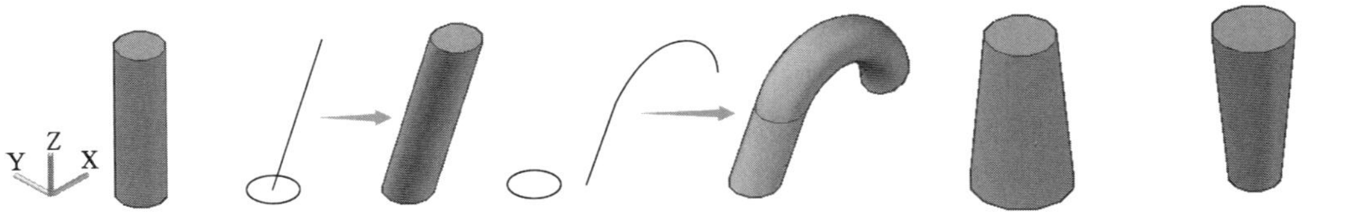

(a) 指定高度拉伸　(b) 沿方向拉伸　(c) 沿路径拉伸　(d) 沿正倾角拉伸　(e) 沿负倾角拉伸

图 17-14　拉伸

2. 旋转

通过旋转二维图形创建三维曲面或实体。

(1) 命令执行方式

★菜单栏:“绘图”➤“建模”➤“旋转(R)”。

★工具栏:“建模”工具栏 ➤ 按钮。

★功能区:“常用”选项卡 ➤“建模”面板 ➤ 按钮。

★命令:REVOLVE。

(2) 命令行提示

命令:_revolve	
当前线框密度: ISOLINES=4,闭合轮廓创建模式 = 实体	‖目前的旋转模式;
选择要旋转的对象或[模式(MO)]:_MO 闭合轮廓创建模式[实体(SO)/曲面(SU)]＜实体＞:_SO	‖选择将二维图形旋转为实体还是曲面模型;默认为实体;
选择要旋转的对象或[模式(MO)]:找到 1 个	‖选择二维图形;
选择要旋转的对象或[模式(MO)]:	
指定轴起点或根据以下选项之一定义轴[对象(O)/X/Y/Z]＜对象＞:	‖指定旋转轴为图形对象或者是 X/Y/Z 轴;
选择对象:↙	
指定旋转角度或[起点角度(ST)/反转(R)/表达式(EX)]＜360＞:	‖指定旋转角度,如果将二维图形旋转 360 度(默认值),旋转结果如图 17-15 所示。

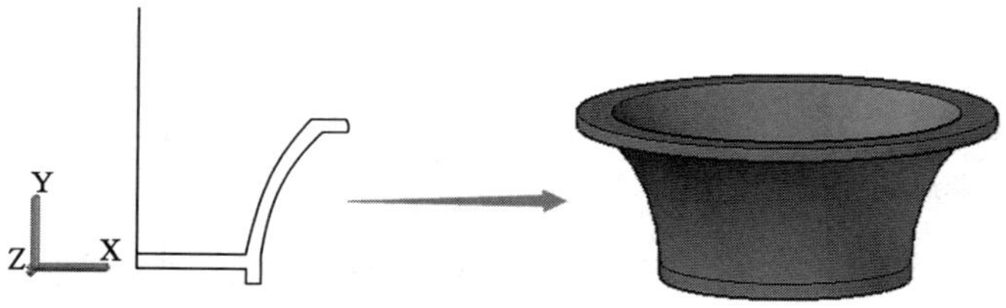

图 17-15　旋转

提醒

可以通过拉伸、旋转生成三维实体的二维图形对象包括闭合的多段线、多边形、矩形、圆、椭圆、圆环和面域。

3. 放样

放样是通过指定一系列横截面来创建三维实体或曲面。横截面定义了实体或曲面的形状,必须至少指定两个横截面。放样横截面可以是开放或闭合的平面或曲面,也可以是边线;开放的横截面创建曲面;闭合的横截面创建实体或曲面(取决于闭合轮廓创建模式的选择)。

(1) 命令执行方式

★菜单栏:“绘图”➤“建模”➤“放样(X)”。

★工具栏:“建模”工具栏➤ 按钮。

★功能区:“常用”选项卡➤“建模”面板➤ 按钮。

★命令:LOFT。

(2) 命令行提示

例题 17-11　利用“放样”命令，创建图 17-16(a)(b)所示的曲面和实体。

命令：_loft
当前线框密度：　ISOLINES＝4，闭合轮廓创建模式 ＝ 实体　‖目前的放样模式；
按放样次序选择横截面或［点(PO)/合并多条边(J)/模式(MO)］：_MO 闭合轮廓创建模式［实体(SO)/曲面(SU)］＜实体＞：_SO　‖选择放样为实体还是曲面模型，默认为实体；
按放样次序选择横截面或［点(PO)/合并多条边(J)/模式(MO)］：找到 1 个　‖选择一个横截面；
按放样次序选择横截面或［点(PO)/合并多条边(J)/模式(MO)］：找到 1 个，总计 2 个　‖再选择一个横截面；
按放样次序选择横截面或［点(PO)/合并多条边(J)/模式(MO)］：↙
选中了 2 个横截面
输入选项［导向(G)/路径(P)/仅横截面(C)/设置(S)］＜仅横截面＞：↙　‖按照默认模式＜仅横截面＞进行放样。

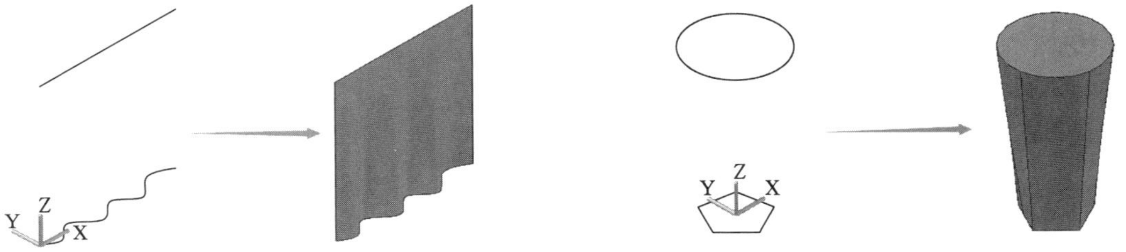

(a) 将边线放样为曲面　　(b) 将闭合的截面放样为实体

图 17-16　放样

(3) 选项说明

按＜仅横截面(C)＞放样时，点击的下拉按钮，弹出连接横截面的实体轮廓线的不同样式，如图 17-17(a)所示。不同放样效果如图 17-17(a)～(e)所示。

(a) 平滑拟合　(b) 与所有截面垂直　(c) 与起点截面垂直　(d) 与端点截面垂直　(e) 与起点和端点截面垂直

图 17-17　不同设置时的放样效果

除了按照＜仅横截面＞放样对象外，还有其他选项：

［导向(G)］：指定控制放样实体或曲面形状的导向曲线，如图 17-18 所示。

［路径(P)］：指定放样实体或曲面形状的路径。

［设置(S)］：打开“放样设置”对话框，如图 17-19 所示。对图 17-20(a)中的两个横截面

进行放样，若在“放样设置”中将“拔模斜度”起点角度设为 135°，端点角度为 90°，则放样效果如图 17-20(b)所示；若将“拔模斜度”起点角度设为 45°，端点角度为 90°，则放样效果如图 17-20(c)所示。

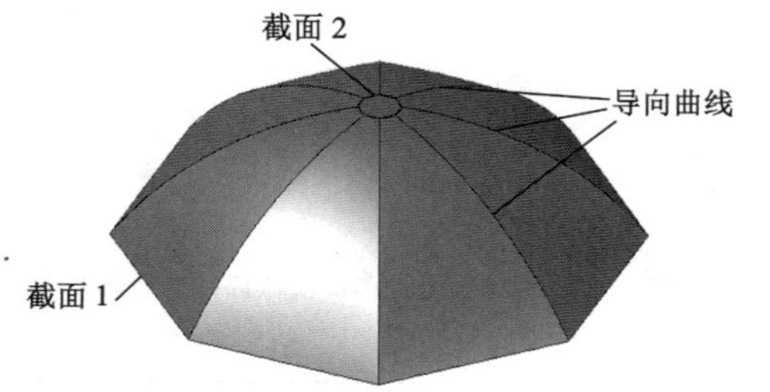

图 17-18　按导向曲线放样

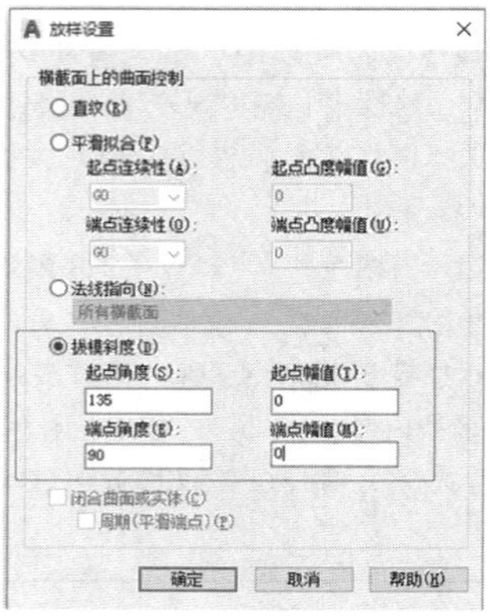

图 17-19　“放样设置”对话框

(a) 放样截面　　(b) 起点角度 135°　　(c) 起点角度 45°

图 17-20　放样时设置不同的拔模斜度

📖 **例题 17-12**　利用“拉伸”和“放样”命令创建把手实体模型。

建模步骤如下：

(1) 根据图 17-21(a)所示的图形尺寸，绘制把手底座图形 A、B、C、D 及其对称轴；

(2) 点击菜单“视图”➤“三维视图”➤“西南等轴测”，在把手底座对称轴中心点处建立新的用户坐标系，如图 17-21(b)所示；

(3) 如图 17-21(c)所示，在当前用户坐标系的 XY 平面绘制把手拱顶处的横截面轮廓线 E；

(4) 将刚绘制好的把手拱顶处的横截面 E 以及图形 A、B、C、D 均生成为面域；

(5) 点击“放样”命令，依次选择面域 C、E、D，创建把手拱形部分的实体；

(5) 点击“拉伸”命令，选择面域 A、B，输入拉伸高度为 3，创建把手底座部分实体；

(6) 最后，点击“并集”命令，将刚创建的实体合并得到把手的三维实体模型，如图 17-21(d)所示。

4. 扫掠

扫掠是指沿路径扫掠二维图形对象来创建三维实体或曲面。被扫掠的图形对象与路径会自动对齐。

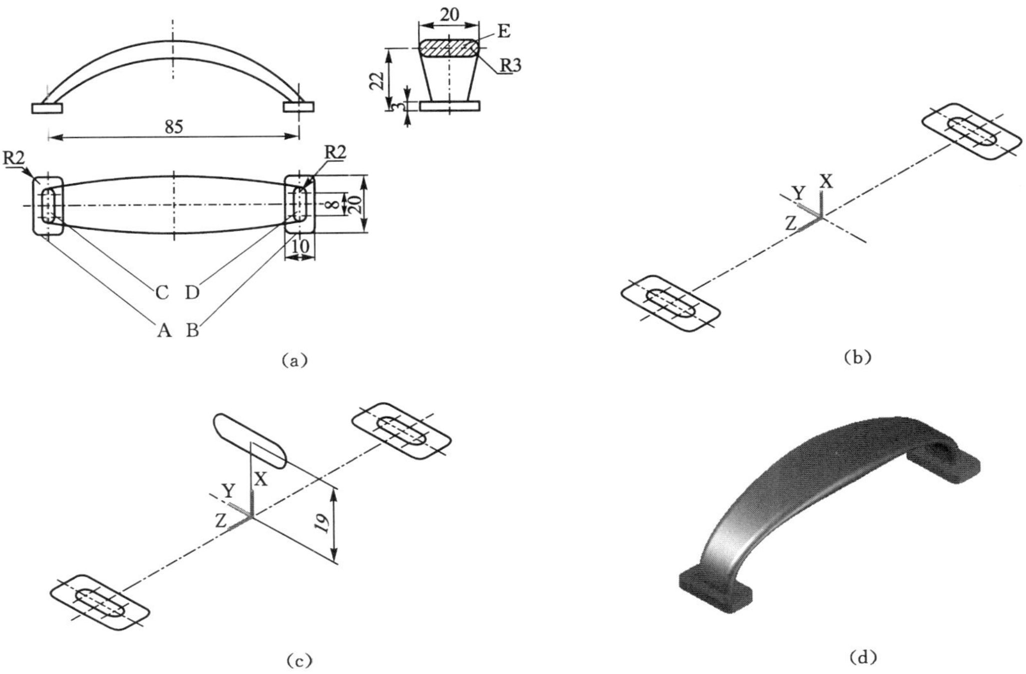

图 17-21　把手实体图的创建

(1) 命令执行方式

★菜单栏:“绘图”➤“建模”➤“扫掠(S)”。

★工具栏:“建模”工具栏 ➤按钮。

★功能区:“常用”选项卡➤“建模”面板 ➤按钮。

★命令:SWEEP。

(2) 命令行提示

📖 **例题 17-13**　利用“扫掠”命令,创建图 17-22(a)(b)所示的曲面和实体。

命令: _sweep	
当前线框密度: ISOLINES=4,闭合轮廓创建模式 = 实体	‖当前的扫掠模式;
选择要扫掠的对象或 [模式(MO)]: _MO 闭合轮廓创建模式 [实体(SO)/曲面(SU)] <实体>: _SO	‖选择将二维图形对象扫掠为实体还是曲面模型;
选择要扫掠的对象或 [模式(MO)]: 找到 1 个	‖选择二维对象;
选择要扫掠的对象或 [模式(MO)]: ↙	
选择扫掠路径或 [对齐(A)/基点(B)/比例(S)/扭曲(T)]: t	‖输入 t,表示选择边扫掠边扭曲的模式;
输入扭曲角度或允许非平面扫掠路径倾斜 [倾斜(B)/表达式(EX)]<0.0000>: 720↙	‖输入扭曲角度 720°;
选择扫掠路径或 [对齐(A)/基点(B)/比例(S)/扭曲(T)]:	‖选择作为扫掠路径的图形对象。

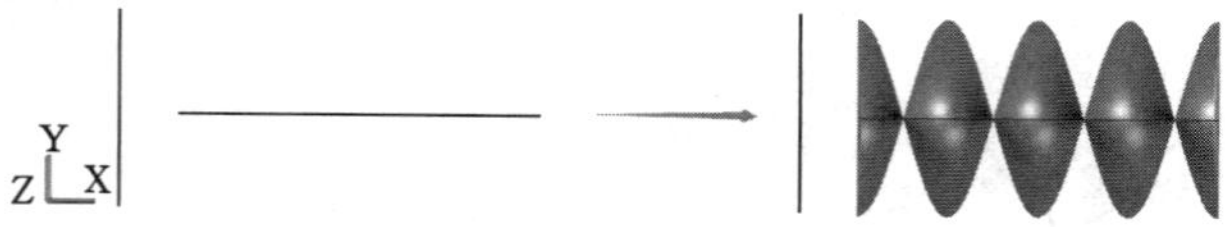

(a) 由线扫掠成面(扭曲 720°)

(b) 由面(小圆)沿螺旋线扫掠成弹簧体(扭曲 0°)

图 17-22　扫掠

第三节　三维模型编辑方法

一、三维操作

1. 三维移动

(1) 命令执行方式

★菜单栏:“修改”➤“三维操作”➤“三维移动(M)”。

★工具栏:“建模”工具栏 ➤按钮。

★功能区:“常用”选项卡➤“修改”面板 ➤按钮。

★命令:3DMOVE。

(2) 命令行提示

命令:_3dmove	‖ 三维移动;
选择对象:找到 1 个	‖ 选择图形对象;
选择对象:	
指定基点或[位移(D)]<位移>:指定第二个点或 <使用第一个点作为位移>	‖ 指定基点。

2. 三维旋转

(1) 命令执行方式

★菜单栏:“修改”➤“三维操作”➤“三维旋转(M)”。

★工具栏:“建模”工具栏 ➤按钮。

★功能区:“常用”选项卡 ➤“修改”面板 ➤按钮。

★命令:3DROTATE。

(2) 命令行提示

命令:_3drotate	‖ 三维旋转;
UCS 当前的正角方向:　ANGDIR=逆时针　ANGBASE=0	‖ 当前旋转模式;
选择对象:找到 1 个	‖ 选择图形对象;
选择对象:↙	
指定基点:	‖ 指定旋转的基点;
拾取旋转轴:	‖ 指定旋转轴;
指定角的起点或键入角度:60↙	‖ 指定旋转角度。

3. 三维对齐

(1) 命令执行方式

★菜单栏:“修改”➤“三维操作”➤“三维对齐(A)”。

★工具栏:“建模”工具栏 ➤按钮。

★功能区:“常用”选项卡 ➤“修改”面板 ➤按钮。

★命令:3DALIGN。

(2) 命令行提示

例题 17-14　三维对齐命令的执行过程,如图 17-23 所示。

命令:_3dalign	‖三维对齐;
选择对象:找到 1 个	‖选择源对象,如图 17-23 中左侧的长方体;
选择对象:↙	
指定源平面和方向 ...	
指定基点或[复制(C)]: <打开三维对象捕捉>	‖选择源对象上的基点 1;
指定第二个点或[继续(C)]<C>:	‖选择源对象上的基点 2;
指定第三个点或[继续(C)]<C>:	‖选择源对象上的基点 3;
指定目标平面和方向 ...	
指定第一个目标点:	‖选择图 17-23 所示楔体上的目标点 1;
指定第二个目标点或[退出(X)]<X>:	‖选择楔体上的目标点 2;
指定第三个目标点或[退出(X)]<X>:	‖选择楔体上的目标点 3;
	完成结果见图 17-23 中右侧图形。

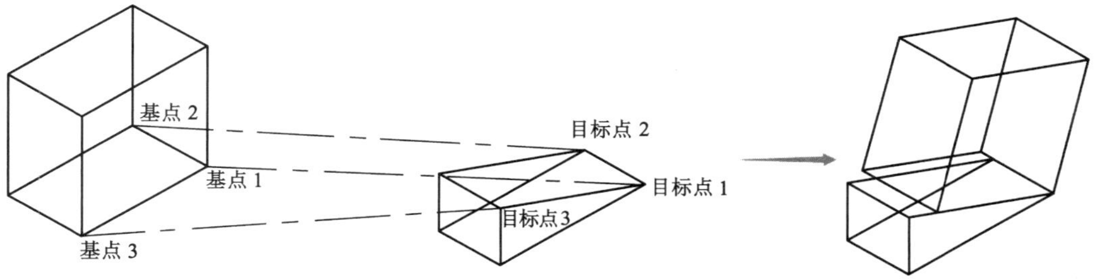

图 17-23　三维对齐

4. 三维镜像

(1) 命令执行方式

★菜单栏:“修改”➤“三维操作”➤“三维镜像(D)”。

★工具栏:“建模”工具栏 ➤按钮。

★功能区:“常用”选项卡 ➤“修改”面板 ➤按钮。

★命令:MIRROR3D。

(2) 命令行提示

命令：_mirror3d	‖三维镜像；
选择对象：找到 1 个	‖选择要镜像的对象；
选择对象：↙	
指定镜像平面（三点）的第一个点或	‖指定镜像平面；
[对象(O)/最近的(L)/Z 轴(Z)/视图(V)/XY 平面(XY)/YZ 平面(YZ)/ZX 平面(ZX)/三点(3)]＜三点＞：↙	‖选择"三点"方式确定镜像平面(默认方式)，也可选其他方式；
在镜像平面上指定第一点：在镜像平面上指定第二点：在镜像平面上指定第三点：	‖指定三个点以确定镜像平面；
是否删除源对象？[是(Y)/否(N)]＜否＞：↙	‖选择不删除源对象。

5．三维阵列

（1）命令执行方式

★菜单栏："修改"➤"三维操作"➤"三维阵列(3)"。

★工具栏："建模"工具栏 ➤按钮。

★功能区："常用"选项卡 ➤"修改"面板 ➤按钮。

★命令：3DARRAY。

（2）命令行提示

命令：_3darray	‖三维阵列；
正在初始化... 已加载 3DARRAY。	
选择对象：找到 1 个	‖选择要阵列的对象；
选择对象：↙	
输入阵列类型 [矩形(R)/环形(P)]＜矩形＞：↙	‖选择阵列模式，默认为矩形模式；
输入行数（---）＜1＞：5↙	‖按照命令提示，依次输入阵列行数、列数、层数以及行、列、层间距的数值；
输入列数（|||）＜1＞：5↙	
输入层数（...）＜1＞：5↙	
指定行间距（---）：100↙	
指定列间距（|||）：100↙	
指定层间距（...）：100↙	
命令：_3darray	‖再次执行"三维阵列"命令；
选择对象：找到 1 个	‖选择要阵列的对象；
选择对象：↙	
输入阵列类型 [矩形(R)/环形(P)]＜矩形＞：P	‖选择环形阵列模式；
输入阵列中的项目数目：8	‖按照命令提示，依次输入环形阵列的项目数和填充角度；
指定要填充的角度（+=逆时针，-=顺时针）＜360＞：	
旋转阵列对象？[是(Y)/否(N)]＜Y＞：	‖指定是否旋转阵列对象；
指定阵列的中心点：	‖指定阵列中心点；
指定旋转轴上的第二点：	‖指定阵列的旋转轴。

6．剖切

剖切是指用平面或曲面剖切已有的实体对象来创建新的实体或曲面。

（1）命令执行方式

★菜单栏："修改"➤"三维操作"➤"剖切(S)"。

★功能区："常用"选项卡➤"实体编辑"面板 ➤按钮。

★命令：SLICE。

(2) 命令行提示

📖 **例题 17-15**　“剖切”命令执行效果，如图 17-24 所示。

命令：_slice	‖ 剖切；
选择要剖切的对象：找到 1 个	‖ 选择要剖切对象，如图 17-24 中的花瓶；
选择要剖切的对象：↙	
指定切面的起点或 [平面对象(O)/曲面(S)/z 轴(Z)/视图(V)/xy(XY)/yz(YZ)/zx(ZX)/三点(3)] <三点>：yz	‖ 选择 YZ 平面为剖切面；
指定 YZ 平面上的点 <0,0,0>：↙	‖ 指定 YZ 平面上的点，默认为坐标原点；
在所需的侧面上指定点或 [保留两个侧面(B)] <保留两个侧面>：↙	‖ 可以选择保留剖切后的哪一侧实体；默认两侧实体均保留；
命令：_move	‖ 移动一侧实体；
选择对象：找到 1 个	‖ 选择剖切后的右侧半个侧实体；
选择对象：↙	
指定基点或 [位移(D)] <位移>：	
指定第二个点或 <使用第一个点作为位移>：	‖ 移动右侧半个实体，结果如图 17-24 所示。

7. 提取边

提取边是通过提取三维实体的边来创建线框几何图形的。

(1) 命令执行方式

★菜单栏：“修改”➤“三维操作”➤“提取边(E)”。

★功能区：“常用”选项卡 ➤“实体编辑”面板 ➤按钮。

★命令：XEDGES。

(2) 命令行提示

📖 **例题 17-16**　提取三维实体的边，结果如图 17-25 所示。

命令：_xedges	‖ 提取边；
选择对象：找到 1 个	‖ 选择图 17-25 中的实体对象；
选择对象：↙	
命令：_move	‖ 将提取的边移动提取出来，效果如图 17-25 所示。
选择对象：找到 1 个	
选择对象：↙	
指定基点或 [位移(D)] <位移>：	
指定第二个点或 <使用第一个点作为位移>：	

图 17-24　剖切

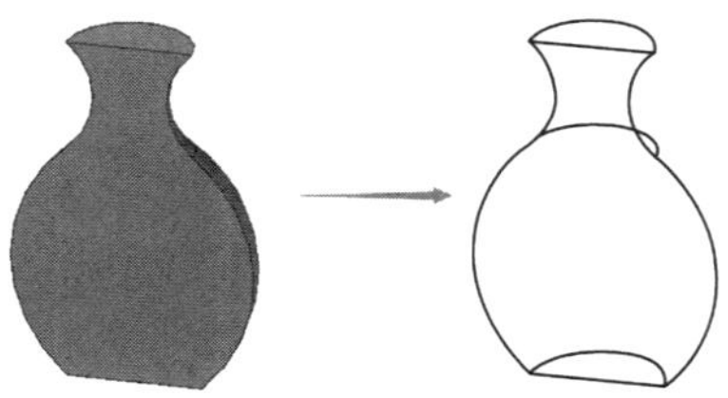

图 17-25　提取边

二、实体编辑

可以通过拉伸、移动、偏移、删除、旋转、倾斜、着色、复制来编辑三维实体的面；也可以通过修改边的颜色、复制边来编辑实体对象。还可以对三维实体进行分割、抽壳等操作。

1. 命令执行方式

★菜单栏："修改" ➤"实体编辑"，如图 17-26(a)所示。

★工具栏："实体编辑"工具栏 ➤。

★功能区："常用"选项卡 ➤"实体编辑"面板，如图 17-26(b)～(d)所示。

★命令：SOLIDEDIT。

2. 命令行提示

命令：_solidedit	
实体编辑自动检查： SOLIDCHECK＝1	
输入实体编辑选项［面(F)/边(E)/体(B)/放弃(U)/退出(X)］＜退出＞：_edge	‖可以选择对面、边或者体进行编辑；若选择对边编辑；
输入边编辑选项［复制(C)/着色(L)/放弃(U)/退出(X)］＜退出＞：_copy	‖则可以选择复制或着色边；若选择复制；
选择边或［放弃(U)/删除(R)］：	‖则选择要复制的边；
选择边或［放弃(U)/删除(R)］：↙	
指定基点或位移：	‖则指定复制的基点；
指定位移的第二点：	‖则指定位移的第二点。

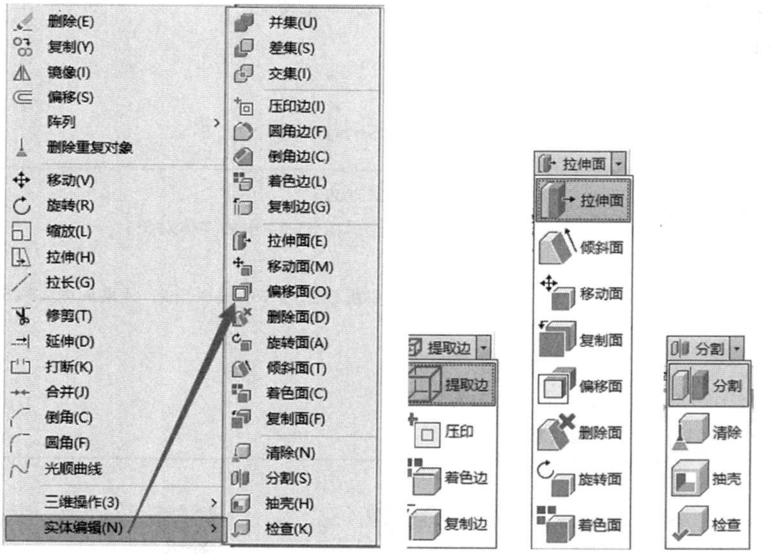

图 17-26 实体编辑

3. 选项说明

(1) 对三维实体面的编辑

可以拉伸、移动、旋转、偏移、倾斜、复制、删除面、为面指定颜色以及添加材质来编辑选定的三维实体面。

［拉伸面］：在 X、Y 或 Z 方向上延伸选择的三维实体面。可以通过拉伸面来更改对象的形状。

“选择面”：选择要拉伸的面，如图 17-27(a)所示。

“拉伸高度”：设置拉伸的方向和距离。如果输入正值，则沿面的法向拉伸，如图 17-27(b)所示；如果输入负值，则沿面的反法向拉伸。

“拉伸的倾斜角度”：指定拉伸的倾斜角度。需要指定－90°到 90°之间的角度。正角度将往里倾斜选定的面，如图 17-27(c)所示；负角度将往外倾斜选定的面。默认角度为 0°，可以垂直于平面拉伸面。选择集中所有选定的面将倾斜相同的角度。如果指定了较大的倾斜角或高度，则在达到拉伸高度前，面可能会汇聚到一点。

“路径”：以指定的直线或曲线来设置拉伸路径，所有选定面的轮廓将沿此路径拉伸。若选择的拉伸路径如图 17-27(d)所示，则拉伸效果如图 17-27(e)所示。

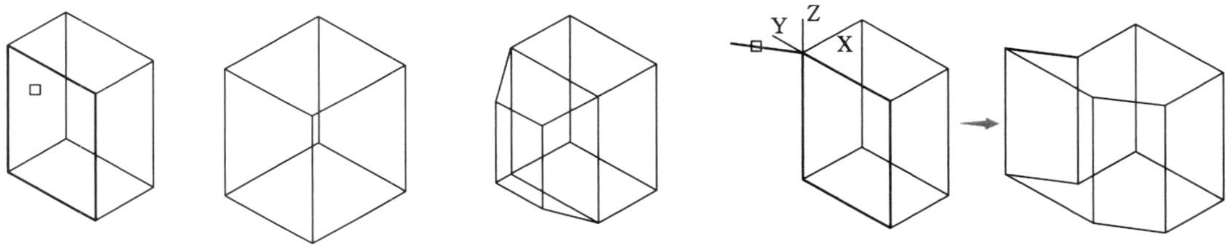

(a) 选择面　(b) 沿高度拉伸面　(c) 沿正倾角拉伸面　(d) 选择路径　(e) 沿路径拉伸面

图 17-27　拉伸面

☎注 意

拉伸路径可以是直线、圆、圆弧、椭圆、椭圆弧、多段线或样条曲线。拉伸路径不能与面处于同一平面，也不能具有高曲率的部分。拉伸面始于轮廓所在平面，止于在路径端点处与路径垂直的平面。路径的一个端点应在轮廓所在平面上；如果不在，会将路径移动到轮廓的中心。

［移动面］：沿指定的高度或距离移动选定的三维实体对象的面，如图 17-28 所示。可以通过移动面来更改对象的形状。建议将此选项用于小幅调整。

“选择面”：选择三维实体上要移动的面，如图 17-28(a)所示。一次可以选择多个面。

“指定位移的基点”：设置用于移动的基点。如果指定一个点（通常输入为坐标），然后按 Enter 键，则将使用此坐标作为新位置。

“指定位移的第二点”：设置用于指示选定面移动的距离和方向的位移矢量。移动面的结果如图 17-28(b)所示。

［旋转面］：绕指定的轴旋转一个或多个面或实体的某些部分。可以通过旋转面来更改对象的形状。建议将此选项用于小幅调整。可以通过设置两个点定义旋转轴，也可以选择坐标轴 X、Y、Z 作为旋转轴。若将图 17-29(a)中圆柱面绕 X 轴旋转 30°，效果如图 17-29(b)所示。

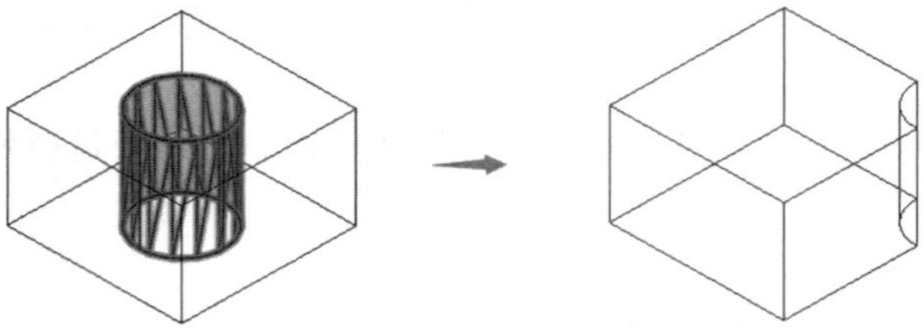

(a) 选择面　　(b) 将圆柱面移动到长方体一个角点

图 17-28　移动面

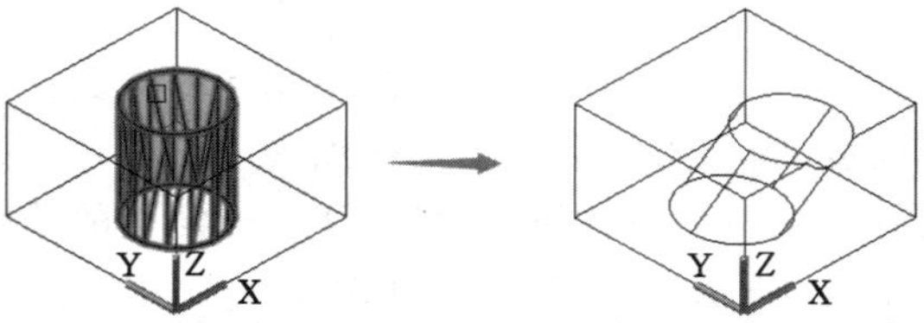

(a) 选择面　　(b) 将圆柱面绕 X 轴旋转 30°

图 17-29　旋转面

[偏移面]:按指定的距离或通过指定的点,可以将实体的面均匀地偏移。若输入距离为正值,则会增大实体的大小或体积,如图 17-30(a)(b)所示;若输入距离为负值,则会减小实体的大小或体积。如果偏移的是实体内部的孔,输入负值则会使内孔的体积增大,如图 17-30(c)(d)所示。

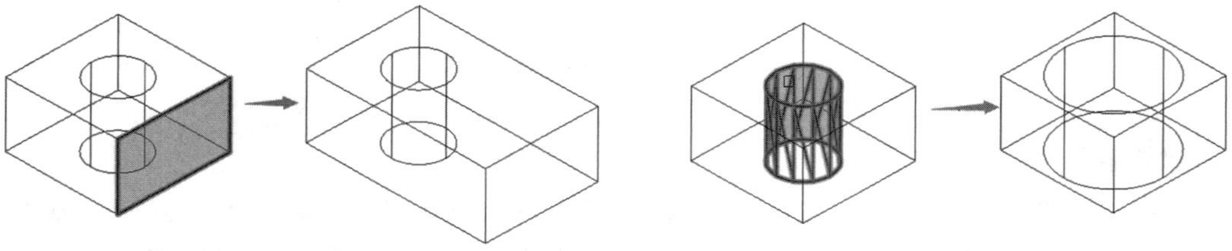

(a) 选择面　　(b) 按正值偏移该面　　(c) 选择面　　(d) 按负值偏移该面

图 17-30　偏移面

[倾斜面]:以指定的角度倾斜三维实体上的面。倾斜角的旋转方向由所选择的基点和第二点(沿选定矢量)的顺序决定,如图 17-31(a)所示。正角度将向里倾斜面,如图 17-31(b)所示;负角度将向外倾斜面。默认角度为 0°,可以垂直于平面拉伸面。选择集中所有选定的面将倾斜相同的角度。

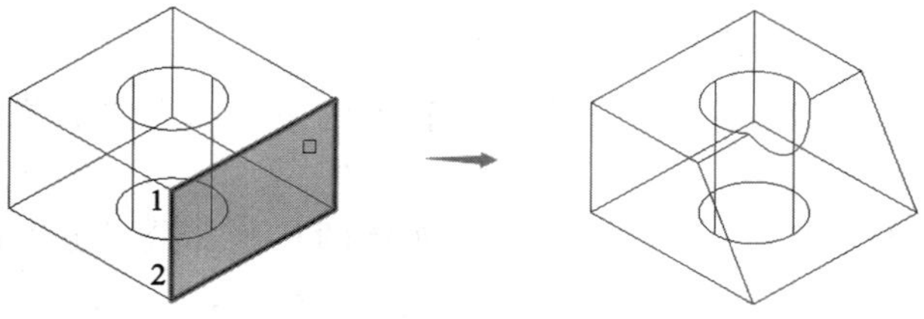

(a) 选择面　　(b) 将该面沿轴(1,2 点)倾斜 30°

图 17-31　倾斜面

[复制面]:将面复制为面域或体。如果指定两个点,SOLIDEDIT 将使用第一个点作为基点,并相对于基点放置一个副本。如果指定一个点(通常输入为坐标),然后按 Enter 键,SOLIDEDIT 将使用此坐标作为新位置,如图 17-32 所示。

[着色面]:修改面的颜色。着色面可用于亮显复杂三维实体模型内的细节。

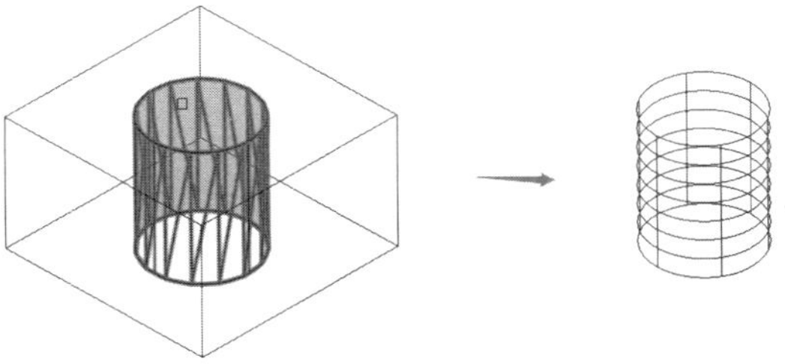

(a) 选择面　　(b) 复制该面

图 17-32　复制面

(2) 对三维实体边的编辑

通过修改边的颜色或复制独立的边来编辑三维实体对象。

[复制边]:将三维实体上的选定边复制为二维圆弧、圆、椭圆、直线或样条曲线。

[着色边]:更改三维实体对象上各条边的颜色。可将着色边用于亮显相交、干涉或重要清除。

[压印边]:在选定的对象上压印一个对象。为了使压印操作成功,被压印的对象必须与选定对象的一个或多个面相交。

"选择三维实体":指定要压印的三维实体,如图 17-33(a)中对象 1。

"选择要压印的对象":指定用于覆盖第一个选择的对象,如图 17-33(a)中对象 2、3,其中对象 2 为圆,对象 3 为面域。

"是否删除源对象":指定是否在完成操作后删除要压印的对象,选择删除源对象后压印的效果如图 17-33(b)所示。

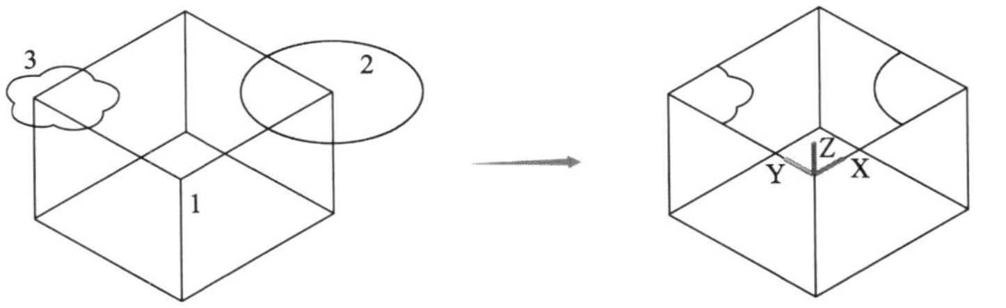

(a) 要压印的实体和对象　　(b) 删除源对象后压印的效果

图 17-33　压印边

☎ **注 意**

"压印"选项仅限于以下对象执行:圆弧、圆、直线、二维和三维多段线、椭圆、样条曲线、面域、体和三维实体。

[圆角边]:对三维实体的边倒圆角。

📖 **例题 17-17**　对三维实体倒圆角,结果如图 17-34 所示。

命令：_FILLETEDGE	
半径 = 1.0000	‖当前圆角半径值；
选择边或[链(C)/环(L)/半径(R)]：r↙	‖可以选择三维实体的边或设置圆角半径；
输入圆角半径或[表达式(E)]<1.0000>：5↙	‖设置圆角半径；
选择边或[链(C)/环(L)/半径(R)]：	‖选择实体的边，如图 17-34(a)所示；
选择边或[链(C)/环(L)/半径(R)]：	‖选择实体的边，如图 17-34(b)所示；
选择边或[链(C)/环(L)/半径(R)]：↙	‖倒角结果如图 17-34(c)所示。

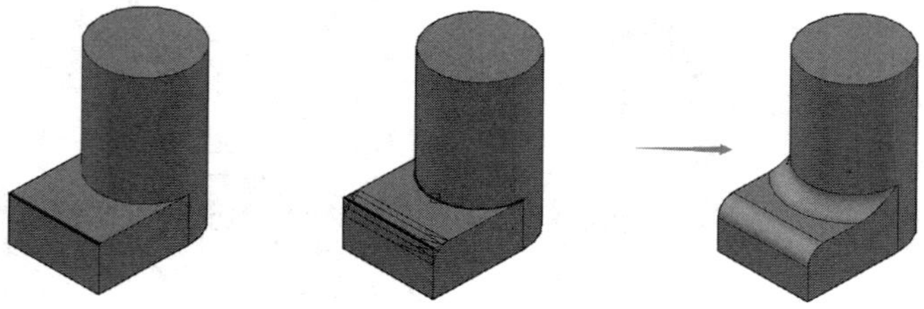

(a)　　(b)　　(c)

图 17-34　对实体的边倒圆角

(3) 对三维实体的分割、抽壳、检查等编辑

[分割]：用不相连的体将一个三维实体对象分割为几个独立的三维实体对象。使用并集操作（UNION）组合离散的实体对象可导致生成不连续的体。

[抽壳]：抽壳是用指定的厚度创建一个空的薄层。可以为所有面指定一个固定的薄层厚度。通过选择面可以将这些面排除在壳外。一个三维实体只能有一个壳。通过将现有面偏移出其原位置来创建新的面。

提醒

建议用户在将三维实体转换为壳体之前创建其副本。这样，如果用户需要进行重大修改，可以使用原始版本，并再次对其进行抽壳。

例题 17-18　对三维实体进行抽壳，结果如图 17-35 所示。

命令：_solidedit	‖实体编辑；
实体编辑自动检查：　SOLIDCHECK=1	
输入实体编辑选项[面(F)/边(E)/体(B)/放弃(U)/退出(X)]<退出>：_body	
输入体编辑选项	
[压印(I)/分割实体(P)/抽壳(S)/清除(L)/检查(C)/放弃(U)/退出(X)]<退出>：_shell	‖选择"抽壳"操作；
选择三维实体：	‖选择图 17-35 中左侧的花瓶；
删除面或[放弃(U)/添加(A)/全部(ALL)]：找到一个面，已删除 1 个。	‖选择图 17-35 中花瓶的顶面作为要删除的面；
删除面或[放弃(U)/添加(A)/全部(ALL)]：↙	
输入抽壳偏移距离：10↙	‖输入壳体厚度为 10(该值必须与实体尺寸相匹配)；
已开始实体校验。	
已完成实体校验。	
输入体编辑选项	
[压印(I)/分割实体(P)/抽壳(S)/清除(L)/检查(C)/放弃(U)/退出(X)]<退出>：↙	‖输入 Enter，结束命令。

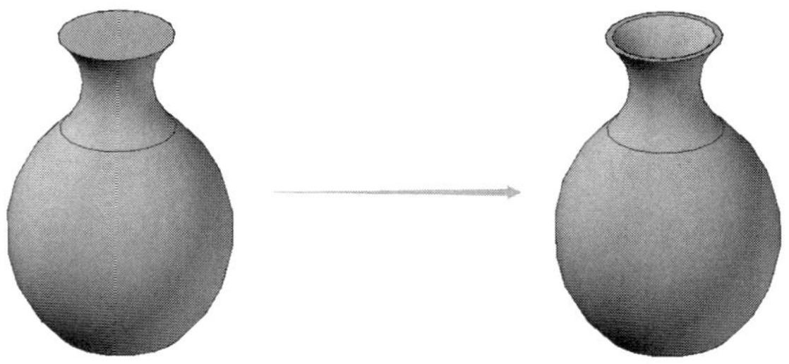

图 17-35　对实体抽壳

第四节　三维模型渲染

一、材质浏览器

用户可以使用“材质浏览器”对话框导航和管理材质，也可以整理、搜索和选择要在图形中使用的材质，并对其进行排序。

命令执行方式如下：

★菜单栏：“视图”➤“渲染”➤“材质浏览器(M)”。

★工具栏：“渲染”工具栏 ➤按钮。

★功能区：“可视化”选项卡➤“材质”面板 ➤按钮。

★命令：MATBROWSEROPEN。

“材质浏览器”对话框如图 17-36 所示，将鼠标在对话框的各命令按钮上停留即可显示该命令的功能。用鼠标点击要选择的材质，并将其拖动到三维实体上，即可为该实体添加相应材质，如图 17-37 所示。

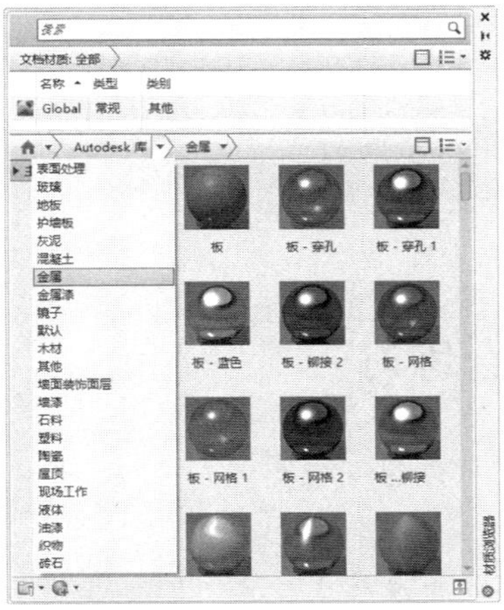

图 17-36　“材质浏览器”对话框

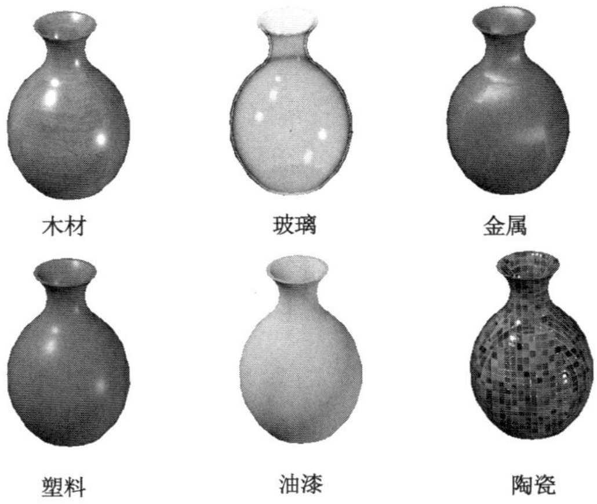

图 17-37　为实体添加不同材质效果

二、材质编辑器

用户可以利用“材质编辑器”对话框新建材质，如图 17-38 所示。例如：在材质编辑器中，单击新建材质按钮，并为材质修改名称，如“青花”，点击“图像”空白处，为该材质选择一幅青花图片。这时该材质同时已被添加到“材质浏览器”中，利用前述方法可以为花瓶添加青花材质，如图 17-39 所示。

命令执行方式如下：

★菜单栏：“视图”➤“渲染”➤“材质编辑器(M)”。

★工具栏：“渲染”工具栏 ➤按钮。

★命令：MATEDITOROPEN。

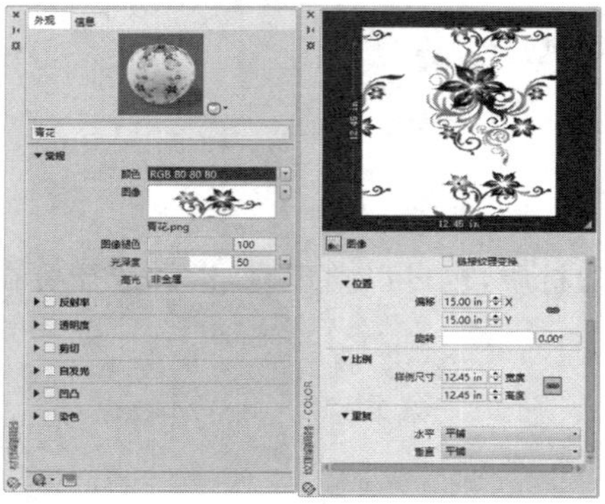

图 17-38　“材质编辑器”对话框

图 17-39 为实体添加青花材质

三、渲染

利用渲染可以创建三维实体模型的真实感或照片级着色图像。为达到好的渲染效果，执行渲染命令前需要对光源、材质、场景及背景等进行详细设置，请参阅其他资料。

命令执行方式如下：

★菜单栏：“视图”➤“渲染”➤“渲染(R)”。

★工具栏：“渲染”工具栏 ➤按钮。

★功能区：“可视化”选项卡➤“渲染”面板 ➤按钮。

★命令：RENDER。

第五节　三维建模综合练习

📖 **例题 17-19**　根据图 17-40 所示的工程三视图尺寸创建三维实体。

提醒

本例主要是利用“拉伸”命令(不是“拉伸面”命令)和布尔操作来完成。

建模步骤如下：

(1) 首先在 XOY 平面绘制出该实体的俯视图，如图 17-41(a)所示。

(2) 如图 17-41(b)所示绘制辅助线，将辅助线与原轮廓线构成的封闭区域创建为面域，

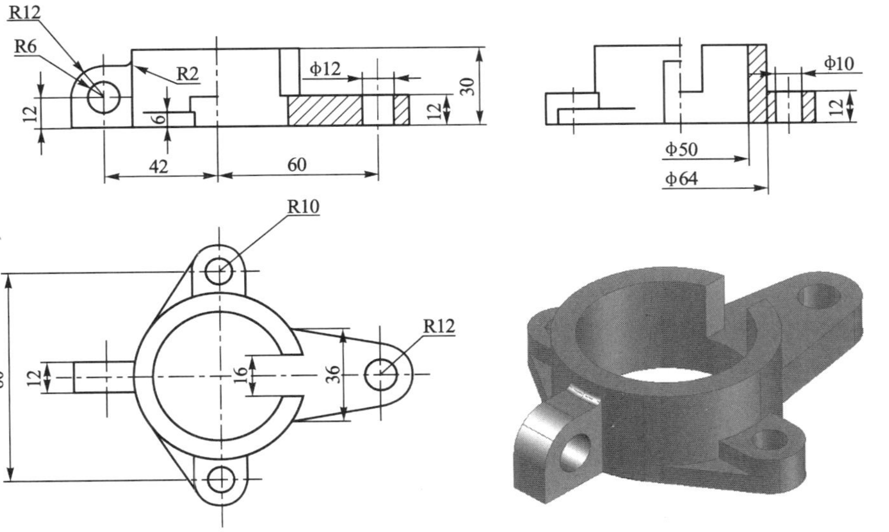

图 17-40　三维建模综合练习一

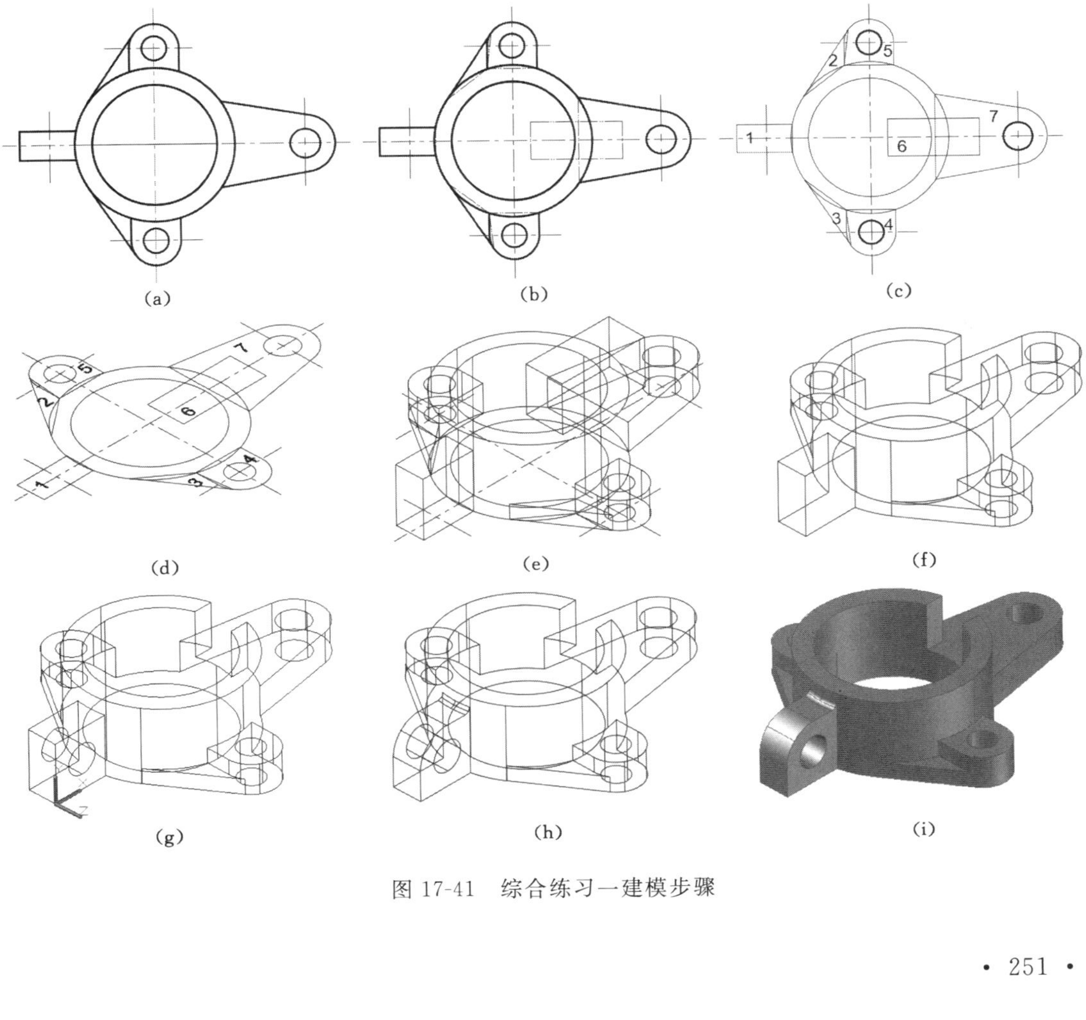

图 17-41　综合练习一建模步骤

共创建 7 个面域，如图 17-41(c)所示。

(3) 点击菜单栏“视图”➤“三维视图”➤“西南等轴测”，如图 17-41(d)所示。

(4) 对不同面域按照主视图和左视图尺寸沿着 Z 轴拉伸不同的高度。需要注意的是，由于中间大圆筒的右侧开槽至右侧平板的上表面，因此，需要输入“change”命令，将面域 6 的标高改为 12，然后将该面域沿着 Z 轴正向拉伸 18。拉伸完成后的图形如图 17-41(e)所示。

(5) 采用“并集”“差集”操作合并或减去部分实体，并删除底面中心线，创建完成的实体如图 17-41(f)所示。

(6) 如图 17-41(g)所示，新建用户坐标系，并在该坐标系下以(12,12)为圆心绘制半径为 6、高度为－12(沿当前坐标系的 Z 轴负向)的圆柱。然后执行“差集”命令创建成孔。

(7) 最后采用对实体边“倒圆角”命令，形成左侧板的两个圆弧过渡，其半径分别为 R12 和 R2，完成的图形效果如图 17-41(h)所示。

(8) 最后，将实体的颜色设为灰色，并以“真实”视觉样式显示，效果如图 17-41(i)所示。

📖 **例题 17-20** 利用“旋转”“扫掠”“三维阵列”等命令创建如图 17-42(i)所示的艺术趣味实体图。

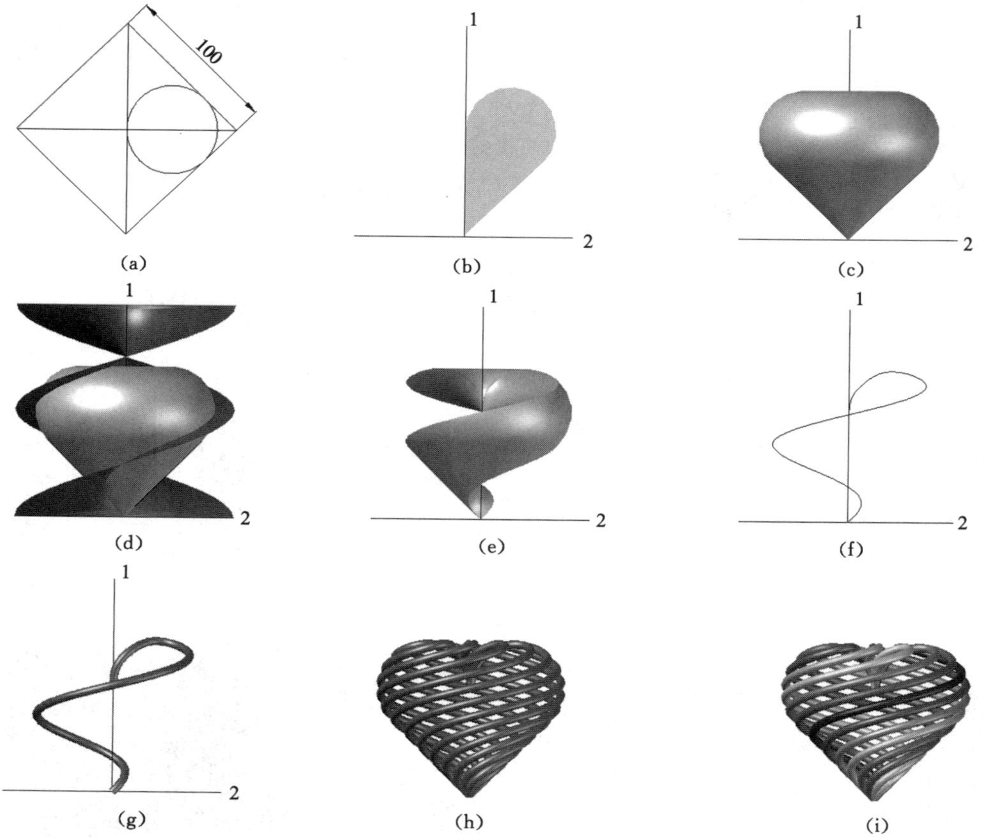

图 17-42 创建艺术趣味实体图步骤

建模步骤如下：

(1) 首先在 XOY 平面绘制如图 17-42(a)所示图形。

(2) 利用“修剪”“面域”等命令编辑图形，完成如图 17-42(b)所示的图形。

(3) 点击“旋转”命令，将面域绕轴 1 旋转 360°创建实体，如图 17-42(c)所示。

(4) 将直线 2 沿着直线 1 进行扫掠，同时扭曲 540°，形成螺旋曲面如图 17-42(d)所示。

(5) 点击“剖切”命令，选择用曲面对心形实体进行剖切，并点击保留一侧实体，如图 17-42(e)所示。

(6) 删除曲面，对实体部分采用“分解”命令进行多次分解，直至将实体分解为轮廓线，再点击“删除”命令直至只剩一条完整的轮廓线，如图 17-42(f)所示(如果最后留下的轮廓线由多段曲线组成，可以点击“合并”命令，将其合并为一条完整曲线)。本操作的主要目的是获得围绕心形实体轮廓的螺旋曲线。

(7) 绘制一个小圆，将该圆沿着心形轮廓线进行扫掠，如图 17-42(g)所示。

(8) 点击“三维阵列”➤“环形”命令，将刚形成的曲线柱体绕轴 1 阵列 360°，阵列个数为 10；最后删除轴线 1 和直线 2，完成的图形如图 17-42(h)所示。

(9) 可以为每条曲线柱设置不同颜色，形成艺术趣味实体造型，如图 17-42(i)所示。

例题 17-21　利用“旋转”“拉伸面”“三维镜像”“渲染”等命令创建如图 17-43(f)所示的茶盘实体图。

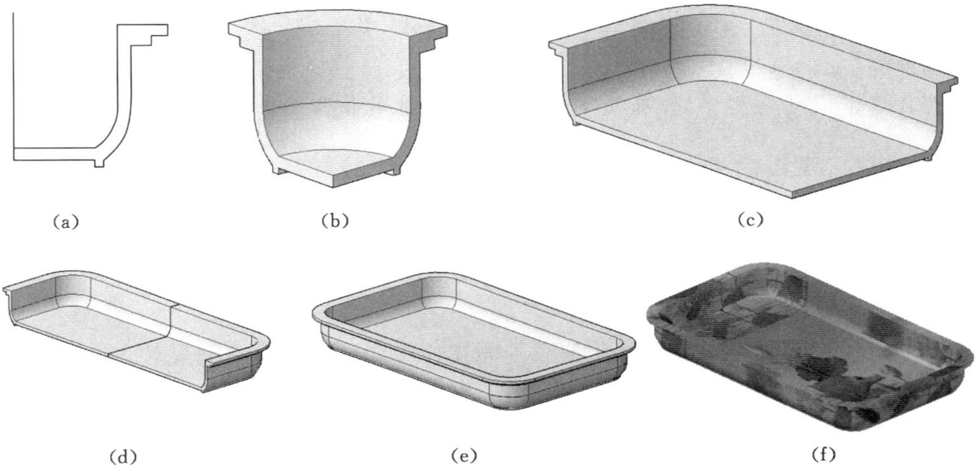

图 17-43　创建茶盘实体的方法

建模步骤如下：

(1) 首先在 XOY 平面绘制如图 17-43(a)所示图形，其中采用“多段线”命令绘制茶盘横截面的封闭曲线。

(2) 利用“旋转”命令将茶盘横截面封闭曲线绕中间轴旋转 90°，创建实体如图 17-43(b)所示。

(3) 采用“拉伸面”命令，将图 17-43(b)所示茶盘的两侧横截面拉伸出一定距离，则形成如图 17-43(c)所示的实体。

(4) 采用“三维镜像”将茶盘 1/4 部分实体以其一个横截面为镜像平面(鼠标在横截面上任选三个点来确定镜像平面)，进行镜像操作，所得实体如图 17-43(d)所示。

(5) 将刚创建的两部分实体执行“并集”操作，并将合并后的实体，按上述方法，以其横截面为镜像平面进行镜像操作，之后再对两个镜像后的实体执行“并集”操作，最后创建的茶盘实体如图 17-43(e)所示。

(6) 可以为茶盘实体添加“桦木”材质;也可以自建材质,如创建荷花图案材质并渲染,显示效果如图 17-43(f)所示。

第六节　由三维实体生成二维工程三视图

本节主要介绍由三维实体模型生成二维的工程三视图,并进行尺寸标注,该过程需要在布局下的“图纸”空间完成。完成该项工作需要用到如下 3 个命令。

一、SOLPROF 命令

使用 SOLPROF 命令可以创建三维实体的轮廓图像。轮廓图像只显示当前视图下实体的曲面轮廓线和边。使用 SOLPROF 命令时,AutoCAD 可以自动判断轮廓线的可见性,然后自动生成两个新的图层,分别为可见轮廓线层和不可见轮廓线层,系统为自动生成的两个新层分别命名为 PH-××和 PV-××(××是系统随机生成的数字或字母),如果预先加载虚线(HIDDEN)线型,该命令可以自动将虚线线型赋给不可见轮廓线所在的图层 PH-××。

☎注意

只有在浮动式的模型空间(布局下的模型空间)才能使用 SOLPROF 命令。

二、VPLAYER 命令

该命令可以控制某一个图层在其他视口中是否冻结。

三、MVSETUP 命令

该命令可以调整视口中的图形比例和不同视口中图形的水平及垂直对齐方式。

📖 **例题 17-22**　由台座的三维实体图生成工程三视图和西南等轴测图,并添加辅助线、中心线和尺寸标注,如图 17-44 所示。

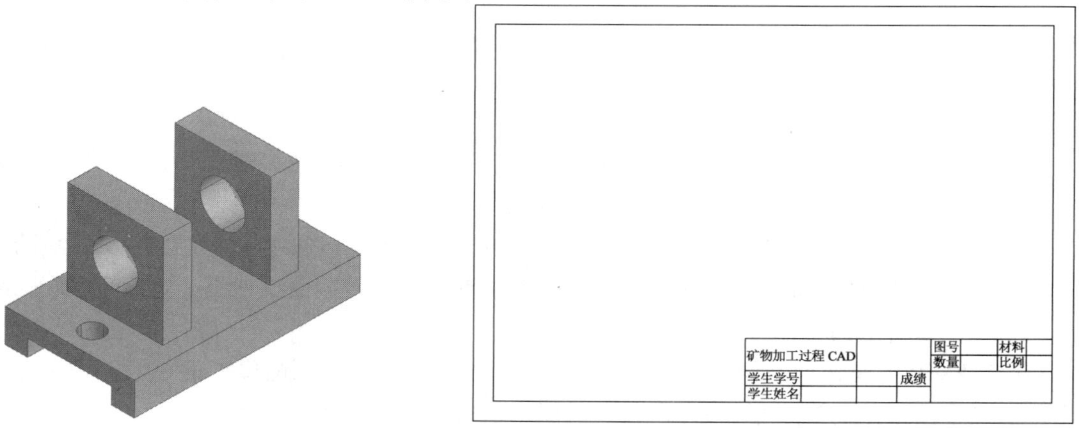

(a) 台座实体图　　(b) 插入图幅框标题栏块的图纸页面

图 17-44　由三维实体生成二维工程三视图

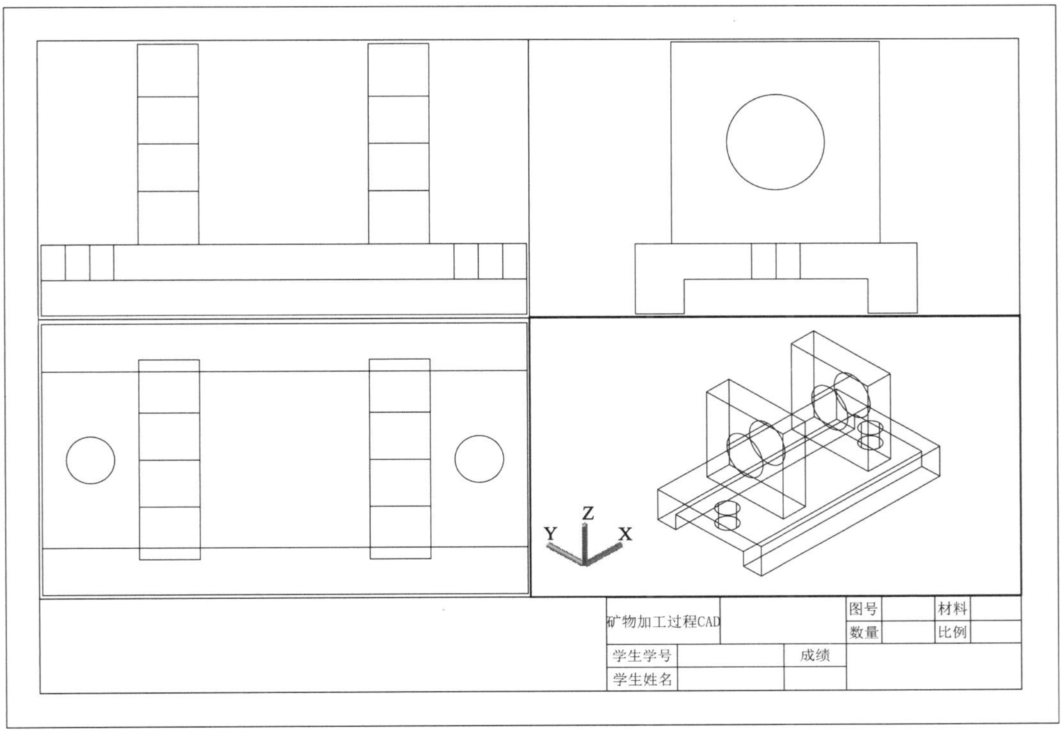

(c) 在图纸页面新建4个视口，分别显示台座的前视、俯视、左视和西南等轴测视图

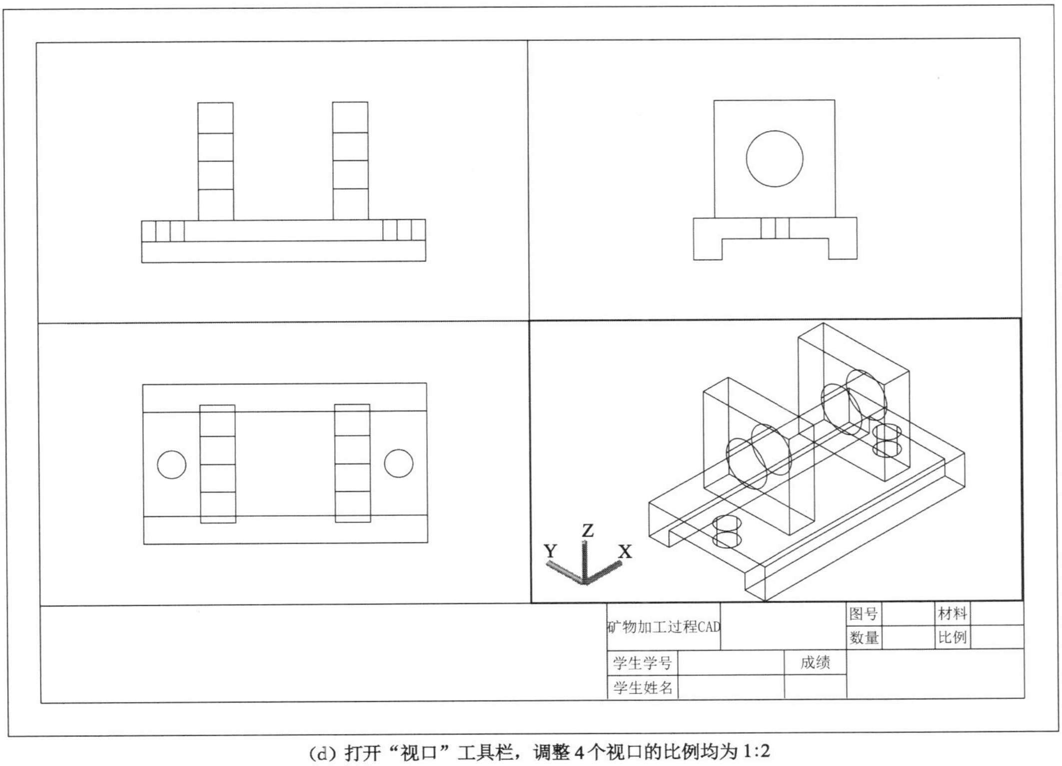

(d) 打开“视口”工具栏，调整4个视口的比例均为1:2

图 17-44　(续)

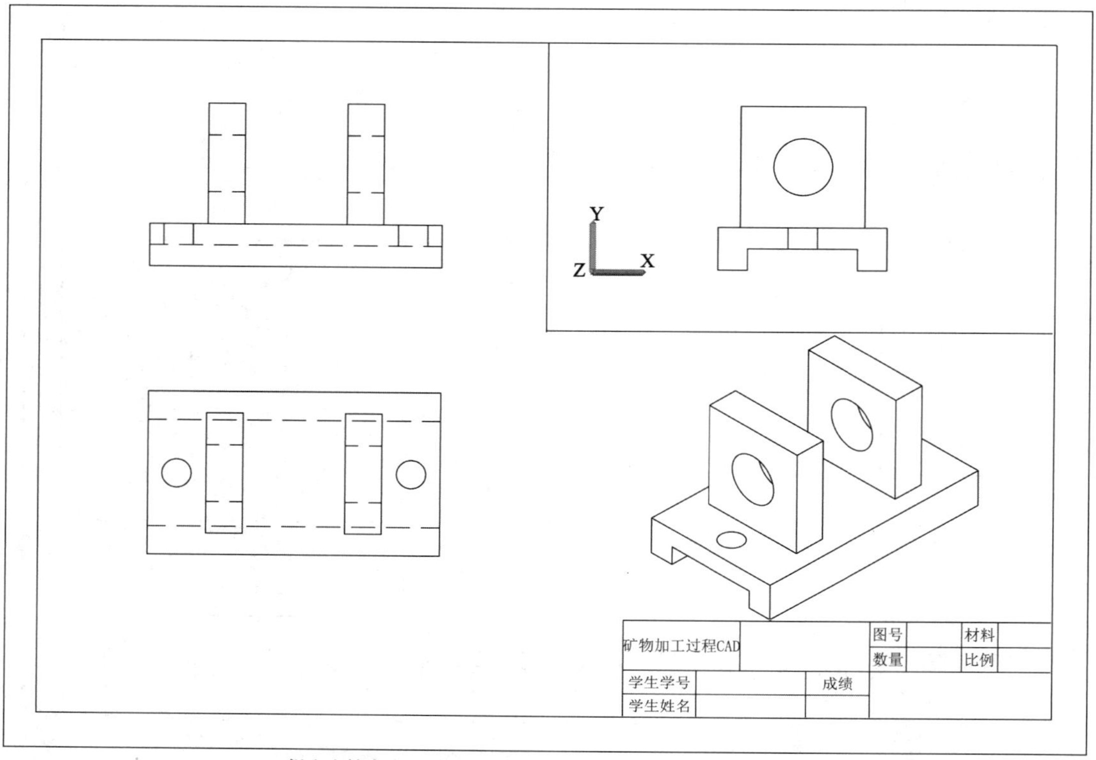

(e) 提取出轮廓线并关闭0层和西南等轴测不可见轮廓线层的图形效果

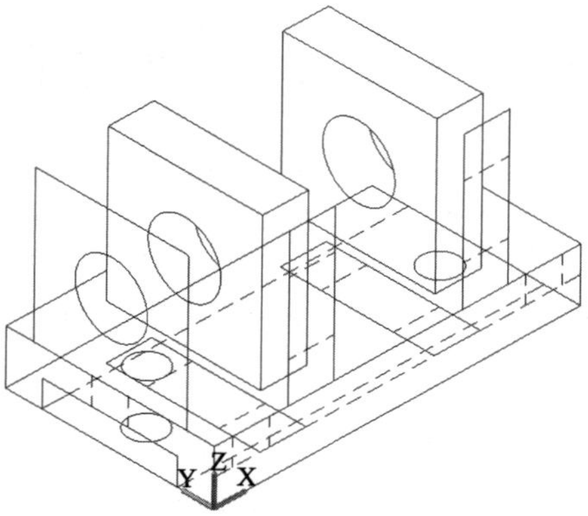

(f) 提取出了轮廓线后模型空间的图形

图 17-44 （续）

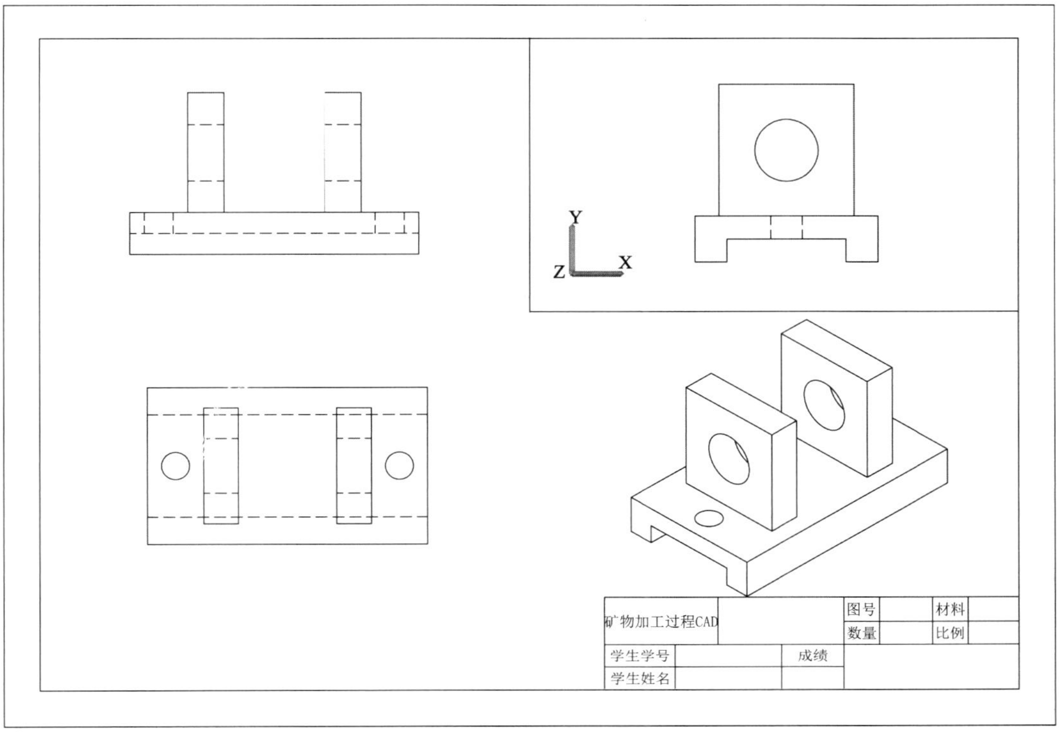

(g) 修改了各视图不可见轮廓线的线型比例

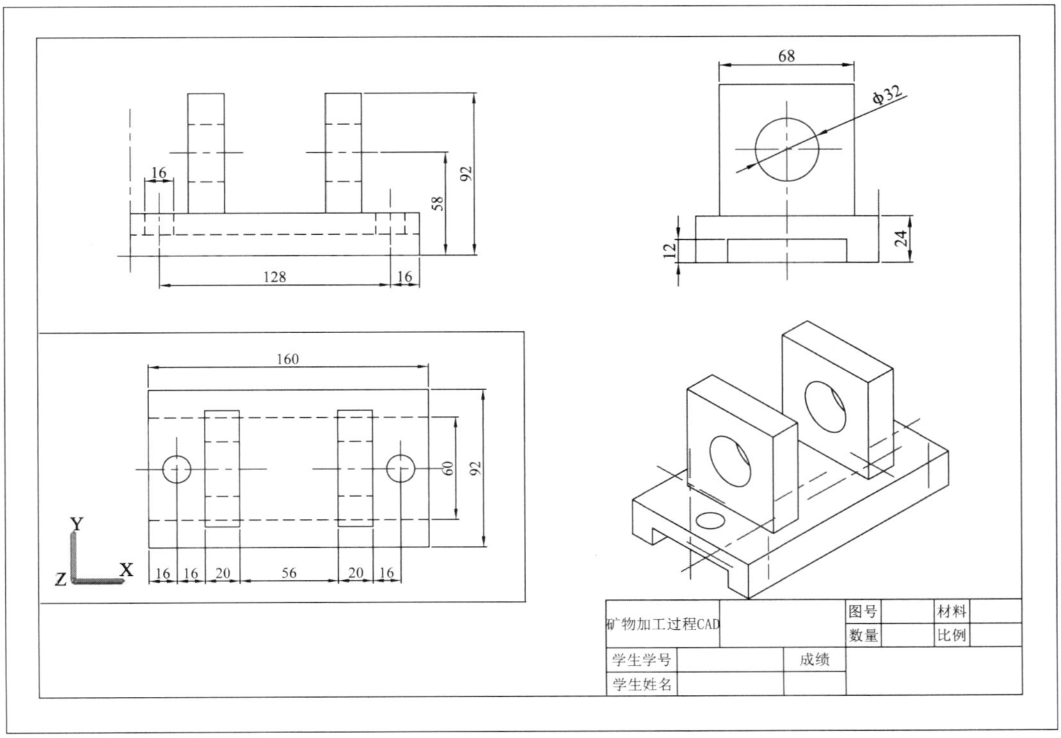

(h) 为各视图绘制中心线和尺寸线后的图形

图 17-44　(续)

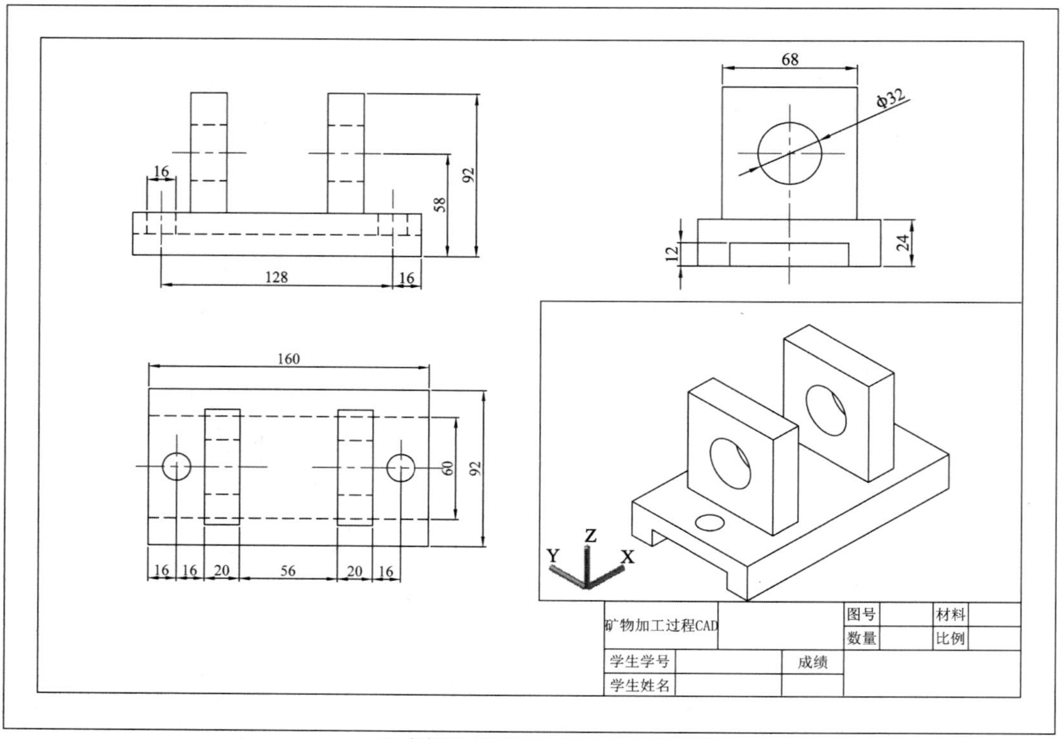

(i) 在各视口执行 VPLAYER 命令后的效果

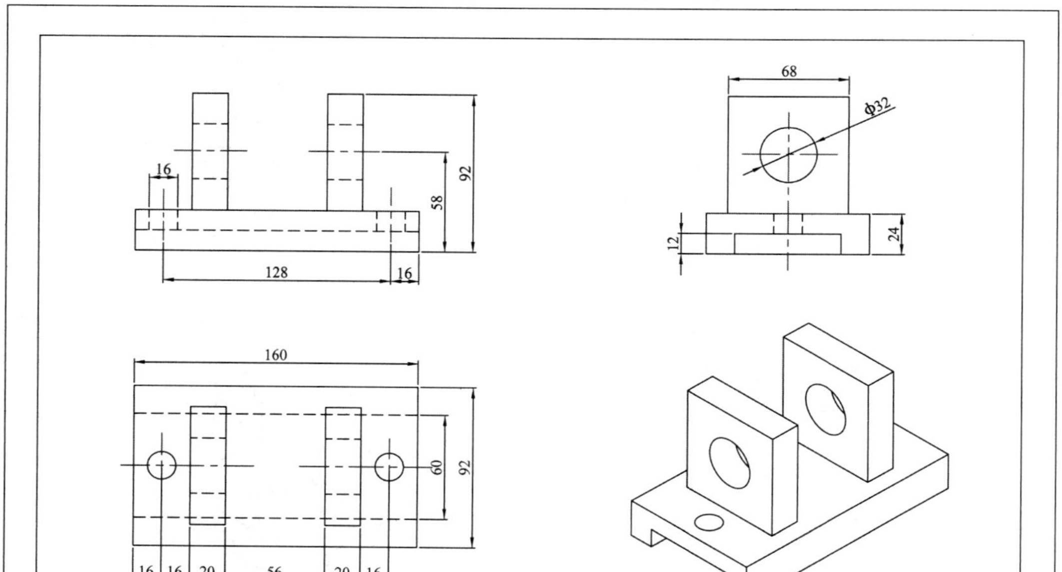

(j) 执行 MVSETUP 命令对齐后的效果

图 17-44 （续）

绘图步骤如下：

(1) 首先在模型空间并且在 0 层上绘制实体模型，如图 17-44(a)所示。

(2) 对布局 1 进行页面设置，将其设置为 A4 横向(这里根据出图需要来设置图纸大小)；创建一个新图层(例如命名为“图幅标题层”)，将以前制作好的图幅框标题栏块插入图纸上，如图 17-44(b)所示。

(3) 切换到布局下的图纸空间，并且也在 0 层建立 4 个视口。点击状态栏中的图纸按钮，将其切换为模型，即切换到浮动式的模型空间。鼠标依次点击激活 4 个视口，并在 4 个视口分别显示台座实体的前视、俯视、左视和西南等轴测图，如图 17-44(c)所示(这时可将视觉样式设置为“三维线框”，图形颜色调为黑色)。

(4) 打开“视口”工具栏，调整各视口图形的比例(本例中均设为 1∶2)，视口工具栏如图 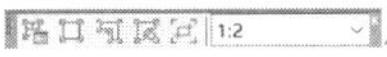所示，图形效果如图 17-44(d)所示。

(5) 预先加载 HIDDEN 线型；依次在 4 个视口分别执行一次 SOLPROF 命令，以提取不同视图下实体的轮廓线，并对生成的新图层进行记录或重命名(主要目的是明确西南等轴测图的不可见轮廓线图层)；然后关闭 0 层和西南等轴测图的不可见轮廓线层(该操作的目的是让视口线、台座的三维实体图和西南等轴测图的不可见轮廓线均在屏幕上不显示)；效果如图 17-44(e)所示。SOLPROF 命令的执行过程如下：

首先鼠标点击激活前视视口。	
命令：SOLPROF	‖ 提取前视图轮廓线；
选择对象：找到 1 个	‖ 鼠标点击选择实体对象；
选择对象：↙	
是否在单独的图层中显示隐藏的轮廓线？[是(Y)/否(N)] <是>：↙	‖ 点击 Enter，选择“是”；
是否将轮廓线投影到平面？[是(Y)/否(N)] <是>：↙	‖ 点击 Enter，选择“是”；
是否删除相切的边？[是(Y)/否(N)] <是>：↙	‖ 点击 Enter，选择“是”；
_.VPLAYER 输入选项 [?/颜色(C)/线型(L)/线宽(LW)/透明度(TR)/冻结(F)/解冻(T)/重置(R)/移除替代(M)/新建冻结(N)/视口默认可见性(V)]：_N	‖ 以下文字均为系统自动生成，不需做任何操作，命令结束。
输入在所有视口中都冻结的新图层的名称：PV-3A4 输入选项 [?/颜色(C)/线型(L)/线宽(LW)/透明度(TR)/冻结(F)/解冻(T)/重置(R)/移除替代(M)/新建冻结(N)/视口默认可见性(V)]：_T	
输入要解冻的图层名：PV-3A8	‖ 表明系统为前视图的可见轮廓线图层命名为 PV-3A8(其中的数字和字母属于系统随机生成)。
指定视口 [全部(A)/选择(S)/当前(C)/当前以外(X)] <当前>：输入选项 [?/颜色(C)/线型(L)/线宽(LW)/透明度(TR)/冻结(F)/解冻(T)/重置(R)/移除替代(M)/新建冻结(N)/视口默认可见性(V)]：	
_.VPLAYER 输入选项 [?/颜色(C)/线型(L)/线宽(LW)/透明度(TR)/冻结(F)/解冻(T)/重置(R)/移除替代(M)/新建冻结(N)/视口默认可见性(V)]：_NEW	
输入在所有视口中都冻结的新图层的名称：PH-3A4 输入选项 [?/颜色(C)/线型(L)/线宽(LW)/透明度(TR)/冻结(F)/解冻(T)/重置(R)/移除替代(M)/新建冻结(N)/视口默认可见性(V)]：_T	
输入要解冻的图层名：PH-3A8	‖ 表明系统为前视图的不可见轮廓线图层命名为 PH-3A8(其中的数字和字母与可见轮廓线的图层相同)。
指定视口 [全部(A)/选择(S)/当前(C)/当前以外(X)] <当前>：输入选项 [?/颜色(C)/线型(L)/线宽(LW)/透明度(TR)/冻结(F)/解冻(T)/重置(R)/移除替代(M)/新建冻结(N)/视口默认可见性(V)]：	
已选定一个实体。	
……	
……	
依次激活其他 3 个视口，各执行一次 SOLPROF 命令……	

(6) 鼠标点击，打开平铺式的模型空间，可以清楚地看到被提取出的各视图中的轮廓线，如图 17-44(f)所示。

(7) 修改不可见轮廓线的线型比例。由于每个视口的可见和不可见轮廓线图层的图形对象均为整体，因此为了使不可见轮廓线的 HIDDEN 线型更清楚地显示出来，需要先利用“分解”命令将其线条分解开，再依次改变其线型比例，修改好的图形效果如图 17-44(g)所示。

(8) 为前视、俯视和左视图分别建立两个图层、中心线层和尺寸线层，例如 zhuzxx(主视图中心线层)、zhucc(主视图尺寸线层)、fuzxx、fucc、zuozxx、zuocc(意义同前)；分别在各层上绘制 3 个视图的中心线和尺寸线，绘制结果如图 17-44(h)所示。

(9) 从图 17-44(h)可看出，添加了中心线和尺寸标注后的图形非常杂乱，这是因为在其中一个视口中绘制的中心线和尺寸标注，在其他视口中都能显示出来。因此，我们希望在本视口中冻结其他视口的中心线图层和尺寸线图层。命令行输入 VPLAYER 命令，分别在 4 个视口各执行 1 次该命令后，效果如图 17-44(i)所示。

VPLAYER 命令执行过程如下：

首先用鼠标点击激活前视视口。	
命令：VPLAYER	
输入选项［？/颜色(C)/线型(L)/线宽(LW)/透明度(TR)/冻结(F)/解冻(T)/重置(R)/移除替代(M)/新建冻结(N)/视口默认可见性(V)］：f	‖选择“冻结”选项；
输入要冻结的图层名或 <通过选择对象指定图层>：fuzxx	‖输入俯视图中心线层名称；
指定视口［全部(A)/选择(S)/当前(C)/当前以外(X)］<当前>：↙	‖点击 Enter，选择在当前视口冻结该图层；
输入选项［？/颜色(C)/线型(L)/线宽(LW)/透明度(TR)/冻结(F)/解冻(T)/重置(R)/移除替代(M)/新建冻结(N)/视口默认可见性(V)］：f	‖选择“冻结”选项；
输入要冻结的图层名或 <通过选择对象指定图层>：fucc	‖输入俯视图尺寸线层的名称；
指定视口［全部(A)/选择(S)/当前(C)/当前以外(X)］<当前>：↙	‖点击 Enter，选择在当前视口冻结该图层；
输入选项［？/颜色(C)/线型(L)/线宽(LW)/透明度(TR)/冻结(F)/解冻(T)/重置(R)/移除替代(M)/新建冻结(N)/视口默认可见性(V)］：f	‖选择“冻结”选项；
输入要冻结的图层名或 <通过选择对象指定图层>：zuozxx	‖输入左视图中心线层名称；
指定视口［全部(A)/选择(S)/当前(C)/当前以外(X)］<当前>：↙	‖点击 Enter，选择在当前视口冻结该图层；
输入选项［？/颜色(C)/线型(L)/线宽(LW)/透明度(TR)/冻结(F)/解冻(T)/重置(R)/移除替代(M)/新建冻结(N)/视口默认可见性(V)］：f	‖选择“冻结”选项；
输入要冻结的图层名或 <通过选择对象指定图层>：zuocc	‖输入左视图尺寸线层名称；
指定视口［全部(A)/选择(S)/当前(C)/当前以外(X)］<当前>：↙	‖点击 Enter，选择在当前视口冻结该图层；
输入选项［？/颜色(C)/线型(L)/线宽(LW)/透明度(TR)/冻结(F)/解冻(T)/重置(R)/移除替代(M)/新建冻结(N)/视口默认可见性(V)］：↙	‖点击 Enter，结束命令。
……	
依次激活其他 3 个视口，各执行一次 VPLAYER 命令……，注意正确输入要冻结的图层名称。	

(10) 最后，从图 17-44(i)中可以看出，工程三视图应该在前视、俯视和左视图之间实现水平和垂直对齐，因此需要执行 MVSETUP 命令，完成后图形效果如图 17-44(j)所示，这时我们切换到“图纸”空间显示图形。MVSETUP 命令执行过程如下：

命令：MVSETUP	
输入选项［对齐(A)/创建(C)/缩放视口(S)/选项(O)/标题栏(T)/放弃(U)］：A	‖选择“对齐”选项；
输入选项［角度(A)/水平(H)/垂直对齐(V)/旋转视图(R)/放弃(U)］：V	‖选择“垂直对齐”选项；
指定基点：＞＞	‖激活前视视口，鼠标点击前视图的左下角点；
指定视口中平移的目标点：	‖激活俯视视口，鼠标点击俯视图的左上角点，实现图形的垂直对齐；
输入选项［角度(A)/水平(H)/垂直对齐(V)/旋转视图(R)/放弃(U)］：H	‖选择“水平”对齐选项；
指定基点：	‖激活前视视口，鼠标点击前视图的右下角点；
指定视口中平移的目标点：	‖激活左视视口，鼠标点击左视图的左下角点，实现图形的水平对齐；
输入选项［角度(A)/水平(H)/垂直对齐(V)/旋转视图(R)/放弃(U)］：↙	‖点击 Enter ；
输入选项［对齐(A)/创建(C)/缩放视口(S)/选项(O)/标题栏(T)/放弃(U)］：↙	‖点击 Enter ，结束命令。

上机实践

实践一： 根据图 17-45 所示的三视图尺寸，创建如图 17-46 所示的实体模型。

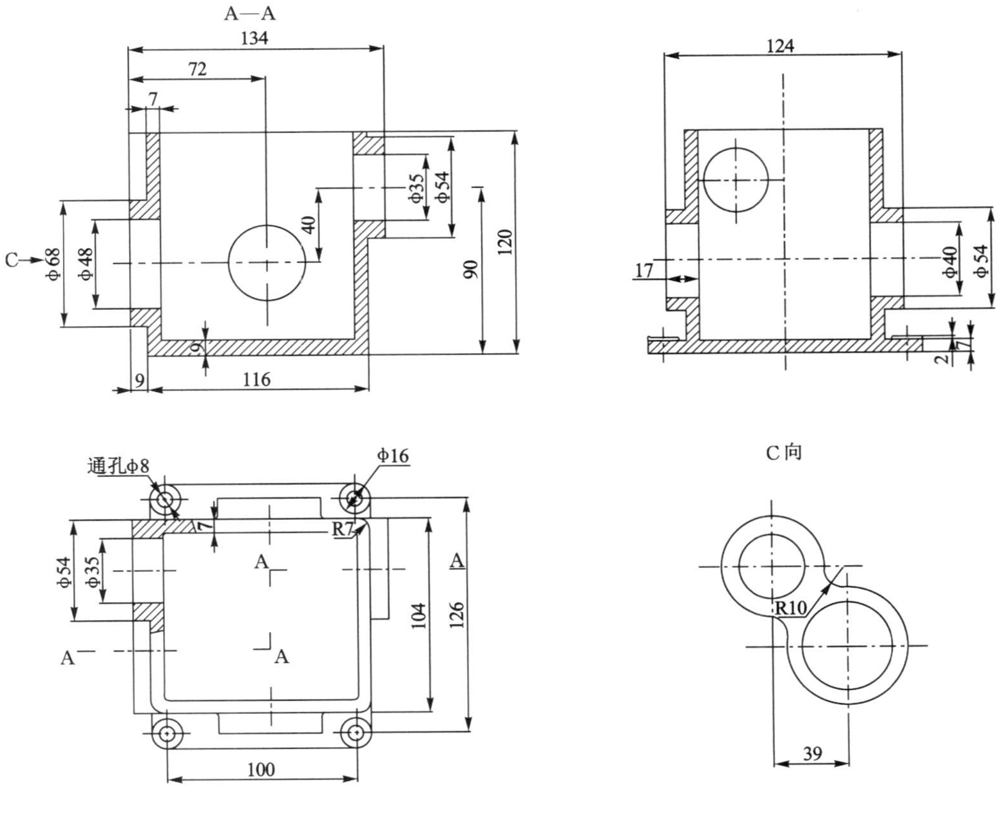

图 17-45　箱体三视图

实践二：创建如图 17-47 所示的艺术造型实体模型。

图 17-46　箱体三维实体图

图 17-47　艺术造型实体图

实践三：根据三视图尺寸，创建如图 17-48 所示的实体模型。

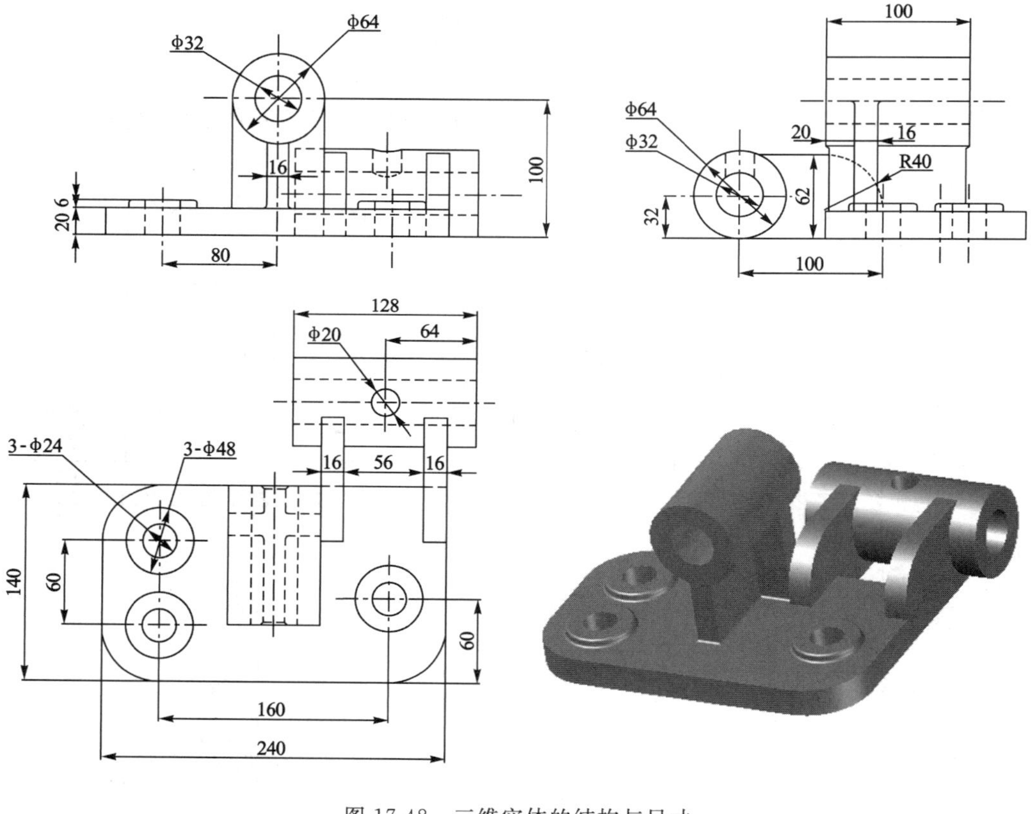

图 17-48　三维实体的结构与尺寸

复习与思考题

1. 三维模型分哪几种类型？

2. AutoCAD 中建立三维模型的方法有哪几种？

3. AutoCAD 中建立三维模型时为什么要建立用户坐标系(UCS)？建立用户坐标系的目的是什么？

4. 二维图形对象的标高和厚度指的是什么？

5. 提取三维实体轮廓线的命令是什么？

第十八章 创建矿物加工设备三维实体模型

第一节 轴类零件三维建模方法

轴类零件是矿物加工设备中经常用到的典型零件之一，它主要用来支承传动零部件、传递扭矩和承受载荷。按轴类零件结构形式的不同，一般可分为光轴、阶梯轴和异形轴等。本节以阶梯轴为例，介绍利用 AutoCAD 平台创建轴类零件三维模型的方法。

例题 18-1 按照图 18-1 轴的结构和尺寸，创建轴的三维实体模型，如图 18-2(d)所示。

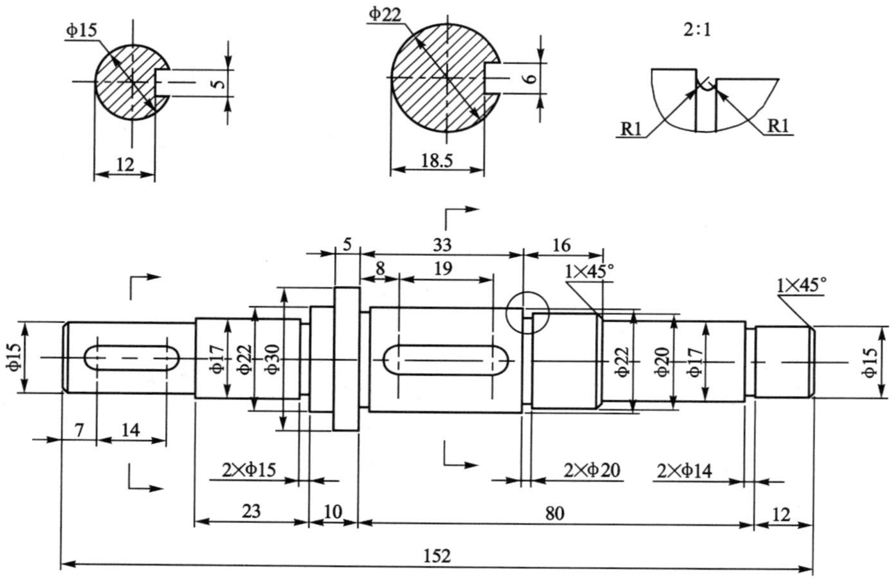

图 18-1 轴的结构与尺寸

绘图步骤如下：

(1) 新建文件，切换到“三维建模”工作空间，将文件保存为“轴实体模型.dwg”。

(2) 首先按照图 18-1 所示的结构尺寸，在 XY 平面绘制轴的纵向截面图，并将纵向截面的闭合轮廓线与中心轴线一起形成一个面域；绘制轴上两个键槽的截面，并分别创建成两个面域，如图 18-1(a)所示。

(3) 点击面板“建模”➤“旋转”命令，将轴的纵向截面绕轴线旋转 360°，生成轴主体的三维模型。

(4) 点击菜单“视图”➤“三维视图”➤“西南等轴测”；点击“工具”➤“新建 UCS(W)”➤“原点(N)”，选择轴左端面的圆心为原点，建立用户坐标系；点击“修改”面板➤“移动”命令，选择键槽截面 1 左端圆弧中心点为基点，将该键槽截面移动到原点处，如图 18-2(b)所示。

(5) 再次点击“移动”命令，选择键槽截面左端圆弧中心点为基点，将键槽截面 1 移动到位置(7,0,4.5)处；同样点击“移动”命令，选择键槽截面 2 左端圆弧中心点为基点，将键槽截面 2 移动到位置(68,0,7.5)处；结果如图 18-2(c)所示。

(6) 点击面板“建模”➤“拉伸”命令，沿着 Z 轴正向分别拉伸两个键槽面域，拉伸高度可以输入 5，形成两个键槽实体。

(7) 利用“差集”命令，从轴中减去两个键槽实体，最后所完成的轴实体模型如图 18-2(d)所示。

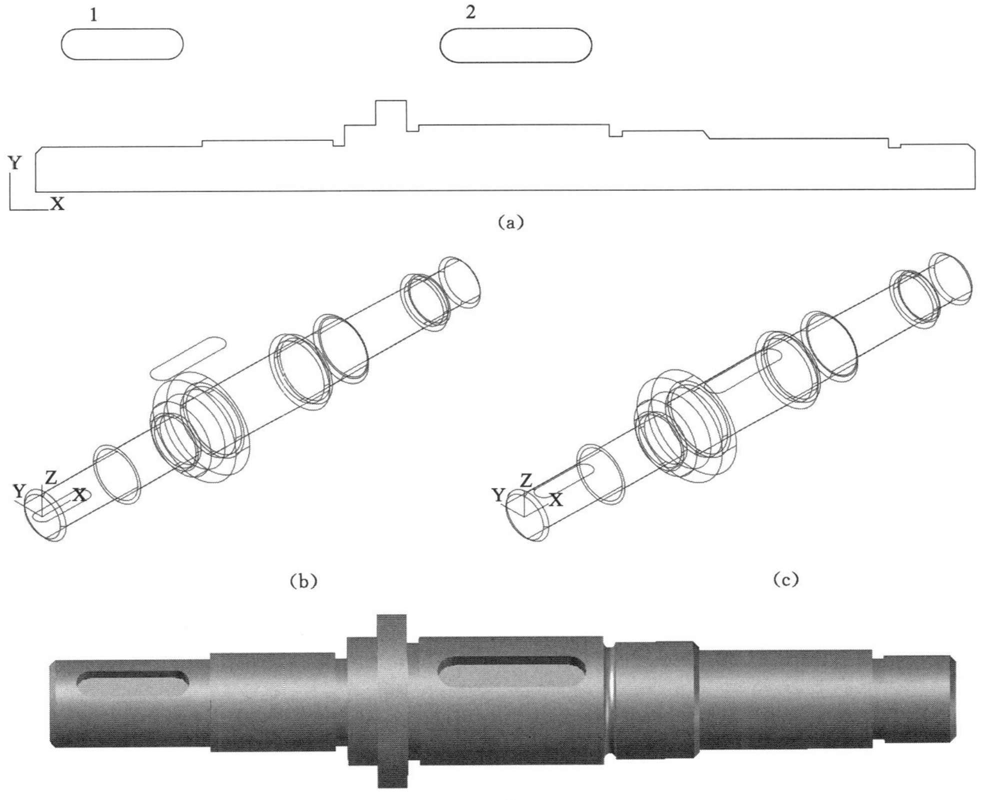

图 18-2　轴的三维建模过程

第二节　螺栓、螺母标准件三维建模方法

据统计，机械产品有 10%～25%的零件为标准件。标准件的使用极大地节省了产品的制造成本。在矿物加工设备的设计与开发过程中，建立常用标准件三维模型库，可以节省大量的设计成本。本节介绍利用 AutoCAD 平台创建螺栓和螺母标准件三维模型的方法。

🕮 **例题 18-2**　按照图 16-8 所示的 M20 螺栓、M20 螺母的结构尺寸，创建其三维实体模型。

(1) 建立 M20 螺母的外观模型

① 新建文件，切换到“三维建模”工作空间，保存文件为“M20 螺母外观三维模型.dwg”。

② 首先在 XY 平面内，以原点(0,0,0)为圆心绘制直径为 30 的圆及其外切六边形，如图 18-3(a)所示。

③ 点击菜单“视图”➤“三维视图”➤“西南等轴测”，将视图切换到西南等轴测视角；点击菜单“工具”➤“新建 UCS(W)”➤“X”，输入 90，使坐标系绕 X 轴旋转 90°；点击“绘图”面板中的“直线”命令，依次输入(0,0,0)，(15,0,0)，@10＜－30，绘制线段 OA 和线段 AB，如图 18-3(b)所示(注意：OA 与 AB 在 XY 平面内夹角为 30°)。

④ 点击“建模”面板中的“拉伸”命令，选择六边形，输入拉伸高度为－8.5；点击“建模”面板中的“旋转”命令，选择线段 AB，在命令行提示“REVOLVE 指定轴起点会根据以下选项之一定义轴[对象(O)X Y Z]＜对象＞：”时输入 Y，旋转角输入 360°，这样使线段 AB 绕 Y 轴旋转 360°，形成伞形面，如图 18-3(c)所示。

⑤ 点击“修改”菜单➤“三维操作”➤“剖切”命令，命令行提示“选择要剖切的对象”时，选择六棱柱体；当命令行提示“指定切面的起点或[平面对象(O)/曲面(S)/z 轴(Z)/视图(V)/xy(XY)/yz(YZ)/zx(ZX)/三点(3)]＜三点＞：”时，输入 S，选择刚建立的伞形面；当命令行提示“选择要保留的剖切对象或[保留两个侧面(B)]＜保留两个侧面＞：”时，按回车键，保留两个侧面；结果如图 18-3(d)所示。

⑥ 点击“修改”菜单➤“删除”命令，删除伞形面，并删除六棱柱体被伞形面剖切后的多余实体，结果如图 18-3(e)所示。

⑦ 点击“修改”菜单➤“三维操作”➤“三维镜像”命令，选择螺母实体为对象，在命令行提示“[对象(O)/最近的(L)/Z 轴(Z)/视图(V)/XY 平面(XY)/YZ 平面(YZ)/ZX 平面(ZX)/三点(3)]＜三点＞：”时，鼠标依次点击 C、D、E 三点构成镜像平面，镜像结果如图 18-3(f)所示(螺母总厚度为 17)。

⑧ 点击“并集”命令，将两部分螺母实体合并，删除辅助图形，并以“带边缘着色”视觉样式显示，螺母外观实体图形如图 18-3(g)所示，最后保存文件。

(2) 建立 M20×65 的螺柱模型

① 新建文件，切换到“三维建模”工作空间，保存文件为“M20×65 螺柱三维模型.dwg”。

② 点击“视图”菜单➤“三维视图”➤“西南等轴测”，将视图切换到西南等轴测视角；点击“绘图”菜单➤“螺旋”命令，指定底面的中心点为(0,0,0)，底面半径为 10，顶面半径为 10，圈高(H)为 2.5，螺旋高度为 60，所绘制的螺旋线如图 18-4(a)所示。

③ 点击“绘图”菜单➤“圆”命令，输入圆心坐标为(0,0,0)，半径为 10 绘制圆；点击“绘图”菜单➤“直线”命令，打开“对象捕捉”，鼠标捕捉螺旋线端点 A 和圆心 O 点，绘制线段 OA；再次点击“绘图”菜单➤“直线”命令，首先用鼠标捕捉螺旋线端点 A 点，再输入“@0,0,10”，绘制线段 AB；所绘图形如图 18-4(b)所示。

④ 点击“工具”菜单➤“新建 UCS(W)”➤“三点”，鼠标选择 A 点作为坐标原点，选择 O 点作为 X 轴正向，选择 B 点作为 Y 轴正向，建立新的用户坐标系；在当前用户坐标系的 XY 平面，绘制小三角形(螺纹牙形状)，其尺寸如图 18-4(c)所示，并将该小三角形创建成面域。

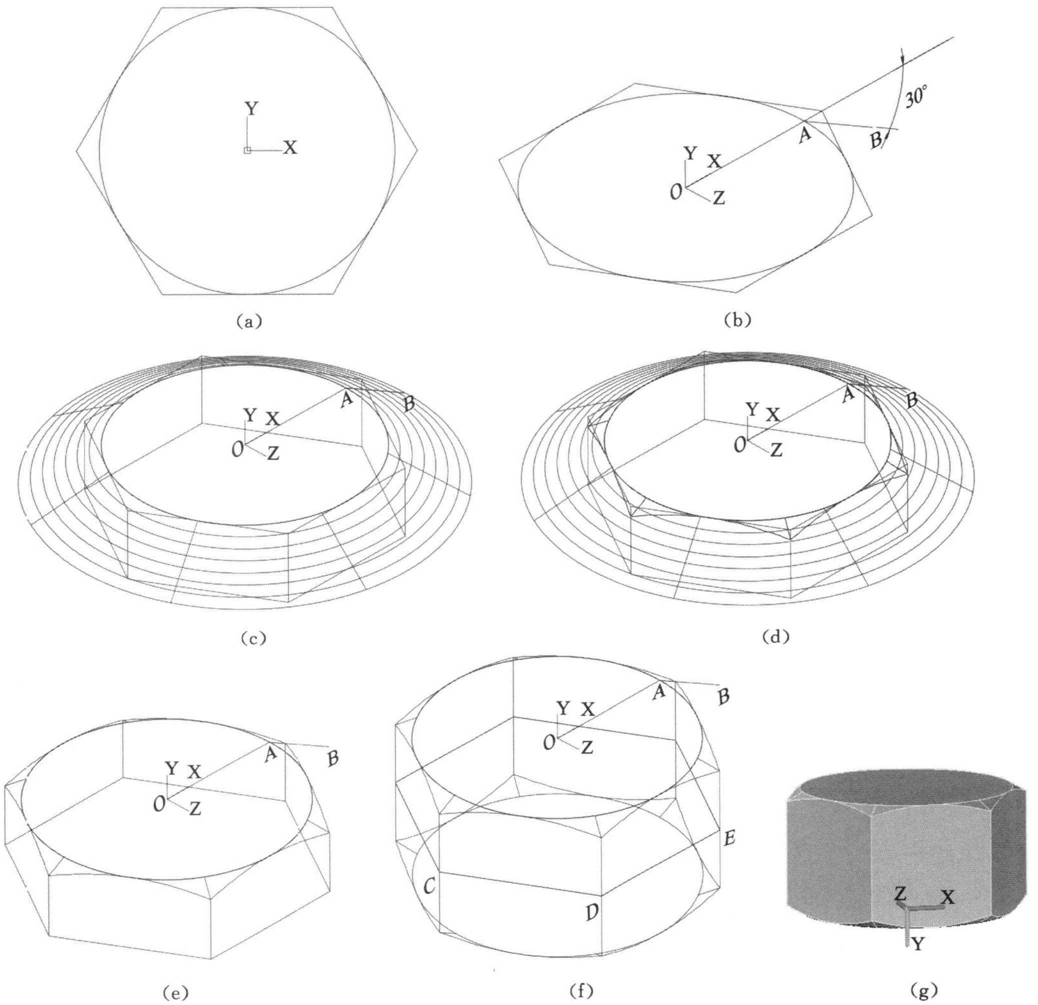

图 18-3　螺母外观三维建模过程

⑤ 点击“修改”面板中的“移动”命令，将小三角形面域从 O 点移动到 A 点；删除辅助线 OA、AB 和虚线圆。

⑥ 点击“建模”面板中的“扫掠”命令，选择小三角形面域作为要扫掠的对象，选择螺旋线为扫掠路径，扫掠结果如图 18-4(d)所示。

⑦ 点击 “工具”菜单 ➤“新建 UCS(W)”➤“X”输入－90，使用户坐标系的 XY 平面位于螺纹柱的底面；点击“建模”面板中的“圆柱体”命令，指定底面的中心点为(10,0,0)，指定底面半径为 10，指定圆柱高度为 65，结果如图 18-4(e)所示。

⑧ 点击“差集”命令，选择圆柱体为“要从中减去的实体”，选择螺旋体为“要减去的实体”，结果如图 18-4(f)所示；M20×65 螺柱体创建完成，保存文件。

(3) 建立 M20 螺母完整模型

① 打开文件“M20×65 螺柱三维模型. dwg”。点击菜单“编辑”➤“带基点复制”命令，命令行输入(10,0,0)为基点，选择螺柱体为复制对象。

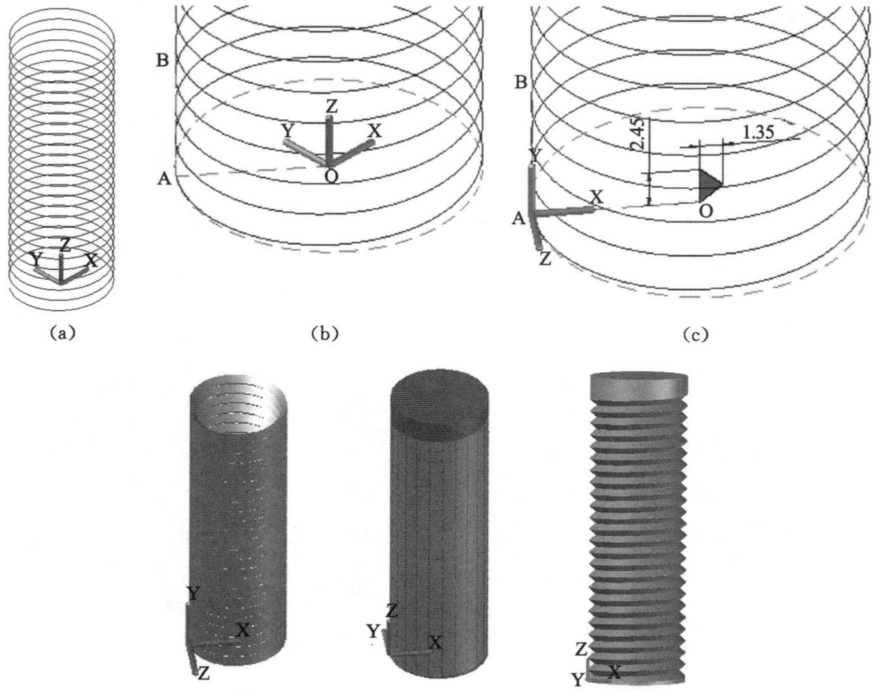

(a) (b) (c)

(d) (e) (f)

图 18-4 螺柱体三维建模过程

② 打开文件“M20 螺母外观三维模型. dwg”。点击“工具”➤“新建 UCS(W)”➤“X”，输入 90，使用户坐标系的 XY 平面位于螺母底面，如图 18-5(a)所示。点击菜单“编辑”➤“粘贴”命令，输入(0,0,0)为插入点，结果如图 18-5(b)所示。

③ 点击“差集”命令，从螺母外观实体中减去螺柱实体，则建立了完整的螺母三维模型，如图 18-5(c)所示，最后将文件另存为“M20 螺母三维模型. dwg”。

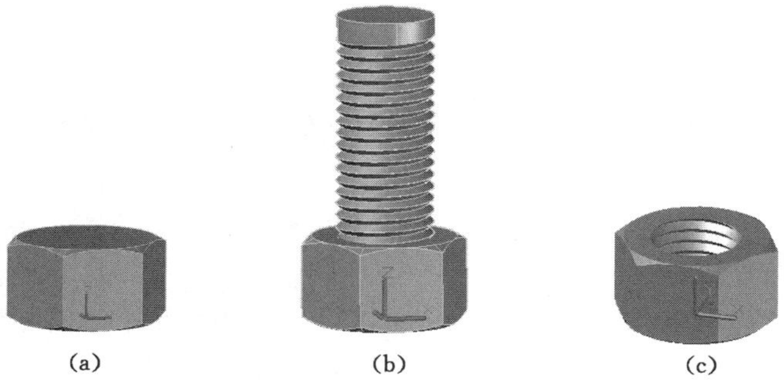

(a) (b) (c)

图 18-5 螺母三维建模过程

(4) 建立 M20×65 螺栓模型

① 按照图 16-8 所示的 M20×65 螺栓尺寸，按照螺母外观模型建模方法，建立螺栓大端的实体模型，如图 18-6(a)所示，保存文件为“M20×65 螺栓三维模型. dwg”。

② 打开文件“M20×65 螺柱三维模型. dwg”。点击菜单“编辑”➤“带基点复制”命令，命

令行输入(10,0,0)点为基点,选择螺柱体为复制对象。

③ 在文件“M20×65 螺栓三维模型.dwg”中,点击菜单“编辑”➤“粘贴”命令,命令行输入(0,0,0)点为插入点,结果如图 18-6(b)所示。

④ 点击菜单“修改”➤“三维移动”,选择螺柱体为移动对象,选择螺柱体上任一点为基点,输入@0,0,-78,移动结果如图 18-6(c)所示。

⑤ 点击“并集”命令,将两个实体合并,以“真实”样式显示如图 18-6(d)所示。

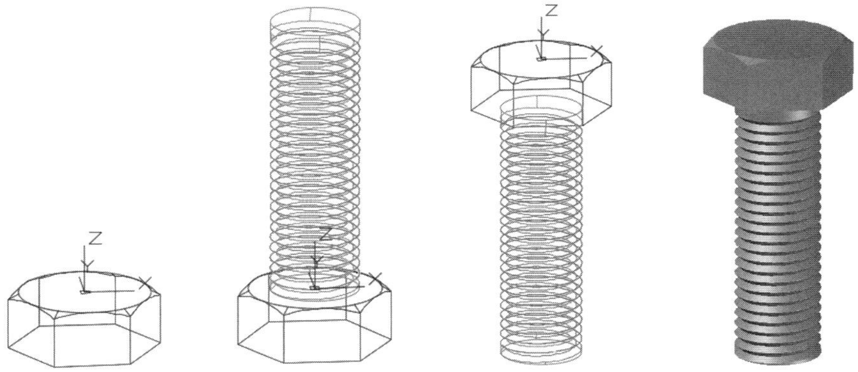

(a) (b) (c) (d)

图 18-6 螺栓三维建模过程

第三节 水力旋流器三维建模方法

水力旋流器是一种高效率的分级分选设备,由于它结构简单,便于制造,处理量大,在矿物加工工程领域广泛使用。本节重点介绍利用 AutoCAD 平台创建水力旋流器三维模型的方法。

🕮 **例题 18-3** 按照图 16-5 水力旋流器装配图的结构和尺寸,创建水力旋流器的三维实体模型,并用 A4 纸打印出图,如图 18-7 所示。

建模步骤如下:

(1) 新建文件,切换到“三维建模”工作空间,将文件保存为“水力旋流器三维模型.dwg”。

(2) 点击“视图”➤“三维视图”➤“西南等轴测”,以(0,0,0)点为圆心,分别绘制直径为 500 mm、540 mm、90 mm、50 mm 的圆,并按照图 16-6 所示尺寸沿 Z 轴复制或移动到正确位置,如图 18-8(a)所示。提示,筒体底部出口要绘制长为 20 mm 的直管段,以便与法兰连接。

(3) 点击“建模”面板中的“放样”命令,依次选择构成旋流器筒体内壁面的 4 个圆,并选择放样模式为“直纹”,生成筒体的内部结构体,如图 18-8(b)所示。同样,再次使用“放样”命令,生成筒体的外部结构体,如图 18-8(c)所示。

(4) 点击“工具”➤“新建 UCS(W)”➤“X”,输入 90,使用户坐标系的 XZ 平面位于旋流器筒体顶面;点击“视图”➤“三维视图”➤“平面视图”➤“当前 UCS”,根据图 18-9 所示的尺寸,在 XY 平面内绘制进料管和出料管的基本图形。

(5) 点击菜单“视图”➤“三维视图”➤“西南等轴测”,将视图切换到西南等轴测视角,如

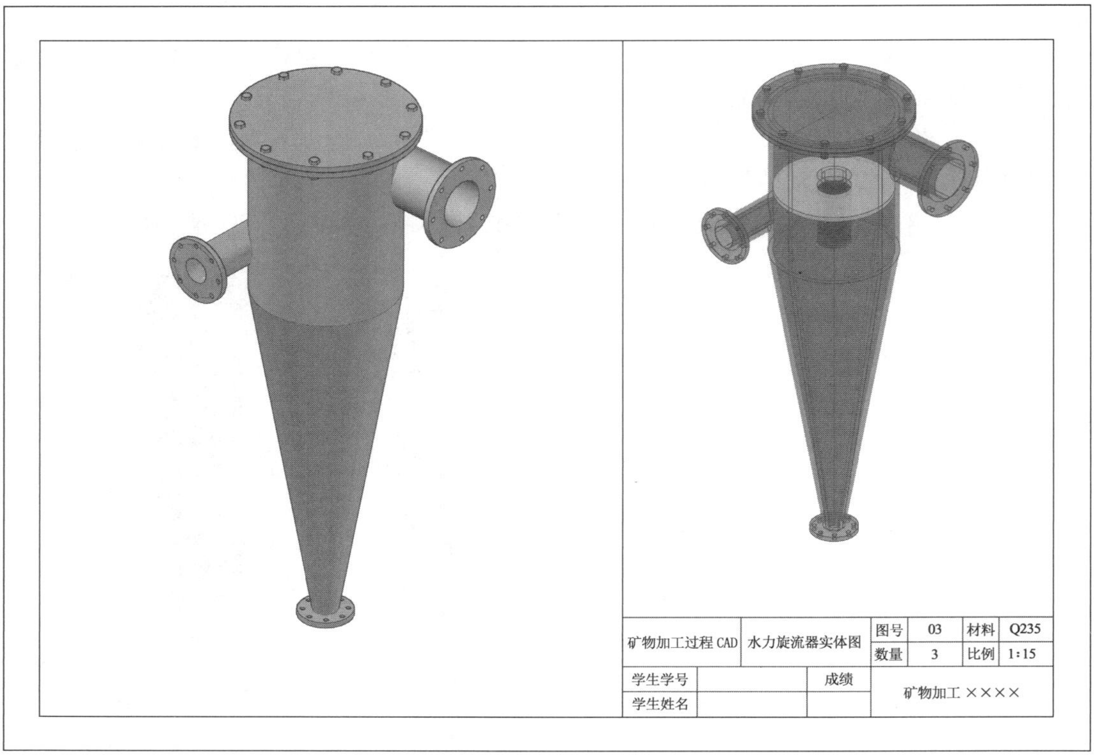

图 18-7　水力旋流器三维模型

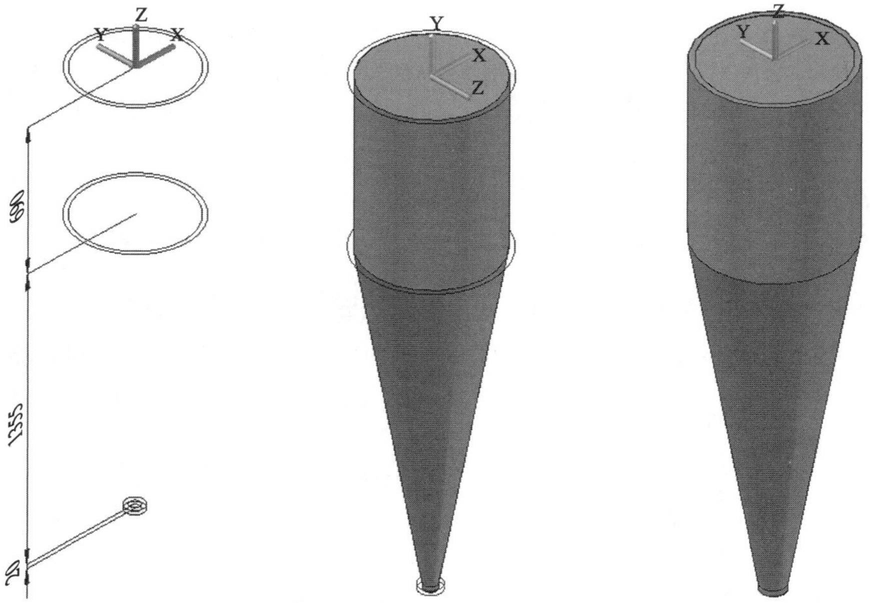

(a)　　(b)　　(c)

图 18-8　水力旋流器筒体建模(筒体底部有长 20 mm 的直管段)

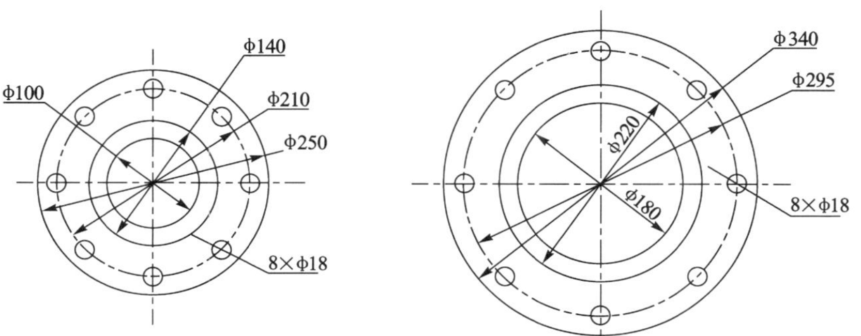

(a) 进料管　　(b) 出料管

图 18-9　绘制进料管与出料管的基本图形

图 18-10 所示。

(6) 点击“建模”面板中的“拉伸”命令，分别以不同高度(沿 Z 轴正向)进行拉伸，如进料管长 455 mm，出料管长 500 mm，管法兰厚度 20 mm，建立进料管和出料管的三维模型；点击“实体编辑”面板上的“差集”命令，将进料管法兰上的 8 个小圆柱从法兰盘中减去；对出料管采用同样操作，结果如图 18-11 所示。

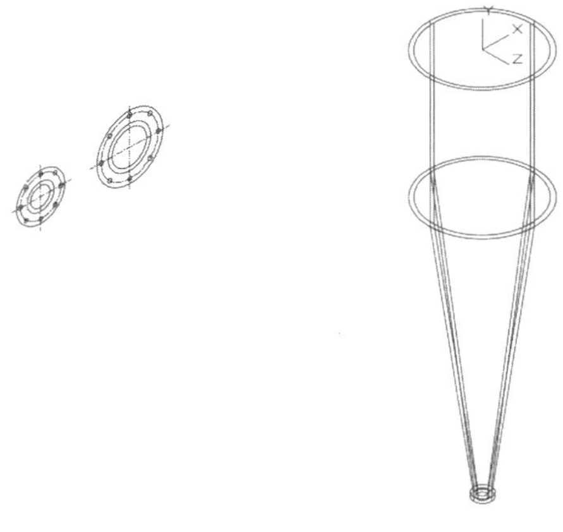

图 18-10　进、出料管端面西南等轴测视图

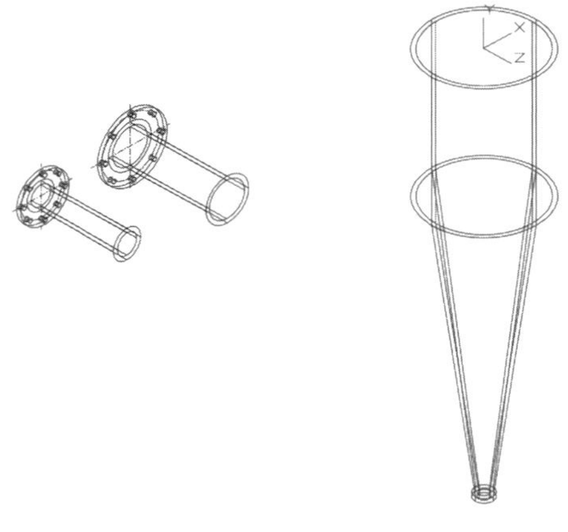

图 18-11　进、出料管的三维模型

(7) 点击“三维移动”命令，选择进料管的 3 个实体为移动对象，并选择进料管法兰端面中点为基点，将其移动到坐标原点，如图 18-12(a)所示。

(8) 点击菜单“修改”➤“三维操作”➤“三维旋转”命令，选择进料管的 3 个实体对象，选择坐标原点为基点，选择 Y 轴为旋转轴，旋转 90°，结果如图 18-12(b)所示。

(9) 点击“三维移动”命令，选择进料管的 3 个实体对象，选择进料管法兰端面中点为基点，根据图 16-5，将其移动到点(−455，−510，−200)，结果如图 18-12(c)所示。

(10) 采用同样的办法，对出料管图形进行三维移动、三维旋转、再三维移动等操作，将其放置在正确位置，结果如图 18-12(d)所示。

(11) 删除图中辅助线。点击“并集”命令，选择筒体外圆柱、进料管外圆柱、出料管外圆柱，如图 18-12(e)所示，合并结果如图 18-12(f)所示。

(12) 点击“差集”命令，选择刚合并的实体、进料管的法兰、出料管法兰作为“要从中减去的实体”，如图 18-12(g)所示；选择筒体内圆柱、进料管内圆柱、出料管内圆柱作为“要减去的实体”，如图 18-12(h)所示，执行结果如图 18-12(i)所示，以视觉样式“灰度”显示的结果如图 18-12(j)所示。

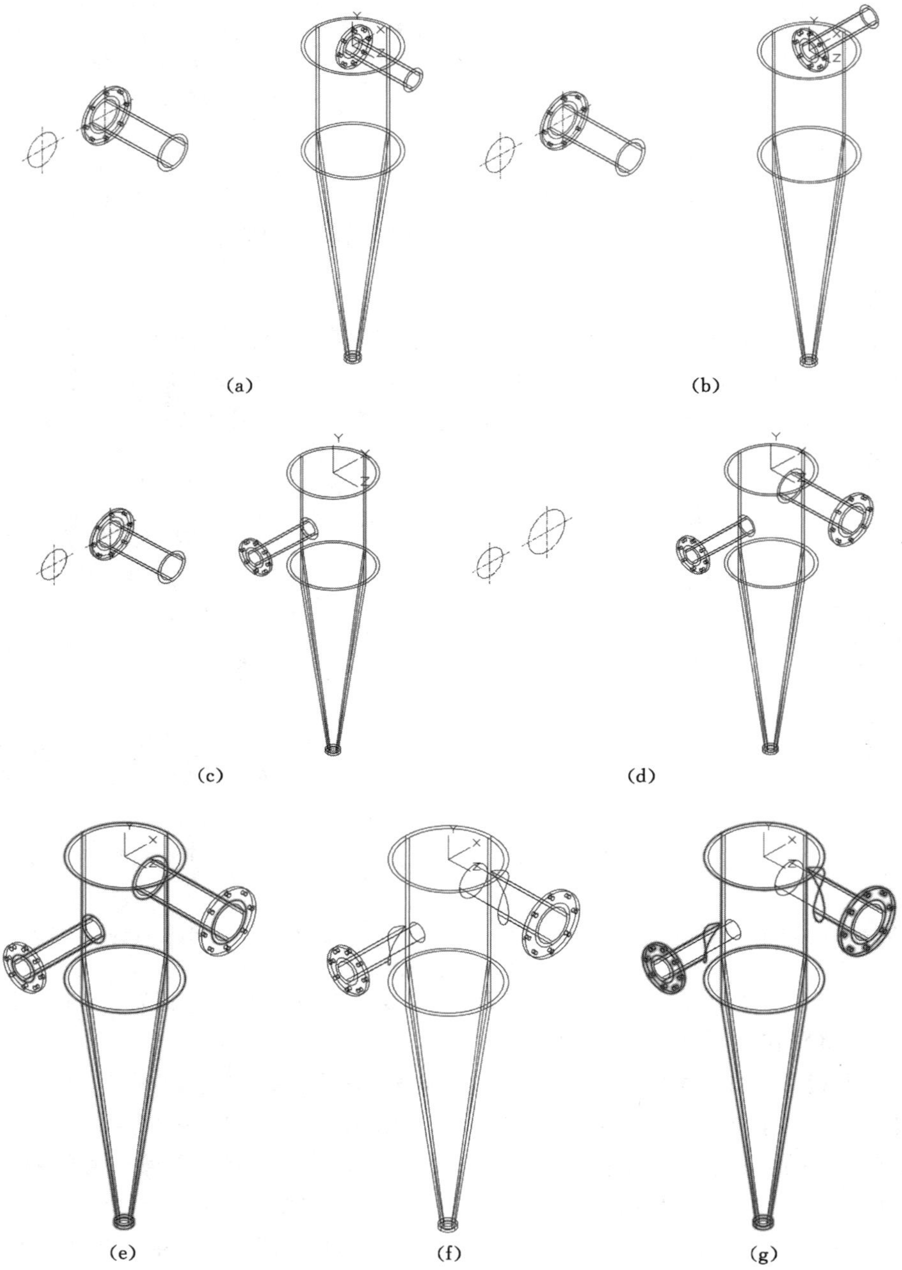

图 18-12　筒体及接管建模步骤

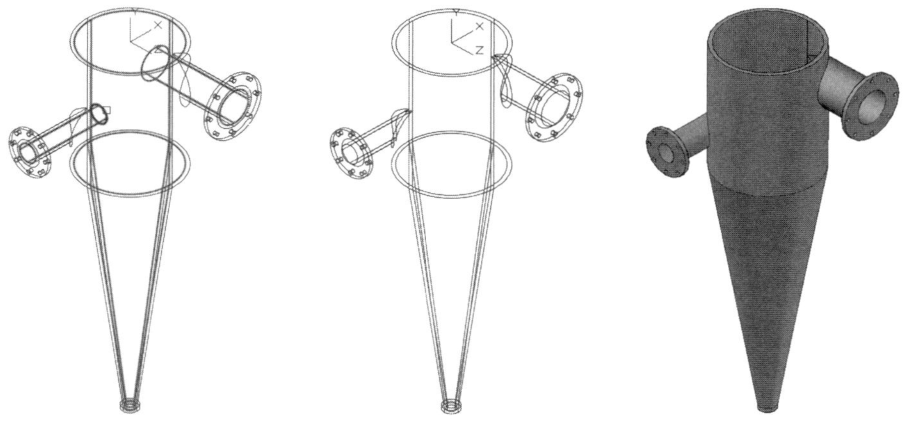

(h)　　(i)　　(j)

图 18-12 （续）

(13) 分别建立顶板、筒体法兰、底部出料口法兰、隔板、溢流管的实体模型。

(14) 按照上述建模思想，通过采用“三维移动”“三维旋转”等命令，将相关零部件实体放置在相应位置，所建立的水力旋流器三维实体模型如图 18-13(a)(b)所示，保存文件“水力旋流器三维模型.dwg”。

(15) 将上节建立的 M20×65 螺栓、M20 螺母实体复制到文件“水力旋流器三维模型.dwg”中；利用复制或移动、三维阵列等命令，将 M20 螺栓、螺母放置到正确位置，结果如图 18-13(c)所示。

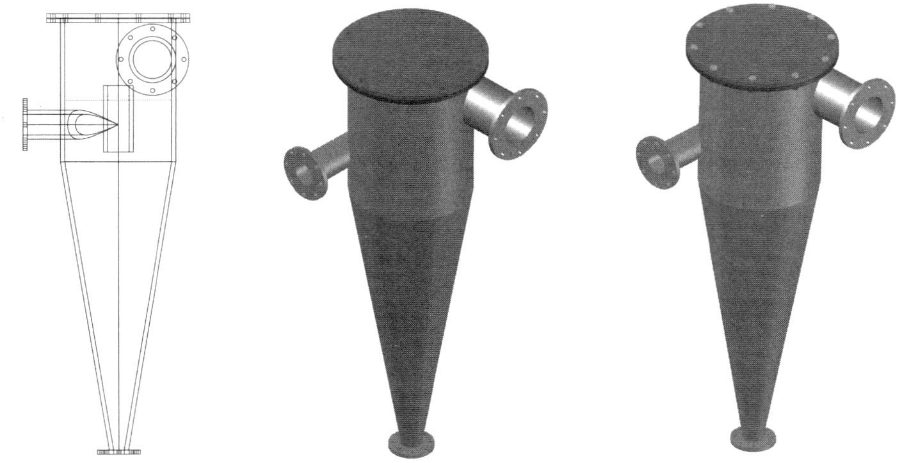

(a)　　(b)　　(c)

图 18-13　水力旋流器完整实体模型

(16) 参考例题 12-1，创建“A4-H”布局页面，插入 A4-H 图幅框标题栏。在该页面建立两个视口，如图 18-7 所示；在左侧视口以视觉样式“灰度”方式显示水力旋流器实体模型，在右侧视口以视觉样式“X 射线”模式显示水力旋流器实体模型。

(17) 调整模型的出图比例和位置，保存文件。将该文件输出为 PDF 文件，以便于打印。

第五篇

AutoCAD 系统二次开发基础

工程设计中常采用 AutoCAD 软件。在处理复杂的 CAD 问题或特殊设计要求时，依赖原有软件功能往往难以解决问题。在这种情况下，仅仅使用软件的基本功能是不够的。目前 AutoCAD 的二次开发工具主要有：AutoLISP、VBA、ObjectARX 和.NET API 等。其中，AutoLISP 较为简单，灵活多样，容易学习和掌握，可以利用它开发出具有专业特点的高效率的 CAD 应用软件。

第十九章　AutoLISP 程序设计入门

AutoLISP 是由 Autodesk 公司开发的一种 LISP 程序语言，LISP 是 List Processor 的缩写。AutoLISP 语言作为嵌入在 AutoCAD 内部的具有智能特点的编程语言，是开发应用 AutoCAD 不可缺少的工具。使用 AutoLISP 语言几乎可以直接调用全部的 AutoCAD 命令，而且用户可以用 AutoLISP 对 AutoCAD 命令进行扩展，开发出满足某些专业特殊需要的 AutoCAD 增值软件。

AutoLISP 语言最典型的应用之一是实现参数化绘图程序设计，包括尺寸驱动程序、鼠标拖动程序等。通过 AutoLISP 语言对 AutoCAD 进行二次开发，使得仅作为交互式图形绘制软件的 AutoCAD 变成能真正进行计算机辅助设计与绘图的 CAD 软件。

第一节　AutoLISP 的基础知识

一、AutoLISP 的表达式

AutoLISP 程序是由一系列的表达式组成的。

提醒

由于在编写 AutoLISP 程序时，只能采用西文输入状态下的符号、字母及数字，中文输入状态下的字符不能被识别，会使编译出错。因此，本书后续涉及 AutoLISP 程序的字符或符号均采用西文格式。

AutoLISP 的表达式通常具有下面的格式：

(function arguments)，即（函数名 参数）

每一个表达式都是由左括号开始，由一个函数名和调用这个函数的参数组成，每个参数也可以是一个表达式，都是以右括号结束。

每一个表达式都可以返回一个值。程序调用的最后一个表达式的值将会被返回。

例如：下面的代码包含三个函数：

(fun1 (fun2 arguments) (fun3 arguments))

其中，函数 fun1 有两个参数，分别是函数 fun2 和 fun3 的返回值。

fun2 和 fun3 分别都有自己的参数值，在调用函数 fun1 时，程序会首先调用 fun2 和 fun3，求出它们的值，然后再返回给函数 fun1，完成整个函数的调用。

二、AutoLISP 的数据类型

AutoLISP 的表达式是根据在括号中代码的顺序和数据类型进行求值的。在完全应用 AutoLISP 之前，必须了解不同数据类型之间的差别以及如何进行使用。

AutoLISP 语言主要用到的数据类型有：整型数（INT）、实型数（REAL）、符号（SYM）、字符串（STR）、表（及用户定义函数）（LIST）、文件描述符（FILE）、AutoLISP 的内部函数

(SUBR)、AutoCAD 的选择集(PICKSET)、AutoCAD 的实体名(ENAME)、函数分页表(PAGETB)。

本书只介绍前五种数据类型及其相应的取值范围。

1. 整型数(INT)

整型数是不包括小数点的数字。在 AutoLISP 中,整型数是 32 位的,即使用二进制中的 32 位(4 个字节)进行表示,取值范围是－2147483648 到 2147483647。

2. 实型数(REAL)

实型数是包含小数点的数字。实型数是作为双精度浮点数格式进行保存的。如果实型数在－1 和 1 之间,小数点前面必须加零,不能直接以小数点开头,否则被认为实型数出错。实型数取值范围约为 -1.797693×10^{308} 到 1.797693×10^{308},比整型数大得多,不易超界。实型数也可以采用科学计数法表示,例如 0.00004 可以表示为 4.0E－5。

3. 符号(SYMBOL)

(1) 符号可以包含除左右括号“()”、小数点“.”、单引号“'”、双引号“"”、分号“;”之外的任何可打印字符。

(2) 符号的长度没有限制,但最好不要超过 6 个,否则就要占额外的内存,降低运行速度。

(3) AutoLISP 中符号的大小写是等效的,如 A2 和 a2 等效。

(4) 符号名称中不能只包含数字字符。

(5) 在程序中,符号一般作为变量使用,都要附以一定数值,常用赋值函数 setq 进行赋值。

提醒

① 为了使程序容易读懂,最好为程序中的符号或变量选择有意义的名字。

② 符号名最好不要使用 AutoLISP 的内部函数名、常量名、命令、系统变量等。

③ Autolisp 中有 4 个预定义变量,用户在设定变量或自定义函数时,要避免和这 4 个变量同名:

T/t	逻辑真值;	NIL/nil	逻辑假值(空值);
PI/pi	圆周率;	PAUSE/pause	等待用户输入。

4. 字符串(STR)

字符串是包含在一对引号内的一组字符,例如:"ABC""123"等。

字符串可以包含任何可打印的字符,而且字符的大小写以及空格都是有意义的。字符串的最大长度为 100 个字符。引号内的 \ 可以与小写字母组成控制字符。如:\n 表示换行,\r 表示回到行首等。

5. 表(LIST)

在 AutoLISP 语言中,表就是一组包含在一对括号中的、用空格分开的一个或多个元素的集合,它有如下特点:

(1) 表中的每一个元素都可以是任何类型的表达式,既可以是数字、符号、字符串,也可以是表。

(2) 表中元素与元素之间要用空格分开,而元素与括号之间可以不用空格。

例如:(14 (a b) c d)

(3) 表是可以任意嵌套的,如上例表中嵌套了一个表(a b)。表可以嵌套很多层,从外向里依次称为顶层(或称 0 层)、1 层、2 层等。

(4) 表中的元素是有顺序的,从左向右第一个元素的序号为 0,第二个元素的序号为 1,依次类推。

(5) 表中顶层(0 层)元素的个数称为表的长度。

(6) 表有两种类型:标准表和引用表。

标准表:标准表是 AutoLISP 程序的基本结构形式,AutoLISP 程序就是由标准表组成的。

标准表用于函数的调用,其中第一个元素必须是系统内部的函数或者用户自己定义的函数,其他为函数的参数。

例如:(setq x 25.6)中,第一个 setq 为系统内部定义的赋值函数,x 和 25.6 为它的参数。

引用表:这种表的第一个元素不是函数,即不作为函数调用,常用作数据处理,在程序中以如下两种形式存在:

'(a d b) 或(quote (a d b))

引用表的一个重要应用就是图中点的坐标。当表示点的坐标时,表中的元素由是实型数构成的。

例如:(45.2 36.8)表示一个二维点的坐标 x,y 值;(1.0 5.0 2.6)表示三维点的 x,y,z 值。

三、AutoLISP 的程序结构

AutoLISP 语言没有“语句”这一术语。AutoLISP 程序一般由一个或一系列按顺序排列的表组成。

🕮 **例题 19-1**　下面为一个 AutoLISP 的程序文件,文件名为 L1.lsp。

```
(defun eg1(z)
  (setq x 30)
  (setq y 18.8)
  (setq z (+ (* x y) x))      ;表示 z=x*y+x
)
```

AutoLISP 程序书写格式的特点如下:

(1) 由于 AutoLISP 语言的一切成分都是函数,而所有函数又以表达式存在,所以 AutcLISP 程序的所有括号都需要左右匹配。

(2) 函数必须放在表中第一的位置,如赋值函数 setq 以及运算函数+、* 等都应该放在表中第一的位置。

(3) 两个表之间的空格和回车都是多余的,AutoLISP 程序只以括号来寻找表。所以一个表可以占多行,一行也可以写多个表。

(4) AutoLISP 程序中可以利用“;”进行注释。注释以“;”开始,并且到本行的末尾都是注释部分。

例如：

```
(setq area ( * pi r r))   ;计算圆的面积
```

任何在“;|”和“|;”这两个符号之间的文本在编译时会被忽略。因此，注释可以被加载在一行代码的中间或者注释多行代码，这称为行内注释。例如：

```
(setq tmode ;| some note here|; (getvar"tilemode"))
```

(5) AutoLISP 程序的扩展名为“. lsp”。

四、AutoLISP 程序的执行过程

1. 编辑

对于一般的 AutoLISP 程序，需要采用文本方式进行编辑。可以使用 Windows 环境下的记事本进行编辑，也可以使用具有检验功能的软件进行编辑，例如 Visual LISP、Visualc ++\Ultra Edit 等。

例题 19-2 在记事本上编辑下列程序，并将程序保存为 test. lsp。

```
(print "\n please use command: testlisp\n")      ;显示提示信息
(defun c:testlisp()                                ;定义命令 testlisp()
  (alert "AutoLISP Test Function!")                ;函数的内容，用消息框显示文本
)
```

☎注 意

一定要保证程序中的所有字符是在西文状态下输入的，否则程序加载时会显示错误。

2. 加载

在 AutoCAD 环境中使用 LOAD 函数加载以后就可以执行了。或者启动 AutoCAD，选择“工具”菜单 ➤“AutoLISP” ➤“加载应用程序(L)... ”命令，如图 19-1 所示；打开“加载/卸载应用程序”对话框，选择相关的 AutoLISP 程序文件，然后点击 加载 按钮，程序就被加载到 AutoCAD 中，然后点击 关闭 按钮，关闭对话框，如图 19-2 所示。

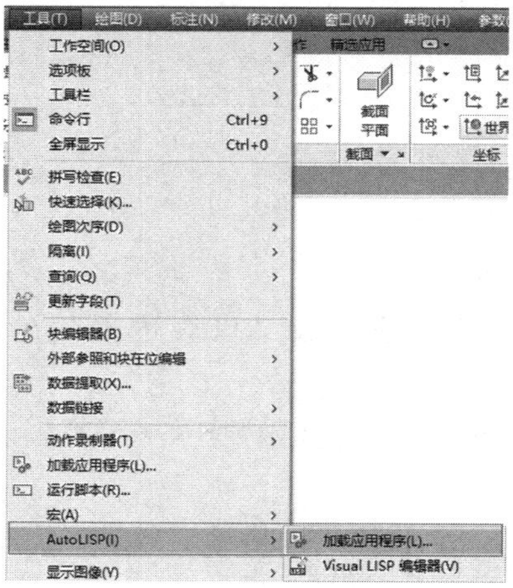

图 19-1 加载 AutoLISP 程序的命令

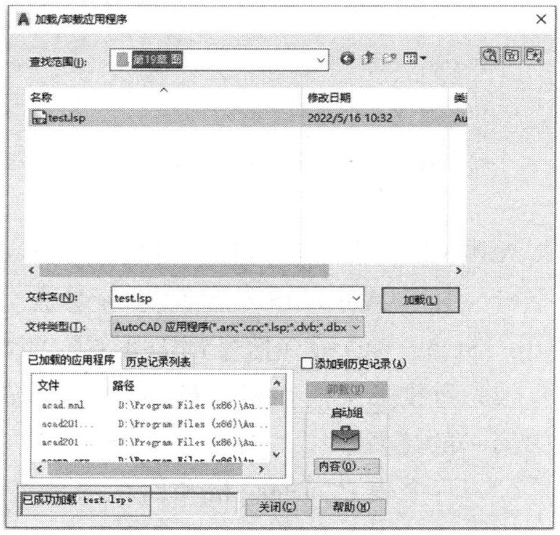

图 19-2 加载程序 test. lsp

在 AutoCAD 环境中加载程序 test. lsp，则在系统命令行中提示如下：

Command：_appload test. lsp successfully loaded　；表示成功加载程序。

Command："\n please use command：testlisp\n"　；显示程序中设定的提示信息。

Command：testlisp；输入 testlisp 命令，弹出如图 19-3 所示对话框，程序返回值为空串。

图 19-3　程序 test. lsp 执行结果

五、Visual LISP 编辑和调试 AutoLISP 程序的方法

Visual LISP 编辑器内嵌在 AutoCAD 软件内，可用于对 AutoLISP 程序的编辑、调试、检测、编译、运行等工作。本节对 Visual LISP 的基本使用方法作简单介绍。

1. 打开 Visual LISP 编辑器

(1) 在 AutoCAD 下拉菜单中选择“工具”➤“AutoLISP” ➤“Visual LISP 编辑器”，即可打开 Visual LISP 编辑器。

(2) 在 Visual LISP 编辑器下拉菜单中，点击“文件”➤“新建文件”，将例题 19-2 中的程序内容输入到“<未命名－0>”文件中，再点击“文件”➤“保存”，选择文件保存位置，将文件保存为 test. lsp，如图 19-4 所示。

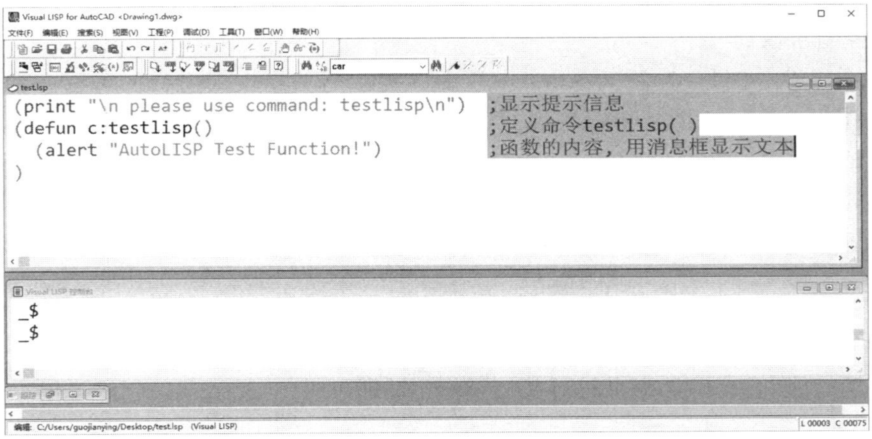

图 19-4　Visual LISP 编辑器

2. Visual LISP 编辑器组成

如图 19-4 所示，默认显示的 Visual LISP 用户界面的组件有菜单栏、工具栏、文本编辑窗口、控制台窗口、跟踪窗口和状态栏。

(1) 菜单栏

显示在 Visual LISP 窗口的顶部，可以处理 AutoLISP 和 DCL 项目文件，可以实现对所有的编辑、查看和调试工具的访问。Visual LISP 编辑器包含 9 个下拉菜单，每个菜单的具体内容与当前工作状态相关。下面介绍常用菜单的功能：

文件(F)：创建新的 AutoLISP 程序文件、打开现有文件、保存对程序文件的更改、构建 Visual LISP 应用程序文件和打印程序文件以及退出 Visual LISP 编辑器。

编辑(E)：复制和粘贴文本，撤销对文本所做的最后更改(或撤销在控制台窗口中输入的最后一个命令)，在 Visual LISP 编辑器或控制台窗口中选择文本，匹配表达式中的括号，并重新显示以前在控制台窗口中输入的命令。

搜索(S)：查找和替换文本字符串、设置书签以及在带书签的文本之间导航。

视图(V)：在 AutoLISP 程序代码中查找并显示变量和符号的值。

调试(D)：在程序中设置和删除断点，并一次通过一个表达式逐步执行程序，可以检查变量的状态和表达式的结果。

(2) 工具栏

Visual LISP 编辑器包含 5 个工具栏，分别是标准、视图、搜索、工具和调试工具栏，如图 19-5 所示。我们可以从工具栏中执行许多菜单工具。

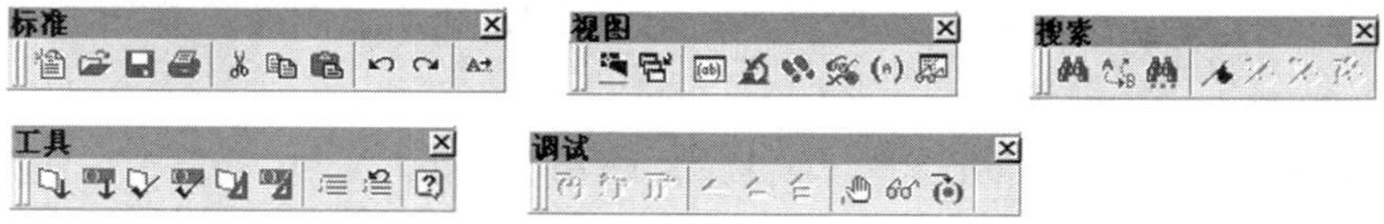

图 19-5　Visual LISP 编辑器的工具栏

(3) 文本编辑窗口

可用于对 AutoLISP 程序的编辑、调试、检测、编译、运行等工作。

(4) 控制台窗口

Visual LISP 控制台类似于 AutoCAD 命令提示与信息反馈窗口。可以在控制台窗口输入 AutoLISP 表达式并直接从 Visual LISP 进行计算，也可以发出 Visual LISP 命令而不是使用菜单或工具栏。

Visual LISP 控制台窗口与 AutoCAD 命令窗口执行方式的区别为：

① 控制台窗口的命令提示符为_$。

② 在控制台窗口，只有按 Enter 键，系统才会对表达式求值。

③ 在 AutoCAD 命令窗口查看变量的值，需要在变量前面加惊叹号“!”；而在控制台窗口查看变量的值，直接输入变量符号并按 Enter 键即可。

④ 在 AutoCAD 命令窗口，调用自定义的 AutoCAD 命令时直接输入命令名即可；调用函数的格式为(函数名 参数)。

⑤ 在 Visual LISP 控制台窗口，调用自定义的 AutoCAD 命令的格式为(C：命令名)；调用函数的格式也为(函数名 参数)。

⑥ 按 Ctrl ＋ Enter 键，可以将未输入完的表达式续写到下一行。

⑦ 按 Esc 键，取消当前的输入，按 Shift ＋ Esc 键，终止当前的操作，返回控制台的提示"_$"。

📖 **例题 19-3**　在控制台做如下操作：

_$　(setq a 10)(* a 2)　　　　　按 Enter 键对表达式求值

10　返回第一个表达式的值为 10

20　返回第一个表达式的值为 20

_$

(5) 跟踪窗口

跟踪窗口在启动时以最小化状态，该窗口显示的消息包含有关 Visual LISP 当前版本的信息以及在启动期间遇到的任何错误。

(6) 状态栏

显示在 Visual LISP 窗口的底部，并根据当前正在执行的任务提供上下文信息。例如在图 19-4 所示界面：

① 在编辑程序时，状态栏显示"编辑：C:/Users/guojianying/Desktop/test.lsp(Visual LISP)"；

② 当鼠标位于工具栏某一按钮上时，状态栏显示该按钮的功能(因此，大家可以通过状态栏显示信息了解工具栏所有命令按钮的功能和作用)；

③ 在状态栏的右端显示的是光标当前处于窗口第几行、第几个字符的信息，便于阅读和检查程序。

3. Visual LISP 环境下加载 AutoLISP 程序

Visual LISP 环境下，可以加载完整的或局部的 AutoLISP 程序。

(1) 点击菜单"文件"➤"加载文件"，在弹出的对话框内选择要加载的 AutoLISP 程序文件。该操作与在 AutoCAD 环境下加载的 AutoLISP 程序文件是等效的。

(2) 点击菜单"工具"➤"加载编辑中的文字"，或点击工具栏的按钮，即可加载活动文本编辑窗口内的 AutoLISP 程序。

(3) 用鼠标左键选择活动文本编辑窗口内的部分 AutoLISP 程序或一些表达式，点击"工具"➤"加载选定代码"，或点击工具栏的按钮，即可加载所选的 AutoLISP 程序或表达式。该操作可以检查所选的表达式是否存在语法错误，也可以看到所选表达式的运算结果。

4. Visual LISP 环境下检查 AutoLISP 程序的语法错误

Visual LISP 编辑器提供了强大的调试工具，也可以在程序运行之前监测程序。

(1) 括号匹配检测

点击菜单栏"编辑"➤"括号匹配"，可以查找不匹配的括号。

(2) 利用代码的颜色检查语法错误

如果使用标准的 Visual LISP 语法着色(默认设置)，则系统函数用蓝色显示，字符串用粉色显示，数字用绿色显示，而 Visual LISP 不能识别的符号(如用户自定义的变量 a1 等)用黑色显示。

(3) 用检查命令检查语法错误

语法检查的方法为：点击菜单栏"工具"➤"检查编辑器中的文字"或"检查选定文字"(需预先选定部分程序代码)，还可以点击工具栏按钮或，对整个程序文件或其选中的部分代码进行语法检查。检查结果会在一个新的"编译输出"窗口中显示，如图 19-6 所示。

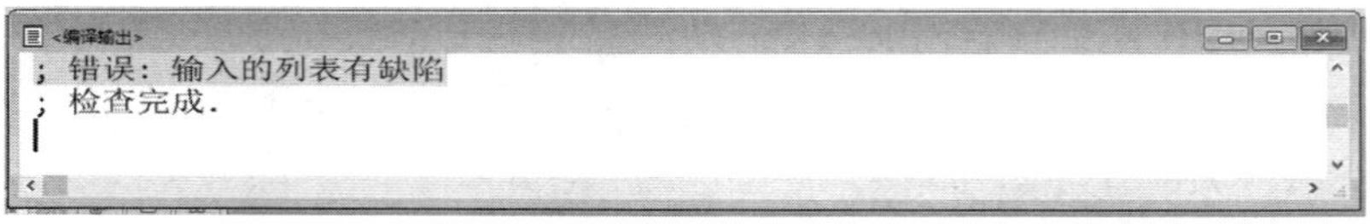

图 19-6 “编译输出”窗口信息

(4) 在程序中定位语法错误

在“编译输出”窗口中双击错误信息(显示为天蓝色)，Visual LISP 将激活编辑窗口，将光标置于产生错误的语句开头，并亮显整个表达式，如图 19-7 所示(该段代码中，alert 函数缺少右括号)。

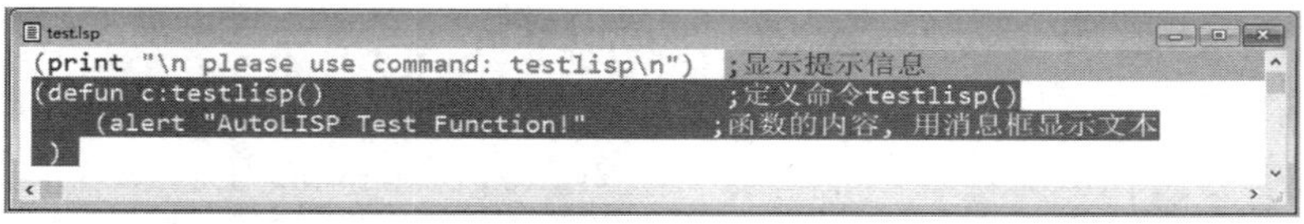

图 19-7 定位语法错误的代码

除上述功能外，Visual LISP 还提供了许多帮助用户调试程序、查找并改正程序错误的功能。大家在编写复杂的大规模代码时，可以参阅专业 Visual LISP 书籍进行深入学习。

第二节 AutoLISP 的基本函数

AutoLISP 同其他语言一样，其各种功能都是依靠函数来实现的。AutoLISP 包含各种各样的函数，这些函数可以帮助我们实现所需的功能。本节介绍一些比较基本的函数。

学习 AutoLISP 函数必须掌握的几项基本内容为：

(1) 函数的调用格式；

(2) 函数的功能；

(3) 函数的求值情况；

(4) 函数求值结果的返回值类型。

一、数值函数

数值函数是 AutoLISP 最基本的函数之一。数值函数用于处理整型数和实型数两种数据类型，包括基本运算函数、三角函数和布尔运算函数。

❁❁提醒

AutoCAD 提供了一个数学求值器，可以在 AutoCAD 的“命令:”后使用，例如：

命令:(＋ 10 20 4)

34　　　　屏幕显示运算结果为 34。

1. (＋ number1 number2...)

该函数的返回值为所有参数的和，其中的参数可以是整型数，也可以是实型数。如果所有参数均为整型数，则返回值为整型数；如果有一个参数是实型数，则返回值为实型数。

例如:(＋ 10 20 4)　　　　返回 34

(+ 10 20 4.0)　　　　　　返回 34.0

2. (— number1 number2...)

该函数的返回值为第一个数与后面所有数之和的差值。如果所有参数均为整型数，则返回值为整型数；如果有一个参数是实型数，则返回值为实型数。

例如：(— 30 20 4)　　　　　返回 6

(— 30.0 20 4)　　　　　返回 6.0

3. (* number1 number2...)

该函数的返回值为所有参数的乘积。返回值类型同上。

例如：(* 3 2 4)　　　　　　返回 24

(* 3 (+ 20.0 4))　　　　返回 72.0

4. (/ number1 number2...)

该函数的返回值为第一个数除以第二个数，然后再除以第三个数的商。返回值类型同上。

例如：(/ 60 5 3)　　　　　　返回 4

(/ 20 40.0)　　　　　　返回 0.5

(/ 20 40)　　　　　　　返回 0

5. (expt base power)

该函数的返回值为以[base]为底、以[power]为幂的值。如果底数和幂均为整型数，则返回值为整型数；如果有一个参数是实型数，则返回值为实型数。

例如：(expt 3 4)　　　　　　返回 81

(expt 3.0 4)　　　　　　返回 81.0

(exp number)

该函数的返回值为以 e 为底、以[number]为幂的值。返回值为实型数。

例如：(exp 2.2)　　　　　　返回 9.025

6. (sqrt number)

该函数的返回值为数[number]的实型平方根。

例如：(sqrt 16)　　　　　　返回 4.0

7. (sin angle)和(cos angle)

该函数的返回值为角度[angle]的正、余弦值，其中[angle]为弧度，pi 为专用符号。

例如：(sin 2.0)　　　　　　返回 0.90929

(sin (* (/ pi 180.0) 30))　　返回 0.5

8. (fix number)

该函数的返回值为去掉小数部分的整型数。

例如：(fix 3.7)　　　　　　返回 3

(fix —3.99)　　　　　　返回—3

9. (abs number)

该函数的返回值为[number]的绝对值。

例如：(abs —3.7)　　　　　返回 3.7

10.（1+ number）

该函数的返回值为[number]加 1 后的值（注意：1 与+号之间不能有空格）。

（1- number）

该函数的返回值为[number] 减 1 后的值（注意：1 与-号之间不能有空格）。

例如：（1- -3）　　　　返回-4

　　（1+ 3）　　　　返回 4

11.（max number1 number2...）

该函数的返回值为[number1] [number2]…中的最大值。

（min number1 number2...）

该函数的返回值为[number1] [number2] …中的最小值。

12.（log number）

该函数是 exp 函数的反函数，返回值为[number]的自然对数值，其数据类型为实型数。

13.（gcd number1 number2）

该函数用于求两个数的最大公约数。这两个参数必须为正整数。

例如：（gcd 81 57）　　　　返回 3

　　（gcd 81 80）　　　　返回 1

14.（rem number1 number2...）

该函数的返回值为[number1]除以[number2]的余数。

例如：（rem 42 12）　　　　返回 6

　　（rem 42 12.0）　　　　返回 6.0

　　（rem 36 5 2）　　　　返回 1，此式相当于（rem（rem 36 5）2）

15.（minusp number）

该函数用于检查一个数是否为负数，若为负数，返回 T，否则返回 nil。

例如：（minusp -3）　　　　返回 T

　　（minusp 0）　　　　返回 nil

（zerop number）

该函数用于检查一个数是否为零，若为零，返回 T，否则返回 nil。

16.（float number）

该函数用于将一个数转换成实型数后返回。

例如：（float 3）　　　　返回 3.0

17.（atan number）

该函数用于返回 number 的反正切值，其值为弧度。

例如：（atan 1.0）　　　　返回 0.7854（45°）

二、表处理函数

1.（list [expr]...）

该函数用于返回所有[expr]的值构成的表，是构造表的函数。

例如：(list 15 10 13 20)　　返回值为表(15 10 13 20)

(list (+ 2 3) 30 "one")　　返回值为表(5 30 "one")

2. (car [list])

该函数用于返回表[list]顶层的第一个元素；

(cadr [list])

该函数用于返回表[list]顶层的第二个元素；

(caddr [list])

该函数用于返回表[list]顶层的第三个元素。

例如：(car (list 10 20 30))　　返回 10

(cadr '(10 20 30))　　返回 20

(caddr '(10 20 30))　　返回 30

例题 19-4

(setq p1 (list 25 32 48))

(setq p2 '(56 45 21))

(setqp3 (list (car p1) (caddr p2)))　则 p3 的坐标值为(25，21)

提醒

(list 10 20 30)='(10 20 30)="10,20,30"，在 AutoLISP 语言中，这三种形式都可以表示一个点的坐标。

3. (cdr [list])

该函数用于返回表[list]中去掉顶层第一个元素后剩下的元素组成的表。

例如：(cdr '(x y z))　　返回(y z)

(cdr '(10 20 30 40))　　返回(20 30 40)

例如：(setq L '((a b) (e)))

(car L)　　返回(a b)

(car (cdr L))　　返回 e

(car (cdr (car L)))　　返回 b

4. (last [list])

该函数用于返回表[list]顶层的最后一个元素。

例如：(last '(10 20 30 40))　　返回 40

5. (nth [n] [list])

该函数用于返回表[list]顶层的第 n 个元素。其中 n 为大于或等于 0 的整型数，n 为 0 表示第一个元素，n 为 1 表示第二个元素，依次类推。

例如：(nth 2 '(10 20 30 40))　　返回 30

6. (length [list])

该函数用于返回表[list]的长度。

例如：(length '(10 20 30 40))　　返回 4

(length '(a (b c) (d e)))　　返回 3

7. (append [list]...)

该函数用于返回所有表[list]中元素组成的新表。

例如:(append '(10 20 30 40) '(60 70))　返回(10 20 30 40 60 70)

8. (cons 新元素 [list])

该函数用于返回加入新元素之后的表。

例如:(cons 5 '(10 20 30))　返回(5 10 20 30)

9. (reverse [list])

该函数用于返回表[list]中顶层元素倒序排序后组成的新表。

例如:(reverse '(10 20 30 40))　返回(40 30 20 10)

三、符号处理函数和定义函数

AutoLISP 提供了一些函数来操作符号和变量。

1. (setq 符号 表达式 [符号 表达式]...)

该函数是 AutoLISP 最基本的赋值函数,setq 函数将一个或多个符号的值设置为关联的表达式,该函数的返回值为最后一个表达式。其中,表达式可以是整型数、实型数、字符串、表、文件、Ename(实体名称)、T 或 nil。

例如:(setq k 3) (setq x 3.875)

(setq layname "brad—walls")

(setq pt (list 3.5 5.8))

(setq pt '(3.5 5.8))

(setq x 3.6 y 5.0 A "liuyu")

2. (quote 表达式)

该函数是禁止求值器对表达式求值,返回没有被求值的表达式,常用单撇号(')代替 quote。

例如:(quote (+ k 3))　返回值为(+ k 3)

(quote (* 2 4 6))　返回值为(* 2 4 6)

因此,(quote (2 4 6)) ='(2 4 6)

3. (defun sym (arguments) expr)

该函数用于自定义用户函数。该函数至少需要 3 个参数。第一个参数 sym 是自定义的函数名,第二个参数 arguments 是函数的参数表(用在这个自定义函数 sym 中的参数和局部变量),第三个参数 expr 是组成这个自定义函数 sym 的表达式。

例如:(defun dtr (r)　;自定义一个函数。

(* r (/ pi 180.0))　;把角度转化为弧度。

)　;defun 函数的右括号,一般放置在最后一行。

命令:(dtr 30)　;在 AutoCAD 命令行,调用该函数可求 30 度的弧度值为 0.5236。

上例若写为:

```
(defun c:dtr ()
(setq r (getreal "enter an angle:"))
(setq cl (* r (/ pi 180.0)))
```

```
(write-line "c1=")
(princ c1)
)
```

这时，dtr 可以作为 AutoCAD 命令使用。在 AutoCAD 的“命令：”后直接输入 dtr 即可执行。在 AutoLISP 控制台的“_ $”后输入(c:dtr)，也可以执行该命令。

四、调用 AutoCAD 的标准命令的 command 函数

command 函数调用 AutoCAD 标准命令的格式为：

(command "AutoCAD 标准命令" [argument])

(1) command 函数可以把 AutoCAD 命令及其他相关信息直接传给 AutoCAD，其效果等同于在 AutoCAD 下直接输入该命令。

(2) command 函数一般带有不固定长度的变元表。这些变元表的类型和值必须对应于命令的提示序列，它可以是字符串、实型数、整型数、点、实体名或选择集。角度、距离和点的数据可以字符串的形式，也可以它们本身的形式如整型数、实型数或点坐标表被传递。一个空串" "相当于空格键或回车键。

(3) (command) 相当于<Esc>，退出 AutoCAD 命令。

例如：

```
(command "line" '(5 4) "20,15" "")  ;从点(5,4)到点(20,15)画一条直线。
(command "circle" '(20 16) 5)       ;过圆心(20,16)画半径为 5 的圆。
(command "circle" "0,0" "3,3")      ;以(0,0)为圆心，(0,0)到(3,3)距离为半径画圆。
(setq p1 '(1.0 2.0 3.0))
(setq r 4.5)
(command "circle" p1 r)             ;以 p1 点为圆心绘制半径为 4.5 的圆。
```

如果一个 AutoCAD 命令正在执行当中，而 command 函数遇到了一个“pause”符号，该命令被暂停以允许用户直接输入。

例如：(command "circle" "5,5" pause "line" "5,5" "7,5" "")

五、实体和选择集访问函数

1. 实体

一个图形总是由若干基础图形单元(如圆、圆弧、直线)所组成。实体(entity)是 AutoCAD 预先定义的图形单元，也就是在 AutoCAD 下用一个简单命令执行后生成的图形单元。例如，通过“点(point)”“直线(line)”“圆(circle)”“圆弧(ARC)”“文字(text)”“尺寸标注(dimension)”等命令生成的图形均为一个实体。

2. 实体名

实体名是指图形中每一个图形单元所对应的名字。它也是 AutoLISP 的数据类型之一。

3. 实体名操作函数

(1) (entnext <实体名>)

该函数的功能是获取图形数据库中紧跟<实体名>之后的第一个没有被删除的实体

名，并返回此实体名；否则，返回 nil。

例如：
```
(setq e1 (entnext))          ;获得图形中第一个实体的实体名。
(setq e2 (entnext e1))       ;获得图形中 e1 之后那个实体的实体名。
```

(2) (entlast)

该函数的功能是获得最后加入图形库实体的实体名。

4. 选择集

选择集是实体的有序集合，通过选择集操作函数以一定方式从图形中或图形数据库中选定多个实体来构造。

对图形进行编辑操作时（如复制、移动、镜像等），必须要选择图形对象，对于简单图形，可以直接选取，对于复杂图形，则需要构造选择集来进行操作。

5. 选择集操作函数

(1) (ssget ＜方式＞　＜点＞　＜点＞[点表][关联表])

该函数的功能是构造一个选择集，＜方式＞是指定实体选择的方式，有“ALL”“W”“C”“P”“L”“F”等，含义同 AutoCAD 命令选取图形对象的方法，见第六章第六节内容。

例如：
```
(setq  s1 (ssget))           ;采用人机交互方式选择图形实体，并构成选择集 s1。
(setq  s1 (ssget "L"))       ;选择最后一次绘制的图形实体，并构成选择集 s1。
(setq  s1 (ssget "W" "0,0" "30,15"))
                             ;选择在矩形窗口 "0,0"到 "30,15"以内的图形实体，
                              并构成选择集 s1。
```

(2) (ssadd　＜实体名＞　＜选择集＞)

该函数的功能是将＜实体名＞所指的图形对象加入选择集中，若加入的图形对象已经存在，则返回 NIL。

例如：
```
(setq  s2 (ssadd))           ;构造空的选择集 s2。
(setq e1 (entnext))          ;获得图形中第一个实体的实体名。
(ssadd  e1 s2)               ;将图形实体 e1 加入选择集 s2 中。
(setq e2 (entnext e1))       ;获得图形中 e1 之后那个实体的实体名。
(ssadd  e2 s2)               ;将图形实体 e2 加入选择集 s2。
```

例题 19-5　利用实体和选择集操作函数完成图形编辑。

```
(print "请使用命令 TXBJ")
(defun c:TXBJ()
(command "circle" "30,15" 20)          ;以(30,15)为圆心、以 20 为半径绘制圆，如图
                                        19-8(a)所示。
(setq ee1 (entnext))                   ;将该圆的实体名赋值给 ee1。
(setq ss1 (ssadd))                     ;构造空的选择集 ss1。
(ssadd ee1 ss1)                        ;将该圆加入选择集 ss1 中。
(command "copy" ss1 "" "30,15" "70,15" "")
                                       ;将该圆以(30,15)为基点，复制到位置点(70,
                                        15)处，并回车结束命令。结果如图 19-8(b)
                                        所示。
```

```
(command "line" "10,15" "90,15" "")
                                        ;绘制一条直线。
(setq ee2 (entlast))                    ;选择刚绘制的直线实体名赋值给 ee2。
(setq pt1 "30,－5" pt2 "70,35")         ;分别选择两个圆上的两点。
(command "trim" ee2 "" pt1 pt2 ""))     ;执行修剪命令,ee2 为剪切边,分别剪掉两个圆
                                         上点 pt1 和 pt2 所在部分,如图 19-8(c)所示。
```

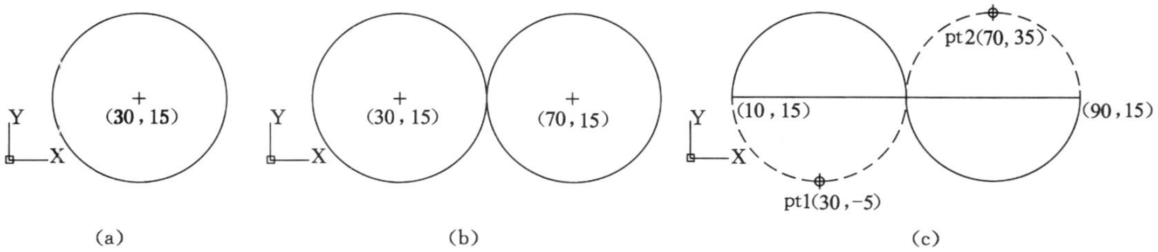

图 19-8　图形变化过程

第三节　AutoLISP 程序流程控制

AutoLISP 语言的程序流程是通过控制函数来实现的,其基本结构有顺序结构、选择结构和循环结构。

一、顺序结构

常见的输入、计算、输出三部曲的顺序就是顺序结构。

1. GET 族输入函数

GET 族输入函数接受键盘、数字化仪或鼠标的输入。执行 GET 族输入函数时,计算机将暂停下来,等待用户的输入。

(1) (getint [prompt])

执行该函数时,将等待用户输入一个整型数,并返回该整型数。其中[prompt]提示显示在屏幕上,且该项可有可无。

例如:(setq a (getint "Enter an integer number:"))

将在屏幕的下一行出现提示:

　Enter an integer number:

并等待用户输入一个整型数。如输入 23,则符号 a 就被赋值 23。

(2) (getreal [prompt])

执行该函数时,将等待用户输入一个实型数,并返回该实型数。

例如:(setq x (getreal "Enter x:"))

将在屏幕的下一行出现提示:

　Enter x: 30↙　　　　　　　　返回 30.0

(3) (getpoint [prompt])

执行该函数时,将等待用户输入一个点,用户可以从键盘输入点的坐标值,也可以用鼠

标在图形屏幕上指定一点。

例如:(setq pt (getpoint "Enter an point:"))

将在屏幕的下一行出现提示:

Enter an point: 3.5,4↙　　　　返回(3.5 4)

(4) (getstring [prompt])

执行该函数时,将等待用户输入一个字符串,并返回该字符串。

例如:(setq name (getstring "Enter your name:"))

将在屏幕的下一行出现提示:

Enter your name: liwen↙　　　　返回"liwen"

(5) (getangle [prompt])

执行该函数时,将等待用户输入一个角度值(或两点),并返回以弧度表示的该角度值。

例如:(setq ang (getangle "Enter an angle:"))

将在屏幕的下一行出现提示:

Enter an angle: 45↙　　　　返回 0.7854(弧度)

或(getangle 基点 [提示])

执行该函数时,将等待用户输入另一个点,返回两点确定线的方位角度值,以弧度表示。

例如:(setq a1 (getangle '(1.0 5.0) "输入下一点:"))

输入下一点:(1.0 9.6)↙　　　　返回 1.5708(弧度)

(6) (getdist [prompt])

执行该函数时,将等待用户输入一个距离值(或两点),并返回该距离实型数值。

例如:(setq b1 (getdist "Enter a distant:"))

Enter a distant : 5↙　　　　返回 5.0

或(getdist 基点 [提示])

执行该函数时,将等待用户输入另一个点,返回两点所确定线的距离。

例如:(setq c1 (getdist '(1.0 5.0) "输入下一点:"))

输入下一点:(1.0 9.6)↙　　　　返回 4.6

2. 输出函数

(1) (print [expr])

该函数换行输出[expr]的值,并返回该值。

例如:(print 'A)　　　　返回 A

(print (+ 3 2))　　　　返回 5

(2) (princ [expr])

该函数不换行输出[expr]的值,并返回该值。

例如:(princ 'A)　　　　返回 A

(princ (+ 3 2))　　　　返回 5

(3) (write-line [string])

该函数输出字符串并返回带双引号的字符串。

例如:(write-line "What is your name?")

输出 What is your name?

返回 "What is your name?"

3. 几何函数

(1) 求角度函数 (angle　＜点 1＞　＜点 2＞)

函数的参数:＜点 1＞ ＜点 2＞的坐标。

功能:求＜点 1＞与＜点 2＞之间连线与 X 轴正向的夹角。

单位:弧度。

例如:(angle '(1.0 1.0) '(1.0 4.0))　　返回 1.5708

(setq a (/ (* 180 (angle '(1.0 1.0) '(1.0 5.0))) pi)) 返回 90.0

(2) 求距离函数(distance　＜点 1＞　＜点 2＞)

功能:求＜点 1＞与＜点 2＞之间距离。

注意:＜点＞可以是二维,也可以是三维。

例如:(distance '(1.0 2.5 3.0) '(7.7 2.5 8.0))　　返回 8.36

(distance '(1.0 2.5) '(7.7 2.5))　　返回 6.70

(3) 求坐标点函数(polar ＜中心点＞ ＜方位角＞ ＜距离＞)

功能:以＜中心点＞为参考点,指定＜方位角＞和 ＜距离＞点的坐标 X、Y。

例如:(polar '(1.0 1.0) (/ pi 4) (sqrt 2.0))　　返回(2.0 2.0)

(4) 求交点函数(inters　＜点 1＞　＜点 2＞ ＜点 3＞ ＜点 4＞ [方式])

功能:＜点 1＞　＜点 2＞确定第一条直线,＜点 3＞　＜点 4＞确定第二条直线,检查两条直线是否相交,如果相交,返回交点坐标,如果不相交,返回 NIL。

注意:若[方式]存在,且值为 nil,认为直线是无限长的,交点可以在延长线上;若[方式]不存在,或值为 T,认为直线是不可延长的,交点只在两线段上才能返回,否则为 NIL。

(5) 目标捕捉函数(osnap ＜点＞ ＜对象捕捉模式＞)

功能:用给定的＜点＞拾取图形目标,按＜对象捕捉模式＞捕捉图形的特征点。

注意:＜对象捕捉模式＞可以是“nea”(最近点),“mid”(中点),“end”(端点),“cen”(圆心点)等。

例如:(setq P2 (osnap L1 "mid"))　　;将 L1 所在线段的中点赋给 P2。

二、选择结构

1. 判断函数

(1) 关系运算函数

格式:(函数名　numstr1　[numstr2 …])

函数名:=＜,＞=,＜,＞,=,/=

注意:参数可以是整型数也可以是实型数,若参数为变量或表达式,先对各表达式求值,再对其值求值,比较结果成立,返回值为 T,否则为 nil。

例如:(= 7 7.0)　　返回 T

(/= 4 7.0)　　返回 T

(＜ 8 7.0)　　返回 nil

(＜ 1 3.0 8 8.0)　　返回 nil

(> 10 7.0 2)　　　　　　　　　　　　　返回 T

(2) 等值函数(equal　表达式 1　表达式 2　[误差值])

功能:判断两个表达式是否在误差范围内相等。

例如:(equal 1.123456 1.123457 0.000001)　　　返回 T

(3) 逻辑运算函数

逻辑与:(and　[表达式…])

功能:只要一个表达式的结果为 nil,返回 NIL,否则返回 T。

逻辑或:(or [表达式…])

功能:如果所有表达式结果都为 nil,返回 NIL;有一个表达式的结果为 T,则返回 T。

逻辑非:(not [表达式…])

功能:如果表达式的结果为 NIL,返回 T,否则返回 NIL。

例如:(setq a 4) (and (< a 5) (> a 3))　　　返回 T

2. 条件函数

(1) (if　＜条件式＞　＜是—表示式 1＞　[否—表示式 2])

功能:检查条件是否成立,如果成立,执行＜表示式 1＞;否则,执行＜表示式 2＞。

例如已知计算式为:

$$\begin{cases} y=x+1, 0\leqslant x\leqslant 3 \\ y=0, x>3 \end{cases}$$

则程序为:

```
(setq x (getreal "enter x=? (x>=0)"))
(setq y (if (and (>= x 0) (<= x 3)) (+ x 1) 0))
(write-line "y=")(princ y)
```

(2) (progn ＜标准表＞)

功能:该函数也称顺序执行函数,功能是按顺序对每个标准表求值,并返回最后那个标准表的值。

例如:
```
(if (<= a b) (progn
                (setq a (1+ a))
                (setq b (1- b))
             )
)
```

例题 19-6　求一元二次方程 $ax^2+bx+c=0$ 的根。

```
(print "请使用命令 root")
(defun c:root()
  (print "请输入方程系数")
  (setq a (getreal "\n a="))
  (setq b (getreal "\n b="))
  (setq c (getreal "\n c="))
    (if (/= a 0.0) (progn
            (setq t1 (- (* b b) (* 4 a c)))
```

```
            (if (>= t1 0) (progn
                          (setq t2 (sqrt t1))
                          (setq x1 (/ (- t2 b) (* 2 a)))
                          (setq x2 (/ (- (- b) t2) (* 2 a)))
                          (print (list x1 x2))
                          )
                          (print "方程的根是复数")
            )
     )
     (print "该方程不是二次方程")
  )
)
```

(3) (cond (<条件 1>　<表达式 1>)

```
     (<条件 2>　<表达式 2>)
     (<条件 3>　<表达式 3>)
          ⋮
          ⋮

     )
```

功能：满足<条件 i>，则计算<表达式 i>的值。

例题 19-7　为下式编写程序

$$f(x)=\begin{cases} x, 0\leqslant x<2 \\ x^2, 2\leqslant x<5 \\ x^3, 5\leqslant x<7 \\ e^x, x\geqslant 7 \end{cases}$$

程序源代码为：

```
(princ "请使用命令 egcond")
(defun c:egcond()
   (setq x (getreal "\n 输入 x(x>=0):"))
   (setq fx (cond ((and (>= x 0) (< x 2)) x)
                  ((and (>= x 2) (< x 5)) (expt x 2))
                  ((and (>= x 5) (< x 7)) (expt x 3))
                  ((>= x 7) (exp x))
            )
)
(print "fx=")
(princ fx))
```

三、循环结构

循环函数的结构如下：

(1) (while ＜条件式＞ [＜表示式]…)

功能：当条件成立时，依次执行各＜表示式＞；然后再判断条件是否成立，若成立，再依次执行各＜表示式＞；直至条件不成立为止。

例如：(setq a 1)

(while (＜= a 10) (setq a (1+ a)))

(2) (repeat n [＜表达式＞ ＜表达式＞ …])

功能：重复执行 n(n 为任意正整数)次数表达式，返回最后计算结果。

例如：(setq a 10)

(setq b 100)

(repeat 4 (setq a (+ a 10)) (setq b (- b 10)))

第四节 AutoLISP 编程绘图实例

一、设置作图环境

1. 设置图纸范围

例如：(command "limits" "0,0" "420,297") 或

(command "limits" (list 0 0) (list 420 297))或

(command "limits" '(0 0) '(420 297)) ;设置图形界限

(command "zoom" "a") ;缩放为全部

2. 设置目标捕捉的类型

例如：(command "osnap" "endpoint") ;设置端点捕捉模式

(command "osnap" "midpoint") ;设置中点捕捉模式

(command "osnap" "center") ;设置圆心捕捉模式

3. 设置图层、颜色、线型和线宽

例如：(setq tc1 "ZXX")

(command "layer" "N" tc1 "C" "1" tc1 "L" "center" tc1 "LW" 0.35 tc1 "")

该函数新建一个图层并赋值给变量 tc1，图层名称为 ZXX，颜色为红色，线型为 center，线宽为 0.35(可参考 CAD 命令 layer 的执行顺序)。

二、AutoLISP 程序编写技巧范例

🕮 **例题 19-8** 编写一个程序能自动画出多个等半径圆相切，如图 19-9 所示。

执行顺序如下(编程思路)：

步骤一：设定程序名称为 test1.lsp。

步骤二：构思程序流程、相关变量。

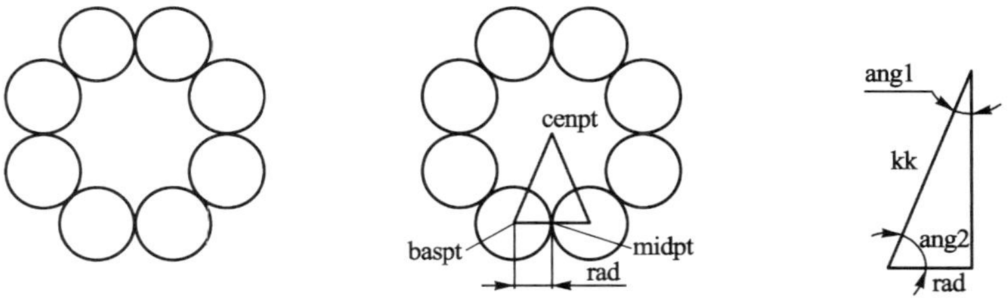

图 19-9　多个等半径圆相切

将变量名称设定为 baspt、rad、num、midpt、cenpt、kk、ang1、ang2。

```
(defun c:test1()                    ;() 不能省!
  (setq baspt (请求输入基准点)) ;以下 baspt、rad、num 的值须由使用者输入。
  (setq rad (请求输入小圆半径))
  (setq num (请求输入欲相切的小圆数量))
                                    ;只要能求得 cenpt 点,再以 array 指令配合就可以。
        ;以下 ang1、kk、cenpt 值须由程序依据 baspt、rad、num 求出,如图 19-9 所示。
  (setq ang1 (依据全圆周角除以 num 等分,再除以 2 求得))
  (setq kk (依据 rad & sin<ang1>相除求得该值))
  (setq ang2 (依据 pi/2 减去 ang1 求得))
  (setq cenpt (依据相对极坐标法 ang2 & kk 求出坐标值))
                                    ;以下依据 cenpt、num 配合环形 array 画出多圆相切。
  (自动画出多圆相切) (print)
)
```

步骤三:编写 test1.lsp 程序代码。

```
(defun c:test1()
  (setq baspt (getpoint "请输入基准点:"))   ;必须用英文状态下的引号!
  (setq rad (getdist baspt "\n 请输入小圆半径:"))
  (setq num (getint "\n 请输入欲相切的小圆数量:"))
  (setq ang1 (/ (* pi 2) (* num 2)))
  (setq kk (/ rad (sin ang1)))
  (setq ang2 (- (/ pi 2) ang1))
  (setq cenpt (polar baspt ang2 kk))
                                ;以下依据 cenpt、num 配合环形 array 画出多圆相切。
  (command "circle" baspt rad)              ;先画一个圆,才能 array 。
  (command "array" (entlast) "" "p" cenpt num 360 "Y")
)
```

步骤四:执行程序 test1.lsp。

命令:(load "test1") ;加载程序

命令:_appload 已成功加载 test1.lsp。

"使用命令 test1"

命令：test1
请输入基准点：鼠标指定一点
请输入小圆半径：30
请输入欲相切的小圆数量：8

程序执行结束后，所绘图形如图 19-9(a)所示。

🕮 **例题 19-9** 编程实例，所绘图形如图 19-10 所示。在本例中，编写 AutoLISP 程序以实现简单图形的绘制。

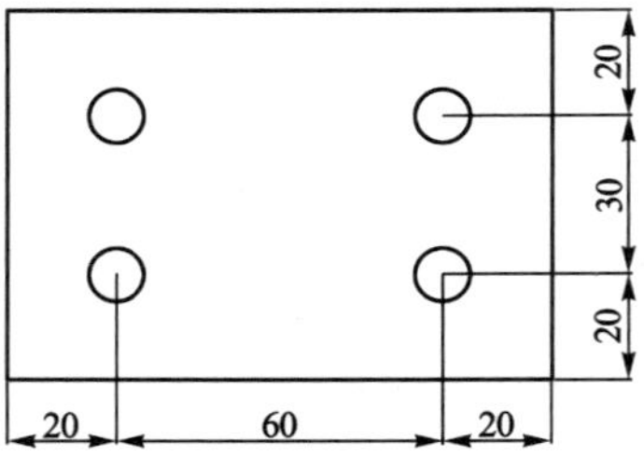

图 19-10 编程绘制简单图形示范

```
(print "请使用命令 SF1")
(defun c:SF1()
(command "limits" (list 0 0) (list 200 100))
(command "zoom" "a")
(setq p1 (getpoint "n\Enter the first point:"))
(setq x0 (car p1))
(setq y0 (cadr p1))
(setq r1 5)
(command "rectang" (list x0 y0) (list (+ x0 100) (+ y0 70)))
(command "circle" (list (+ x0 20) (+ y0 20)) r1)
(command "circle" (list (- (+ x0 100) 20) (+ y0 20)) r1)
(command "circle" (list (+ x0 20) (- (+ y0 70) 20)) r1)
(command "circle" (list (- (+ x0 100) 20) (- (+ y0 70) 20)) r1)
)
```

🕮 **例题 19-10** 编程实例，所绘图形为如图 19-11 所示正多边形。在本例中，编写 AutoLISP 程序以实现智能多边形的绘制。

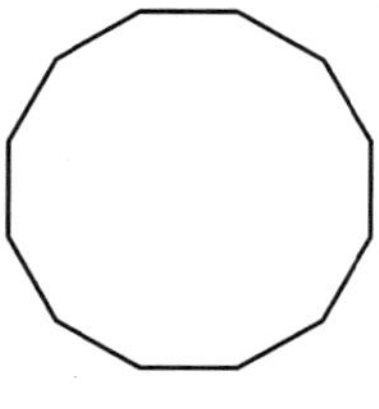

图 19-11 智能多边形

```
(print"请使用命令 SF2")
(defun c:SF2()
(command "limits" (list 0 0) (list 297 210))
(command "zoom" "A")
(setq n (getint "输入多边形边数:"))
(setq l (getreal "输入多边形边长:"))
(setq p1 (getpoint "输入多边形第一点:"))
(setq p2 (polar p1 0 l))                    ;定义多边形第二点。
(command "polygon" n "e" p1 p2)
)
```

📖 **例题 19-11**　编程实例，所绘图形如图 19-12 所示。在本例中，编写 AutoLISP 程序以实现"中心线"线型的指定。

```
; this function can draw out a circle ring with holes
(print "请使用命令 SF3")
(defun c:SF3()
(command "limits" (list 0 0) (list 20 10))
(command "zoom" "A")
(setq a 2.5 b 1.0 c 5.5 d 4.0)
(setq pt (getpoint "enter center of ring: "))
(command "circle" pt a "circle" pt c)
(command "circle" (polar pt 0.0 d) b)
(command "array" (entlast) "" "p" pt 8 360 "N")
(command "circle" pt d)
(command "change" (entlast) "" "p" "lt" "center" "")
(setq area (* pi (- (* c c) (* a a) (* 8 b b))))
(print "area= ")(princ area)
)
```

📖 **例题 19-12**　编程实例，所绘图形如图 19-13 所示。在本例中，编写 AutoLISP 程序以实现图案填充和尺寸标注的设置。

```
(print "请使用命令 SF4")
(defun c:SF4()
(command "limits" "0,0" "400,300")
(command "zoom" "a")
(command "line" "70,120" "270,120" "270,240" "70,240" "c")
(command "dim")
(command "dimasz" 15)
(command "dimtxt" 15)
(command "hor" "70,120" "270,120" "170,260" "200")
(command "ver" "270,120" "270,240" "290,180" "120")
```

```
(command "exit")
(command "circle" "70,120" 100)
(command "hatch" "u" "45" "6" "" "s" (entlast) "")
)
```

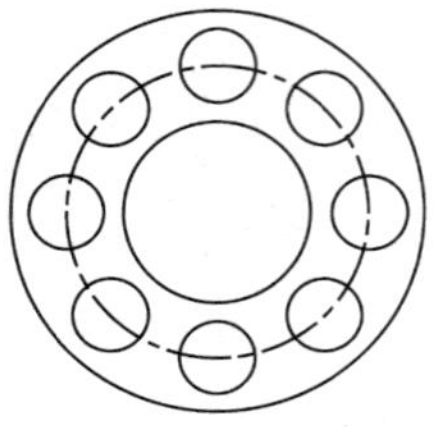

图 19-12　编程绘制圆环

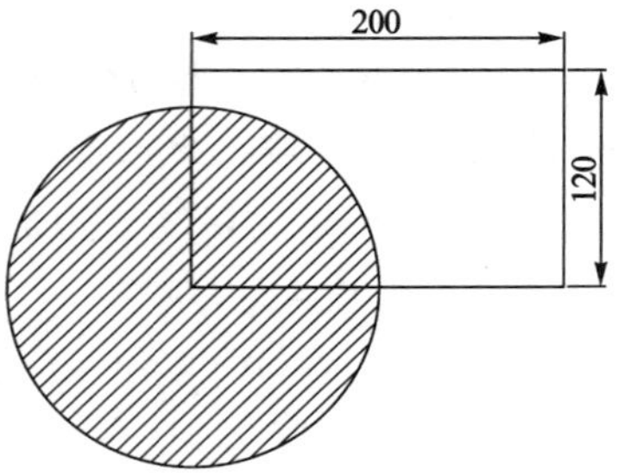

图 19-13　图案填充与尺寸标注程序示范

复习与思考题

1. 填空题

AutoLISP 函数(－ 12.0 6 8 5)的返回值为________；(sqrt 81)的返回值为________；(nth 2 '(40.0 (list 2.0 6.0 8.0) "one " 30))的返回值为________；

(expt 6 2)的返回值为________；

(cdr (list 12 21 35 48)) 的返回值为________；(minusp －3)的返回值为________；

(float 3) 的返回值为________；(append '(10 20 30 40) '(60 70)) 的返回值为________；

(polar '(1.0 1.0) (/ pi 4) (sqrt 2.0))的返回值为________；(cadr (list 3 2.1 3.5 7.6))的返回值为________；(fix 3.746)的返回值为________；(fix －5.566)的返回值为________。

2. 摄氏温度与华氏温度的换算公式,如何以 AutoLISP 程序表示?

F＝9/5 * C＋32,C＝5/9(F－32)

3. 写出下列表达式的 AutoLISP 程序。

(1) $x^3-9.6x^2+25.83x-19.35$　　(2) $\dfrac{2\sin\frac{\pi}{4}}{e}$

(3) $a+\dfrac{b}{\cos x+1}$　　(4) $\sqrt{(-a)^2+(-b)^2}$

4. 在图 19-14 所示的矩形 ABCD 中,长 30 mm,宽 20 mm,点 A 的坐标为(3,6),编写 AutoLISP 程序给 B、C、D 点赋值,并绘制该矩形。

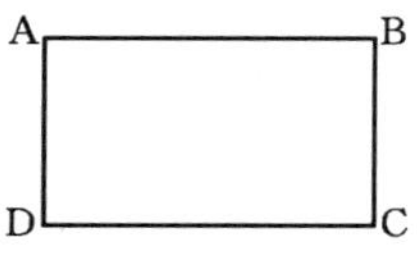

图 19-14　矩形

5．编写 AutoLISP 程序，通过键盘输入 x 和 y 的值，求 z 值：

$$z=\begin{cases} x^2+y^2 & \text{当 } x\geqslant 0, y\leqslant 0 \\ x^2+2xy^2+y^2 & \text{当 } x\geqslant 0, y>0 \\ x^2-2xy^2+y^2 & \text{当 } x<0 \end{cases}$$

6．编写程序为 AutoCAD 定义一个画键槽的命令，提示用户输入键槽的起点 P0、长度 L、宽度 W，如图 19-15 所示。

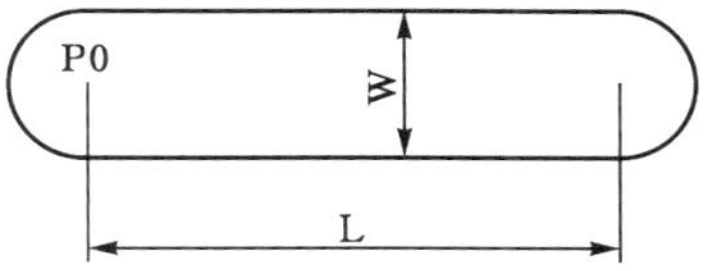

图 19-15　键槽

7．编写 AutoLISP 程序，绘制图 19-16 所示基本图形(不含尺寸标注)。

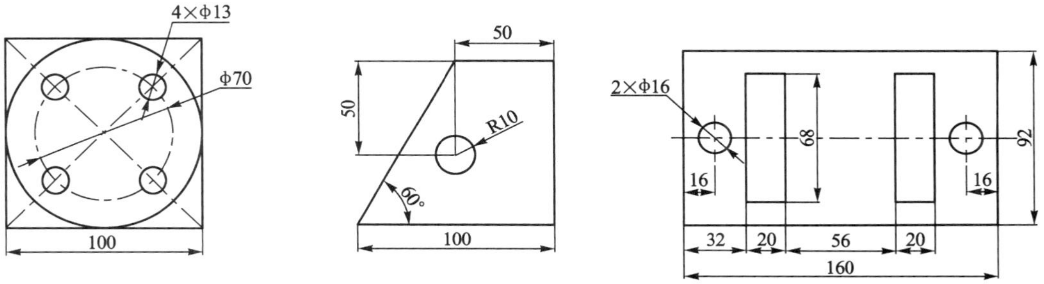

图 19-16　编程绘制图形

8．编写 AutoLISP 程序，绘制图 19-17 所示筛分机、破碎机、磨碎机、跳汰机、旋流器、浮选机图形符号，并将其创建为绘制相关选煤设备图形符号的 AutoCAD 可执行命令。

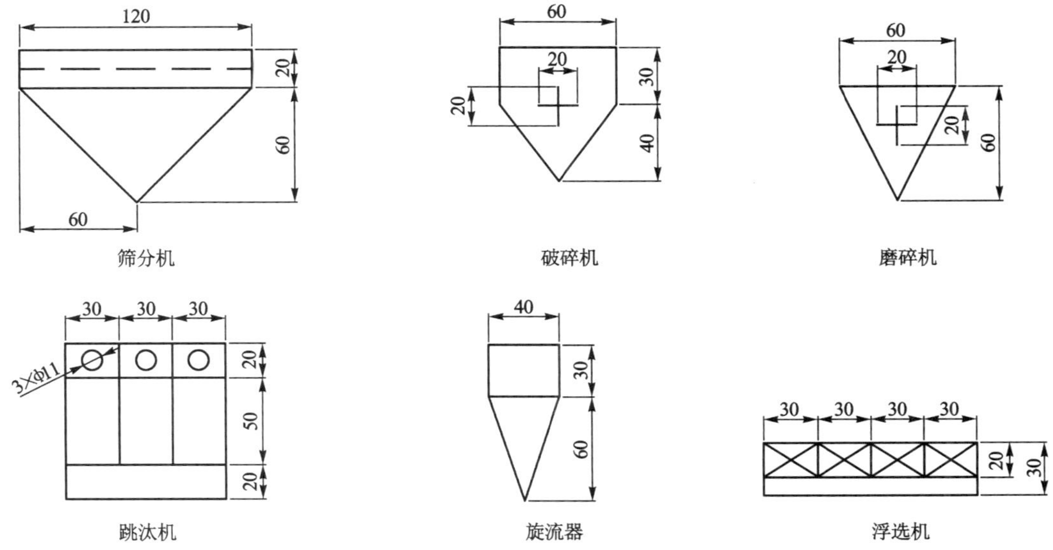

图 19-17　编程绘制选煤设备图形符号

参 考 文 献

[1] CAD/CAM/CAE 技术联盟. AutoCAD 2015 中文版机械设计实例教程[M]. 北京：清华大学出版社，2016.

[2] HATVANY J，NEWMAN W M，SABIN M A. World survey of computer-aided design [J]. Computer-Aided Design，1993，25(12)：776-798.

[3] REGASSA H B，DEBEBE W A. Future prospects of computer-aided design (CAD)：A review from the perspective of artificial intelligence (AI)，extended reality，and 3D printing[J]. Results in Engineering，2022，14(100478).

[4] WERNER DANKWORT C，WEIDLICH R，GUENTHER B，et al. Engineers' CAx education—it's not only CAD[J]. Computer-Aided Design，2004，36(14)：1439-1450.

[5] 蔡汉明，陈清奎. 机械 CAD/CAM 技术[M]. 北京：机械工业出版社，2003.

[6] 郭秀娟，徐勇，郑馨，等. AutoCAD 二次开发实用教程[M]. 北京：机械工业出版社，2014.

[7] 郭秀娟，于全通，范小鸥. AutoLISP 语言程序设计[M]. 北京：化学工业出版社，2008.

[8] 南景富，辛连学. AutoCAD 基础教程：2004 中文版[M]. 2 版. 哈尔滨：哈尔滨工业大学出版社，2004.

[9] 全国技术产品文件标准化技术委员会. CAD 工程制图规则：GB/T 18229—2000[S]. 北京：中国标准出版社，2005.

[10] 全国技术产品文件标准化技术委员会. 技术制图 比例：GB/T 14690—1993[S]. 北京：中国标准出版社，1994.

[11] 全国技术产品文件标准化技术委员会. 技术制图 标题栏：GB/T 10609. 1—2008[S]. 北京：中国标准出版社，2009.

[12] 全国技术产品文件标准化技术委员会. 技术制图 图线：GB/T 17450—1998[S]. 北京：中国标准出版社，1999.

[13] 全国技术产品文件标准化技术委员会. 技术制图 图纸幅面和格式：GB/T 14689—2008 [S]. 北京：中国标准出版社，2009.

[14] 全国技术产品文件标准化技术委员会. 技术制图 字体：GB/T 14691—1993[S]. 北京：中国标准出版社，1994.

[15] 全国矿山机械标准化技术委员会. 矿山机械 图形符号 第 2 部分：矿物选别加工处理设备：GB/T 36231. 2—2018[S]. 北京：中国标准出版社，2018.

[16] 全国煤炭标准化技术委员会. 选煤厂流程图原则和规定：GB/T 19094—2003[S]. 北京：中国标准出版社，2003.

[17] 全国煤炭标准化技术委员会. 选煤厂用图形符号：GB/T 16660—2008[S]. 北京：中国标准出版社，2009.

[18] 邵振国，朱芸，钱瑜. AutoCAD 2011 基础教程[M]. 北京：科学出版社，2010.

[19] 宋振会. Auto CAD 高级教程[M]. 北京:清华大学出版社,2002.

[20] 孙家广. 计算机辅助设计技术基础[M]. 2 版. 北京:清华大学出版社,2000.

[21] 孙小路,匡亚莉,周春侠. 选煤厂计算机辅助设计系统网络化研究[J]. 中国矿业,2016,25(11):169-172.

[22] 童秉枢. 机械 CAD 技术基础[M]. 3 版. 北京:清华大学出版社,2008.

[23] 童秉枢. 现代 CAD 技术[M]. 北京:清华大学出版社,2000.

[24] 王炽鸿,欧宗瑛. 计算机辅助设计[M]. 北京:机械工业出版社,1994.

[25] 王涌天,陈靖,程德文. 增强现实技术导论[M]. 北京:科学出版社,2015.

[26] 王雨琦,郑高华,王毓华,等. 选矿厂计算机辅助设计(CAD)与虚拟现实技术应用现状及展望[J]. 黄金科学技术,2021,29(5):729-739.

[27] 吴永进,林美樱. AutoCAD 完全应用指南:AutoLISP＋DCL＋Visual LISP 程序设计篇[M]. 北京:科学出版社,2011.

[28] 夏文秀,倪祥明,胡仁喜. AutoCAD 2007 中文版标准教程[M]. 3 版. 北京:科学出版社,2006.

[29] 中国有色金属工业总公司. 有色金属选矿厂工艺设计制图标准:YS/T 5023—1994[S]. 北京:中国计划出版社,1995.

[30] 中华人民共和国工业和信息化部. 化工工艺设计施工图内容和深度统一规定:HG/T 20519—2009[S]. 北京:中国计划出版社,2010.

[31] 中华人民共和国工业和信息化部. 化工矿山企业施工图设计内容和深度的规范-选矿专业:HG/T 22805.2—2016[S]. 北京:科学技术文献出版社,2017.

[32] 中华人民共和国住房和城乡建设部. 选煤工艺制图标准:GB/T 50748—2011[S]. 北京:中国计划出版社,2012.

[33] 中华人民共和国住房和城乡建设部. 总图制图标准:GB/T 50103—2010[S]. 北京:中国计划出版社,2011.